"十二五"普通高等教育本科国家级规划教材

中国机械工程学科教程配套系列教材

教育部高等学校机械类专业教学指导委员会规划教材

机械设计基础

——理论、方法与标准（第2版）

黄平 徐晓 朱文坚 主编

清华大学出版社

北京

内容简介

本书是根据机械设计基础课程教学基本要求和"高等教育面向21世纪教学内容和课程体系教学改革计划"文件有关精神，为适应教学改革而编写的。分为两篇内容。第1篇基础理论篇(第1～16章)，包括：绪论、平面机构运动简图及机构自由度的计算、平面连杆机构、凸轮机构与其他常用机构、机械调速与平衡、齿轮传动与蜗杆传动、轮系、带传动、链传动、螺纹连接与螺旋传动、键连接、销连接及其他常用连接、滑动轴承、滚动轴承、联轴器与离合器、轴、弹簧，各章附有一定数量的习题、课程设计题以及系列题。第2篇设计方法篇(第17～19章)，包括：减速器设计、结构设计、课程设计例题与图例。本书还包括了机械设计常用国家标准和设计规范共10个附录。

本书可以作为高等学校近机械类专业机械设计基础与课程设计教材，也可作为有关工程技术人员的参考书籍。

图书在版编目(CIP)数据

机械设计基础：理论、方法与标准/黄平，徐晓，朱文坚主编. —2版. —北京：清华大学出版社，2018(2023.7重印)

(中国机械工程学科教程配套系列教材 教育部高等学校机械类专业教学指导委员会规划教材)

ISBN 978-7-302-48981-8

Ⅰ. ①机… Ⅱ. ①黄… ②徐… ③朱… Ⅲ. ①机械设计－高等学校－教材 Ⅳ. ①TH122

中国版本图书馆CIP数据核字(2017)第293294号

责任编辑：赵 斌 赵从棉
封面设计：常雪影
责任校对：赵丽敏
责任印制：杨 艳

出版发行：清华大学出版社
网 址：http://www.tup.com.cn，http://www.wqbook.com
地 址：北京清华大学学研大厦A座 **邮 编**：100084
社 总 机：010-83470000 **邮 购**：010-62786544
投稿与读者服务：010-62776969，c-service@tup.tsinghua.edu.cn
质量反馈：010-62772015，zhiliang@tup.tsinghua.edu.cn
印 装 者：三河市铭诚印务有限公司
经 销：全国新华书店
开 本：185mm×260mm **印 张**：21 **字 数**：507千字
版 次：2012年1月第1版 2018年2月第2版 **印 次**：2023年7月第7次印刷
定 价：58.00元

产品编号：077153-01

中国机械工程学科教程配套系列教材
教育部高等学校机械类专业教学指导委员会规划教材

丛书序言

PREFACE

我曾提出过高等工程教育边界再设计的想法，这个想法源于社会的反应。常听到工业界人士提出这样的话题：大学能否为他们进行人才的订单式培养。这种要求看似简单、直白，却反映了当前学校人才培养工作的一种尴尬：大学培养的人才还不是很适应企业的需求，或者说毕业生的知识结构还难以很快适应企业的工作。

当今世界，科技发展日新月异，业界需求千变万化。为了适应工业界和人才市场的这种需求，也即是适应科技发展的需求，工程教学应该适时地进行某些调整或变化。一个专业的知识体系、一门课程的教学内容都需要不断变化，此乃客观规律。我所主张的边界再设计即是这种调整或变化的体现。边界再设计的内涵之一即是课程体系及课程内容边界的再设计。

技术的快速进步，使得企业的工作内容有了很大变化。如从 20 世纪 90 年代以来，信息技术相继成为很多企业进一步发展的瓶颈，因此不少企业纷纷把信息化作为一项具有战略意义的工作。但是业界人士很快发现，在毕业生中很难找到这样的专门人才。计算机专业的学生并不熟悉企业信息化的内容、流程等，管理专业的学生不熟悉信息技术，工程专业的学生可能既不熟悉管理，也不熟悉信息技术。我们不难发现，制造业信息化其实就处在某些专业的边缘地带。那么对那些专业而言，其课程体系的边界是否要变？某些课程内容的边界是否有可能变？目前不少课程的内容不仅未跟上科学研究的发展，也未跟上技术的实际应用。极端情况甚至存在有些地方个别课程还在讲授已多年弃之不用的技术。若课程内容滞后于新技术的实际应用好多年，则是高等工程教育的落后甚至是悲哀。

课程体系的边界在哪里？某一门课程内容的边界又在哪里？这些实际上是业界或人才市场对高等工程教育提出的我们必须面对的问题。因此可以说，真正驱动工程教育边界再设计的是业界或人才市场，当然更重要的是大学如何主动响应业界的驱动。

当然，教育理想和社会需求是有矛盾的，对通才和专才的需求是有矛盾的。高等学校既不能丧失教育理想、丧失自己应有的价值观，又不能无视社会需求。明智的学校或教师都应该而且能够通过合适的边界再设计找到适合自己的平衡点。

我认为，长期以来，我们的高等教育其实是“以教师为中心”的。几乎所有的教育活动都是由教师设计或制定的。然而，更好的教育应该是“以学生为中心”的，即充分挖掘、启发学生的潜能。尽管教材的编写完全是由教师完成的，但是真正好的教材需要教师在编写时常怀“以学生为中心”的教育理念。如此，方得以产生真正的“精品教材”。

教育部高等学校机械设计制造及其自动化专业教学指导分委员会、中国机械工程学会与清华大学出版社合作编写、出版了《中国机械工程学科教程》，规划机械专业乃至相关课程的内容。但是“教程”绝不应该成为教师们编写教材的束缚。从适应科技和教育发展的需求而言，这项工作应该不是一时的，而是长期的，不是静止的，而是动态的。《中国机械工程学科教程》只是提供一个平台。我很高兴地看到，已经有多位教授努力地进行了探索，推出了新的、有创新思维的教材。希望有志于此的人们更多地利用这个平台，持续、有效地展开专业的、课程的边界再设计，使得我们的教学内容总能跟上技术的发展，使得我们培养的人才更能为社会所认可，为业界所欢迎。

是以为序。

2009年7月

第2版前言
FOREWORD

教师和学生在多年教学实践过程中，对本书第1版提出了很多修改建议，在此基础上，本版对第1版进行了较大幅度的改版和修订。主要修改的内容如下：

（1）本版保留了前版的基本构架，将原书的理论、方法与标准三篇中的前两篇保留在纸版图书中，而把原版附录的国家标准列表放入二维码中，从而通过二维码扫描查询，以精简全书的篇幅。

（2）增加了理论教学部分的全部章节的慕课视频二维码和部分教学内容的动画二维码，以方便学生学习时对所学内容更深入理解和课后复习时参考使用。

（3）调整了本书的部分章节和内容的顺序，如将原第5章的轮系调整到原第7章齿轮传动与蜗杆传动的后面，以便在讲解完齿轮后，读者具有一定齿轮知识之后再介绍轮系的传动比计算。同时，对相应的必做题的顺序也做了调整。

（4）实践中，我们感觉到系列类的题目具有较好的连贯性和系统性，因此本版在原来只有一组减速器设计系列题的基础上，增加了一组关于内燃机设计的系列题。其内容包含机构简图绘制、机构运动分析和平面连杆机构设计等内容，这些内容分别安排在第2、3章和第6章中。

（5）对原版的错误进行较为详细的勘正。

参加本版编写工作的有徐晓（第1、13、15、16章），李旻（1.5节、18.4节），李琳（第2、3章），翟敬梅（第4、5章），刘小康（第6、14章），胡广华（第7～9章），陈扬枝（第10、11章），黄平（第12、18、19章、附录G～J），孙建芳（第17章、附录A～F）。黄平、徐晓和朱文坚担任本版的主编。

由于编者的水平和时间有限，在本教材编写中一定会有不足之处，望读者予以指正，并提出宝贵建议。

作　者

2017年12月

第 1 版前言

FOREWORD

本书是根据“机械设计基础课程教学基本要求”等文件精神，充分吸取了高校近年来的教学改革经验，并结合多年教学经验而编写的。根据国内大部分本科院校的机械设计基础课程教学实际，我们进行了较显著的教材改革尝试。

目前国内的《机械设计基础》和《机械设计基础课程设计》本科教学安排多是分别独立进行的，一般是在完成 56～72 学时的理论和实验教学后，再进行 2～3 周的课程设计，将理论教学中所讲授的内容，以一个机械装置（常为减速箱）为题目进行全面的设计和训练。由于这两个阶段是分开进行的，因此采用的教材也是分开编写的。为有利于培养学生的工程实践能力和理论学习与设计实践互相结合，编者尝试将《机械设计基础》和《机械设计基础课程设计》两本教材进行合并编写，以方便教师和学生使用。同时，考虑到计算机已经广泛使用，我们采用附录的形式将课程设计所需要的表格编入书中，解决了目前教科书无法涵盖所有需要使用的数据和图书馆手册不足的问题。另外，在附录 M 中，还提供一份机械设计基础试题样题与参考答案，供学生备考使用。

另外，教材还进行了新的尝试，即在相应的各章以同一设计实例的不同零件作为例题，并且在对应章的最后，布置了类似例题的课程设计系列题（必做题）。这一做法的目的是：通过将完整的设计问题转变成系列例题和习题，从而把课程设计的任务分解到理论教学的习题计算中，学生只要将前期理论教学得到的系列计算结果加以综合，再加入箱体、附件等设计，就可完成课程设计需要计算的内容。这样，不仅有利于减轻课程设计阶段的计算工作量，也可使学生对所学理论教学内容有更深入的理解。

本教材分 3 部分内容，共 19 章 13 个附录，由黄平和朱文坚主编。具体参加编写工作的有：朱文坚（第 1、11、12 章），李旻（1.4 节、5.3 节、18.4 节），李琳（第 2、3 章），翟敬梅（第 4、6 章），胡广华（第 5、8、9 章），刘小康（第 7、16 章和附录 N），徐晓（第 10、15 章），陈扬枝（第 13、14 章），孙建芳

(第17章和附录A~G)、黄平(第18、19章和附录H~L)。

书中加黑点的文字为本课程中相对重要的知识点,所以特意标注。

作为教学改革的一项尝试,在本教材编写中一定会有不足之处,加上编者的水平和时间有限,错误之处在所难免,希望读者予以批评指正。

作　者

2011年11月

目　录
CONTENTS

第1篇　基础理论篇

第2篇 设计方法篇

附 录

第1篇　基础理论篇

机械设计基础是工科大学的一门重要的技术基础课。本篇在简要介绍关于整台机器设计的基本知识的基础上，重点介绍常用机构（连杆机构、凸轮机构、齿轮机构等）、机械传动（齿轮传动、蜗杆传动、带传动、链传动、螺旋传动等）、连接（螺纹连接、键连接、花键连接、销连接等）、轴系零部件（滑动轴承、滚动轴承、轴、联轴器和离合器等）的工作原理、结构特点、基本设计理论和计算方法，以及有关技术资料的应用。

本篇内容可为学生学习机械专业课程提供必要的理论基础，通过本篇内容的学习，学生可以具有一定的机械设计能力，具体包括以下几个方面：

(1) 使学生掌握常用机构和通用零件的工作原理和结构特点，使其具有设计机械传动装置和简单机械的能力；

(2) 具有运用标准、手册、规范、图册和查阅有关技术资料的能力；

(3) 了解典型机械的实验方法，受到实验技术的基本训练。

学习这些内容需要综合应用很多先修课程的知识，如工程制图、金属工艺学、工程力学等，而且本课程涉及很多工程应用，因此，在学习时应重视理论联系实际，注意学习分析和解决问题的方法，能灵活运用本课程所学的知识解决一些简单机械和机构的设计问题。

第 1 章

绪　论

1.1　机械的组成

MOOC

机械是机器和机构的总称。对机器来说，我们主要研究机器做功或能量转换及其运转的过程；当利用机构来做功或转化能量时，机构也就成了机器。

人类为了满足生产和生活的需要，设计和制造了类型繁多、功能各异的机器。机器是执行机械运动的装置，用来变换或传递能量、物料、信息，实现功能转换，如内燃机、电动机、洗衣机、机床、汽车、起重机等。各种机器的用途、性能、构造、工作原理都不尽相同，但是，一台完整的机器通常由以下三个基本部分组成。

(1) 原动部分：是驱动整部机器完成预定功能的动力源，其功能是将其他形式的能量变换为机械能(如内燃机和电动机分别将热能和电能变换为机械能)。

(2) 工作部分(也称执行部分)：是用来完成机器预定功能的组成部分，其功能是利用机械能去变换或传递能量、物料、信息，如发电机把机械能变换成电能，轧钢机变换物料的外形等。

(3) 传动部分：介于原动部分和工作部分之间，其功能是把原动机的运动形式、运动和动力参数转变为工作部分所需的运动形式、运动和动力参数，如把旋转运动变为直线运动，高转速变为低转速等。

为了使机器以上三个基本部分协调工作，并准确、可靠地完成整体功能，还会不同程度地增加其他部分，如控制部分和辅助部分。

机器的传动部分大多数使用机械传动系统，也可使用液压或电力传动系统。

机器的基本组成要素就是机械零件。机械零件可分为两大类：一类是在各种机器中经常能用到的零件，称为通用零件，如齿轮、带轮、链轮、螺栓、螺母等；另一类则是在特定类型的机器中才能用到的零件，称为专用零件，如曲轴、叶片、枪栓等。另外，还把由一组实现同一功能的零件组合体称为部件，如滚动轴承、联轴器、离合器等。

任何机器都是由许多零件组合而成，在这些零件中，有的零件是作为一个独立的运动单元体而运动的；有的则根据结构和工艺上的要求，把一些零件刚性地连接在一起作为一个整体而运动，例如图 1.1 所示的内燃机的连杆由连杆体、螺栓、螺母和连杆盖 4 个零件刚性地连接在一起作为一个整体而运动，成为机器中独立运动的单元，通常称为构件。构件与零件的区别在于：构件是运动单元，而零件是制造单元。

从运动的观点来研究机器,机器由机构组成,机构由若干构件组成,各构件之间具有确定的相对运动。一部机器可以包含一个机构(如电动机),也可以包含几个机构。如图1.2所示的单缸四冲程内燃机包含了3个机构:①曲柄滑块机构由曲轴2、连杆3、活塞4组成;②凸轮机构由进气阀及排气阀5和6、从动杆7、凸轮8组成;③齿轮机构由齿轮9和9′、齿轮10组成。

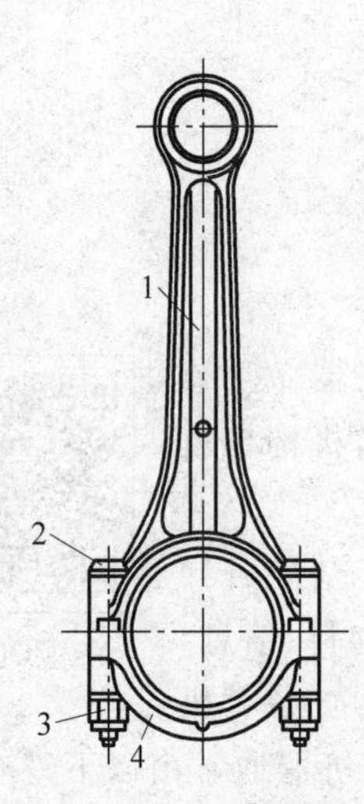

图1.1 内燃机的连杆

1—连杆体;2—螺栓;3—螺母;4—连杆盖

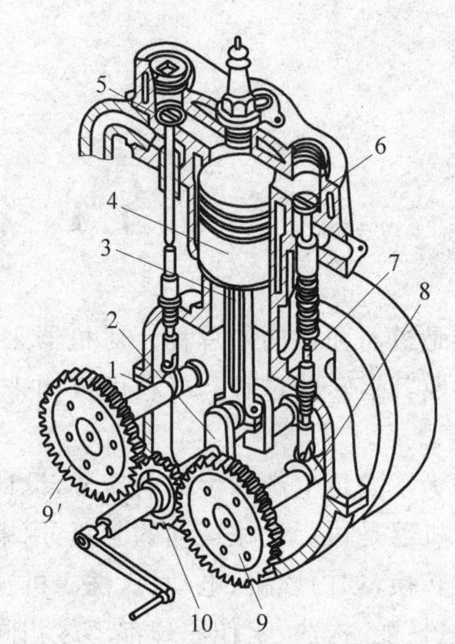

图1.2 单缸内燃机

1—机罩;2—曲轴;3—连杆;4—活塞;5、6—进、排气阀;7—从动杆;8—凸轮;9、9′、10—齿轮

1.2 机械零件常用材料及其选用

机械零件常用的材料是钢和铸铁,其次是有色金属。非金属材料如塑料、橡胶等,也可用作机械零件的材料。

MOOC

1.2.1 机械零件常用材料

1. 金属材料

金属材料主要指铸铁和钢,都是铁碳合金材料。铁和钢的区别主要在于含碳量的不同:含碳量(指质量分数,下同)小于2%的铁碳合金称为钢;含碳量大于2%的铁碳合金称为铁。

1) 钢

钢的强度较高,塑性较好,可通过轧制、锻造、冲压、焊接和铸造方法加工各种机械零件,并且可以用热处理和表面处理方法提高机械性能,因此其应用极为广泛。

钢的类型很多,按用途可分为结构钢、工具钢和特殊用途钢。结构钢可用于加工机械零件和各种工程结构；工具钢可用于制造各种刀具、模具等；特殊用途钢(不锈钢、耐热钢、耐腐蚀钢)主要用于特殊的工况条件。按化学成分可分为碳素钢和合金钢。碳素钢的性能主要取决于含碳量，含碳量越多，其强度越高，但塑性越低。碳素钢包括普通碳素结构钢和优质碳素结构钢。

普通碳素结构钢(如 Q215、Q235)一般只保证机械强度而不保证化学成分，不宜进行热处理，通常用于不太重要的零件和机械结构中。低碳钢的含碳量低于 0.25%，其强度极限和屈服极限较低，塑性很高，可焊性好，通常用于制作螺钉、螺母、垫圈和焊接件等零件。含碳量为 0.1%～0.2%的低碳钢零件可通过渗碳淬火使其表面硬而芯部韧，一般用于制造齿轮、链轮等要求表面耐磨而且耐冲击的零件。中碳钢的含碳量为 0.3%～0.5%，其综合力学性能较好，因此可用于制造受力较大的螺栓、螺母、键、齿轮和轴等零件。含碳量为 0.55%～0.7%的高碳钢具有高的强度和刚性，通常用于制作普通的板弹簧、螺旋弹簧和钢丝绳。

合金结构钢是在碳钢中加入某些合金元素冶炼而成。每一种合金元素低于 2%或合金元素总量低于 5%的称为低合金钢；每一种合金元素含量为 2%～5%或合金元素总含量为 5%～10%的称为中合金钢；每一种合金元素含量高于 5%或合金元素总含量高于 10%的称为高合金钢。加入不同的合金元素可改变钢的机械性能并使其具有各种特殊性质，如铬能提高钢的硬度，并在高温时防锈耐酸；镍使钢具有良好的淬透性和耐磨性。但合金钢零件一般都需经过热处理才能提高其机械性能，此外合金钢较碳素钢价格高，对应力集中亦较敏感，因此只有当碳素钢难以胜任工作时才考虑采用。

用碳素钢和合金钢浇铸而成的铸件称为铸钢，通常用于制造结构复杂、体积较大的零件，但铸钢的液态流动性比铸铁差，且其收缩率比铸铁件大，故铸钢的壁厚常大于 10 mm，其圆角和不同壁厚的过渡部分应比铸铁件大。

2) 铸铁

常用的铸铁有灰铸铁、球墨铸铁、可锻铸铁、合金铸铁等。其中灰铸铁和球墨铸铁属脆性材料，不能碾压和锻造，不易焊接，但具有适当的易熔性和良好的液态流动性，因而可铸成形状复杂的零件。灰铸铁的抗压强度高，耐磨性、减振性好，对应力集中的敏感性小，价格便宜，但其抗拉强度与钢相比较差。灰铸铁常用作机架或机座。球墨铸铁的强度较灰铸铁高且具有一定的塑性，可代替铸钢和锻钢用来制造曲轴、凸轮轴、阀体等。

3) 有色金属

除钢铁以外的金属材料均称为有色金属。有色金属具有良好的减摩性、耐腐蚀性、抗磁性、导电性等性能，在工业中应用最广的是铜合金、轴承合金和铝合金，但有色金属比黑色金属价格贵。

2. 非金属材料

非金属材料是现代工业和高技术领域中不可缺少和占有重要地位的材料，它包括除金属材料以外几乎所有的材料。机械制造中应用的非金属材料种类很多，有塑料、橡胶、陶瓷、木料、毛毡、皮革、棉丝等。

1) 橡胶

橡胶富有弹性，有较好的缓冲、减振、耐热、绝缘等性能，常用来制作联轴器和减振器的弹性装置、橡胶带及绝缘零件等。

2）塑料

塑料是合成高分子材料工业中生产最早、发展最快、应用最广的材料。塑料密度小，易制成形状复杂的零件，而且各种不同塑料具有不同的特点，如耐蚀性、减摩耐磨性、绝热性、抗振性等。常用塑料包括聚氯乙烯、聚烯烃、聚苯乙烯、酚醛和氨基塑料等。工程塑料包括聚甲醛、聚四氟乙烯、聚酰胺、聚碳酸酯、ABS、尼龙、MC尼龙、氯化聚醚等。目前某些齿轮、蜗轮、滚动轴承的保持架和滑动轴承的轴承衬就是使用塑料制造的。一般工程塑料耐热性能较差，而且易老化使性能逐渐变差。

3）陶瓷

陶瓷材料具有高的熔点，在高温下有较好的化学稳定性，适宜用作高温材料。一般超耐热合金使用的温度界限为950～1100℃，而陶瓷材料的使用温度界限为1200～1600℃，因此现代机械装置特别是高温机械部分，使用陶瓷材料将是一个重要的研究方向。此外，高硬度的陶瓷材料，具有摩擦因数小、耐磨、耐化学腐蚀、密度小、线膨胀系数小等特性，因此可应用于高温、中温、低温领域及精密加工的机械零件，也可以做电机零件。以机械装置为代表使用的陶瓷材料叫工程陶瓷。

4）复合材料

复合材料是将两种或两种以上不同性质的材料通过不同的工艺方法人工合成多相的复合材料，其既可以保持组成材料各自原有的一些最佳特性，又可具有组合后的新特性，这样就可根据零件对于材料性能的要求进行材料配方的优化组合。复合材料主要由增强材料和基体材料组成。还有一类是加入各种短纤维等的功能复合材料，如导电性塑料、光导纤维、绝缘材料等。近年来从材料的功能复合目的出发，应用于光、热、电、阻尼、润滑、生物等方面的复合材料不断问世，复合材料的应用范围正得到不断扩大。

1.2.2 机械零件材料的选用原则

从各种各样的材料中选择出合用的材料是一项受到多方面因素制约的工作，通常应考虑下面的原则。

1. 载荷的大小和性质，应力的大小、性质及其分布状况

承受拉伸载荷为主的零件宜选用钢材，承受压缩载荷的零件应选铸铁。脆性材料原则上只适用于制造承受静载荷的零件，承受冲击载荷时应选择塑性材料。

2. 零件的工作条件

在腐蚀介质中工作的零件应选用耐腐蚀材料；在高温下工作的零件应选耐热材料；在湿热环境下工作的零件应选防锈能力好的材料，如不锈钢、铜合金等。零件在工作中有可能发生磨损之处，应提高其表面硬度，以增强耐磨性，要选择适于进行表面处理的淬火钢、渗碳钢及氮化钢。金属材料的性能可通过热处理和表面强化（如喷丸、滚压等）来提高和改善，因此要充分利用热处理和表面处理的手段来发挥材料的潜力。

3. 零件的尺寸及质量

零件尺寸的大小及质量的好坏与材料的品种及毛坯制取方法有关，对外形复杂、尺寸较大的零件，若考虑用铸造毛坯，则应选用适合铸造的材料；若考虑用焊接毛坯，则应选用焊接性能较好的材料；尺寸小、外形简单、批量大的零件，适宜冲压和模锻，所选材料应具有较好的塑性。

4. 经济性

选择零件材料时，如用价格低的材料能满足使用要求，就不应该选择价格高的材料，这对于大批量制造的零件尤为重要。此外还应考虑加工成本及维修费用。为了简化供应和储存的材料品种，对于小批制造的零件，应尽可能减少同一部设备上使用材料的品种和规格，使综合经济效益最高。

1.3 机械零件的失效形式及设计准则

机械零件在预定的时间内和规定的条件下，不能完成正常的功能，称为失效。机械零件的失效形式主要有整体断裂、过大的残余变形、零件的表面破坏（磨损、腐蚀和接触疲劳）等。磨损、腐蚀和疲劳是引起零件失效的主要原因。

MOOC

机械零件的失效形式与许多因素有关，具体取决于该零件的工作条件、材质、受载情况及其所产生的应力性质等多种因素。即使是同一种零件，由于材质及工作情况不同，也可能出现各种不同的失效形式。例如，轴在工作时，由于受载情况不同，可能出现断裂、过大的塑性变形、磨损等失效形式。

为了使机械零件能在预定的时间内和规定的条件下正常工作，设计机械零件时应满足下面的设计准则。

1. 强度

强度是保证零件正常工作的基本要求，零件中的应力不得超过允许的强度。对于断裂来讲，应力不得超过材料的强度极限；对于残余变形来讲，应力不得超过材料的屈服极限；对于疲劳破坏来讲，应力不得超过零件的疲劳极限。为了使零件具有足够的强度，设计时必须满足下面的强度设计准则：

$$\sigma \leqslant [\sigma] \tag{1.1}$$

或

$$\tau \leqslant [\tau] \tag{1.2}$$

式中，σ、τ 分别为零件工作时的正应力和切应力；$[\sigma]$和$[\tau]$分别为零件材料的许用正应力和许用切应力。

为了提高机械零件的强度，设计时可采取下列措施：①用强度高的材料；②使零件具有足够的截面尺寸；③合理设计机械零件的截面形状，以增大截面的惯性矩；④采用各种热处理和化学处理方法来提高材料的机械强度特性；⑤合理进行结构设计，以降低作用于零件上的载荷等。

2. 刚度

刚度是指零件在载荷作用下抵抗弹性变形的能力。若零件刚度不够，将产生过大的挠度或转角而影响机器正常工作，例如，若车床主轴的弹性变形过大，会影响加工精度。为了使零件具有足够的刚度，设计时必须满足下面的设计准则：

$$y \leqslant [y] \tag{1.3}$$

$$\theta \leqslant [\theta] \tag{1.4}$$

$$\varphi \leqslant [\varphi] \tag{1.5}$$

式中，y、θ 和 φ 分别为零件工作时的挠度、偏转角和扭转角；$[y]$、$[\theta]$和$[\varphi]$分别为零件的许用挠度、许用偏转角和许用扭转角。

3. 寿命

机械零件应有足够的寿命。影响零件寿命的主要因素有腐蚀、磨损和疲劳。至今还没有提出实用且有效的有关腐蚀寿命的计算方法，因而也无法列出腐蚀寿命的计算准则。关于磨损的计算方法，目前也没有简单、可靠的定量计算方法，因而只能采用条件性的计算。至于疲劳寿命，通常是求出使用寿命时的疲劳极限或额定载荷作为计算的依据。

4. 可靠性

满足强度和刚度要求的一批相同的零件，由于零件的工作应力是随机变量，故在规定的工作条件下和规定的使用期限内，并非所有的零件都能完成规定的功能，零件在规定的工作条件下和规定的使用时间内完成预定功能的概率称为该零件的可靠度。可靠度是衡量零件工作可靠性的一个特征量，不同零件的可靠度要求是不同的。设计时应根据具体零件的重要程度选择适当的可靠度。

1.4 机械设计的基本要求及程序

1.4.1 机械设计的基本要求

虽然不同的机械其功能和外形都不相同，但设计的基本要求大体是相同的。机械应满足的基本要求可以归纳为以下几个方面。

1. 功能要求

满足机器预定的工作要求，如机器工作部分的运动形式、速度、运动精度和平稳性、需要传递的功率，以及某些使用上的特殊要求(如高温、防潮等)。

2. 安全可靠性要求

(1) 使机器和零件在规定的载荷作用下和规定的工作时间内，能正常工作而不发生断裂、过度变形、过度磨损，不丧失稳定性。

(2) 能实现对操作人员的防护，保证人身安全和身体健康。

(3) 对于机器的周围环境和人不会造成危害和污染，同时要保证机器对环境的适应性。

3. 经济性要求

在产品整个设计周期中，必须把产品设计、销售及制造三方面作为一个系统工程来考虑，用价值工程理论指导产品设计，正确使用材料，采用合理的结构尺寸和工艺，以降低产品的成本。设计机械系统和零部件时，应尽可能使零件标准化、通用化、系列化，以提高设计质量、降低制造成本。

4. 其他要求

应使机器外形美观，便于操作和维修。此外，还必须考虑有些机器由于工作环境和要求不同，而对设计提出某些特殊要求，如食品卫生条件、耐腐蚀、高精度要求等。

1.4.2 机械设计的一般程序

机械设计就是建立满足机器功能要求的技术系统的创造过程。机械设计的一般过程是：明确任务→调查研究→可行性论证→总体设计→技术设计→样机试制→修改图纸及工艺→批量正式生产。

1. 明确设计任务

产品设计是一项为实现预定目标而进行的活动，因此正确地决定设计目标(任务)是设计成功的基础。明确设计任务包括定出技术系统的总体目标和各项具体的技术要求，这是设计、优化、评价、决策的依据。

明确设计任务包括分析所设计机械系统的用途、功能，各种技术经济性能指标和参数范围，预期的成本范围等，并对同类或相近产品的技术经济指标、同类产品的不完善性、用户的意见和要求、目前的技术水平以及发展趋势认真进行调查研究、收集材料，以进一步明确设计任务。

2. 总体设计

机械系统总体设计根据机器要求进行功能设计研究。总体设计包括确定工作部分的运动和阻力，选择原动机的种类和功率，选择传动系统、机械系统的运动和动力计算，确定各级传动比和每根轴的转速、转矩和功率。总体设计时要考虑到机械的操作、维修、安装、外廓尺寸等要求，确定机械系统各主要部件之间的相对位置关系及相对运动关系，人-机-环境之间的合理关系。总体设计对机械系统的制造和使用都有很大的影响，为此，常需做出几个方案加以分析、比较，通过优化求解得出最佳方案。

3. 技术设计

技术设计又称结构设计。其任务是根据总体设计的要求，确定机械系统各零部件的材料、形状、数量、空间相互位置、尺寸、加工和装配，并进行必要的强度、刚度、可靠性设计，若有几种方案时，需进行评价决策，最后选择最优方案。技术设计时还要考虑加工条件、现有材料、各种标准零部件、相近机器的通用件等。技术设计是保证质量、提高可靠性、降低成本的重要工作。技术设计的目标是产生总装配图、部件装配图、零件的工作图、编制设计说明书等。技术设计是从定性到定量、从抽象到具体、从粗略到详细的设计过程。

4. 样机试制

样机试制阶段是通过样机制造、样机试验，检查机械系统的功能及整机与零部件的强度、刚度、运转精度、振动稳定性、噪声等方面的性能，随时检查及修正设计图纸，以更好地满足设计要求。

5. 批量正式生产

批量正式生产阶段是根据样机试验、使用、测试、鉴定所暴露的问题，进一步修正设计，以保证完成系统功能，同时验证各工艺的正确性，以提高生产率、降低成本，提高经济效益。

机械设计是“设计—评价—再设计”的不断创优过程，设计过程中应注意以下几点。

(1) 设计过程要有全局观点，不能只考虑设计对象本身的问题，而要把设计对象看作一个系统，处理人-机-环境之间的关系。

(2) 善于运用创造性思维和方法，注意考虑多方案解，避免解答的局限性。

(3) 设计的各阶段应有明确的目标，注意各阶段的评价和优选，以求出既满足功能要求又有最大实现可能的方案。

(4) 要注意反馈及必要的工作循环。解决问题要由抽象到具体，由局部到全面，由不确定到确定。

1.5　机械传动系统的传动方案设计

通常机器原动部分(原动机)的输出转速、转矩以及运动形式不能直接满足执行部分(工作机)的要求，因此需要在它们之间采用机械传动装置。由于传动装置的选用、布局及其设计质量对整个机器的工作性能、质量和成本等影响很大，因此合理地拟定机械传动系统方案具有重要的意义。

MOOC

机械传动系统的设计是一项比较复杂的工作。在机械传动系统设计之前必须首先确定好机械系统传动方案。为了能设计出较好的传动方案，需要在对各种传动形式的性能、工作特点和适用场合等进行深入、全面了解的基础上，多借鉴、参考前人成功设计的案例。

机械传动系统设计的内容为：确定传动方案，选定电动机型号，计算总传动比和合理分配各级传动比，计算各传动装置的运动和动力参数。

1.5.1　传动方案的确定

为了满足同一工作机的性能要求，可采用不同的传动机构、不同的组合和布局。在总传动比保持不变的情况下，还可按不同的方法分配各级传动的传动比，从而得到多种传动方案以供分析、比较。合理的传动方案首先要满足机器的功能要求，例如传递功率的大小，转速和运动形式。此外还要适应工作条件（工作环境、场地、工作制度等），满足工作可靠、结构简单、紧凑、传动效率高、使用维护便利、工艺性好、成本低等要求。要同时满足这些要求是比较困难的，必须在满足最主要、最基本的要求的前提下权衡考虑其他因素。

图 1.3 是电动绞车的三种传动方案，其中图 1.3(a)的方案采用二级圆柱齿轮减速器，适合于繁重及恶劣条件下长期工作，使用维护方便，但结构尺寸较大；图 1.3(b)的方案采用蜗轮蜗杆减速器，结构紧凑，但传动效率较低，长期连续使用时就不经济；图 1.3(c)的方案用一级圆柱齿轮减速器和开式齿轮传动，成本较低，但使用寿命较短。从上述分析可见，虽然这三种方案都能满足电动绞车的功能要求，但结构、性能和经济性都不同，要根据工作条件要求来选择较好的方案。

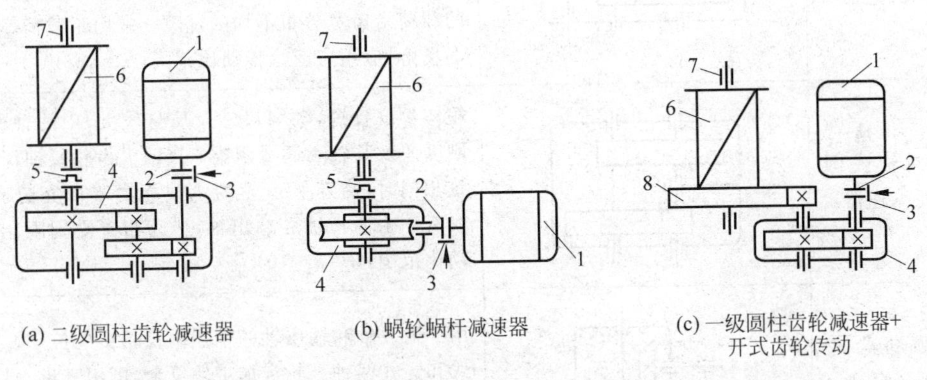

图 1.3　电动绞车传动方案简图

1—电动机；2、5—联轴器；3—制动器；4—减速器；6—卷筒；7—轴承；8—开式齿轮

为了便于在多级传动方案中合理和正确地选择有关的传动机构及其排列顺序，以充分发挥各自的优势，在拟定传动方案时应注意下面几点。

(1) 带传动具有传动平稳、吸收振动等特点，而且能起过载保护作用，但由于它是靠摩擦力来工作的，为了避免结构尺寸过大，通常把带传动布置在高速级。

(2) 链传动因具有瞬时传动比不稳定的运动特性，应将其布置在低速级，以尽量减小导致产生冲击的加速度。

(3) 斜齿圆柱齿轮传动具有传动平稳、承载能力大的优点，加工也不困难，故在没有变速要求的传动装置中，大多采用斜齿圆柱齿轮传动。如传动方案中同时采用了斜齿和直齿圆柱齿轮传动，应将斜齿圆柱齿轮传动布置在高速级。在斜齿圆柱齿轮减速器中，应使轮齿的旋向有利于轴承受力均匀或使轴上各传动零件产生的轴向力能相互抵消一部分。另外，为了补偿因轴的变形而导致载荷沿齿宽方向分布不均，应尽可能使输入和输出轴上的齿轮远离轴的伸出端。

(4) 蜗杆传动具有传动比大、结构紧凑、工作平稳等优点，但其传动效率低，故只用于传递功率不大、间断工作或要求自锁的场合。

(5) 开式齿轮传动因润滑条件及工作环境都较差，因而磨损较快，故通常布置在低速级。

为了便于在设计时选择传动装置，表 1.1 列出了常用减速器的类型及特性。

表 1.1 常用减速器的类型及特性

名称	简图	特性与应用场合
一级圆柱齿轮减速器	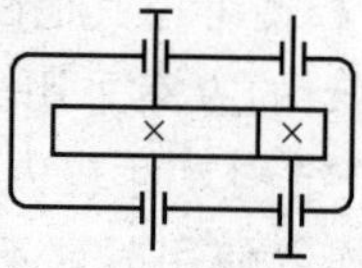	轮齿可用直齿、斜齿或人字齿。直齿用于低速($v \leqslant$ 8 m/s)或载荷较轻的传动，斜齿或人字齿用于较高速($v=25 \sim 50$ m/s)或载荷较重的传动。箱体常用铸铁制造，轴承常用滚动轴承。传动比范围：$i=3 \sim 6$，直齿 $i \leqslant 4$，斜齿 $i \leqslant 6$
二级展开式圆柱齿轮减速器	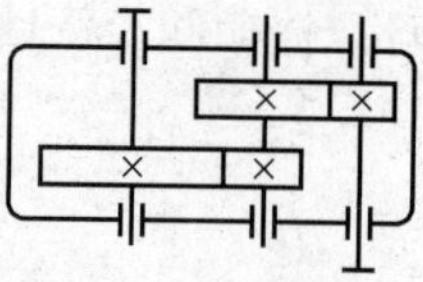	高速级常用斜齿，低速级可用直齿或斜齿。由于相对于轴承不对称，要求轴具有较大的刚度。高速级齿轮在远离转矩输入端，以减少因弯曲变形所引起的载荷沿齿宽分布不均的现象。常用于载荷较平稳的场合，应用广泛。传动比范围：$i=8 \sim 40$
二级同轴式圆柱齿轮减速器	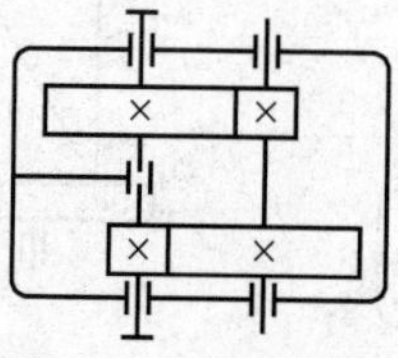	箱体长度较短，轴向尺寸及质量较大，中间轴较长、刚度差及其轴承润滑困难。当两大齿轮浸油深度大致相同时，高速级齿轮的承载能力难以充分利用。仅有一个输入轴和输出轴，传动布置受到限制。传动比范围：$i=8 \sim 40$
一级圆锥齿轮减速器	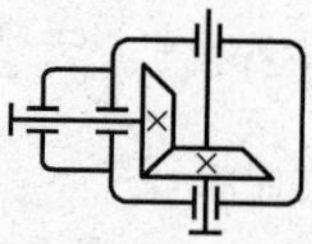	用于输入轴和输出轴的轴线垂直相交的传动。有卧式和立式两种。轮齿加工较复杂，可用直齿、斜齿或曲齿。传动比范围：$i=2 \sim 5$，直齿 $i \leqslant 3$，斜齿 $i \leqslant 5$
二级圆锥-圆柱齿轮减速器	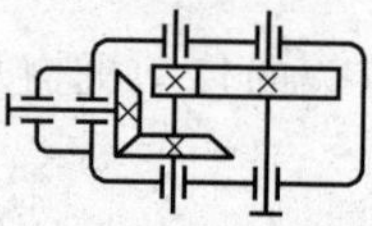	用于输入轴和输出轴的轴线垂直相交且传动比较大的传动。圆锥齿轮布置在高速级，以减少圆锥齿轮的尺寸，便于加工。传动比范围：$i=8 \sim 25$
一级蜗杆减速器	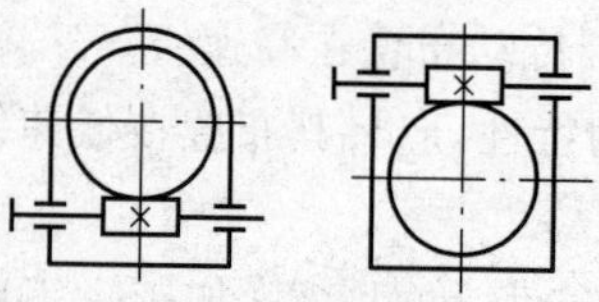 (a) 蜗杆下置式 (b) 蜗杆上置式	传动比大，结构紧凑，但传动效率低，用于中小功率、输入轴和输出轴垂直交错的传动。蜗杆下置式的润滑条件较好，应优先选用。当蜗杆圆周速度 $v>4 \sim 5$ m/s 时，应采用上置式，此时蜗杆轴承润滑条件较差。传动比范围：$i=10 \sim 40$
NGW 型一级行星齿轮减速器	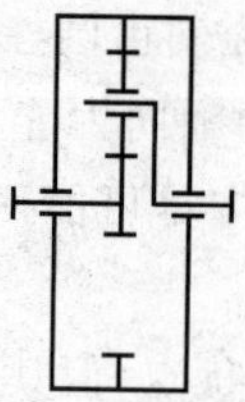	比普通圆柱齿轮减速器的尺寸小，质量轻；但制造精度要求高，结构复杂。用于要求结构紧凑的动力传动。传动比范围：$i=3 \sim 12$

若课程设计任务书中已提供了传动方案，则应对该方案的可行性、合理性及经济性进行论证，也可提出改进性意见并另行拟订方案。

1.5.2　电动机的选择

电动机的选择应在传动方案确定之后进行，其目的是在合理地选择其类型、功率和转速的基础上，确定电动机的型号。

1. 电动机类型和结构形式

电动机类型和结构形式要根据电源（交流或直流）、工作条件和载荷特点（性质、大小、起动性能和过载情况）来选择。工业上广泛使用三相异步电动机。对载荷平稳、不需调速、长期工作的机器，可采用鼠笼式异步电动机。Y 系列电动机为我国推广采用的新设计产品，它具有节能、起动性能好等优点，适用于不含易燃、易爆和腐蚀性气体的场合以及无特殊要求的机械中（见附录 J）。在经常起动、制动和反转的场合，可选用转动惯量小、过载能力强的 YZ 型、YR 型和 YZR 型等系列的三相异步电动机。

电动机的结构有开启式、防护式、封闭式和防爆式等，可根据工作条件选用。同一类型的电动机又具有几种安装形式，应根据安装条件确定。

2. 确定电动机的功率

电动机的功率选择是否恰当，对电动机的正常工作和成本都有影响。所选电动机的额定功率应等于或稍大于工作要求的功率。若功率小于工作要求，则不能保证工作机正常工作，或使电动机长期过载、发热大而过早损坏；但功率过大，则增加成本，并且由于效率和功率因数低而造成浪费。电动机的功率主要由运行时发热条件限定，由于课程设计中的电动机大多是在常温和载荷不变（或变化不大）的情况下长期连续运转，因此，在选择其功率时，只要使其所需的实际功率（简称电动机所需功率）P_d 不超过额定功率 P_{ed}，就可避免过热，即使 $P_{ed} \geqslant P_d$。

1）工作机主轴所需功率

若已知工作机主轴上的传动滚筒、链轮或其他零件上的圆周力（有效拉力）F（单位：N）和圆周速度（线速度）v（单位：m/s），则在稳定运转下工作机主轴上所需功率 P_w 按下式计算：

$$P_w = \frac{Fv}{1000}, \mathrm{kW} \tag{1.6}$$

若已知工作机主轴上的传动滚筒、链轮或其他零件的直径 D（单位：mm）和转速 n（单位：r/min），则圆周速度 v 按下式计算：

$$v = \frac{\pi D n}{60 \times 1000}, \mathrm{m/s} \tag{1.7}$$

若已知工作机主轴上的转矩 T（单位：N·m）和转速 n（单位：r/min），则工作机主轴所需功率 P_w 按下式计算：

$$P_w = \frac{Tn}{9550}, \mathrm{kW} \tag{1.8}$$

有些工作机主轴上所需功率可按专业机械有关的公式和数据计算。

2）电动机所需功率

电动机所需功率 P_d 按下式计算：

$$P_d = \frac{P_w}{\eta},\text{kW} \tag{1.9}$$

式中，P_w为工作机主轴所需功率，kW；η为由电动机至工作机主轴的总效率。

总效率η按下式计算：

$$\eta = \eta_1 \eta_2 \eta_3 \cdots \eta_n \eta_w \tag{1.10}$$

式中，$\eta_1,\eta_2,\eta_3,\cdots,\eta_n$分别为传动装置中每一传动副（齿轮、蜗杆、带或链）、每对轴承、每个联轴器的效率，其概略值见表1.2；η_w为工作机的效率。

表1.2　机械传动效率

类别	传动形式	效率η	类别	传动形式	效率η
圆柱齿轮传动	6～7级精度	0.98～0.995	滚动轴承	球轴承	0.99(一对)
	8级精度	0.97		滚子轴承	0.98(一对)
	9级精度	0.96	滑动轴承	不良润滑	0.94
	开式	0.95		正常润滑	0.97
圆锥齿轮传动	6～7级精度	0.97～0.98		压力油润滑	0.98
	8级精度	0.94～0.97		液体摩擦	0.99
	9级精度	0.93～0.95	联轴器	十字滑块联轴器	0.97～0.99
	开式	0.93		万向联轴器	0.95～0.98
带传动	无交叉平带传动	0.97～0.98		齿轮联轴器	0.99
	交叉平带传动	0.90		弹性联轴器	0.99～0.995
	V带传动	0.96		刚性联轴器	1
	同步带传动	0.96～0.98	蜗杆传动	自锁蜗杆	0.40～0.45
链传动	滚子链	0.96		单头蜗杆	0.7～0.75
	齿形链	0.98		双头蜗杆	0.75～0.82
	焊接链	0.93		3头或4头蜗杆	0.87～0.92
	片式关节链	0.95		环面蜗杆传动	0.85～0.95

计算总效率时，要注意以下几点。

(1) 选用η_i数值时，一般取中间值。如工作条件差、润滑不良取低值，反之取高值。

(2) 动力每经一对运动副或传动副就有一次功耗，故在计算总效率时，都要计入。

(3) 表1.2中传动效率仅是传动啮合效率，未计入轴承效率，故轴承效率须另计。表中轴承效率均指的是一对轴承的效率。

3. 电动机的转速

同一功率的异步电动机有3000、1500、1000、750 r/min等几种同步转速。一般来说，电动机的同步转速越高，磁极对数越少，外廓尺寸越小，价格越低；反之，转速越低，外廓尺寸越大，价格越高。因此，在选择电动机转速时，应综合考虑与传动装置有关的各种因素，通过分析比较，选出合适的转速。一般选用同步转速为1000 r/min和1500 r/min的电动机为宜。

根据选定的电动机类型、功率和转速由附录J中查出电动机的具体型号和外形尺寸。

后面传动装置的计算和设计就按照已选定的电动机的额定功率 P_{ed}、满载转速 n_m、电动机的中心高度、外伸轴径和外伸轴长度等条件进行工作。

例 1.1 试设计运送原料的带式运输机的传动装置。设计的原始数据：输送带工作拉力 $F=1855$ N；输送带工作速度 $v=1.72$ m/s；滚筒直径 $D=365$ mm。工作条件：工作载荷有轻微冲击，室内工作，水分和颗粒为正常状态，允许总传动比误差不超过±4%，齿轮使用寿命为10年，轴承使用寿命不小于15 000小时，两班工作制，滚筒(包括其轴承及输送带)效率 $\eta=0.94$。试拟订传动方案，计算传动系统功率，选择电动机。

解：(1) 拟订传动方案

本传动装置采用普通V带传动和一级圆柱齿轮减速器，其传动装置如图1.4所示。

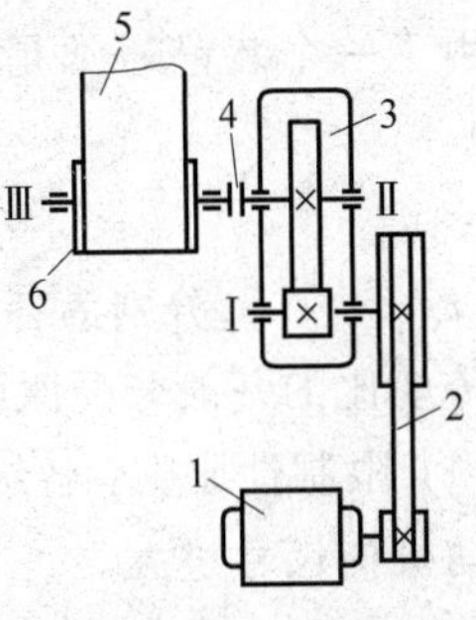

图1.4 带式运输机传动装置简图

1—电动机；2—带传动；3—减速器；4—联轴器；5—输送带；6—滚筒

(2) 输送机功率计算

① 工作机功率

$$P_w = Fv = 1855 \times 1.72\ \text{W} = 3.19\ \text{kW}$$

② 滚筒转速

$$n_w = \frac{60 \times 1000 \times v}{\pi D} = \frac{60 \times 1000 \times 1.72}{\pi \times 365}\ \text{r/min} = 90\ \text{r/min}$$

(3) 选择电动机

① 选择电动机类型

按工作条件和要求，选用Y系列三相异步电动机。

② 选择电动机功率

按式(1.9)计算电动机所需功率：

$$P_d = P_w/\eta,\ \text{kW}$$

式中，η 为传动装置的总效率，计算公式为

$$\eta = \eta_1 \eta_2 \eta_3^2 \eta_4 \eta_5$$

式中，η_1、η_2、η_3、η_4 和 η_5 分别为V带传动、齿轮传动、滚动轴承、十字滑块联轴器和滚筒的效率。由表1.2，查取 $\eta_1=0.96$，$\eta_2=0.97$，$\eta_3=0.99$，$\eta_4=0.97$，已知 $\eta_5=0.94$，故

$$\eta = 0.96 \times 0.97 \times 0.99^2 \times 0.97 \times 0.94 = 0.832$$

$$P_d = 3.19/0.832\ \text{kW} = 3.83\ \text{kW}$$

查电动机标准，选取电动机的额定功率 $P_{ed} = 4$ kW。

③ 选择电动机转速

电动机同步转速有750、1000、1500和3000 r/min四种，根据输送机主轴转速，查电动机标准，现选用同步转速1500 r/min，满载转速 $n_m=1440$ r/min的电动机，查得其型号和主要数据如下：

电动机型号和主要数据

电动机型号	额定功率	同步转速	满载转速	堵转转矩/额定转矩	最大转矩/额定转矩
Y112M-4	4 kW	1500 r/min	1440 r/min	2.2	2.2

电动机的安装及有关尺寸

中心高 H/mm	外形尺寸 $L\times(AC/2+AD)\times HD$ /(mm×mm×mm)	底脚安装尺寸 $A\times B$ /(mm×mm)	地脚螺栓直径 K/mm	轴伸尺寸 $D\times E$ /(mm×mm)	键公称尺寸 $b\times h$ /(mm×mm)
112	400×305×265	190×140	12	28×60	8×7

1.5.3 传动比分配

传动比是指两轴(或两构件)转速之比。若电动机的满载转速为 n_m,工作机主轴的转速为 n_w,则传动装置的总传动比 i 按下式计算:

$$i = n_m / n_w \tag{1.11}$$

由于一个装置通常是由多个传动环节构成,因此其总传动比 i 为各级传动比的连乘积,即

$$i = i_1 i_2 \cdots i_n$$

式中,$i_1, i_2, \cdots, i_n$ 分别为各级传动副的传动比。

传动比的一般分配原则如下:

(1) 限制性原则:各级传动比应控制在表1.3给出的常用范围以内。采用最大值时将使传动机构尺寸过大。

表1.3 各种机械传动的传动比

传动类型			传动比的推荐值	传动比的允许值
一级圆柱齿轮传动	闭式	直齿	≤3~4	≤10
		斜齿	≤3~6	≤10
	开式		≤3~7	≤15~20
一级圆锥齿轮传动	闭式	直齿	≤2~3	≤6
		斜齿	≤3~4	≤6
	开式		≤5	≤8
蜗杆传动	闭式		7~40	≤80
	开式		15~60	≤120
带传动	开口平带		≤2~4	≤6
	V带		≤2~4	≤7
链传动	滚子链		≤2~5	≤8

(2) 协调性原则:传动比的分配应使整个传动装置的结构匀称、尺寸比例协调而又不相互干涉碰撞。否则的话,若传动比分配不当,就有可能造成V带传动中从动轮的半径大于减速器输入轴的中心高,从而与地面干涉,或者多级减速器内大齿轮的齿顶与相邻轴的表面相碰等情况。

(3) 等浸油深度原则:对于展开式双级圆柱齿轮减速器,通常要求传动比的分配应使两个大齿轮的直径比较接近,从而有利于实现浸油润滑。由于低速级齿轮的圆周速度较低,因此其大齿轮的直径允许稍大些(即浸油深度可深一些)。

(4) 等强度原则:在设计过程中,有时往往要求同一减速器中各级齿轮的接触强度比较接近,以使各级传动零件的使用寿命大致相等。

(5) 优化原则:当要求所设计的减速器的质量最轻或外形尺寸最小时,可以通过调整传动比和其他设计参数(变量),用优化方法求解。

上述传动比分配所获得的只是初步的数值,由于在传动零件设计计算中,带轮基准直径的标准化和齿轮齿数的圆整都会使各级实际传动比有所改变。因此,在所有传动零件设计

计算完成后，实际总传动比与要求的理论总传动比有一定的误差，一般相对误差控制在±(3～5)%的范围内即可。

1.5.4 传动装置的运动和动力参数计算

为了给传动件的设计计算提供依据，应计算各传动轴的转速、输入功率和转矩等有关参数。计算时，可将各轴由高速至低速依次编为 0 轴（电动机轴）、Ⅰ轴、Ⅱ轴……，并按此顺序进行计算。

1. 计算各轴的转速

传动装置中，各轴转速的计算公式为

$$\begin{cases} n_0 = n_m \\ n_{\mathrm{I}} = n_0 / i_{01} \\ n_{\mathrm{II}} = n_{\mathrm{I}} / i_{12} \\ n_{\mathrm{III}} = n_{\mathrm{II}} / i_{23} \end{cases} \tag{1.12}$$

式中，i_{01}、i_{12}、i_{23}分别为相邻两轴间的传动比；n_m 为电动机的满载转速。

2. 计算各轴的输入功率

用电动机计算功率 P_d作为各轴输入功率的计算依据，则各轴输入功率分别为

$$\begin{cases} P_{\mathrm{I}} = P_d \eta_{01} \\ P_{\mathrm{II}} = P_{\mathrm{I}} \eta_{12}, \ \mathrm{kW} \\ P_{\mathrm{III}} = P_{\mathrm{II}} \eta_{23} \end{cases} \tag{1.13}$$

式中，η_{01}、η_{12}、η_{23}分别为相邻两轴间的传动效率。

3. 计算各轴输入转矩

电动机输出转矩

$$T_d = 9550 \frac{P_d}{n_m}, \ \mathrm{N \cdot m} \tag{1.14}$$

其他各轴输入转矩为

$$\begin{cases} T_{\mathrm{I}} = 9550 \dfrac{P_{\mathrm{I}}}{n_{\mathrm{I}}} \\ T_{\mathrm{II}} = 9550 \dfrac{P_{\mathrm{II}}}{n_{\mathrm{II}}}, \ \mathrm{N \cdot m} \\ T_{\mathrm{III}} = 9550 \dfrac{P_{\mathrm{III}}}{n_{\mathrm{III}}} \end{cases} \tag{1.15}$$

得到运动和动力参数的计算数值后，整理列表备用。

例 1.2 试确定例 1.1 中传动装置的总传动比，分配各级传动比，并计算各轴转速、功率和输入转矩。

解：(1) 确定总传动比与各级传动比

由表 1.3 可知：普通 V 带传动的传动比 $i_1'=2\sim4$，单级斜齿圆柱齿轮传动的传动比 $i_2'=3\sim6$。因此，

可计算得到电动机转速允许的范围为

$$n_d = n_w i_1' i_2' = 90 \times (2 \sim 4) \times (3 \sim 6)\ \text{r/min} = 540 \sim 2160\ \text{r/min}$$

因此，选用同步转速 1500 r/min，满载转速 $n_m = 1440$ r/min 的电动机是合适的。传动装置的总传动比为

$$i = n_m / n_w = 1440/90 = 16$$

根据表 1.3，取普通 V 带传动比 $i = 3.2$，则单级圆柱齿轮减速器的传动比为 $i_2 = i/i_1 = 16/3.2 = 5$。

(2) 计算各轴转速

电动机轴转速

$$n_d = 1440\ \text{r/min}$$

轴Ⅰ转速

$$n_{\text{I}} = \frac{n_m}{i_1} = \frac{1440}{3.2}\ \text{r/min} = 450\ \text{r/min}$$

轴Ⅱ转速

$$n_{\text{II}} = \frac{n_{\text{I}}}{i_2} = \frac{450}{5}\ \text{r/min} = 90\ \text{r/min}$$

(3) 计算各轴功率

电动机轴输出功率

$$P_d = 3.83\ \text{kW}$$

轴Ⅰ(减速器高速轴)输入功率

$$P_{\text{I}} = P_d \eta_1 = 3.83 \times 0.96\ \text{kW} = 3.68\ \text{kW}$$

轴Ⅱ(减速器低速轴)输入功率

$$P_{\text{II}} = P_{\text{I}} \eta_2 \eta_3 = 3.68 \times 0.97 \times 0.99\ \text{kW} = 3.53\ \text{kW}$$

(4) 计算各轴转矩

电动机轴转矩

$$T_d = 9550 \frac{P_d}{n_m} = 9550 \times \frac{3.83}{1440}\ \text{N} \cdot \text{m} = 25.4\ \text{N} \cdot \text{m}$$

轴Ⅰ转矩

$$T_{\text{I}} = 9550 \frac{P_{\text{I}}}{n_{\text{I}}} = 9550 \times \frac{3.68}{450}\ \text{N} \cdot \text{m} = 78.1\ \text{N} \cdot \text{m}$$

轴Ⅱ转矩

$$T_{\text{II}} = 9550 \frac{P_{\text{II}}}{n_{\text{II}}} = 9550 \times \frac{3.53}{90}\ \text{N} \cdot \text{m} = 374.6\ \text{N} \cdot \text{m}$$

把各轴运动和动力参数计算结果填入下表：

<table>
<tr><th>轴　　名</th><th>功率/kW</th><th>转速/(r/min)</th><th>转矩/(N·m)</th><th>传动比 i</th><th>效率 η</th></tr>
<tr><td>电动机轴</td><td>3.83</td><td>1440</td><td>25.4</td><td rowspan="2">3.2</td><td rowspan="2">0.96</td></tr>
<tr><td>轴Ⅰ(高速轴)</td><td>3.68</td><td>450</td><td>78.1</td></tr>
<tr><td>轴Ⅱ(低速轴)</td><td>3.50</td><td>90</td><td>374.6</td><td>5</td><td>0.96</td></tr>
</table>

习　题

1.1　试述机械、机器、机构、构件、零件的含义。

1.2　试述机械零件失效的主要形式及机械零件设计准则的含义。

1.3　机械中常用哪些材料？试简述钢和铸铁的主要性能及其应用。

1.4　试举出有下述功能机器的两个具体实例：①原动机；②将机械能变换为其他形式能量的机器；③实现物料变换的机器；④变换或传递信息的机器；⑤传递物料的机器；⑥传递机械能的机器。

1.5　试指出下列机器的原动部分、工作部分、传动部分、支承部分、控制部分：①汽车；②自行车；③电风扇；④缝纫机。

1.6　指出汽车中的通用零件和专用零件各三个。

课程设计题

S.1　每位同学按学号顺序根据表 1.4 给出的原始数据，设计如图 1.5 所示的 V 带-齿轮减速传动装置。工作机连续单向运转，载荷变动小，两班制，使用期限 10 年，包括滚筒与滚筒轴承的效率 $\eta=0.96$。试计算输送机功率，拟定传动方案，选择电动机。

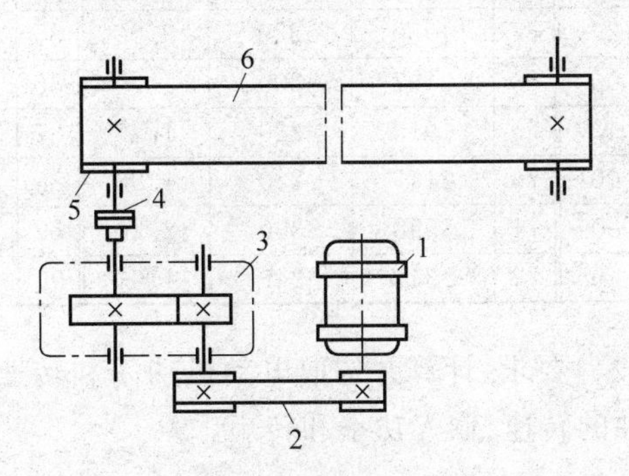

图 1.5　传动装置

1—电动机；2—带传动；3—减速器；4—联轴器；5—滚筒；6—传动带

表 1.4　原始数据

序号	输送带有效拉力 F/N	滚筒直径 D/mm	带速 v/(m/s)	序号	输送带有效拉力 F/N	滚筒直径 D/mm	带速 v/(m/s)	序号	输送带有效拉力 F/N	滚筒直径 D/mm	带速 v/(m/s)
1	1758	290	2.00	13	2067	260	1.80	25	1716	220	1.80
2	2147	280	1.60	14	1875	240	2.20	26	2147	220	1.80
3	2461	240	1.40	15	2030	250	2.00	27	1481	290	2.20
4	2498	220	1.60	16	2109	260	1.60	28	2344	240	1.60
5	2733	200	1.40	17	1833	300	1.80	29	1950	260	1.80
6	1758	310	2.00	18	1758	310	2.00	30	1641	280	2.40
7	2733	220	1.20	19	1364	240	2.40	31	1716	290	2.00
8	1833	260	2.00	20	1716	310	2.00	32	2381	220	1.60
9	1950	280	1.80	21	1758	220	1.80	33	2733	190	1.60
10	2653	220	1.40	22	2653	190	1.60	34	1950	220	2.00
11	1716	320	2.20	23	1950	230	2.00	35	2030	190	1.60
12	1795	310	2.00	24	2067	220	1.60	36	2030	220	1.80

续表

序号	输送带有效拉力 F/N	滚筒直径 D/mm	带速 v/(m/s)	序号	输送带有效拉力 F/N	滚筒直径 D/mm	带速 v/(m/s)	序号	输送带有效拉力 F/N	滚筒直径 D/mm	带速 v/(m/s)
37	2147	240	2.00	55	1716	310	2.00	73	1950	250	1.80
38	1678	280	2.40	56	1795	320	2.00	74	1641	280	2.40
39	2147	260	1.80	57	2067	250	1.80	75	1716	310	2.00
40	1481	260	2.20	58	1758	240	2.20	76	1875	200	1.80
41	2344	240	1.60	59	2030	240	1.80	77	2733	190	1.40
42	1950	250	1.80	60	2109	240	1.80	78	1950	220	2.00
43	1641	270	2.40	61	1833	290	1.80	79	2147	200	1.60
44	1716	330	2.00	62	1758	270	2.02	80	2109	210	1.80
45	1758	290	2.20	63	1598	240	2.40	81	1992	220	1.80
46	2147	270	1.80	64	1716	310	2.00	82	1598	300	2.20
47	2461	230	1.60	65	2184	200	1.80	83	2147	220	1.80
48	2536	220	1.40	66	2733	190	1.40	84	1364	300	2.20
49	2733	190	1.20	67	1950	220	2.00	85	2344	240	1.60
50	1758	310	2.00	68	2147	200	1.60	86	1950	250	1.80
51	2733	200	1.40	69	1913	220	1.80	87	1641	280	2.40
52	1833	270	2.00	70	2147	220	1.80	88	1950	240	2.00
53	1950	280	1.80	71	1598	300	2.20	89	1598	290	2.25
54	2653	200	1.40	72	2344	240	1.60	90	1859	260	1.60

S.2 试根据S.1的设计要求，计算并选取电动机功率和转速等参数，分配带传动和齿轮传动的传动比，计算各轴的转速、输入功率和转矩。

第 2 章

平面机构运动简图及机构自由度的计算

机构由构件组成，各构件之间具有确定的相对运动。然而，把构件任意拼凑起来不一定能运动；即使能够运动，也不一定具有确定的相对运动。那么构件应如何组合才能运动？在什么条件下才具有确定的相对运动？这对分析现有机构或创新机构很重要。

MOOC

所有构件的运动平面都相互平行的机构称为平面机构，否则称为空间机构。本章仅讨论平面机构的情况，因为在生活和生产中，平面机构应用最多。

2.1 运 动 副

2.1.1 运动副简介

机构由若干个相互连接起来的构件组成。机构中两构件之间直接接触并能作相对运动的可动连接称为运动副。例如，轴与轴承之间的连接，活塞与气缸之间的连接，凸轮与推杆之间的连接，两齿轮的齿和齿之间的连接等。

2.1.2 运动副的分类

在平面运动副中，两构件之间的直接接触有三种情况：点接触、线接触和面接触。按照接触特性，通常把运动副分为低副和高副两类。

1. 低副

两构件通过面接触构成的运动副称为低副。根据两构件间的相对运动形式，低副又分为移动副和转动副。当两构件间的相对运动为移动时，称为移动副，如图 2.1 所示；两构件间的相对运动为转动时，称为转动副或称为铰链副，如图 2.2 所示。

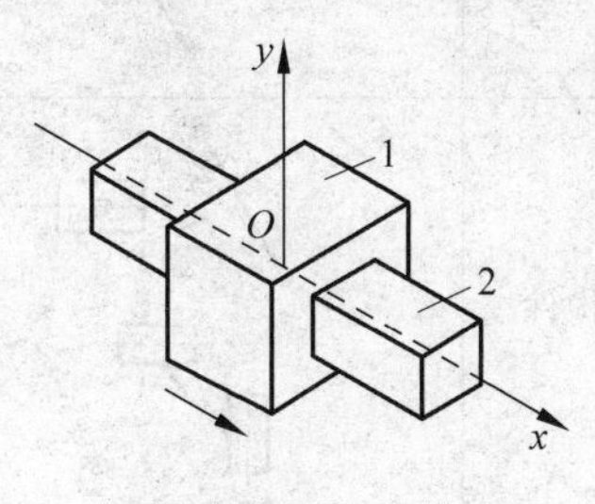

图 2.1　移动副

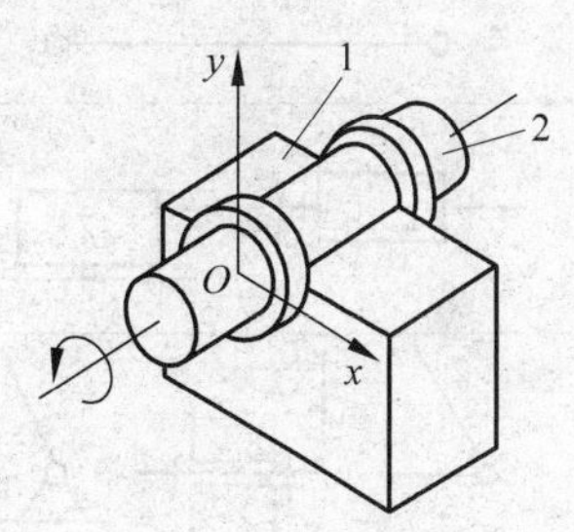

图 2.2　转动副

2. 高副

两构件通过点或线接触构成的运动副称为高副。如图2.3所示,凸轮2与尖顶推杆1之间为点接触,构成凸轮高副;图2.4所示的两齿轮的轮齿啮合处是线接触,也构成齿轮高副。

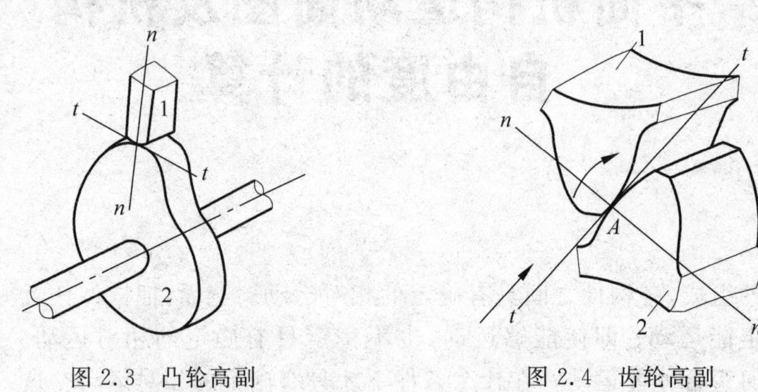

图2.3 凸轮高副　　　　图2.4 齿轮高副

低副因通过面接触而构成运动副,故其接触处的压强小,承载能力大,耐磨损,寿命长,且因其形状简单,所以容易制造。低副的两构件之间只能作相对滑动,而高副的两构件之间则可作相对滑动或滚动,或两者并存。

2.2 机构运动简图

实际构件的外形和结构往往很复杂,在研究机构运动时,为了突出与运动有关的因素,将那些无关的因素删减掉,保留与运动有关的外形,用规定的符号来代表构件和运动副,并按一定的比例表示各种运动副的相对位置。这种表示机构各构件之间相对运动的简化图形称为机构运动简图。部分常用机构运动简图符号见表2.1,其他常用零部件的表示方法也可参照表2.1。

表2.1 部分常用机构运动简图符号(GB 4460—1984)

名　称	符　号	名　称	符　号
轴、杆、连杆等构件		两个运动构件用移动副相连	2 1 2 1
轴、杆的固定支座(机架)			
同一构件		两个运动构件用转动副相连	1 2 1 2 1 2
一个构件上有两个转动副			
一个运动构件与一个固定构件用移动副相连	2 1 2 1	二副构件	
一个运动构件与一个固定构件用转动副相连	2 1 2 1 2 1		

续表

名　称	符　号
三副构件	
圆柱蜗轮蜗杆传动	
棘轮机构	
链传动	
外啮合圆柱齿轮传动	
内啮合圆柱齿轮传动	
齿轮齿条传动	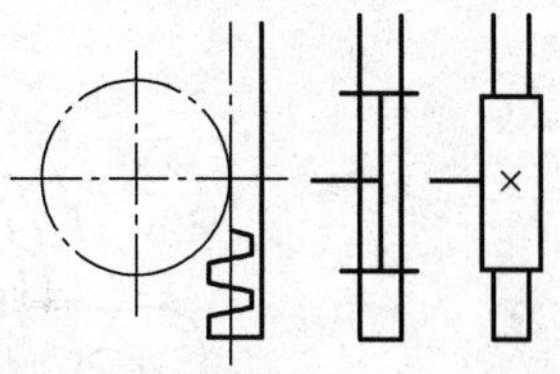
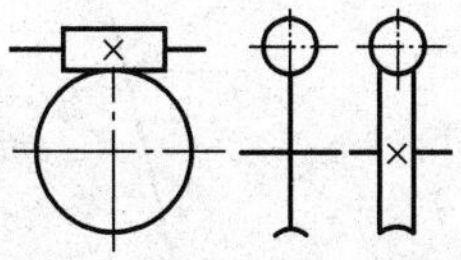 在支架上的电动机	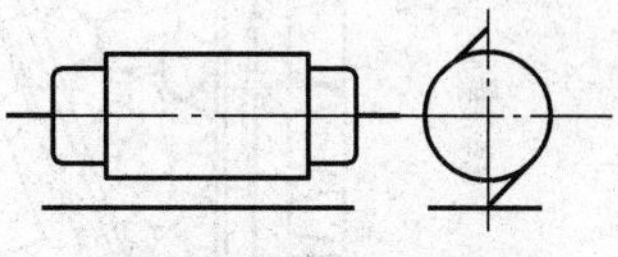
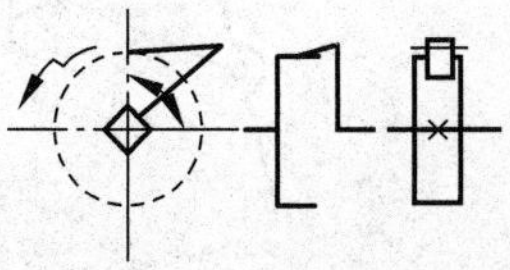 带轮传动	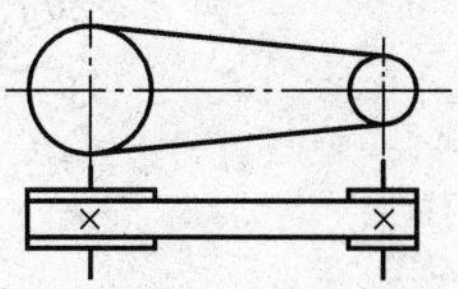
凸轮传动	
圆锥齿轮传动	

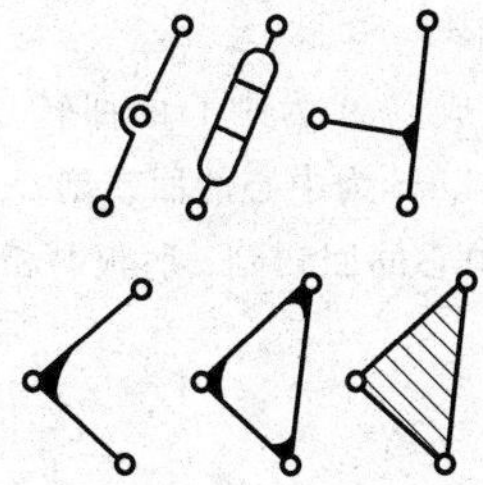

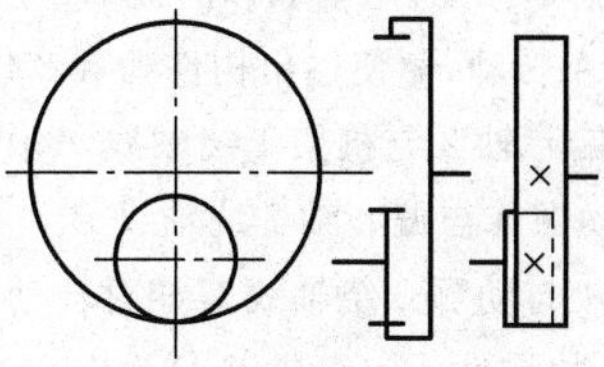

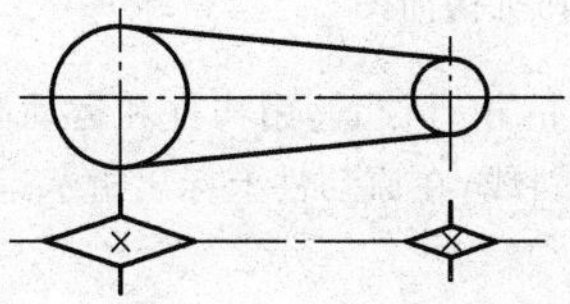

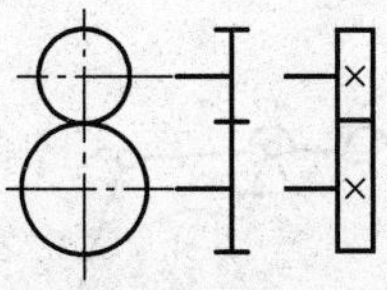

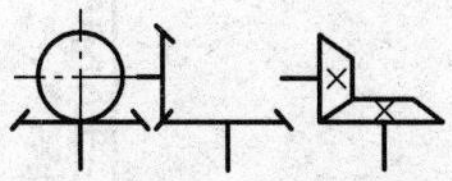

机构中的构件可分为三类。

(1) 固定件或机架——用来支撑活动构件的构件。研究机构中活动构件的运动时,常以固定件作为参考坐标系。

(2) 原动件——运动规律已知的活动构件。它的运动是由外界输入的,故又称为输入构件。

(3) 从动件——机构中随着原动件的运动而运动的其余活动构件。其中输出机构为预期运动的从动件称为输出构件,其他从动件则起传递运动的作用。

在一般的运动简图绘制中,必有一个构件被相对地看作固定件,在活动构件中,必须有一个或几个原动件,其余的是从动件。两构件组成高副时,在简图中应该画出两构件接触处的曲线轮廓。例如互相啮合的齿轮在简图中应画出一对节圆来表示,凸轮则用完整的轮廓曲线来表示。

例 2.1 试绘制图 2.5(a)所示颚式破碎机的机构运动简图。

解：颚式破碎机的主体机构由机架 1、偏心轴 2、动颚 3、肘板 4 共 4 个构件组成。偏心轴是原动件，动颚和肘板都是从动件。偏心轴在与它固连的带轮 5 的拖动下绕轴线 A 转动，驱使输出构件动颚 3 作平面运动，从而将矿石轧碎。

偏心轴 2 与机架 1 绕轴线 A 作相对转动，故构件 1、2 组成以 A 为中心的回转副；动颚 3 与偏心轴 2 绕轴线 B 作相对转动，故构件 2、3 组成以 B 为中心的回转副；肘板 4 与动颚 3 绕轴线 C 相对转动，故构件 3、4 组成以 C 为中心的回转副；肘板与机架绕轴线 D 作相对转动，故构件 4、1 组成以 D 为中心的回转副。

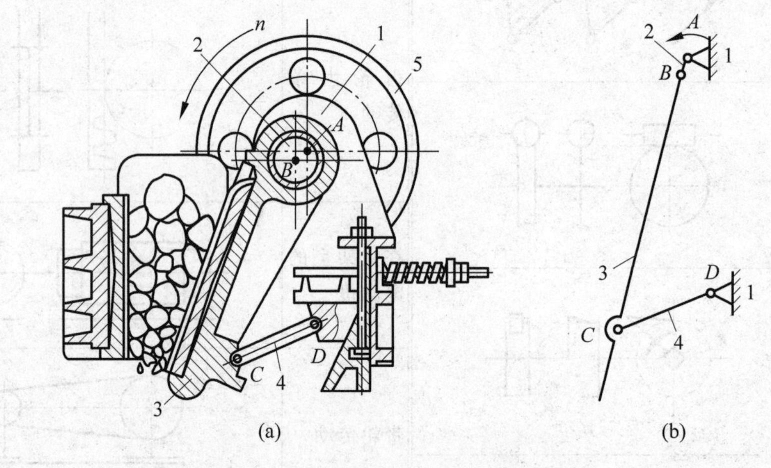

图 2.5 颚式破碎机及其机构简图

选定适当比例尺，根据图 2.5(a)的尺寸定出 A、B、C、D 的相对位置，用构件和运动副的规定符号绘出机构运动简图，如图 2.5(b)所示。最后，将图中的机架画上斜线，在原动件上标出指示运动方向的箭头。

例 2.2 绘制图 2.6(a)所示活塞泵机构的运动简图。

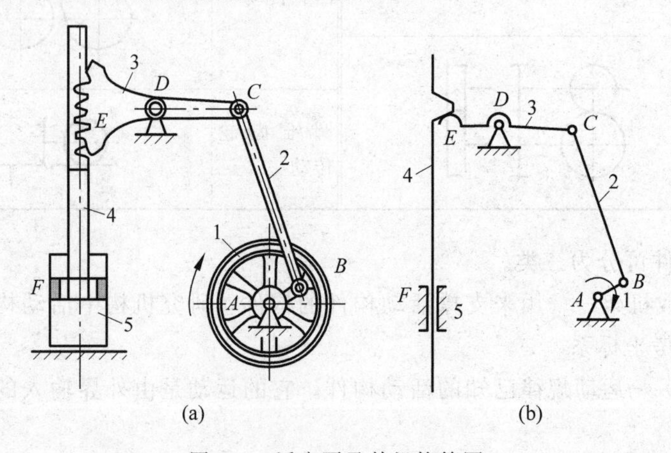

图 2.6 活塞泵及其机构简图

解：活塞泵由曲柄 1、连杆 2、齿扇 3、齿条活塞 4 和机架 5 共 5 个构件组成。其中，曲柄 1 是原动件，2、3、4 为从动件。当原动件 1 回转时，活塞在气缸中作往复运动。

各构件之间的连接如下：构件 1 和 5、2 和 1、3 和 2、3 和 5 之间为相对转动，分别构成回转副 A、B、C、D。构件 3 的轮齿与构件 4 的齿构成平面高副 E。构件 4 与构件 5 之间为相对移动，构成移动副 F。

选取适当比例尺，按图 2.6(a)的尺寸，用构件和运动副的规定符号画出机构运动简图，如图 2.6(b)所示。最后，将图中的机架画上斜线，在原动件上标出指示运动方向的箭头。

2.3 机构自由度的计算

自由度是构件可能出现的独立运动。一个作平面运动的自由构件有 3 个自由度，如图 2.7 所示，分别为沿 x 轴和 y 轴移动，以及在 xOy 平面内的转动。为了使组合起来的构件能产生确定的相对运动，有必要探讨平面机构自由度和平面机构具有确定运动的条件。

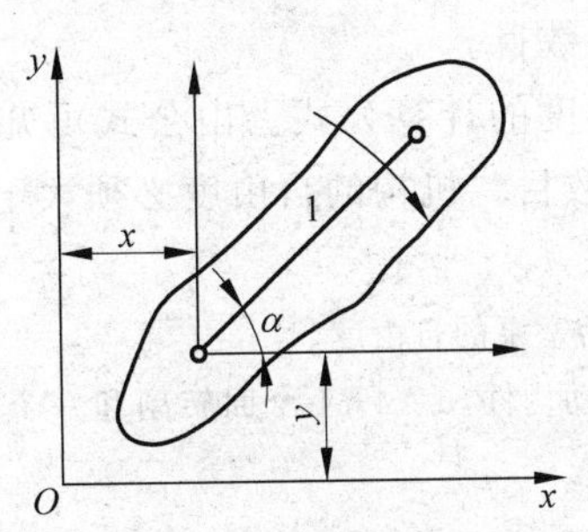

图 2.7 构件的自由度

2.3.1 平面机构自由度计算公式

如前所述，一个作平面运动的自由构件具有 3 个自由度，因此，平面机构的每个活动构件，在未用运动副连接之前，都有 3 个自由度。当两个构件组成运动副之后，它们的相对运动就受到约束，使得某些独立的相对运动受到限制。对独立的相对运动的限制称为约束。约束增多，自由度就相应减少。由于不同种类的运动副引入的约束不同，所以保留的自由度也不同。

1. 低副

1）移动副

当构件 1 和构件 2 组成移动副后，如图 2.1 所示，约束了沿一个轴方向的移动和绕 O 点的转动，即引入 2 个约束，只保留沿另一个轴方向移动的 1 个自由度。

2）转动副

当构件 1 和构件 2 组成转动副后，如图 2.2 所示，约束了沿两个轴方向移动的自由度，即引入 2 个约束，只保留一个转动的自由度。

2. 高副

当构件 1 和构件 2 组成平面高副时，一般只引入 1 个约束，如图 2.3 和图 2.4 所示，无论是凸轮副还是齿轮副，它们只约束了沿接触处公法线 $n-n$ 方向移动的自由度，保留绕接触处的转动和沿接触处公切线 $t-t$ 方向移动的 2 个自由度。

结论：在平面机构中，①每个低副引入 2 个约束，使机构失去 2 个自由度；②每个高副引入一个约束，使机构失去1个自由度。

如果一个平面机构中包含有 n 个活动构件（机架为参考坐标系，因相对固定，所以不计在内），其中有 P_l 个低副和 P_h 个高副，则这些活动构件在未用运动副连接之前，其自由度总数为 $3n$。当用 P_l 个低副和 P_h 个高副连接成机构之后，全部运动副所引入的约束为 $2P_l+P_h$。因此，活动构件的自由度总数减去运动副引入的约束总数，就是该机构的自由度数，用 F 表示，有

$$F=3n-2P_l-P_h \tag{2.1}$$

式中，F 为平面机构的自由度数；n 为机构中的活动构件数；P_l 为机构中的低副（转动副、移动副）数目；P_h 为机构中的高副数目。

式(2.1)就是平面机构自由度的计算公式。由公式可知，机构自由度 F 取决于活动构件的数目以及运动副的性质和数目。机构的自由度必须大于零，机构才能够运动，否则成为桁架。

例2.3 计算图2.6(b)所示的活塞泵的自由度。

解：除机架外，活塞泵有4个活动构件，$n=4$；4个回转副和一个移动副共5个低副，$P_l=5$；一个高副，$P_h=1$。由式(2.1)得

$$F=3n-2P_l-P_h=3\times4-2\times5-1\times1=1$$

即该机构的自由度为1。

2.3.2 机构具有确定运动的条件

MOOC

机构的自由度也即是机构所具有的独立运动参数的个数。由前所述可知，从动件是不能独立运动的，只有原动件才能独立运动。通常每个原动件只具有一个独立运动，因此，机构自由度必定与原动件的数目相等。

Video

如图2.8(a)所示的五杆机构中，由式(2.1)计算得其自由度 $F=3n-2P_l-P_h=3\times4-2\times5=2$，当只输入一个原动件时，由于原动件数小于自由度数 F，显然，当原动件1的位置角 φ_1 确定后，从动件2、3、4的位置既可为实线位置，也可为虚线所处的位置，因此其运动是不确定的。只有给出两个原动件，使构件1、4都处于给定位置时，才能使从动件2、3获得确定运动。

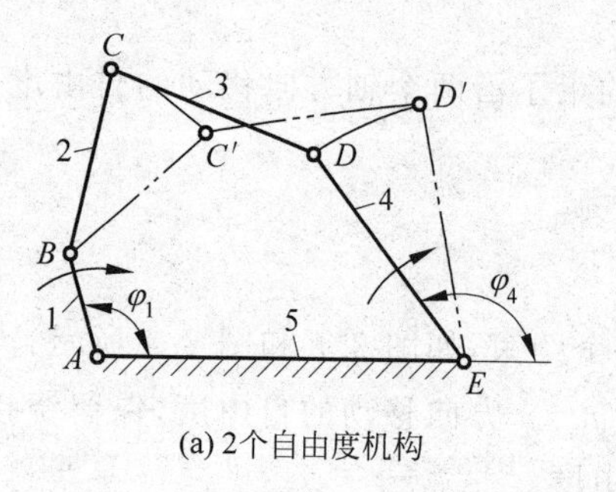

(a) 2个自由度机构

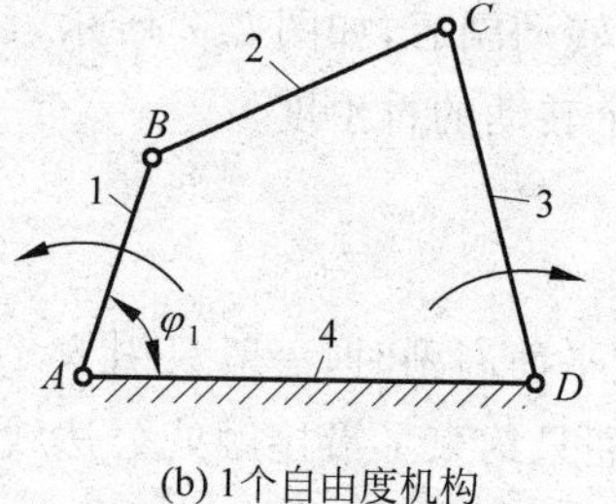

(b) 1个自由度机构

(c) 0个自由度机构

图2.8 不同自由度机构的运动

如图 2.8(b)所示的四杆机构中,由于原动件数(=2)大于机构自由度数($F=3\times3-2\times4=1$),因此原动件 1 和原动件 3 不可能同时按图中给定方式运动。否则,构件 2 就会被拉断。

如图 2.8(c)所示的五杆机构中,机构自由度等于 $F=3\times4-2\times6=0$,它的各杆件之间不可能产生相对运动。

综上所述,机构具有确定运动的条件是:**机构自由度必须大于零,且其原动件数与自由度必须相等**。

2.3.3　计算平面机构自由度时应注意的问题

MOOC

1. 复合铰链

两个以上构件在同一处以转动副相连接,所构成的运动副称为复合铰链,如图 2.9(a)所示,为 3 个构件在 A 处构成复合铰链。由其侧视图 2.9(b)可知,此 3 构件(1,2,3)共组成两个共轴线的转动副。因此,由 K 个构件组成复合铰链时,则组成 $K-1$ 个共轴线的转动副,即此处的转动副数为 $K-1$ 个。

2. 局部自由度

机构中若某些构件所具有的自由度仅与其自身的局部运动有关,并不影响其他构件的运动,则这种自由度称为局部自由度。在计算机构自由度时,可预先排除。如图 2.10(a)所示的平面凸轮机构中,为了减少高副接触处的磨损,在从动件上安装一个滚子 3,使其与凸轮轮廓线滚动接触。显然,滚子绕其自身轴线转动并不影响凸轮与从动件间的相对运动,因此,滚子绕其自身轴线的转动为机构的局部自由度,在计算机构的自由度时,应预先将转动副 C 除去不计,或如图 2.10(b)所示,设想将滚子 3 与从动件 2 固连在一起作为一个构件来考虑。这样在机构中,$n=2$,$P_l=2$,$P_h=1$,其自由度为 $F=3n-2P_l-P_h=3\times2-2\times2-1\times1=1$。即此凸轮机构中只有 1 个自由度。

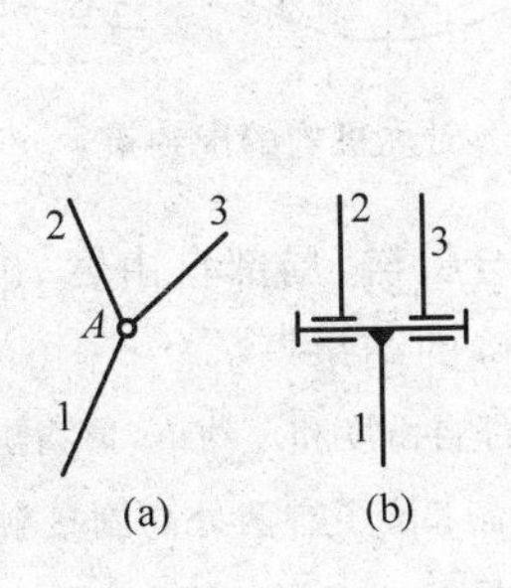

图 2.9　复合铰链

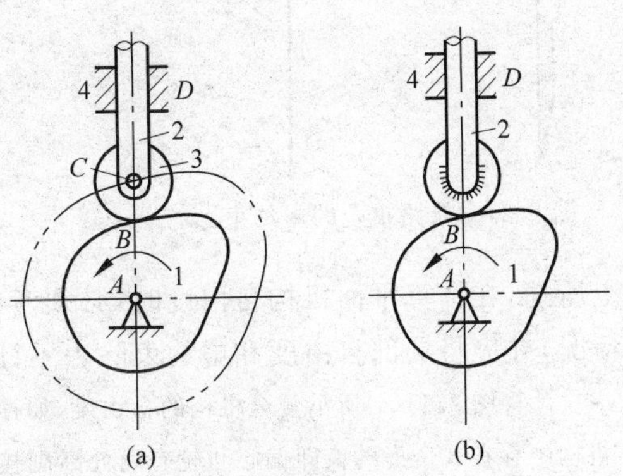

图 2.10　局部自由度

3. 虚约束

机构中某些运动副或某些运动副与构件的组合所形成的约束,与其他约束重复而对机

构的运动不再起约束作用，则这种对机构运动不起约束作用的约束称为虚约束。在计算机构自由度时，应将虚约束除去不计。

平面机构中的虚约束常出现在下列场合。

(1) 两个构件之间组成多个导路平行的移动副时，只有一个移动副起作用，其余都是虚约束。如图 2.11 所示，缝纫机引线机构中，杆 3 在 A、B 处分别与机架组成导路重合的移动副，计算机构自由度时只能算一个移动副，另一个为虚约束。

(2) 两个构件之间组成多个轴线重合的回转副时，只有一个回转副起作用，其余都是虚约束。如图 2.12 所示，两个轴承支撑一根轴，只能看作一个回转副。

(3) 机构中对传递运动不起独立作用的对称部分也为虚约束。如图 2.13 所示的轮系中，中心轮经过两个对称布置的小齿轮 2 和 2′驱动内齿轮 3，其中有一个小齿轮对传递运动不起独立作用。但由于第二个小齿轮的加入，使机构增加了一个虚约束。应当注意，对于虚约束，从机构的运动观点来看是多余的，但从增强构件刚度、改善机构受力状况等方面来看，都是必需的。

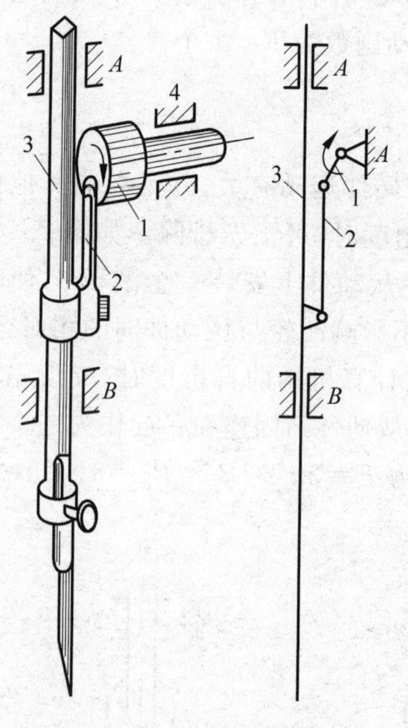

图 2.11 导路重合的虚约束

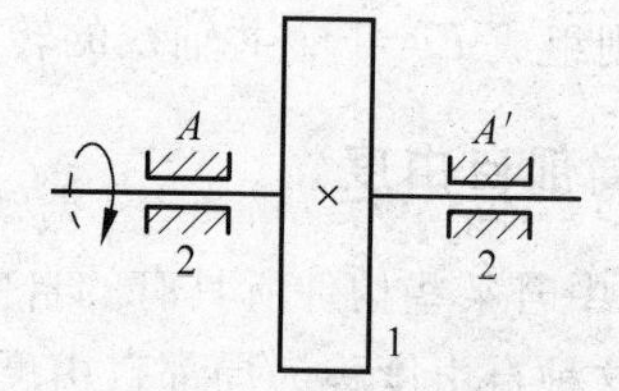

图 2.12 轴线重合的虚约束

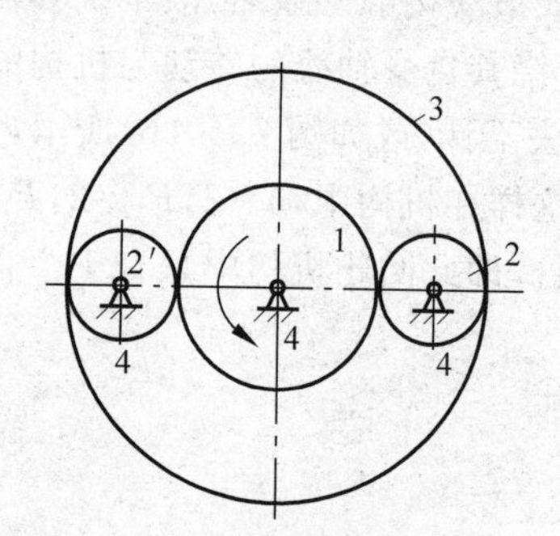

图 2.13 对称机构的虚约束

综上所述，在计算平面机构自由度时，必须考虑是否存在复合铰链、局部自由度、虚约束等特殊情况，并应将局部自由度和虚约束除去不计，才能得到正确的结果。

例 2.4 计算图 2.14(a)所示复合机构的自由度，如存在复合铰链、局部自由度和虚约束，请指出。

解：机构中存在 3 个虚约束即偏心凸轮有两处高副接触，只算一个高副；滚子有两处高副接触，只算一个高副；垂直移动杆导轨处有两处移动副，只算一个移动副。滚子处为局部自由度。C 处为复合铰链。去除局部自由度和虚约束，如图 2.14(b)所示，按此图进行自由度计算，对于该机构则有

$$n = 9, \quad p_l = 12, \quad p_h = 2$$

$$F = 3 \times 9 - 2 \times 12 - 1 \times 2 = 1$$

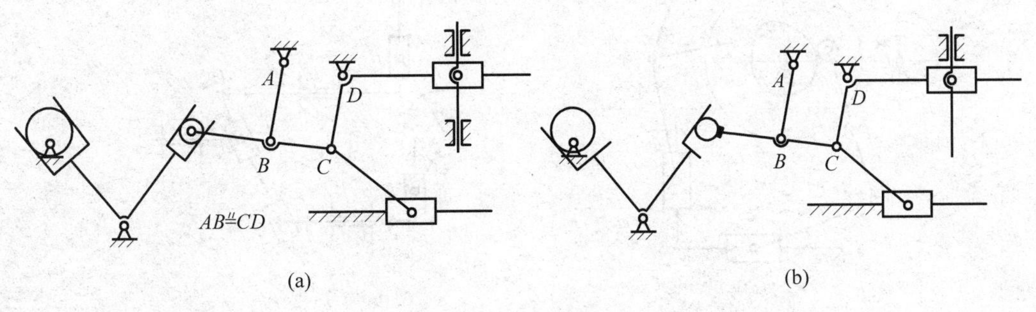

(a)　　(b)

图 2.14　复合机构

习　题

2.1　绘出图 2.15 所示机构的运动简图。

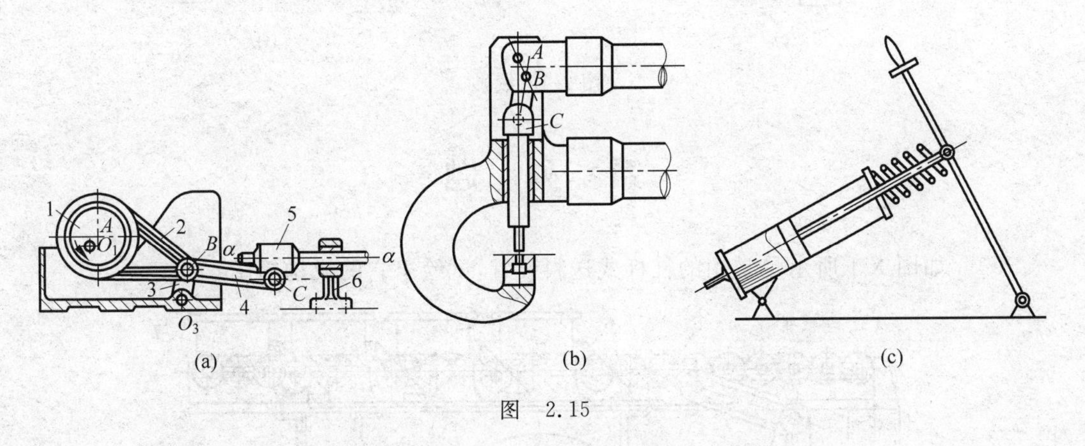

(a)　　(b)　　(c)

图　2.15

2.2　指出图 2.16 所示的运动机构的复合铰链、局部自由度和虚约束，计算这些机构的自由度，并判断它们是否具有确定的运动(其中箭头所示的为原动件)。

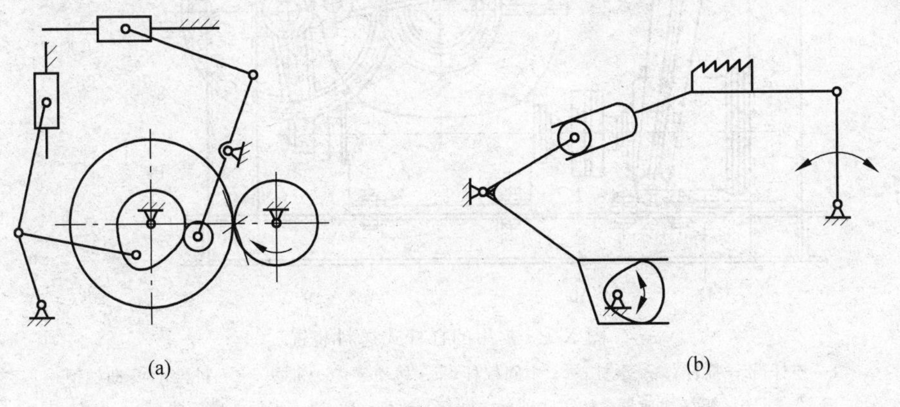

(a)　　(b)

图　2.16

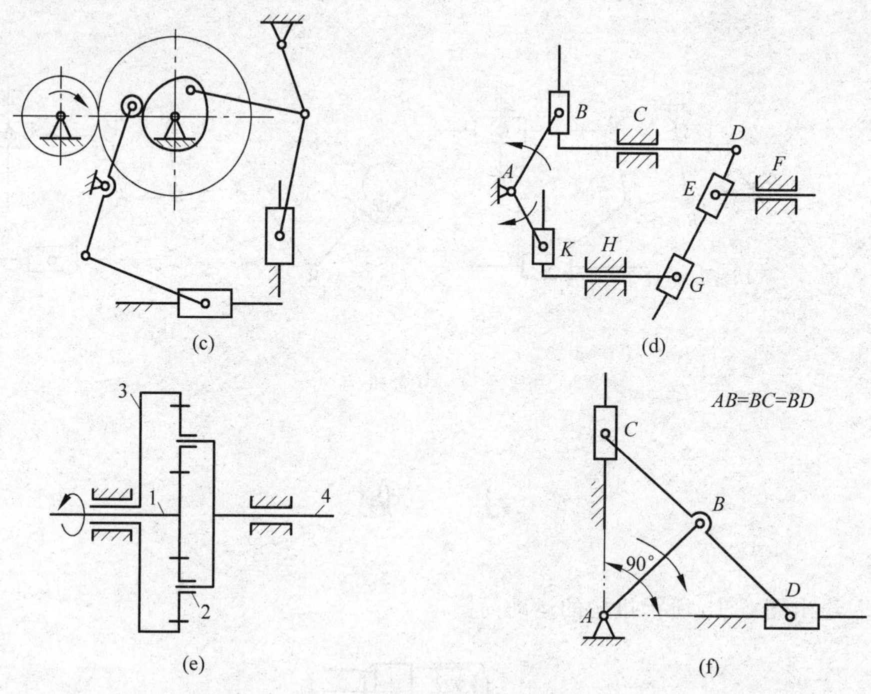

图 2.16(续)

系 列 题

X-1 如图 X-1 所示是常用的杠杆式送料装置,试绘出它的机构简图。

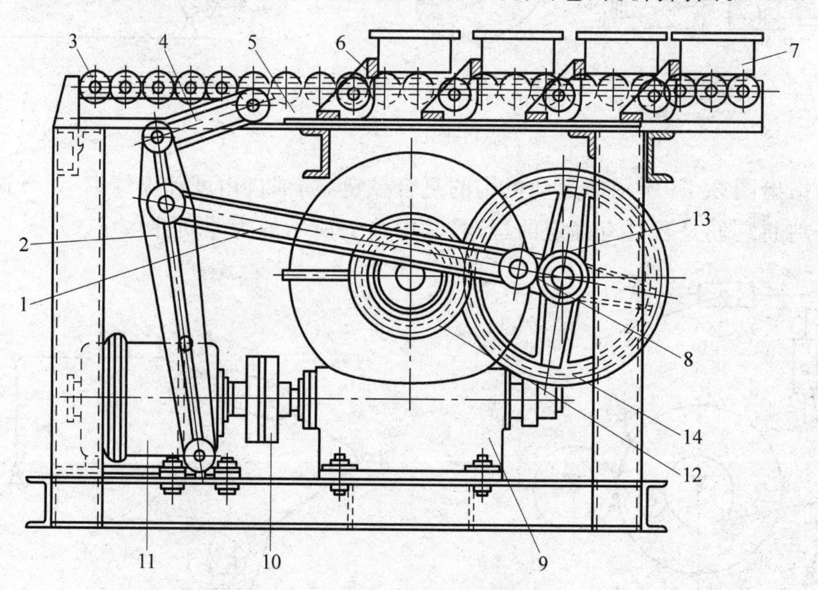

图 X-1 常用的杠杆式送料装置

1—连杆；2—摇杆；3—滚柱；4—中间杠杆；5—移动架；6—推头；7—料盘；8—曲柄销；9—蜗杆加速器；10—联轴器；11—电动机；12、14—齿轮；13—曲柄

X-2 试计算图 X-1 所示机构的自由度数,并确定是否有确定运动规律。

第 3 章

平面连杆机构

连杆机构是各构件之间用低副连接而成的机构，故又称为低副机构。它分为平面连杆机构和空间连杆机构两大类，本章只讨论平面连杆机构，它的应用非常广泛，而且是组成多杆机构的基础。

3.1　平面四杆机构的基本形式和特性

MOOC

连杆机构中全部用回转副组成的平面四杆机构称为铰链四杆机构，如图 3.1 所示。机构的固定件杆 AD 称为机架；与机架用回转副相连接的杆 AB 和杆 CD 称为连架杆；不与机架直接连接的杆 BC 称为连杆。能作整周转动的连架杆称为曲柄，仅能在某一角度摆动的连架杆称为摇杆。对于铰链四杆机构来说，机架和连杆总是存在的，因此可按照连架杆是曲柄还是摇杆，将铰链四杆机构分为三种基本形式：曲柄摇杆机构、双曲柄机构和双摇杆机构。

3.1.1　曲柄摇杆机构

在铰链四杆机构中，若两个连架杆中一个为曲柄，另一个为摇杆，则此铰链四杆机构称为曲柄摇杆机构。

图 3.2 所示为调整雷达天线俯仰角的曲柄摇杆机构。曲柄 1 缓慢地匀速转动，通过连杆 2 使摇杆 3 在一定的角度范围内摇动，从而调整天线俯仰角的大小。

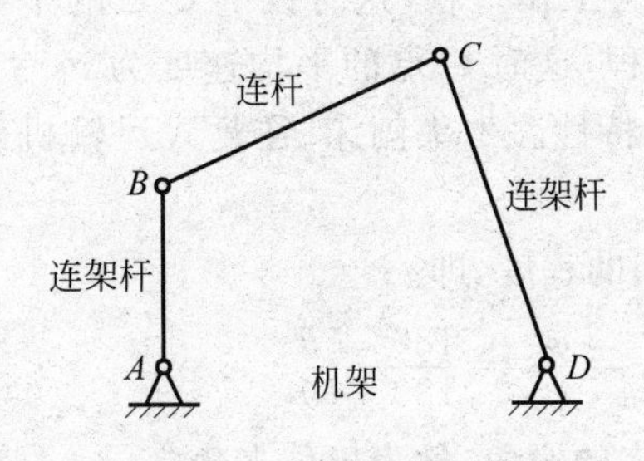

图 3.1　铰链四杆机构

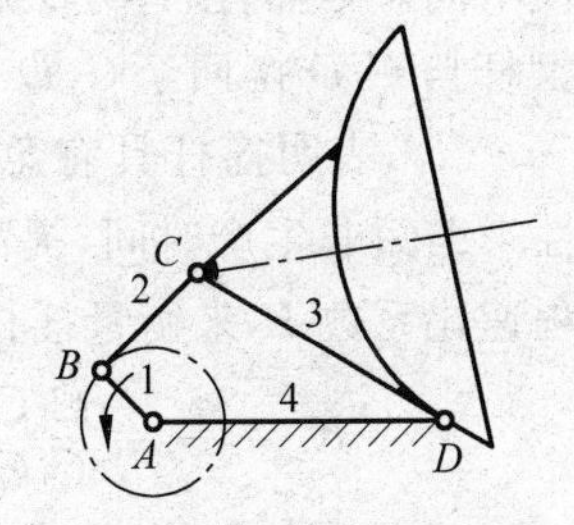

图 3.2　雷达天线俯仰角调整机构

图 3.3(a)所示为缝纫机的踏板机构，图 3.3(b)为其机构运动简图。摇杆 1(原动件)往复摆动，通过连杆 2 驱动曲柄 3(从动件)作整周转动，再经过带传动使机头主轴转动。

下面详细讨论曲柄摇杆机构的一些主要特性。

1. 急回运动

如图3.4所示为一曲柄摇杆机构，其曲柄AB在转动一周的过程中，有两次与连杆BC共线。在这两个位置，铰链中心A与C之间的距离AC_1和AC_2分别为最短和最长，因而摇杆CD的位置C_1D和C_2D分别为两个极限位置。摇杆在两极限位置间的夹角ψ称为摇杆的摆角。

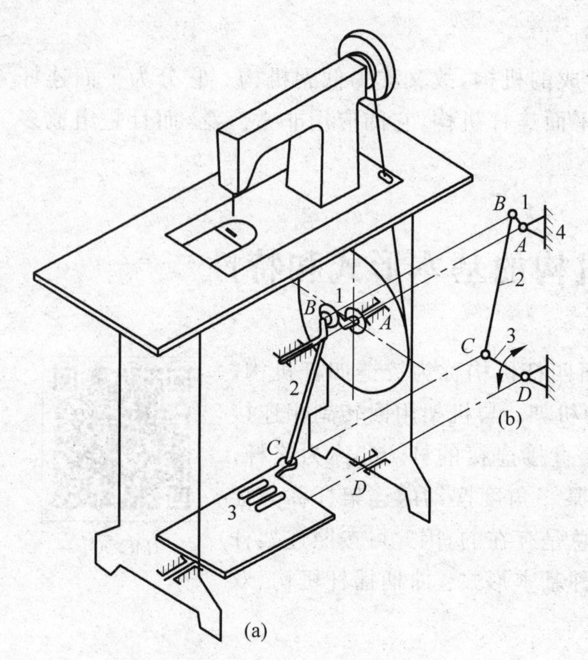

图3.3 缝纫机的踏板机构

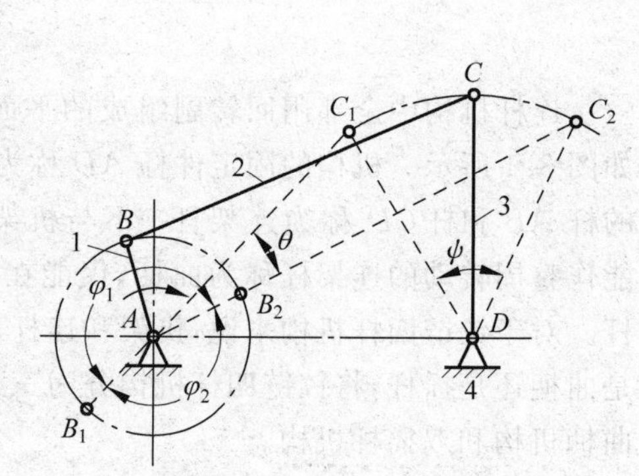

图3.4 曲柄摇杆机构的急回特性

1—曲柄；2—连杆；3—摇杆

当曲柄由位置AB_1顺时针转到位置AB_2时，曲柄转角$\varphi_1=180°+\theta$，这时摇杆由极限位置C_1D摆到极限位置C_2D，摇杆摆角为ψ；而当曲柄顺时针再转过角度$\varphi_2=180°-\theta$时，摇杆由位置C_2D摆回到位置C_1D，其摆角仍然是ψ。虽然摇杆来回摆动的摆角相同，但对应的曲柄转角却不等($\varphi_1>\varphi_2$)；当曲柄匀速转动时，对应的时间也不等($t_1>t_2$)，这反映了摇杆往复摆动的快慢不同。令摇杆自C_1D摆至C_2D为工作行程，这时铰链C点的平均速度为$v_1=C_1C_2/t_1$；摆杆自C_2D摆回至C_1D为空回行程，这时C点的平均速度为$v_2=C_1C_2/t_2$，因为$t_1>t_2$，故$v_1<v_2$，表明摇杆具有急回运动的特性。牛头刨床、往复式运输机等机械利用这种急回特性来缩短非生产时间，提高生产率。

通常用行程速比系数K来衡量摇杆急回作用的程度，即

$$K=\frac{v_2}{v_1}=\frac{C_1C_2/t_2}{C_1C_2/t_1}=\frac{t_1}{t_2}=\frac{\varphi_1}{\varphi_2}=\frac{180°+\theta}{180°-\theta} \tag{3.1}$$

式中，θ为摇杆处于两极限位置时，对应的曲柄所夹的锐角，称为极位夹角。

将上式整理后，可得极位夹角的计算公式：

$$\theta=180°\times\frac{K-1}{K+1} \tag{3.2}$$

由以上分析可知：极位夹角 θ 越大，K 值越大，急回运动的性质也越显著，但机构运动的平稳性也越差。因此在设计时，应根据其工作要求，适当地选择 K 值，在一般机械中 K 值在 1～2 之间，即 $1<K<2$。

2. 压力角和传动角

在生产实际中往往要求连杆机构不仅能实现预期的运动规律，而且希望运转轻便、效率高。图 3.5 所示的曲柄摇杆机构，如不计各杆质量和运动副中的摩擦，则连杆 BC 为二力杆，它作用于从动摇杆 3 上的力 P 是沿 BC 方向的。作用在从动件上的驱动力 P 与该力作用点绝对速度 v_C 之间所夹的锐角 α 称为压力角。由图可见，力 P 在 v_C 方向的有效分力为 $P_t=P\cos\alpha$，它可使从动件产生有效的回转力矩，显然 P_t 越大越好。而 P 在垂直于 v_C 方向的分力 $P_n=P\sin\alpha$ 则为无效分力，它不仅无助于从动件的转动，反而增加了从动件转动时的摩擦阻力矩。因此，希望 P_n 越小越好。由此可知，压力角 α 越小，机构的传力性能越好，理想情况是 $\alpha=0$。所以压力角是反映机构传力效果好坏的一个重要参数。一般设计机构时都必须注意控制最大压力角不超过许用值。

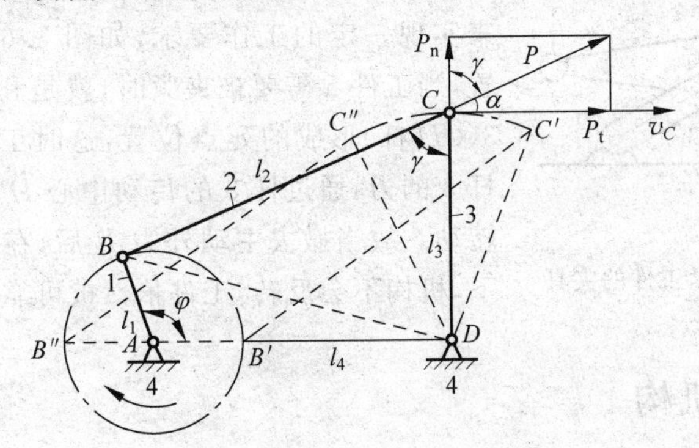

图 3.5　压力角与传动角

在实际应用中，为度量方便起见，常用压力角的余角 γ 来衡量机构传力性能的好坏，γ 称为机构的传动角。显然 γ 值越大越好，理想情况是 $\gamma=90°$。

机构在运动中，压力角和传动角的大小随机构的不同位置而变化。γ 角越大，则 α 越小，机构的传动性能越好；反之，传动性能越差。为了保证机构的正常传动，通常应使传动角的最小值 γ_{min} 大于或等于其许用值 $[\gamma]$。一般机械中，推荐 $[\gamma]=40°\sim50°$。对于传动功率大的机构，如冲床、颚式破碎机中的主要执行机构，为使工作时得到更大的功率，可取 $\gamma_{min}=[\gamma]\geqslant50°$。对于一些非传动机构，如控制、仪表等机构，也可取 $[\gamma]<40°$，但不能过小。可以采用以下方法来确定最小传动角 γ_{min}。由图 3.5 中 $\triangle ABD$ 和 $\triangle BCD$ 可分别写出

$$BD^2 = l_1^2 + l_4^2 - 2l_1 l_4 \cos\varphi \tag{3.3}$$

$$BD^2 = l_2^2 + l_3^2 - 2l_2 l_3 \cos\angle BCD \tag{3.4}$$

由此可得

$$\cos\angle BCD = \frac{l_2^2 + l_3^2 - l_1^2 - l_4^2 + 2l_1 l_4 \cos\varphi}{2l_2 l_3} \tag{3.5}$$

当 $\varphi=0°$ 和 $\varphi=180°$ 时，$\cos\varphi=+1$ 和 $\cos\varphi=-1$，$\angle BCD$ 分别出现最小值 $\angle BCD_{min}$ 和最大值 $\angle BCD_{max}$（见图 3.5）。如上所述，传动角 γ 是用锐角表示的。当 $\angle BCD$ 为锐角时，传动

角$\gamma=\angle BCD$，显然，$\angle BCD_{\min}$也即是传动角的最小值；当$\angle BCD$为钝角时，传动角应以$\gamma=180°-\angle BCD$来表示，显然，$\angle BCD_{\max}$对应传动角的另一极小值。所以，机构运动过程中，将在$\angle BCD_{\min}$和$\angle BCD_{\max}$位置两次出现传动角的极小值。两者中较小的一个即为该机构的最小传动角$\gamma_{\min}$。

3. 死点位置

对于图3.4所示的曲柄摇杆机构，如以摇杆3为原动件，而曲柄1为从动件，则当摇杆摆到极限位置C_1D和C_2D时，连杆2与曲柄1共线，若不计各杆的质量，则这时连杆加给曲柄的力将通过铰链中心A，即机构处于压力角$\alpha=90°$(传力角$\gamma=0$)的位置，此时驱动力的有效力为0。此力对A点不产生力矩，因此不能使曲柄转动。机构的这种位置称为死点位置。死点位置会使机构的从动件出现卡死或运动不确定的现象。出现死点对传动机构来说是一种缺陷，这种缺陷可以利用回转机构的惯性或添加辅助机构来克服。如图3.3所示的家用缝纫机的脚踏机构，就是利用皮带轮的惯性作用使机构能通过死点位置。

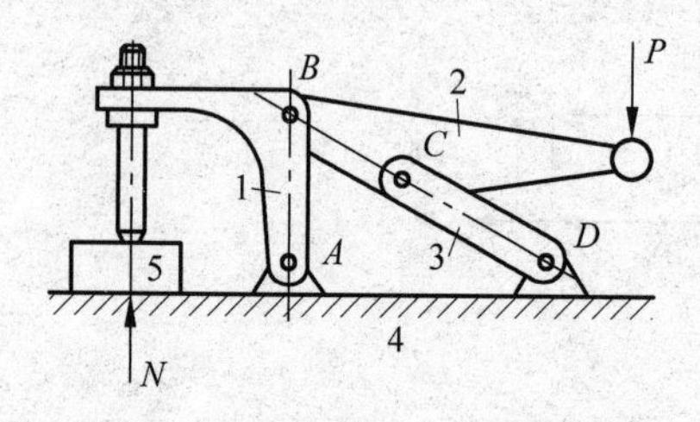

图3.6 利用死点夹紧工件的夹具

但在工程实践中，有时也常常利用机构的死点位置来实现一定的工作要求，如图3.6所示的工件夹紧装置，当工件5需要被夹紧时，就是利用杆2(BC杆)与杆3(CD杆)形成的死点位置，这时工件经杆1、杆2传给杆3的力，通过杆3的传动中心D。此力不能驱使杆3转动。故当撤去主动外力P后，在工作反力N的作用下，机构不会反转，工件依然被可靠地夹紧。

3.1.2 双曲柄机构

两连架杆均为曲柄的铰链四杆机构称为双曲柄机构。在双曲柄机构中，通常主动曲柄作等速转动，从动曲柄作变速转动。如图3.7所示为插床中的机构及其运动简图。当小齿轮带动空套在固定轴A上的大齿轮(即构件1)转动时，大齿轮上点B即绕轴A转动。通过连杆2驱使构件3绕固定铰链D转动。由于构件1和3均为曲柄，故该机构称为双曲柄机构。在图示机构中，当曲柄1等速转动时，曲柄3作不等速的转动，从而使曲柄3驱动的插刀既能近似均匀缓慢地完成切削工作，又可快速返回，以提高工作效率。

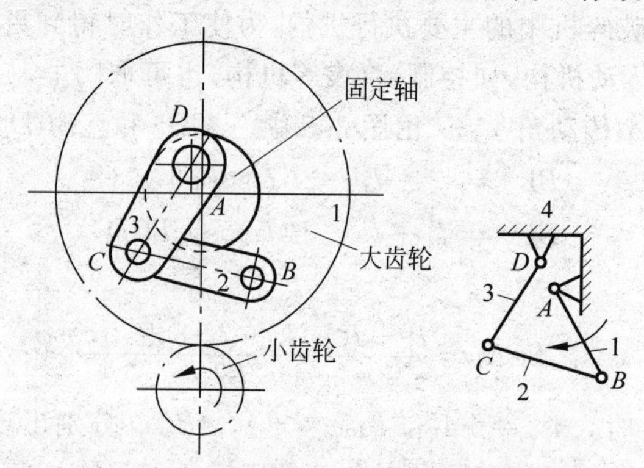

图3.7 插床双曲柄机构

双曲柄机构中,用得最多的是平行双曲柄机构,或称平行四边形机构,它的连杆与机架的长度相等,且两曲柄的转向相同、长度也相等。由于这种机构两曲柄的角速度始终保持相等,且连杆始终作平动,故应用较广。如图 3.8 所示的天平机构能保证天平盘 1、2 始终处于水平位置。

必须指出,这种机构当四个铰链中心处于同一直线时,将出现运动不确定状态,例如在图 3.9(a)中,当曲柄 1 到达 AB 位置时,从动曲柄 3 可能转到 DC_1,也可能转到 DC_1'。为了消除这种运动不确定现象,除可利用从动件本身或其上的飞轮惯性导向外,还可利用错列机构(见图 3.9(b))或辅助曲柄等措施来解决。如图 3.10 所示机车驱动轮联动机构,就是利用第三个平行曲柄(辅助曲柄)来消除平行四边形机构在这个位置运动时的不确定状态。

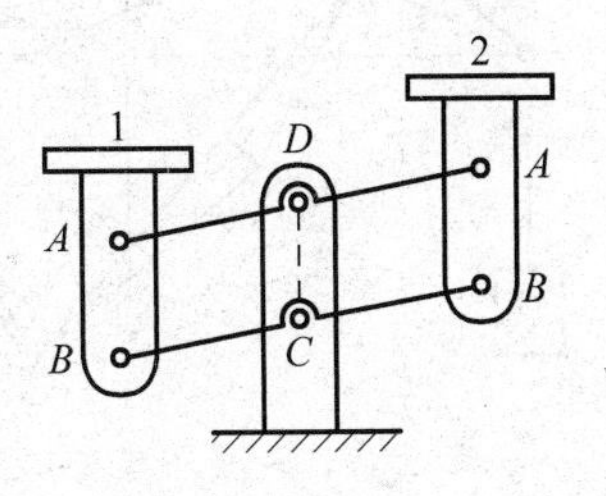

图 3.8 天平机构图

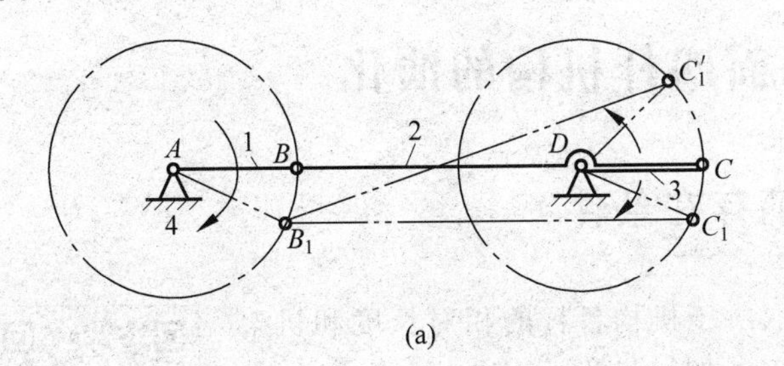

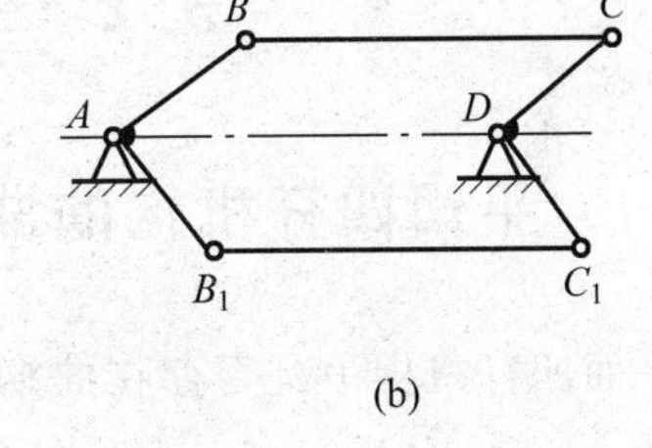

图 3.9 平行四边形机构

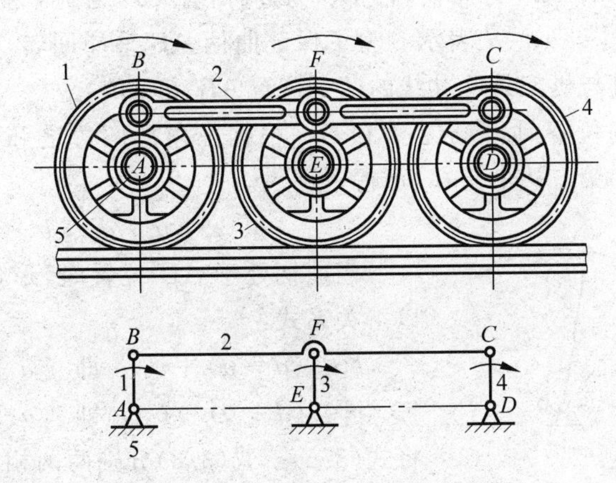

图 3.10 机车驱动轮联动机构

3.1.3 双摇杆机构

两连架杆均为摇杆的铰链四杆机构称为双摇杆机构。图 3.11 所示为鹤式起重机构,当摇杆 CD 摇动时,连杆 BC 上悬挂重物的 E 点作近似的水平直线移动,从而避免了重物平移时因不必要的升降而发生事故和损耗能量。

两摇杆长度相等的双摇杆机构称为等腰梯形机构。如图 3.12 所示,轮式车辆的前轮转向机构就是等腰梯形机构的应用实例。

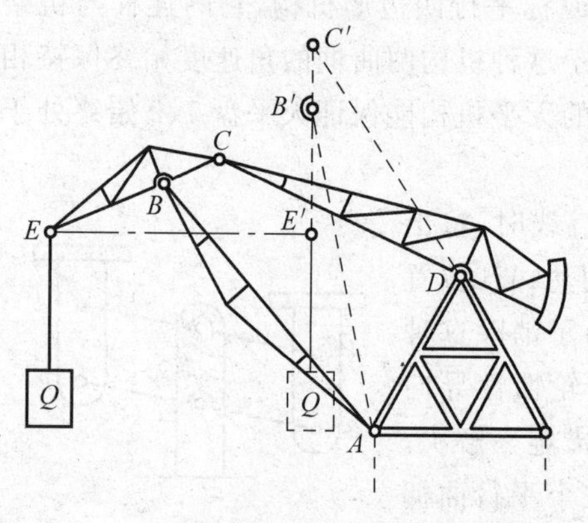

图 3.11 鹤式起重机构

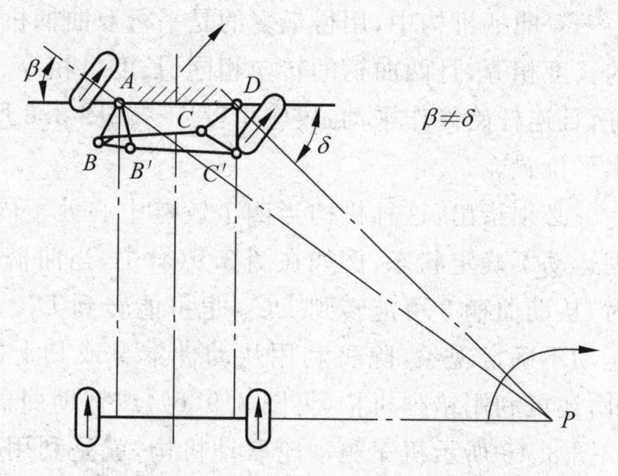

图 3.12 汽车前轮转向机构

3.2 平面四杆机构的演化

3.2.1 平面四杆机构的曲柄存在条件

平面四杆机构中是否存在曲柄，取决于机构各杆的相对长度和机架的选择。首先，分析存在一个曲柄的平面四杆机构(曲柄摇杆机构)。如图 3.13 所示的机构中，杆 AB 为曲柄，杆 BC 为连杆，杆 CD 为摇杆，杆 AD 为机架，各杆长度以 a、b、c、d 表示。为了保证曲柄 AB 整周回转，曲柄 AB 必须能顺利通过与机架 AD 共线的两个位置 AB' 和 AB''。

当曲柄处于 AB' 的位置时，形成△$B'C'D$。根据三角形两边之和必大于(极限情况下等于)第三边的定律，可得

$$a+d\leqslant b+c \tag{3.6}$$

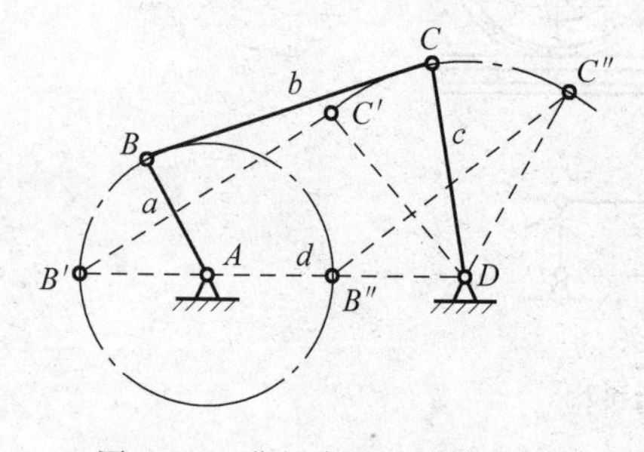

图 3.13 曲柄存在的条件分析

当曲柄处于 AB'' 位置时，形成△$B''C''D$。可写出以下关系式：

$$b\leqslant(d-a)+c,\quad 即\quad a+b\leqslant d+c \tag{3.7}$$

$$c\leqslant(d-a)+b,\quad 即\quad a+c\leqslant d+b \tag{3.8}$$

将式(3.6)～式(3.8)分别两两相加，可得

$$a\leqslant b,\quad a\leqslant c,\quad a\leqslant d \tag{3.9}$$

上述关系说明：

(1) 在曲柄摇杆机构中，曲柄 AB 是最短杆；

(2) 最短杆与最长杆的长度之和小于或等于其余两杆长度之和。

以上两条件是曲柄存在的必要条件。

下面进一步分析各杆间的相对运动。图 3.14 中最短杆 AB 为曲柄，φ、β、γ 和 ψ 分别为相邻两杆间的夹角。当曲柄 1(杆 AB)整周转动时，曲柄与相邻两杆的夹角 φ、β 的变化范围为 0～360°；而摇杆与相邻两杆的夹角 γ、ψ 的变化范围小于 360°。根据相对运动原理可知，连杆 2 和机架 4 相对曲柄 1 也是整周转动；而相对于摇杆 3 作小于 360°的摆动。因此，当

各杆长度不变而取不同杆为机架时，可以得到不同类型的铰链四杆机构。如：

(1) 取最短杆相邻的构件(杆 2 或杆 4)为机架时，最短杆 1 仍为曲柄，而另一连架杆 3 为摇杆，如图 3.14(a)和(b)所示，故两个机构均为曲柄摇杆机构。

(2) 取最短杆为机架，则连架杆 2 和 4 均变为曲柄，如图 3.14(c)所示，故为双曲柄机构。

(3) 取最短杆的对边(杆 3)为机架，则两连架杆 2 和 4 都不能作整周转动，如图 3.14(d)所示，故为双摇杆机构。

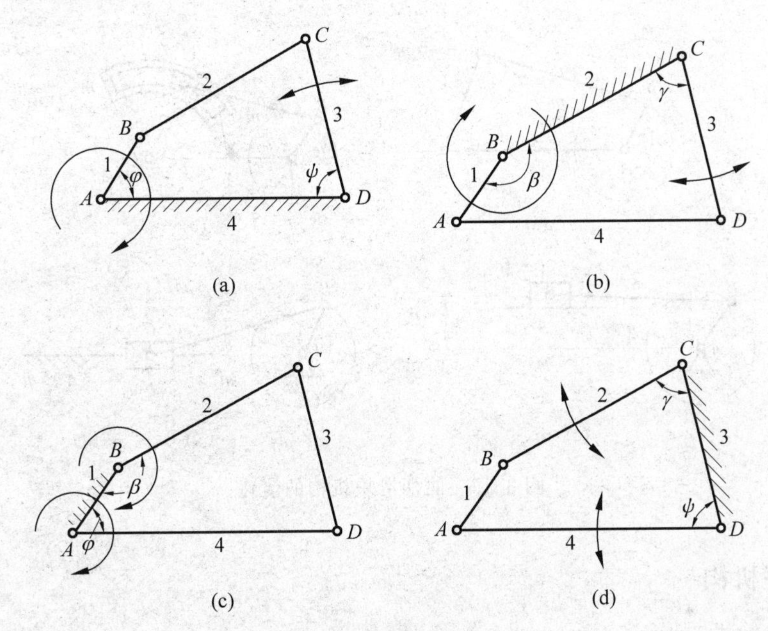

图 3.14 变更机架后机构的演化

如果平面四杆机构中的最短杆与最长杆长度之和大于其余两杆长度之和，则该机构中不可能存在曲柄，无论取哪个构件作为机架，都只能得到双摇杆机构。

由上述分析可知，最短杆和最长杆长度之和小于或等于其余两杆长度之和是平面四杆机构存在曲柄的必要条件。满足这个条件的机构究竟有一个曲柄、两个曲柄或没有曲柄，还需根据取何杆为机架来判断。

3.2.2 平面四杆机构的演化

在实际机械中，平面连杆机构的形式是多种多样的，但其中绝大多数是在全铰链四杆机构的基础上发展和演化而成。

MOOC

1. 曲柄滑块机构

如图 3.15(a)所示的曲柄摇杆机构中，摇杆 3 上 C 点的轨迹是以 D 为圆心、杆 3 的长度 l_3 为半径的圆弧$\overset{\frown}{mm}$。如将转动副 D 扩大，使其半径等于 l_3，并在机架上按 C 点的近似轨迹$\overset{\frown}{mm}$做成一弧形槽，摇杆 3 做成与弧形槽相配的弧形块，如图 3.15(b)

所示，此时虽然转动副 D 的外形改变，但机构的运动特性并没有改变。若将弧形槽的半径增至无穷大，则转动副 D 的中心移至无穷远处，弧形槽变为直槽，转动副 D 则转化为移动副，构件 3 由摇杆变成了滑块，于是曲柄摇杆机构就演化为曲柄滑块机构，如图 3.15(c)所示。此时移动方位线 mm 不通过曲柄回转中心，故称为偏置曲柄滑块机构。曲柄转动中心至其移动方位线 mm 的垂直距离称为偏距 e，当移动方位线 mm 通过曲柄转动中心 A 时(即 $e=0$)，则称为对心曲柄滑块机构，如图 3.15(d)所示。曲柄滑块机构广泛应用于内燃机、空压机及冲床设备中。

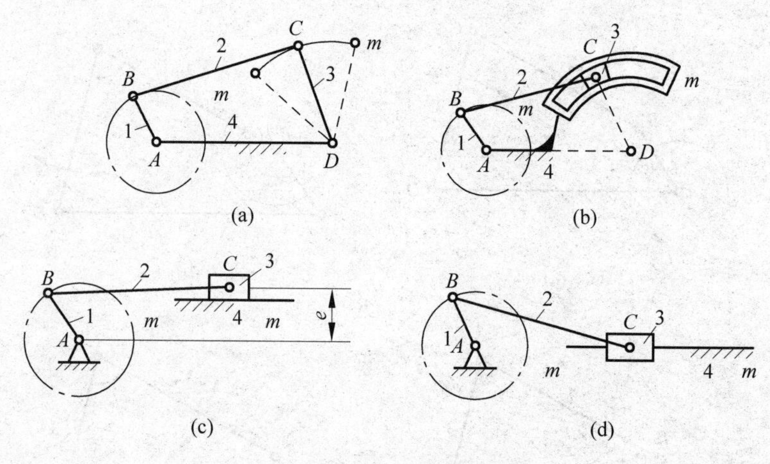

图 3.15 曲柄滑块机构的演化

2. 导杆机构

导杆机构可以看作是在曲柄滑块机构中选取不同构件为机架演化而成的。

图 3.16(a)所示为曲柄滑块机构，如将其中的曲柄 1 作为机架，连杆 2 作为主动件，则连杆 2 和构件 4 将分别绕铰链 B 和 A 作转动，如图 3.16(b)所示，若 $AB<BC$，则杆 2 和杆 4 均可作整周回转，故称为转动导杆机构；若 $AB>BC$，则杆 4 只能作往复摆动，故称为摆动导杆机构。如将原连杆 2 作为机架，曲柄 1 作为主动件，则变为曲柄摇块机构，如图 3.16(c)所示。如将原滑块 3 作为机架，曲柄 1 作为主动件，称为固定滑块机构或称定块机构，也称直动导杆机构，如图 3.16(d)所示。

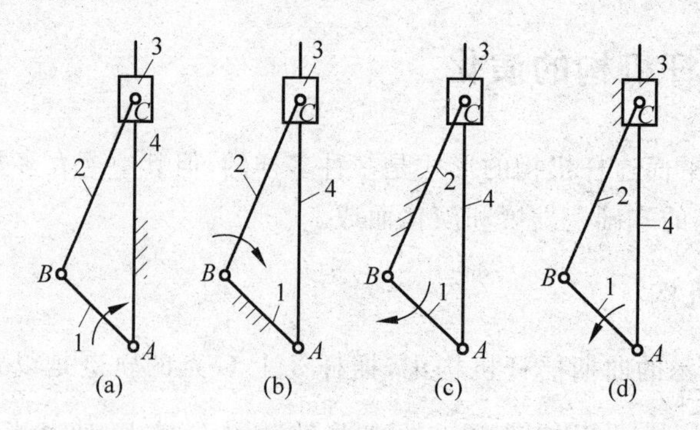

图 3.16 曲柄滑块机构向导杆机构的演化

图 3.17(a)所示为牛头刨床的摆动导杆机构；图 3.17(b)所示为牛头刨床回转导杆机构，当 BC 杆绕 B 点作等速转动时，AD 杆绕 A 点作变速转动，DE 杆驱动刨刀作变速往返运动。

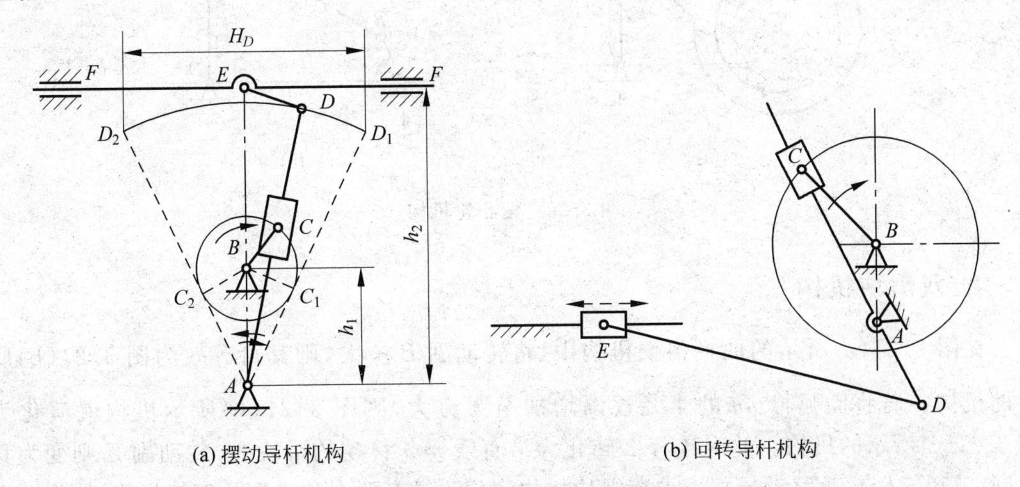

(a) 摆动导杆机构　　(b) 回转导杆机构

图 3.17　牛头刨床中的导杆机构

图 3.18 所示为自卸卡车翻斗机构及其运动简图。在该机构中，因为液压油缸 3 绕铰链 C 摆动，故为曲柄摇块机构。

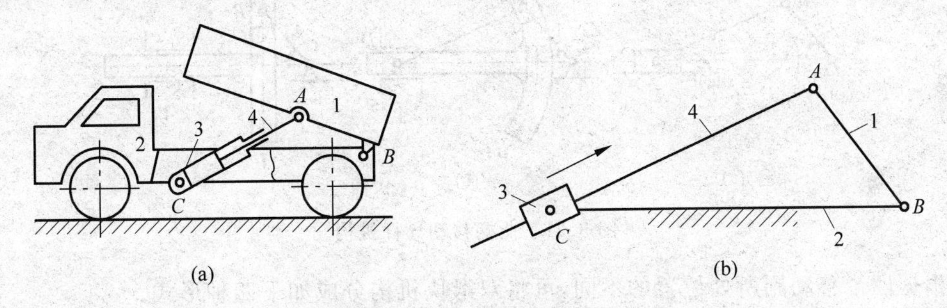

(a)　　(b)

图 3.18　自卸卡车翻斗机构及其运动简图

图 3.19 所示抽水唧筒等机构中用到的是直动导杆机构。

3. 偏心轮机构

图 3.20(a)所示为偏心轮机构。杆 1 为圆盘，其几何中心为 B。因运动时该圆盘绕偏心 A 转动，故称其为偏心轮。A、B 之间的距离 e 称为偏心距。按照相对运动关系，可画出该机构的运动简图，如图 3.20(b)所示。由图可知，偏心轮是回转副 B 扩大到包括回转副 A 而形成的，偏心距 e 即是曲柄的长度。

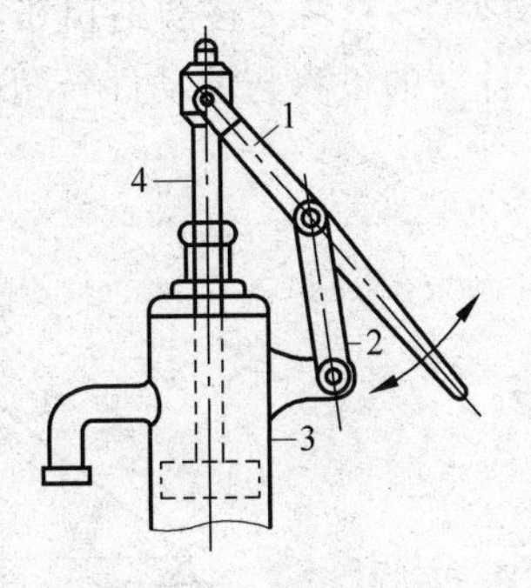

图 3.19　抽水唧筒机构及其运动简图

当曲柄长度很小时，通常都把曲柄做成偏心轮，这样不仅增大了轴颈的尺寸，提高了偏心轴的强度和刚度，而且当轴颈位于中部时，还可以安装整体式连杆，使结构简化。因此，偏心轮广泛应用于传力较大的剪床、冲床、颚式破碎机、内燃机等机械中。

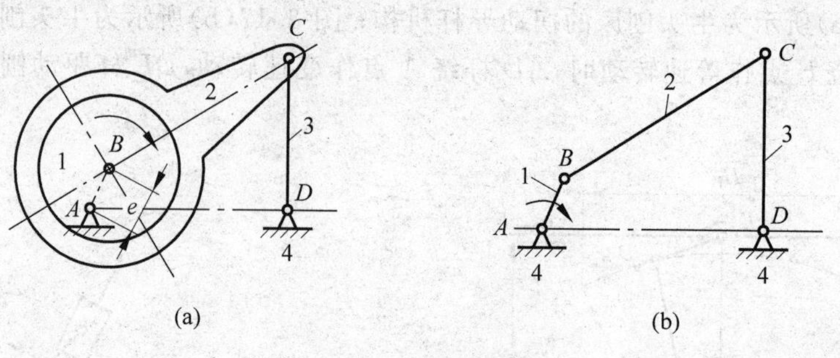

图 3.20 偏心轮机构

4. 双滑块机构

在图 3.21(a)所示的曲柄滑块机构中，将转动副 B 扩大，则其可等效为图 3.21(b)所示的机构。若将圆弧槽 $\overset{\frown}{mm}$ 的半径逐渐增加至无穷大，则图 3.21(b)所示机构就演化为图 3.21(c)所示的机构。此时连杆 2 转化为沿直线 mm 移动的滑块 2；转动副 C 则变为移动副，滑块 3 转化为移动导杆。曲柄滑块机构演化为具有两个移动副的四杆机构，称为双滑块机构。

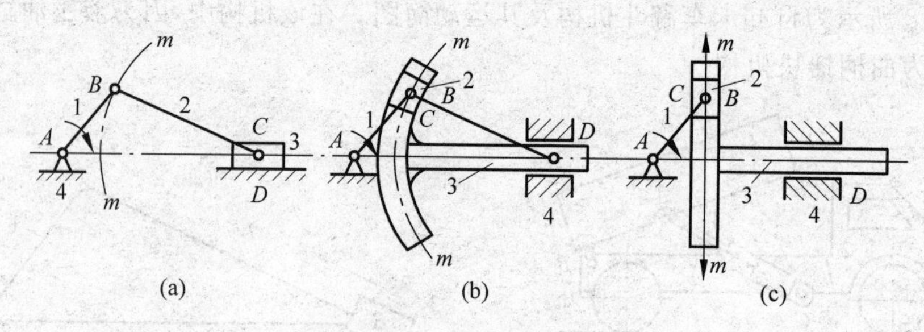

图 3.21 曲柄移动导杆机构

根据两个移动副所处位置的不同，可将双滑块机构分成如下四种形式。

(1) 两个移动副不相邻，如图 3.22 所示。这种机构从动件 3 的位移与原动件转角的正切成正比，故称为正切机构。

(2) 两个移动副相邻，且其中一个移动副与机架相连，如图 3.23 所示。这种机构从动件 3 的位移与原动件转角的正弦成正比，故称为正弦机构。

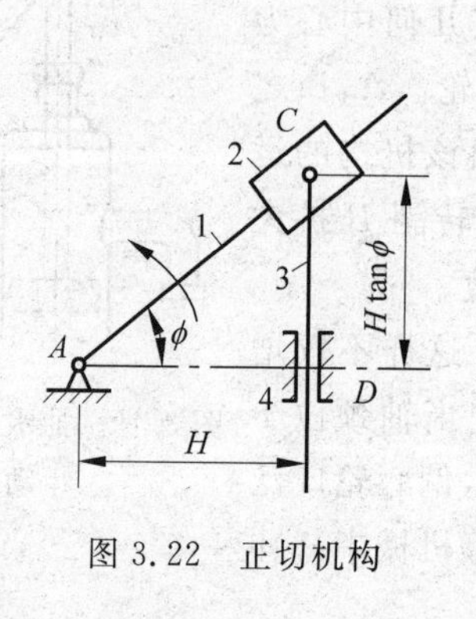

图 3.22 正切机构

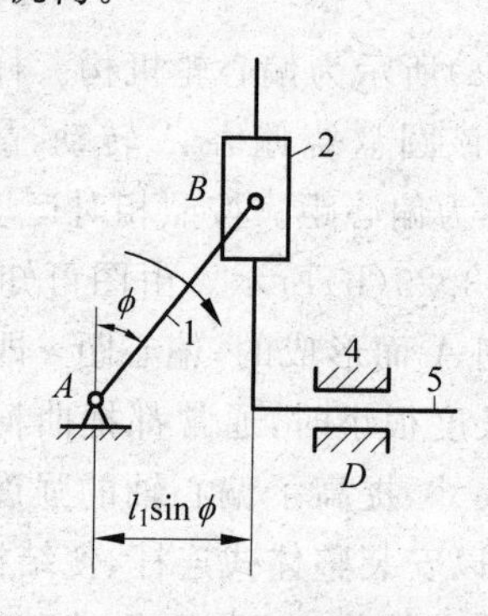

图 3.23 正弦机构

(3) 两个移动副相邻，且均不与机架相关联，如图3.24(a)所示。这种机构的主动件1与从动件3具有相等的角速度。图3.24(b)所示滑块联轴器就是这种机构的应用实例，它可用来连接中心线不重合的两根轴。

(4) 两个移动副都与机架相关联。图3.25所示椭圆仪就是这种机构的例子。当滑块1和3沿机架的十字槽滑动时，连杆2上的各点便描绘出长、短不同的椭圆。

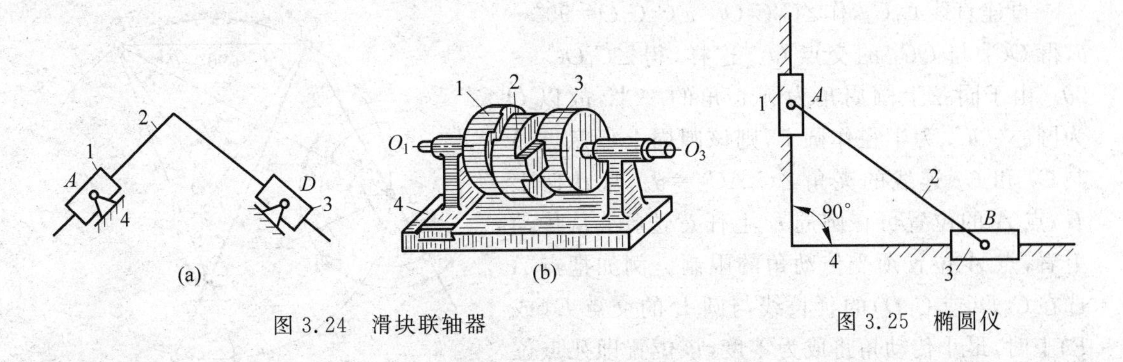

图3.24　滑块联轴器

图3.25　椭圆仪

3.3　平面四杆机构的设计

平面四杆机构的设计是指根据工作要求选定机构的形式，根据给定的运动要求确定机构的几何尺寸。其设计方法有作图法、解析法和实验法。作图法比较直观，解析法比较精确，实验法常需试凑。

3.3.1　作图法

1. 按照给定连杆的几个位置设计铰链四杆机构

设已知连杆2的长度b和它的三个位置B_1C_1、B_2C_2、B_3C_3，如图3.26所示，试设计该铰链四杆机构。

由于在铰链四杆机构中，连架杆1和3分别绕两个固定铰链A和D转动，所以连杆上点B的三个位置B_1、B_2、B_3应位于同一圆周上，其圆心即位于连架杆1的固定铰链A的位置。因此，分别连接B_1、B_2及B_2、B_3，并作两连线各自的中垂线，其交点即为固定铰链A。同理，可求得连架杆3的固定铰链D。连线AD即为机架的长度。这样，构件1、2、3、4即组成所要求的铰链四杆机构。

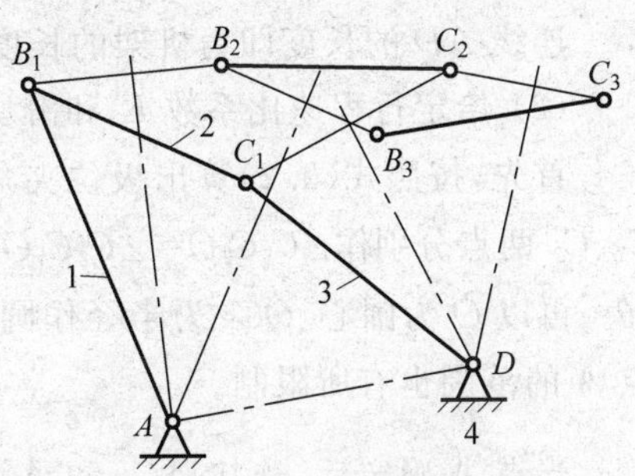

图3.26　按给定位置设计铰链四杆机构

如果只给定连杆的两个位置，则点A和点D可分别在B_1B_2和C_1C_2各自的中垂线上任意选择，因此，有无穷多解。为了得到确定的解，可根据具体情况添加辅助条件，例如给定最小传动角或提出其他结构上的要求等。

2. 按照给定的行程速比系数 K 设计四杆机构

(1) 给定行程速比系数 K、摇杆3的长度 C 及其摆角 ψ，设计曲柄摇杆机构。

首先，按照式(3.2)算出极位夹角 θ，然后，任选一点 D，由摇杆长度 c 及摆角 ψ 作摇杆3的两个极限位置 C_1D 和 C_2D(见图3.27)，使其长度等于 c，其间夹角等于 ψ。

再连直线 C_1C_2，作 $\angle C_1C_2O=\angle C_2C_1O=90°-\theta$，得 OC_1 与 OC_2 的交点 O。这样，得 $\angle C_1OC_2=2\theta$。由于同弦上圆周角为圆心角的一半，故以 O 为圆心、OC_2 为半径作圆 L，则该圆周上任意点 A 与 C_1 和 C_2 连线的夹角 $\angle C_1AC_2=\theta$。从几何上看，点 A 的位置可在圆周 L 上任意选择；从传动上看，点 A 位置须受传动角的限制。例如把点 A 选在 C_2D(或 C_1D)的延长线与圆 L 的交点 E(或 F)上时，最小传动角将成为零度，该位置即死点位置。这时，即使以曲柄作主动件，该机构也将不能启动。若把点 A 选在 EF 范围内，则将出现对摇杆的有效分力与摇杆给定的运动方向相反的情况，即不能实现给定的运动。即使这样，点 A 的位置仍有无穷多解。欲使其有确定的解，可以添加附加条件。

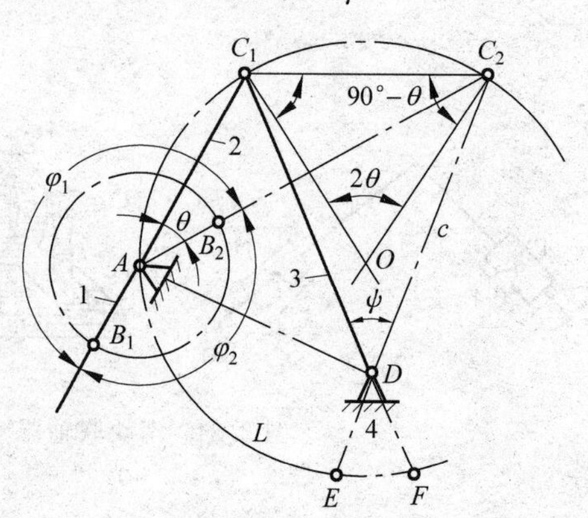

图3.27 按行程速比系数 K 设计曲柄摇杆机构

当点 A 位置确定后，可根据极限位置时曲柄和连杆共线的原理，连 AC_1 和 AC_2，得

$$AC_1=b-a \tag{3.10}$$

$$AC_2=b+a \tag{3.11}$$

式中，a 和 b 分别为曲柄和连杆的长度。以上两式相减后，得

$$a=\frac{AC_2-AC_1}{2} \tag{3.12}$$

$$b=\frac{AC_2+AC_1}{2} \tag{3.13}$$

连线 AD 的长度即为机架的长度 d。

(2) 给定行程速比系数 K 和滑块的行程 S，设计曲柄滑块机构

首先，按照式(3.2)算出极位夹角 θ，然后，作 C_1C_2 等于滑块的行程 S(见图3.28)。从 C_1、C_2 两点分别作 $\angle C_1C_2O=\angle C_2C_1O=90°-\theta$，得 OC_1 与 OC_2 的交点 O。这样，得 $\angle C_1OC_2=2\theta$。再以 O 为圆心、OC_1 为半径作圆 L。如给出偏距 e 的值，则解就可以确定。如前所述，点 A 的范围也有所限制。

当点 A 确定后，连接 AC_1 和 AC_2。根据式 $a=\dfrac{AC_2-AC_1}{2}$ 算出曲柄1的长度 a。以 A 为圆心、a 为半径作圆，该圆即为曲柄 AB 上点 B 的轨迹。

3. 按照给定的两连架杆对应位置设计四杆机构

如图3.29(a)所示，设已知曲柄 AB 和机架 AD 的长度，要求在该四杆机构的传动过程

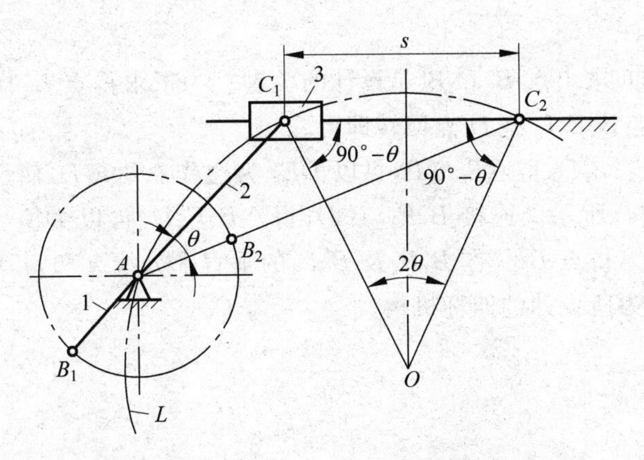

图 3.28　按行程速比系数 K 设计曲柄滑块机构

中，曲柄 AB 和摇杆 CD 上某一标线 DE 能占据三组给定的对应位置 AB_1、AB_2、AB_3 及 DE_1、DE_2、DE_3（即对应三组摆角分别为 φ_1、φ_2、φ_3 及 ψ_1、ψ_2、ψ_3）。设计此四杆机构。

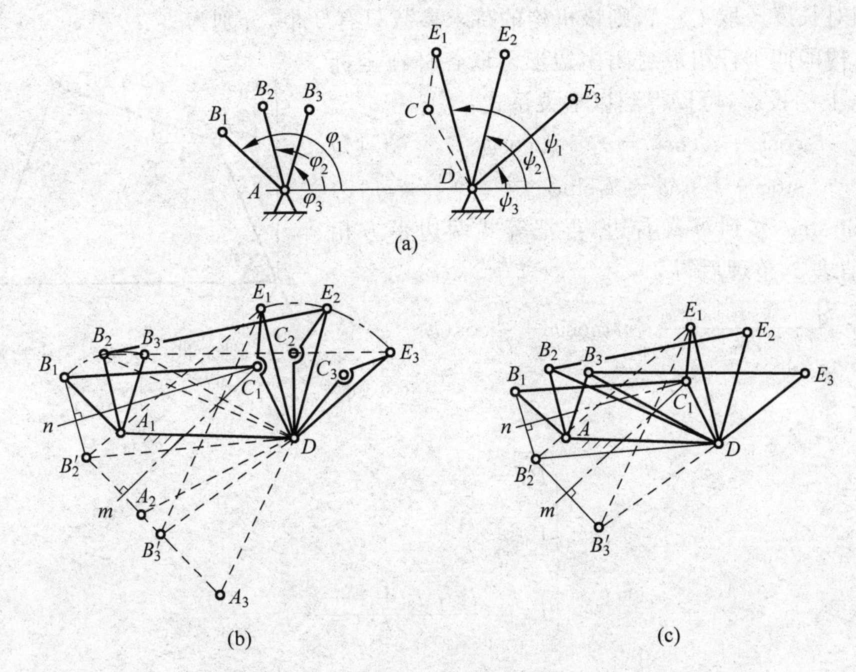

图 3.29　按给定两连架杆位置设计四杆机构

分析：设计此四杆机构，实质上就是要求出连杆与摇杆相连接的转动副 C 的位置，从而定出连杆 BC 和摇杆 CD 的长度。设如图 3.29(b)所示的 $A_1B_1C_1D$ 为已有的四杆机构。当曲柄占据 AB_1、AB_2、AB_3 位置时，摇杆上标线 DE 则占据 DE_1、DE_2、DE_3 位置。设想将第二位置时的机构图形 $A_1B_2E_2D$ 刚化，并绕 D 点逆时针回转 $\psi_1-\psi_2$ 角度，即使 DE_2 与 DE_1 重合，则 A_1 到达 A_2 位置，B_2 到达 B_2'位置，而 C_2 与 C_1 重合。由于连杆长度已固定，即 $B_1C_1=B_2'C_1$（图上未画出），故知 C_1 点必在 B_1B_2'的垂直平分线 n 上。同样，将第三位置的机构图形也刚化，并绕 D 点逆时针回转 $\psi_1-\psi_3$ 角度，得到点 B_3'及点 A_3，C_3 与 C_1 重合。由于 $B_2'C_1=B_3'C_1$（图上未画出），故知点 C_1 必在 $B_2'B_3'$的垂直平分线 m 上。两垂直平分线 n

和 m 的交点即为点 C_1。

由以上分析可知，求出点 B_2' 和 B_3' 是设计的关键。为了求得点 B_2'、B_3'，转动刚化图形时可只取$\triangle B_2E_2D$ 和$\triangle B_3E_3D$ 绕 D 点回转即可。

作图：连接 B_2E_2、B_2D，得$\triangle B_2E_2D$，再以 DE_1 为边作$\triangle B_2'E_1D$，使$\triangle B_2'E_1D\cong\triangle B_2E_2D$，得点 B_2'，如图 3.29(c)所示。连接 B_3E_3、B_3D，得$\triangle B_3E_3D$，再以 DE_1 为边作$\triangle B_3'E_1D$，使$\triangle B_3'E_1D\cong\triangle B_3E_3D$，得点 B_3'。作 B_1B_2' 及 $B_2'B_3'$ 的垂直平分线 n 和 m，两线的交点 C_1 即为所求点，AB_1C_1D 即为所设计的四杆机构。

3.3.2 解析法

按照给定两连架杆对应位置设计四杆机构。在图 3.30 所示的铰链四杆机构中，已知连架杆 AB 和 CD 的 3 对对应位置 φ_1、ψ_1，φ_2、ψ_2 和 φ_3、ψ_3，要求确定各杆的长度 l_1、l_2、l_3 和 l_4，现以解析法求解。此机构各杆长度按同一比例增减时，各杆转角间的关系不变，故只需确定各杆的相对长度。取 $l_1=1$，则该机构的待求参数只有 3 个，分别为 l_2、l_3 和 l_4。

该机构的四个杆组成封闭多边形。取各杆在坐标轴 x 和 y 上的投影，可以得到以下关系式：

$$\cos\varphi+l_2\cos\delta=l_4+l_3\cos\psi \tag{3.14}$$

$$\sin\varphi+l_2\sin\delta=l_3\sin\psi \tag{3.15}$$

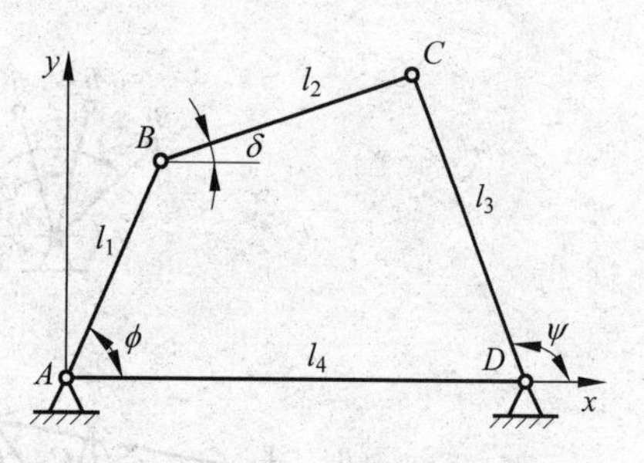

图 3.30 机构封闭多边形

将 $\cos\varphi$ 和 $\sin\varphi$ 移到等式右边，再把等式两边平方相加，即可消去 δ，整理后得

$$\cos\varphi=\frac{l_4^2+l_3^2+1-l_2^2}{2l_4}+l_3\cos\psi-\frac{l_3}{l_4}\cos(\psi-\varphi) \tag{3.16}$$

为简化上式，令

$$\begin{cases}P_0=l_3\\ P_1=\dfrac{l_3}{l_4}\\ P_2=\dfrac{l_4^2+l_3^2+1-l_2^2}{2l_4}\end{cases} \tag{3.17}$$

则有

$$\cos\varphi=P_0\cos\psi-P_1\cos(\psi-\varphi)+P_2 \tag{3.18}$$

上式即为两连架杆转角之间的关系式。将已知的三对对应转角 φ_1、ψ_1，φ_2、ψ_2 和 φ_3、ψ_3 分别代入式(3.18)，可得到方程组

$$\begin{cases}\cos\varphi_1=P_0\cos\psi_1-P_1\cos(\psi_1-\varphi_1)+P_2\\ \cos\varphi_2=P_0\cos\psi_2-P_1\cos(\psi_2-\varphi_2)+P_2\\ \cos\varphi_3=P_0\cos\psi_3-P_1\cos(\psi_3-\varphi_3)+P_2\end{cases} \tag{3.19}$$

由方程组可以解出三个未知数 P_0、P_1、P_2，将它们代入式(3.17)，即可求得 l_2、l_3、l_4。以上求出的杆长 l_1、l_2、l_3、l_4 可同时乘以任意比例常数，所得的机构都能实现对应的转角。

若仅给定连架杆两对位置，则方程组中只能得到两个方程，P_0、P_1、P_2 三个参数中的一个可以任意给定，所以有无穷个解。

若给定连架杆的位置超过三对，则不可能有精确解，但可以用优化的方法或实验法试凑，求其近似解。

习　题

3.1　试根据图3.31中注明的尺寸判断下列铰链四杆机构是曲柄摇杆机构、双曲柄机构还是双摇杆机构。

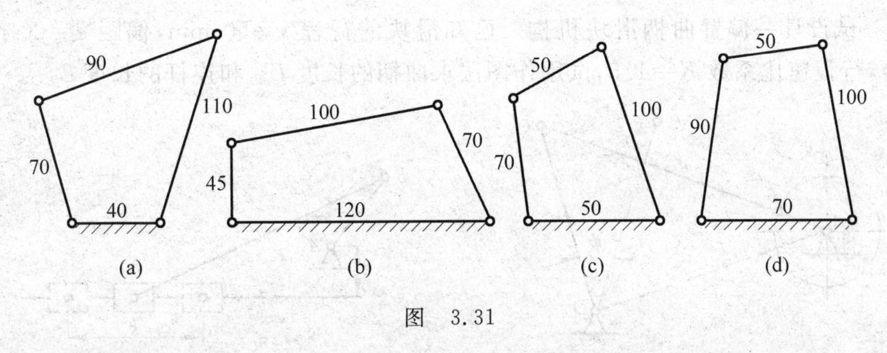

图　3.31

3.2　试确定图3.32中两机构从动件的摆角 ψ 和机构的最小传动角 $\gamma_{\min}$。

3.3　图3.33所示为一偏置曲柄滑块机构，试求构件1能整周转动的条件。

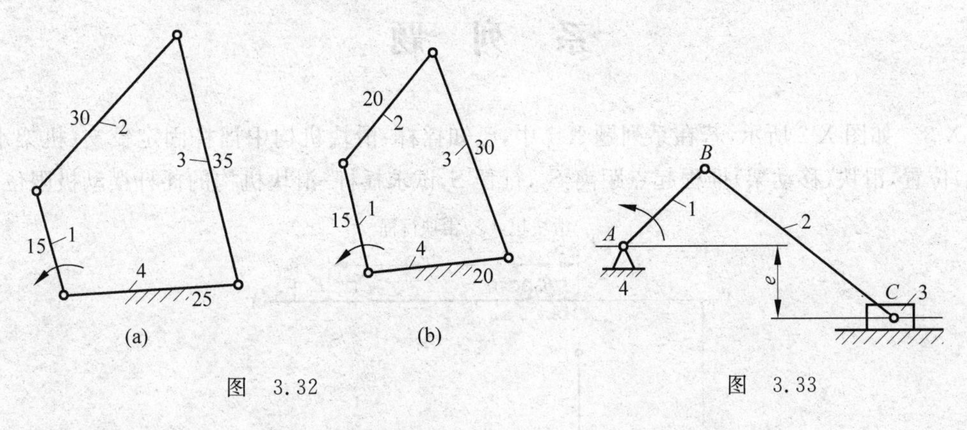

图　3.32　　　　　　　　　　　　图　3.33

3.4　在图3.34所示的铰链四杆机构中，已知各杆的尺寸为：$l_1=28$ mm，$l_2=52$ mm，$l_3=50$ mm，$l_4=72$ mm。

(1) 现杆4作机架，该机构是哪种类型？若取杆3为机架时，该机构又是哪种类型？说明判断的根据。

(2) 试求图示机构的极位夹角 θ、杆3的最大摆角 ψ、最小传动角 $\gamma_{\min}$ 和行程速比系数 K。

3.5　如图3.35所示的铰链四杆机构中，已知其中三杆的长度为 $b=50$ mm，$c=35$ mm，$d=30$ mm，杆 AD 为机架。

(1) 要使该机构成为曲柄摇杆机构，且 AB 是曲柄，求 a 的取

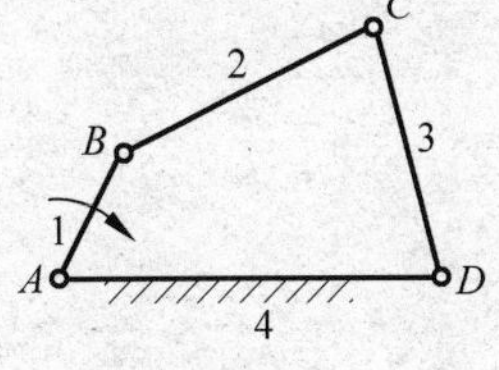

图　3.34

值范围。

(2) 要使该机构成为双曲柄机构，求 a 的取值范围。

(3) 要使该机构成为双摇杆机构，求 a 的取值范围。

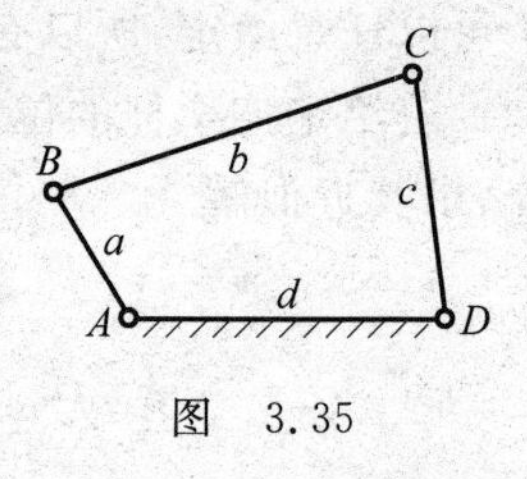

图 3.35

3.6 如图 3.36 所示为一曲柄摇杆机构，已知曲柄长度 $L_{AB}=80$ mm，连杆长度 $L_{BC}=390$ mm，摇杆长度 $L_{CD}=300$ mm，机架长度 $L_{AD}=380$ mm，试求：

(1) 摇杆的摆角 ψ；

(2) 机构的极位夹角 θ；

(3) 机构的行程速比系数 K。

3.7 试设计一偏置曲柄滑块机构。已知滑块的行程 $s=50$ mm，偏距 $e=20$ mm(见图 3.37)，行程速比系数 $K=1.5$，试用作图法求曲柄的长度 L_{AB} 和连杆的长度 L_{BC}。

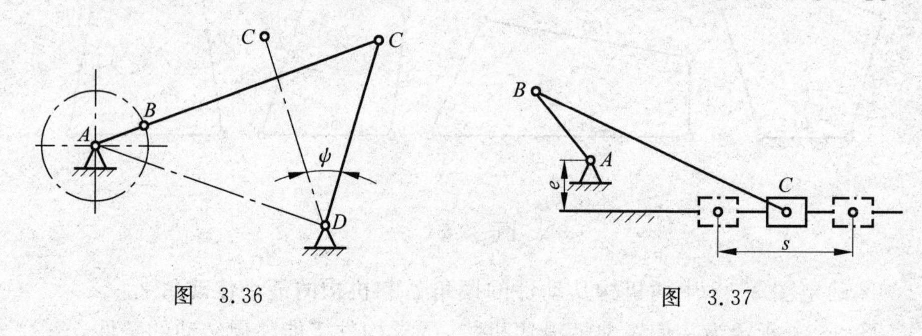

图 3.36　　图 3.37

系 列 题

X-3 如图 X-2 所示，若在系列题 X-1 中，已知摇杆-滑块机构中摇杆固定铰支(机架水平底线)位置，滑块(移动架)推程起点距离 S_0，行程 S，试求摇杆-滑块机构的摇杆摆动极限位置。

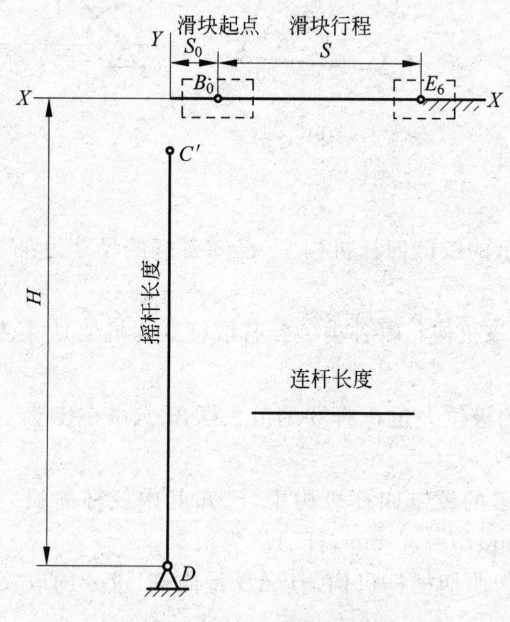

图 X-2 摇杆-滑块机构设计

X-4　若在系列题 X-1 的曲柄(偏心轮)摇杆机构中，曲柄长度为 a，连杆长度为 b，摇杆长度为 c。试用作图法确定曲柄固定铰支 A 的位置。

X-5　由图 X-3 测量极位夹角 θ，并计算该四杆机构的行程速比系数 K。

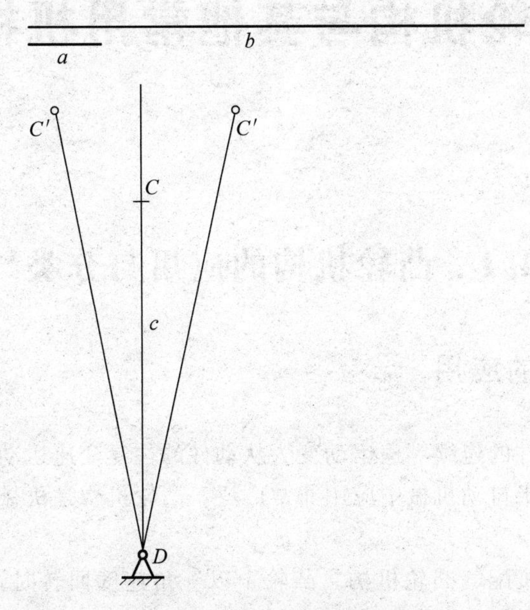

图 X-3　曲柄摇杆机构设计

第4章

凸轮机构与其他常用机构

4.1 凸轮机构的应用与分类

4.1.1 凸轮机构的应用

MOOC

凸轮机构能将主动件的连续等速运动变为从动件的往复变速运动或间歇运动，在自动机械、半自动机械中应用非常广泛。凸轮机构是机械中的一种常用机构。

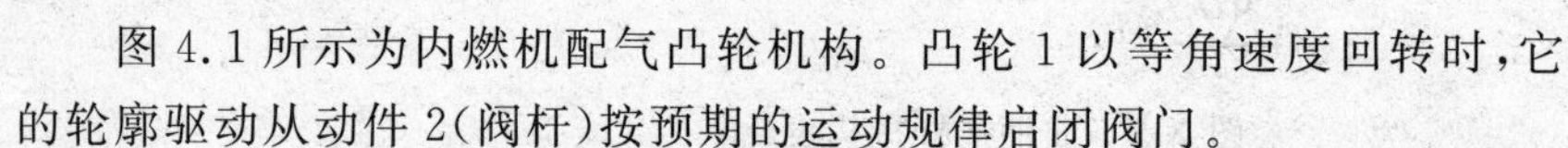

图 4.1 所示为内燃机配气凸轮机构。凸轮 1 以等角速度回转时，它的轮廓驱动从动件 2(阀杆)按预期的运动规律启闭阀门。

图 4.2 所示为绕线机中用于排线的凸轮机构。当绕线轴 3 快速转动时，绕轴线上的齿轮带动凸轮 1 缓慢地转动，通过凸轮轮廓与尖顶 A 之间的作用，驱使从动件 2 往复摇动，因而使线均匀地绕在绕线轴上。

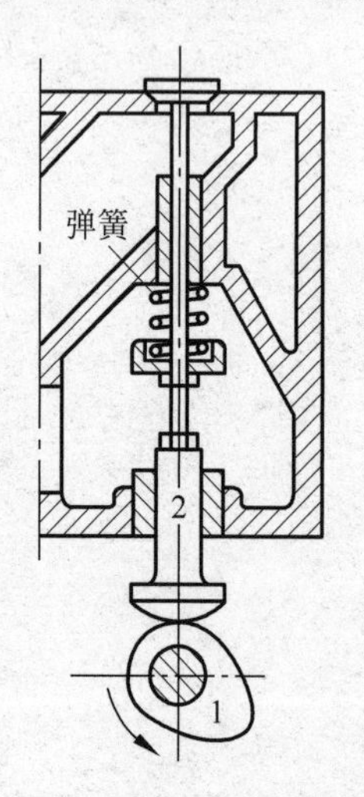

图 4.1 内燃机配气凸轮机构

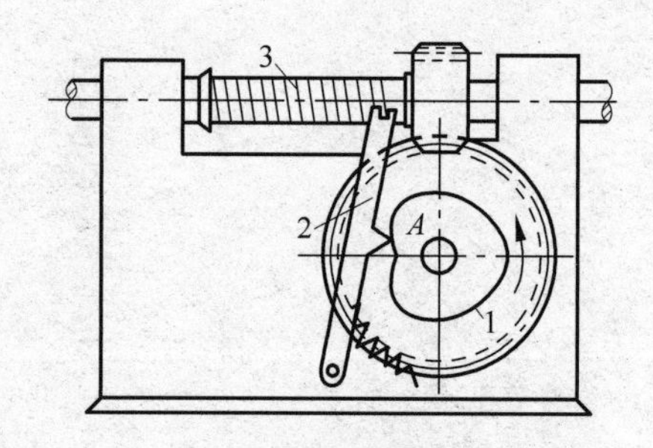

图 4.2 绕线机中的排线凸轮机构

图 4.3 所示为驱动动力头在机架上移动的凸轮机构。圆柱凸轮 1 与动力头连接在一起，可以在机架 3 上作往复移动。滚子 2 的轴被固定在机架 3 上，滚子 2 放在圆柱凸轮的凹槽中。凸轮转动时，由于滚子 2 的轴是固定在机架上的，故凸轮转动时带动动力头在机架 3 上作往复移动，以实现对工件的钻削。动力头的快速引进、等速进给、快速退回、静止等动作

均取决于凸轮上凹槽的曲线形状。

图 4.4 所示为应用于冲床上的凸轮机构示意图。凸轮 1 固定在冲头上，当冲头上下往复运动时，凸轮驱使从动件 2 以一定的规律作水平往复运动，从而带动机械手装卸工件。

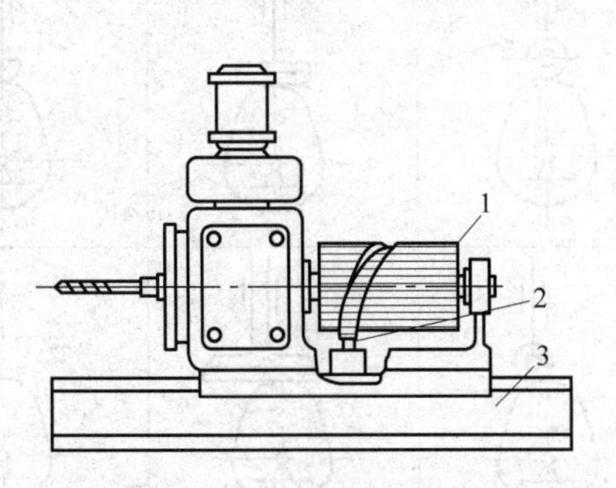

图 4.3　动力头用凸轮机构

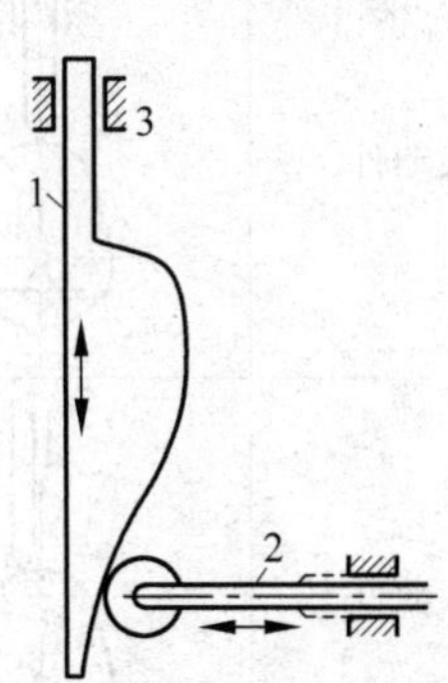

图 4.4　冲床上的凸轮机构

从以上所举的例子可以看出：凸轮机构主要由凸轮、从动件和机架三个基本构件组成。从动件与凸轮轮廓为高副接触传动，理论上讲可以使从动件获得所需要的任意的预期运动。

凸轮机构的优点是只需设计适当的凸轮轮廓，便可使从动件得到所需的运动规律，并且结构简单、紧凑，设计方便；其缺点是凸轮轮廓与从动件之间为点接触或线接触，易于磨损，故通常用于受力不大的控制机构。

4.1.2　凸轮机构的分类

凸轮机构的类型很多，并且这些类型又常常交叉在一起。下面介绍常见的分类方法。

1. 按凸轮形状分类

(1) 盘形凸轮。这是凸轮的最基本形式。该类凸轮是一个绕固定轴转动并且具有变化半径的盘形零件，如图 4.1 和图 4.2 所示。

(2) 圆柱凸轮。将移动凸轮卷成圆柱体即成为圆柱凸轮，如图 4.3 所示。

(3) 移动凸轮。当盘形凸轮的回转中心趋于无穷远时，凸轮相对机架作直线运动，这种凸轮称为移动凸轮，如图 4.4 所示。

2. 按从动件形状分类

(1) 尖顶从动件。该类从动件结构最简单，尖顶能与任意复杂的凸轮轮廓保持接触，以实现从动件的任意运动规律。但尖顶易磨损，仅适用于作用力很小的低速凸轮机构。

(2) 滚子从动件。从动件的一端装有可自由转动的滚子，滚子与凸轮之间为滚动摩擦，磨损小，可以承受较大的载荷，因此得到广泛应用。

(3) 平底从动件。从动件的一端为一平面，直接与凸轮轮廓相接触。若不考虑摩擦，凸轮对从动件的作用力始终垂直于端平面，传动效率高，且接触面间容易形成油膜，利于润滑，故常用于高速凸轮机构。其缺点是不能用于凸轮轮廓有凹曲线的凸轮机构中。

(4) 曲面从动件。这是尖顶从动件的改进形式，较尖顶从动件不易磨损。

以上分类如表 4.1 纵排所示。

表 4.1 按从动件形状和从动件运动形式分类的凸轮机构

从动件类型	尖 端	滚 子	平 底	曲 面
对心移动从动件	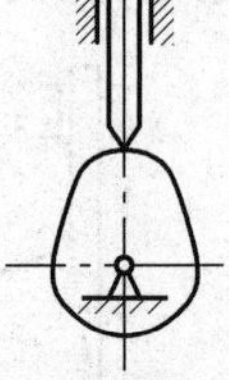	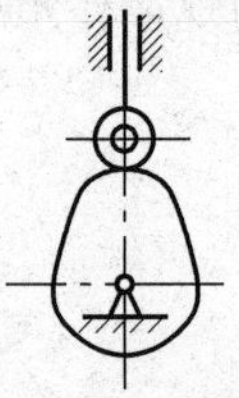	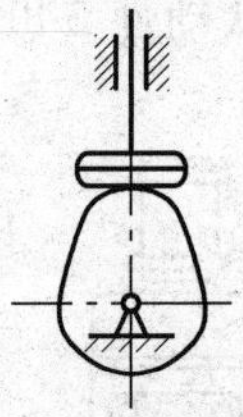	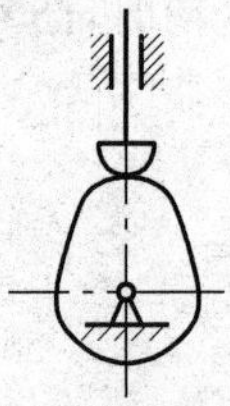
偏置移动从动件	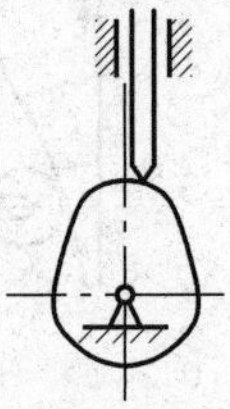	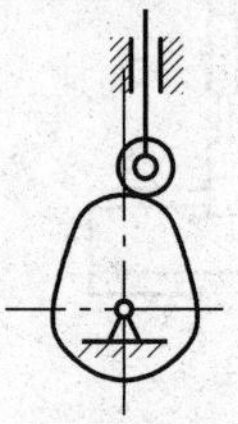	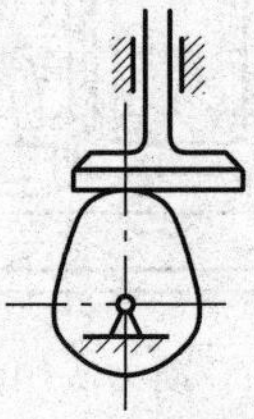	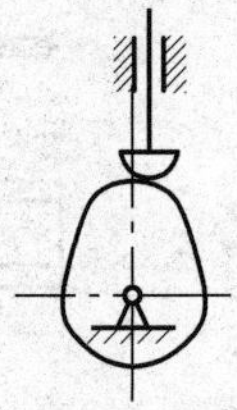
摆动从动件	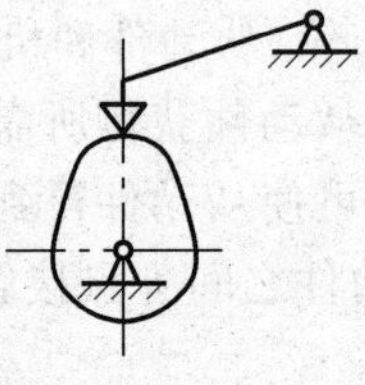	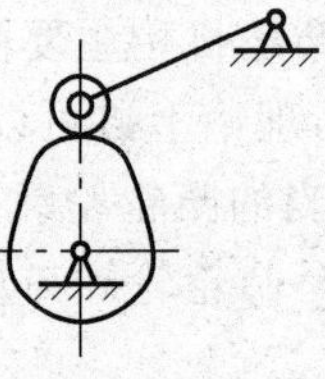	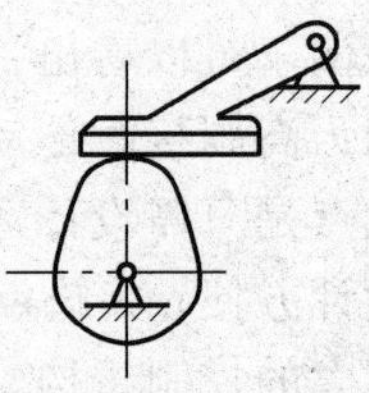	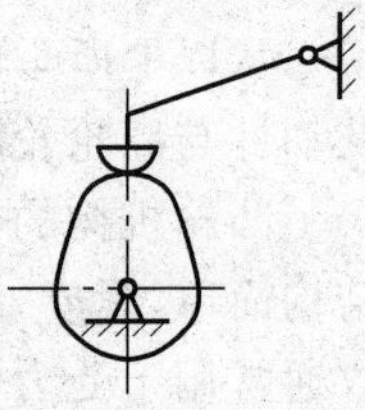

3. 按从动件运动形式分类

(1) 移动从动件。这种形式的从动件相对机架作往复直线运动。根据移动从动件相对凸轮的回转轴心的位置,又可分为对心移动从动件和偏置移动从动件。

(2) 摆动从动件。这种形式的从动件相对机架作往复摆动。

以上分类如表 4.1 横排所示。

4. 按凸轮与从动件保持接触的形式分类

(1) 力封闭凸轮机构。依靠重力、弹簧力或其他外力使从动件与凸轮保持接触。图 4.1 所示的内燃机配气机构是靠弹簧力使从动件与凸轮保持接触。

(2) 几何结构封闭凸轮机构。依靠一定几何形状使从动件与凸轮保持接触。图 4.3 所示的圆柱凸轮机构是靠圆柱体上的凹槽使从动件与凸轮保持接触。

4.2 从动件的运动规律

从动件的运动规律是指从动件的位移 s、速度 v 和加速度 a 随时间 t 变化的规律。当凸轮作匀速转动时,其转角 δ 与时间 t 成正比($\delta=\omega t$),所以从动件运动规律也可以用从动件的位移 s、速度 v 和加速度 a 随凸轮转角变化的规律来表示,即 $s=s(\delta)$,$v=v(\delta)$,$a=a(\delta)$。通常用从动件运动

MOOC

线图直观地表述这些关系。

以对心移动尖顶从动件盘形凸轮机构为例，说明凸轮与从动件的运动关系。如图 4.5(a)所示，以凸轮的回转轴心 O 为圆心、凸轮的最小向径 r_{min} 为半径所作的圆，称为凸轮的基圆，r_{min} 称为基圆半径。当凸轮与从动件在 A 点（凸轮轮廓曲线的起始点）接触时，从动件处于最低位置（即从动件处于距凸轮的回转轴心 O 最近位置）。当凸轮以匀速 ω_1 逆时针转动 δ_t 时，凸轮轮廓 AB 段的向径逐渐增加，推动从动件以一定的运动规律到达最高位置 B（此时从动件处于距凸轮的回转轴心 O 最远位置），这个过程称为推程。这时从动件移动的距离 h 称为升程，对应的凸轮转角 δ_t 称为推程运动角。当凸轮继续转动 δ_s 时，凸轮轮廓 BC 段向径不变，此时从动件处于最远位置停留不动，相应的凸轮转角 δ_s 称为远休止角。当凸轮继续转动 δ_h 时，凸轮轮廓 CD 段的向径逐渐减小，从动件在重力或弹簧力的作用下，以一定的运动规律回到 D 点位置，这个过程称为回程。对应的凸轮转角 δ_h 称为回程运动角。当凸轮继续转动 δ_s' 时，凸轮轮廓 DA 段的向径不变，此时从动件在最近位置停留不动，相应的凸轮转角 δ_s' 称为近休止角。当凸轮再继续转动时，从动件又重复上述过程。如果以直角坐标系的纵坐标表示从动件的位移 s_2，横坐标表示凸轮的转角 δ_1，则可以画出从动件位移 s_2 与凸轮转角 δ_1 之间的关系线图，如图 4.5(b)所示，简称为从动件位移曲线。

下面介绍几种常用的从动件运动规律。

1. 等速运动规律

从动件速度为定值的运动规律称为等速运动规律。当凸轮以等角速度 ω_1 转动时，从动件在推程或回程中的速度为常数，如图 4.6(b)所示。

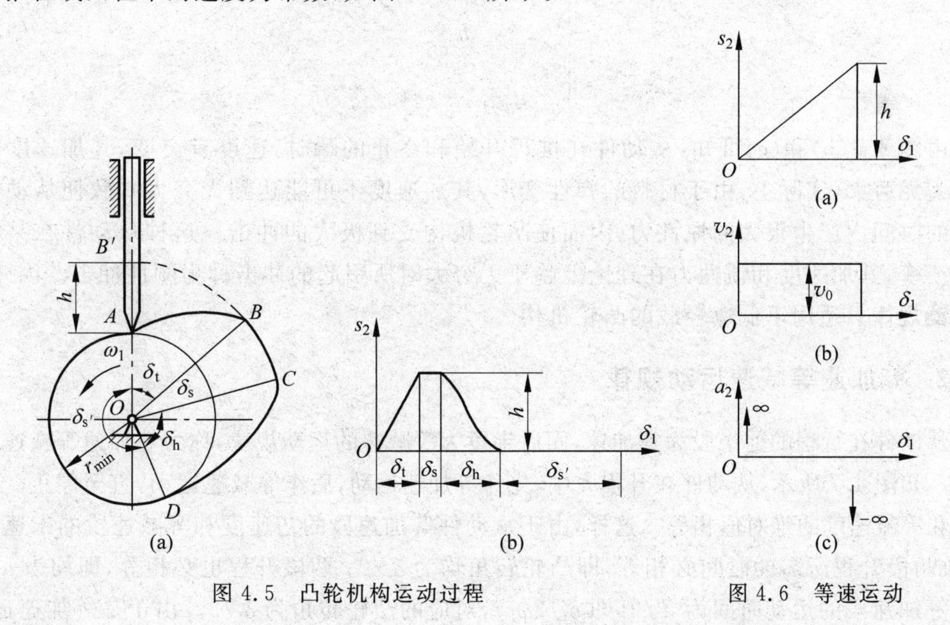

图 4.5　凸轮机构运动过程　　图 4.6　等速运动

推程时，设凸轮推程运动角为 δ_t，从动件升程为 h，相应的推程时间为 T，则从动件的速度为

$$v_2 = C_1 = \text{常数}$$

位移方程为

$$s_2 = \int v_2 \, dt = C_1 t + C_2$$

加速度方程为

$$a_2 = \frac{\mathrm{d}v_2}{\mathrm{d}t} = 0$$

初始条件为：$t=0$ 时，$s_2=0$；$t=T$ 时，$s_2=h$。利用位移方程得到 $C_2=0$ 和 $C_1=h/T$。

因此有

$$\begin{cases} s_2 = h\dfrac{t}{T} \\ v_2 = \dfrac{h}{T} \\ a_2 = 0 \end{cases} \tag{4.1}$$

由于凸轮转角 $\delta_1=\omega_1 t$，$\delta_t=\omega_1 T$，代入式(4.1)，则得推程时从动件用转角 δ 表示的运动方程：

$$\begin{cases} s_2 = \dfrac{h}{\delta_t}\delta_1 \\ v_2 = \dfrac{h}{\delta_t}\omega_1 \\ a_2 = 0 \end{cases} \tag{4.2a}$$

回程时，从动件的速度为负值。回程终了，$s=0$，凸轮转角为 δ_h。同理可推出从动件的运动方程为

$$\begin{cases} s_2 = h\left(1-\dfrac{\delta_1}{\delta_h}\right) \\ v_2 = -\dfrac{h}{\delta_h}\omega_1 \\ a_2 = 0 \end{cases} \tag{4.2b}$$

由图 4.6(b)和(c)可知，从动件在推程开始和终止的瞬时，速度有突变，其加速度在理论上为无穷大(实际上，由于材料的弹性变形，其加速度不可能达到无穷大)，致使从动件在极短的时间内产生很大的惯性力，因而使凸轮机构受到极大的冲击。这种从动件在某瞬时速度突变，其加速度和惯性力在理论上趋于无穷大时所引起的冲击称为**刚性冲击**。因此，等速运动规律只适用于低速轻载的凸轮机构。

2. 等加速等减速运动规律

从动件在行程的前半段为等加速，而后半段为等减速的运动规律，称为等加速等减速运动规律。如图 4.7 所示，从动件在升程 h 中，先作等加速运动，后作等减速运动，直至停止。等加速度和等减速度的绝对值相等。这样，由于从动件等加速段的初速度和等减速段的末速度为零，故两段升程所需的时间必相等，即凸轮转角均为 $\delta_t/2$；两段升程也必相等，即均为 $h/2$。

等加速段的运动时间为 $T/2$(即 $\delta_t/2\omega_1$)，对应的凸轮转角为 $\delta_t/2$。由于是等加速运动，因此 $s_2=a_0t^2/2$。利用上述分析结果可得

$$\begin{cases} \dfrac{h}{2} = \dfrac{1}{2}a_0\left(\dfrac{T}{2}\right)^2 \\ a_2 = a_0 = \dfrac{4h}{T^2} = 4h\left(\dfrac{\omega_1}{\delta_t}\right)^2 \end{cases} \tag{4.3}$$

将式(4.3)积分两次,并代入初始条件:$\delta_1=0$时,$v_2=0$,$s_2=0$,可推出从动件前半行程作等加速运动时的运动方程为

$$\begin{cases} s_2=\dfrac{2h}{\delta_t^2}\delta_1^2 \\ v_2=\dfrac{4h\omega_1}{\delta_t^2}\delta_1 \\ a_2=\dfrac{4h\omega_1^2}{\delta_t^2} \end{cases} \tag{4.4a}$$

推程的后半行程从动件作等减速运动,此时凸轮的转角是由$\delta_t/2$开始到δ_t为止。同理可得,其减速运动方程为

$$\begin{cases} s_2=h-\dfrac{2h}{\delta_t^2}(\delta_t-\delta_1)^2 \\ v_2=\dfrac{4h\omega_1}{\delta_t^2}(\delta_t-\delta_1) \\ a_2=-\dfrac{4h\omega_1^2}{\delta_t^2} \end{cases} \tag{4.4b}$$

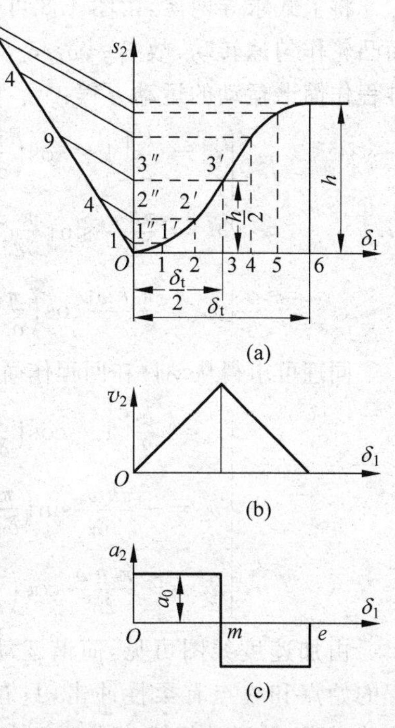

图4.7 等加速等减速运动

图4.7(a)所示为按公式绘出的等加速等减速运动线图。该图的位移曲线是一凹一凸两段抛物线连接的曲线,等加速段的抛物线可按下述方法画出:在横坐标轴上将线段分成若干等份(图中为3等份),得1,2,3各点,过这些点作横轴的垂线。再过点O作任意的斜线OO',在其上以适当的单位长度自点O按1∶4∶9量取对应长度,得1,4,9各点。作直线9—3″,并分别过4和1两点,作其平行线4—2″和1—1″,分别与s_2轴相交于2″和1″点。最后由1″和2″、3″点分别向过1,2,3各点的垂线投影,得1′,2′,3′点,将这些点连接成光滑的曲线,即为等加速段的抛物线。用类似的方法可以绘出等减速段的抛物线。

从加速度线图4.7(c)可知,从动件在升程始末,以及由等加速过渡到等减速的瞬时(即O、m、e三处),加速度出现有限值的突然变化,这将产生有限惯性力的突变,从而引起冲击。这种从动件在瞬时加速度发生有限值的突变时所引起的冲击称为**柔性冲击**。因此,等加速等减速运动规律适用于中低速的凸轮机构。

3. 简谐运动规律

点在圆周上作匀速运动时,点在这个圆的直径上的投影所构成的运动称为简谐运动,如图4.8(a)所示。

简谐运动规律位移线图的作法如下:

把从动件的行程h作为直径画半圆,将此半圆分成若干等份得1″,2″,3″,4″,…点。再把凸轮运动角也分成相应的等份1,2,3,4,…,并作垂线11′,22′,33′,44′,…,然后将圆周上的等分点投影到相应的垂直线上得1′,2′,3′,4′,…点。用光滑的曲线连接这些点,即得到从动件的位移线图,其方程为

$$s_2=\frac{h}{2}(1-\cos\theta)$$

将上式求导两次，由图 4.8 可知：$\theta=\pi$ 时，$\delta_1=\delta_t$，而凸轮作匀速转动，故 $\theta=\pi\delta_1/\delta_t$，由此，可导出从动件推程作简谐运动的运动方程：

$$\begin{cases} s_2 = \dfrac{h}{2}\left[1-\cos\left(\dfrac{\pi}{\delta_t}\delta_1\right)\right] \\ v_2 = \dfrac{\pi h\omega_1}{2\delta_t}\sin\left(\dfrac{\pi}{\delta_t}\delta_1\right) \\ a_2 = \dfrac{\pi^2 h\omega_1^2}{2\delta_t^2}\cos\left(\dfrac{\pi}{\delta_t}\delta_1\right) \end{cases} \tag{4.5a}$$

同理可求得从动件在回程作简谐运动的运动方程：

$$\begin{cases} s_2 = \dfrac{h}{2}\left[1+\cos\left(\dfrac{\pi}{\delta_h}\delta_1\right)\right] \\ v_2 = -\dfrac{\pi h\omega_1}{2\delta_h}\sin\left(\dfrac{\pi}{\delta_h}\delta_1\right) \\ a_2 = -\dfrac{\pi^2 h\omega_1^2}{2\delta_h^2}\cos\left(\dfrac{\pi}{\delta_h}\delta_1\right) \end{cases} \tag{4.5b}$$

由加速度线图可见，简谐运动规律的从动件在行程的始点和终点有柔性冲击，只有当加速度曲线保持连续时，这种运动规律才能避免冲击。

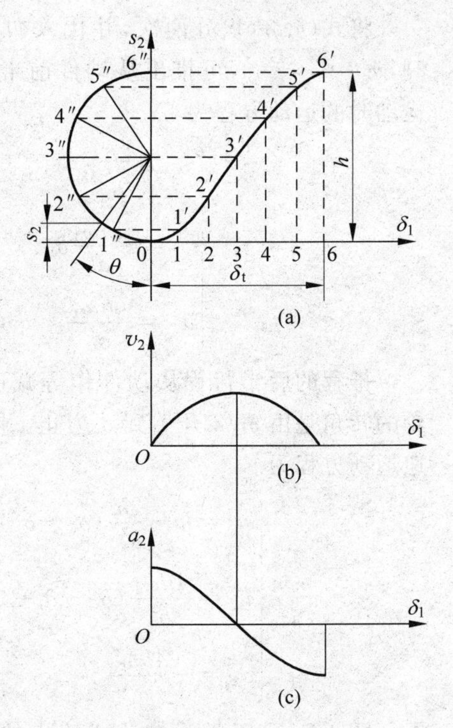

图 4.8 简谐运动

4. 正弦加速度运动

如图 4.9 所示，一个半径为 R 的圆沿纵轴作纯滚动时圆周上 B 点的轨迹为摆线，B 点沿摆线运动的过程中在纵轴上投影就构成一个加速度为正弦曲线的运动轨迹，称为正弦加速度运动，也称为摆线运动规律。

由于半径为 R 的圆作的是纯滚动，所以可以推出位移曲线方程：

$$s_2 = R\theta - R\sin\theta$$

由图 4.9 可知，$h=2\pi R$，当 $\theta=2\pi$ 时，$\delta_1=\delta_t$，故 $\theta=2\pi\delta_1/\delta_t$，由此可导出从动件推程作简谐运动的运动方程：

$$\begin{cases} s_2 = h[\delta_1/\delta_t - \sin(2\pi\delta_1/\delta_t)/2\pi] \\ v_2 = h\omega[1-\cos(2\pi\delta_1/\delta_t)]/\delta_t \\ a_2 = 2\pi h\omega^2\sin(2\pi\delta_1/\delta_t)/\delta_t \end{cases} \tag{4.6a}$$

同理可求得从动件在回程作简谐运动的运动方程：

$$\begin{cases} s_2 = h[1-\delta_1/\delta_h + \sin(2\pi\delta_1/\delta_h)/2\pi] \\ v_2 = h\omega[\cos(2\pi\delta_1/\delta_h)-1]/\delta_h \\ a_2 = -2\pi h\omega^2\sin(2\pi\delta_1/\delta_h)/\delta_h^2 \end{cases} \tag{4.6b}$$

由运动线图可见，这种运动规律既无速度突变，也没有加速度突变，没有任何冲击，故可用于高速凸轮。但它的缺点是加速度最大值较大，惯性力较大，要求的加工精度较高。

5. 改进型运动规律简介

在上述运动规律的基础上有所改进的运动规律称为改进型运动规律。例如，在推杆为等速运动的凸轮机构中，为了消除位移曲线上的折点，可将位移线图作一些修改。如图4.10所示，在行程始、末两处各取一段圆弧或曲线 OA 及 BC，并使位于曲线上的斜直线与这两段曲线相切，以使曲线圆滑。当推杆按修改后的位移规律运动时，将不产生刚性冲击，但这时在 OA 及 BC 这两段曲线处的运动将不再是等速运动。

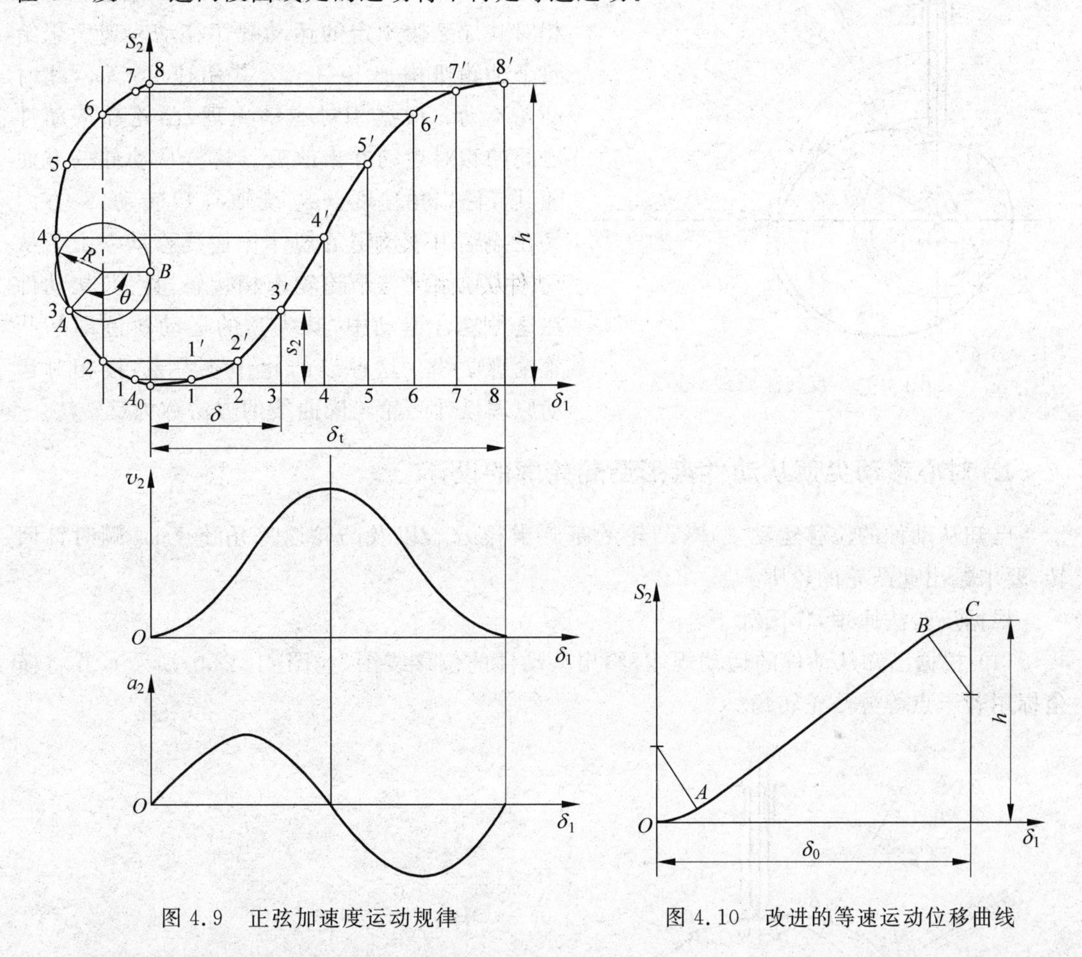

图4.9　正弦加速度运动规律

图4.10　改进的等速运动位移曲线

在实际应用时，或者采用单一的运动规律，或者采用几种运动规律的配合，应视推杆的工作需要而定，原则上应注意减轻机构中的冲击。

4.3　盘形凸轮轮廓设计

根据工作要求和结构条件，选定了凸轮机构的形式、凸轮转向、凸轮的基圆半径、滚子半径（对于滚子推杆）和从动件的运动规律后，就可以进行凸轮轮廓曲线的设计。凸轮轮廓曲线的设计方法有**图解法**和**解析法**。图解法简便易行、直观，但精确度低，只要细心作图，其图解的准确度是能够满足一般工程要求的；解析法精确度较高，但设计工作量大，可利用计算机进行计算。下面只介绍图解法。

MOOC

凸轮轮廓曲线设计所依据的基本原理是反转法原理，其原理如下所述。

图4.11所示为一对心移动尖顶从动件盘形凸轮机构。设凸轮的轮廓曲线已按预定的从动件运动规律设计，当凸轮以等角速度 ω_1 绕轴心 O 转动时，从动件的尖顶沿凸轮轮廓曲线相对其导路按预定的运动规律移动。现设想给整个凸轮机构加上一个公共角速度 $-\omega_1$，此时凸轮不动。根据相对运动原理，凸轮和从动件之间的相对运动并未改变。这样从动件一方面随其导路以角速度 $-\omega_1$ 绕轴心 O 转动，一方面又在导路中按预定的规律作往复移动。由于从动件尖顶始终与凸轮轮廓相接触，显然，从动件在这种复合运动中，其尖顶的运动轨迹即是凸轮轮廓曲线。这种以凸轮作参考系，按相对运动原理设计凸轮轮廓曲线的方法称为**反转法**。

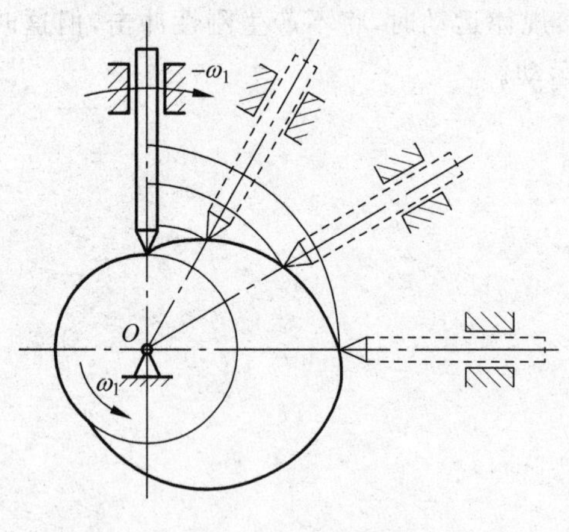

图4.11 反转法原理

1. 对心移动尖顶从动件盘形凸轮轮廓的设计

已知从动件的位移运动规律，凸轮的基圆半径 $r_{\min}$，以及凸轮以等角速度 ω_1 顺时针回转，要求绘出此凸轮的轮廓。

根据反转法原理，作图如下：

(1) 根据已知从动件的运动规律，绘出从动件的位移线图(如图4.12(b)所示)，并将横坐标用若干点等分凸轮转角。

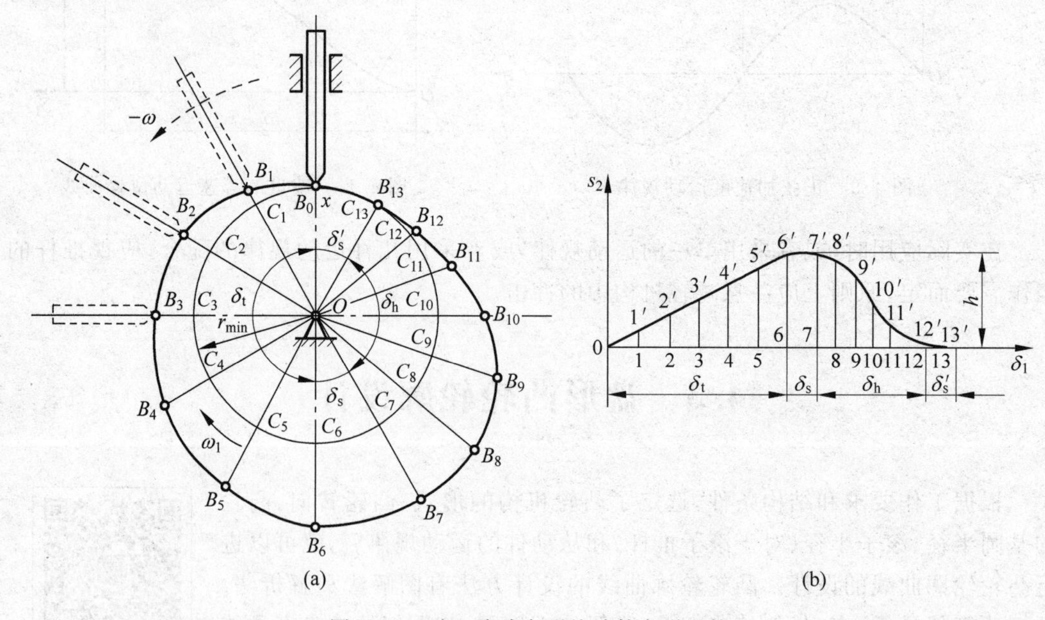

图4.12 对心移动尖顶从动件盘形凸轮

(2) 以 $r_{\min}$ 为半径作基圆。此基圆与导路的交点 B_0 便是从动件尖顶的起始位置。

(3) 自 OB_0 沿 ω_1 的相反方向取凸轮转角 δ_t、δ_h、δ_s，并将这些转角等分成与图4.12(b)对应

的若干等份，得点 $C_1,C_2,C_3,\cdots$。连接 $OC_1,OC_2,OC_3,\cdots$便是反转后从动件导路的各个位置。

(4) 量取各个位移量，即取 $B_1C_1=11'$，$B_2C_2=22'$，$B_3C_3=33'$，…得反转后尖顶的一系列位置 $B_1,B_2,B_3,\cdots$。

(5) 将 $B_0,B_1,B_2,B_3,\cdots$连成光滑的曲线，便得到所要求的凸轮轮廓(见图 4.12(a))。

2. 对心移动滚子从动件盘形凸轮轮廓的设计

把尖顶从动件改为滚子从动件时，其凸轮轮廓设计方法如图 4.13 所示。把滚子中心看作尖顶从动件的尖顶，按照上面的方法画出一条轮廓 β_0，以 β_0 上各点为圆心，滚子半径为半径，画一系列圆，作这些圆的包络线 β，便是滚子从动件凸轮的**实际轮廓**，而 β_0 称为此凸轮的**理论轮廓**。由作图过程可知，滚子从动件凸轮轮廓的基圆半径 r_{min} 应当在理论轮廓上度量。

3. 偏置移动尖顶从动件盘形凸轮轮廓的设计

如图 4.14 所示，偏置移动尖顶从动件盘形凸轮轮廓的设计与前述相似。

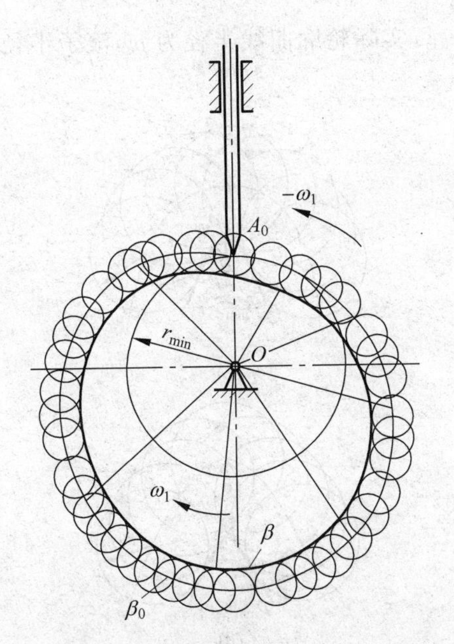

图 4.13　对心移动滚子从动件盘形凸轮

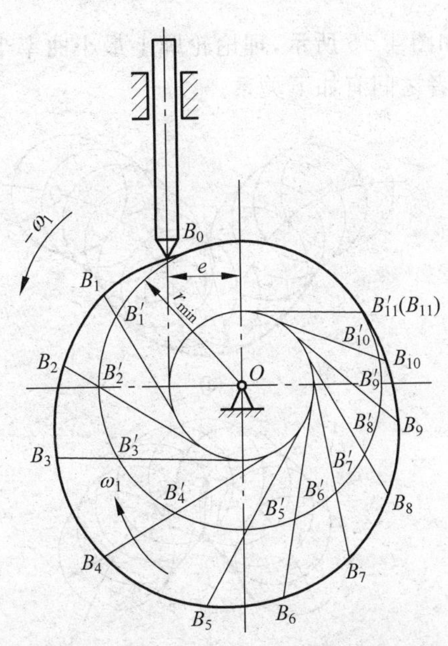

图 4.14　偏置移动尖顶从动件盘形凸轮

由于从动件导路的轴线不通过凸轮的回转轴心，其偏距为 e，所以从动件在反转过程中，其导路轴线始终与以偏距 e 为半径所作的偏距圆相切，从动件的位移应沿切线量取。作图方法如下：

(1) 根据已知从动件的运动规律，绘出从动件的位移线图，并将横坐标分段等分凸轮转角，如图 4.12(b)所示。

(2) 在基圆上，任取一点 B_0 作为从动件升程的起始点，并过点 B_0 作偏距圆的切线，该切线即是从动件导路线的起始位置。

(3) 由点 B_0 开始，沿相反方向将基圆分成与位移线图相同的等份，得各等分点 $B_1',B_2',B_3',\cdots$。过 $B_1',B_2',B_3',\cdots$各点作偏距圆的切线并延长，则这些切线即为从动件在反转过程中依次占据的位置。

(4) 在各条切线上自 B_1',B_2',B_3',…截取 $B_1'B_1=11$,$B_2'B_2=22$,$B_3'B_3=33$,…得 B_1,B_2,B_3,…各点。将 B_0,B_1,B,…各点连成光滑曲线,便得到所要求的凸轮轮廓(见图4.14)。

4.4 凸轮机构基本尺寸的确定

设计凸轮机构时,不仅要保证从动件实现预定的运动规律,还需要确定凸轮机构的一些基本尺寸,如基圆半径、移动从动件的偏距、滚子半径等。这些基本尺寸的选择除了要保证从动件能够准确地实现预期的运动规律外,还要求传动时受力良好、结构紧凑,因此,在设计凸轮机构时应注意基本尺寸的确定。

MOOC

1. 滚子半径

如图4.15所示,理论轮廓上最小曲率半径为 ρ_{min},实际轮廓曲线半径为 ρ_a,滚子半径为 r_T,三者之间有如下关系。

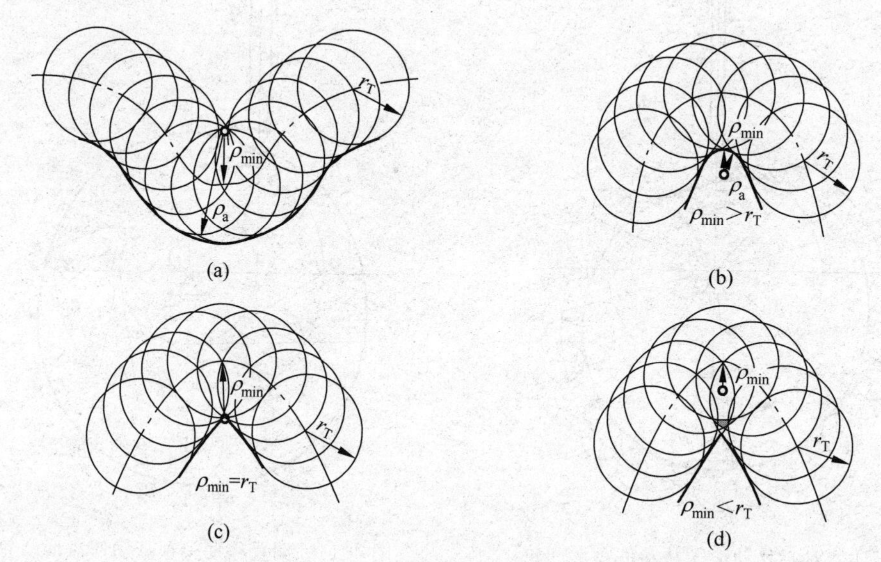

图4.15 滚子半径对轮廓的影响

1) 内凹的凸轮轮廓曲线

由图4.15(a)可得

$$\rho_a=\rho_{min}+r_T \tag{4.7}$$

由上式可知,实际轮廓曲率半径总大于理论轮廓曲率半径。因而,不论选择多大的滚子半径,都能作出凸轮的实际轮廓。

2) 外凸的凸轮轮廓曲线

由图4.15(b)可得

$$\rho_a=\rho_{min}-r_T \tag{4.8}$$

(1) 当 $\rho_{min}>r_T$ 时,$\rho_a>0$,如图4.15(b)所示,实际轮廓为一平滑曲线。

(2) 当 $\rho_{min}=r_T$ 时，$\rho_a=0$，如图4.15(c)所示，在凸轮实际轮廓曲线上产生了尖点，这种尖点极易磨损，磨损后就会改变从动件预定的运动规律。

(3) 当 $\rho_{min}<r_T$ 时，$\rho_a<0$，如图4.15(d)所示，此时实际轮廓曲线发生相交，图中阴影部分的轮廓曲线在实际加工时被切去，使这一部分运动规律无法实现。

为了使凸轮轮廓在任何位置既不变尖也不相交，滚子半径必须小于理论轮廓外凸部分的最小曲率半径 ρ_{min}。如果 ρ_{min} 过小，按上述条件选择的滚子半径太小而不能满足安装和强度要求时，就应当把凸轮基圆尺寸加大，重新设计凸轮轮廓曲线。

2. 凸轮机构压力角

凸轮机构从动件所受正压力的方向(沿凸轮轮廓线在接触点的法线方向)与从动件上 B 点的速度方向之间所夹的锐角称为凸轮机构的**压力角**。

图4.16所示为尖顶直动从动件凸轮机构。当不考虑摩擦时，正压力 F 可分解为沿从动件速度方向的有用分力 F_t 和使从动件压紧导路的有害分力 F_n，其关系式为

$$F_n = F_t\tan\alpha \tag{4.9}$$

当驱动从动件的有效分力 F_t 一定时，压力角 α 越大，则有害分力 F_n 越大，机构的效率越低。当 α 增大到一定程度，以致 F_n 所引起的摩擦阻力大于有用分力 F_t 时，无论凸轮加给从动件的作用力多大，从动件都不能运动，这种现象称为自锁。从改善凸轮机构受力情况、提高凸轮机构效率、避免自锁的角度考虑，压力角越小越好。

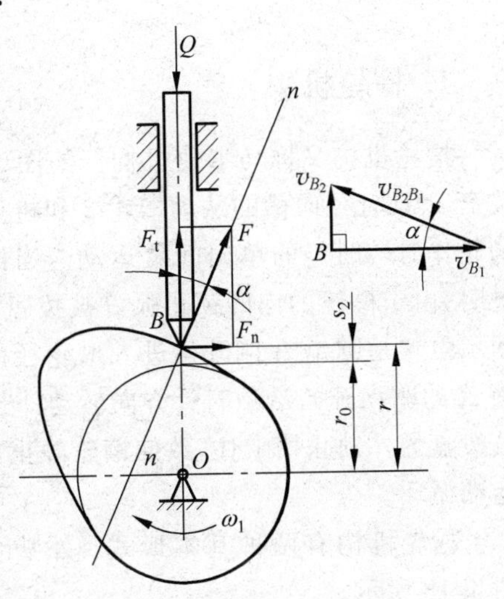

图4.16　凸轮机构的压力角与半径的关系

如图4.16所示，设凸轮以等角速 ω_1 顺时针转动，从动件与凸轮在 B 点接触，从动件上 B 点移动速度 $v_{B_2}=v_2$；凸轮上 B 点的速度 $v_{B_1}=r\omega_1$，方向垂直于 OB；从动件上 B 点相对速度 $v_{B_2B_1}$ 的方向与凸轮过 B 点的切线方向重合。根据点的复合运动速度合成原理，则可做出 B 点的速度三角形，如图4.16所示。

若给定从动件运动规律，则 ω_1、v_2、s_2 均为已知，当凸轮机构压力角越大时，则凸轮机构基圆半径越小，相应凸轮机构尺寸也越小。因此，从凸轮机构结构紧凑的观点看，凸轮机构压力角越大越好。

综上所述，一般情况下，既要求凸轮机构有较高效率、受力情况良好，又要求凸轮机构结构紧凑，因此，凸轮机构压力角不能过大也不能过小。为保证凸轮机构能正常运转，应使其最大压力角 α_{max} 小于许用压力角[α]。推荐的许用压力角为：

推程(工作行程)：移动从动件，[α]=30°；摆动从动件，[α]=45°。

回程：因受力较小且无自锁问题，许用压力角可取得大些，通常[α]=80°。

3. 凸轮基圆半径

在设计凸轮机构时，凸轮的基圆半径取得越小，所设计的机构越紧凑。但是，必须指出

的是，凸轮基圆半径过小会引起压力角增大，使凸轮机构工作效率降低。从图4.16可以看出：

$$r_0 = r - s_2 = \frac{v_2}{\omega\tan\alpha} - s_2 \tag{4.10}$$

显然，在其他条件不变的情况下，基圆半径 r_0 越小，压力角 α 越大。而基圆半径过小，压力角会超过许用压力角而使机构效率太低甚至发生自锁。实际设计中，在保证凸轮的最大压力角不超过许用压力角的前提下，应合理地确定凸轮的基圆半径，使凸轮机构的尺寸不至过大。

4.5 其他常用机构

1. 槽轮机构

槽轮机构又称马尔他机构。如图4.17所示，它由带圆销 A 的主动拨盘1、具有径向槽的从动槽轮2和机架组成。拨盘作匀速转动时，驱动槽轮作时转时停的单向间歇运动。当拨盘上的圆销 A 未进入槽轮径向槽时，由于槽轮的内凹锁止弧 β 被拨盘的外凸圆弧 α 卡住，故槽轮静止。图示位置是圆销 A 刚开始进入槽轮径向槽时的情况，这时锁止弧刚被松开，因此槽轮受圆销 A 的驱动开始沿顺时针方向转动；当圆销 A 离开径向槽时，槽轮的下一个内凹锁止槽又被拨盘的外锁止槽卡住，致使槽轮静止，直到圆销 A 进入槽轮另一径向槽时，又重复上述的运动循环。

槽轮机构有两种基本形式：外啮合槽轮机构，如图4.17所示；内啮合槽轮机构，如图4.18所示。

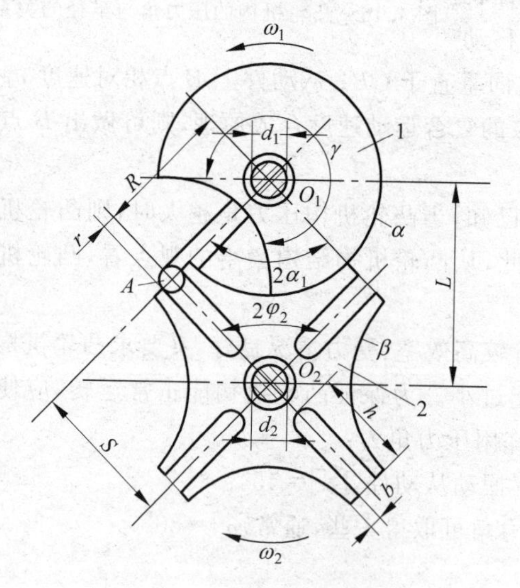

图4.17 外啮合槽轮机构

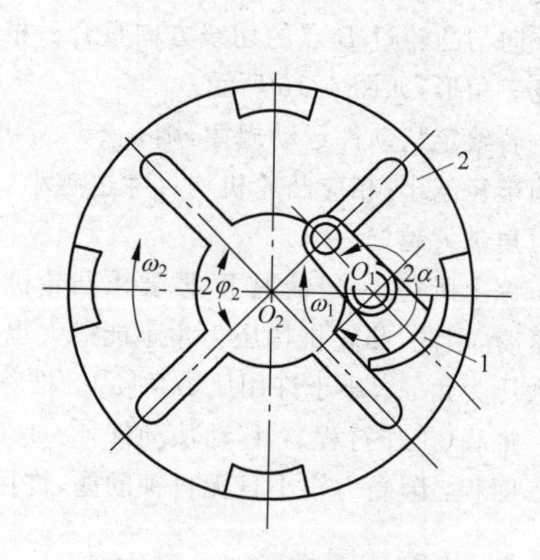

图4.18 内啮合槽轮机构

槽轮机构结构简单，机械效率高，并且运动平稳，因此在自动机床转位机构、电影放映机卷片机构等自动机械中得到广泛的应用。槽轮机构一般应用于转速不很高、要求间歇地转过一定角度的分度装置中。

2. 棘轮机构

图 4.19 所示为外啮合棘轮机构，由摆杆 1、棘爪 2、棘轮 3、止回爪 4 和机架 5 组成。通常以摆杆为主动件、棘轮为从动件。当摆杆 1 连同棘爪 2 顺时针转动时，棘爪进入棘轮的相应齿槽，并推动棘轮转过相应的角度；当摆杆逆时针转动时，棘爪在棘轮齿顶上滑过。为了防止棘轮跟随摆杆反转，设置止回爪 4。这样，摆杆不断地作往复摆动，棘轮便得到单向的间歇运动。

棘轮机构还可以做成内啮合形式(见图 4.20)或移动棘轮(即棘条)形式(见图 4.21)，其工作原理和外啮合棘轮机构类似。

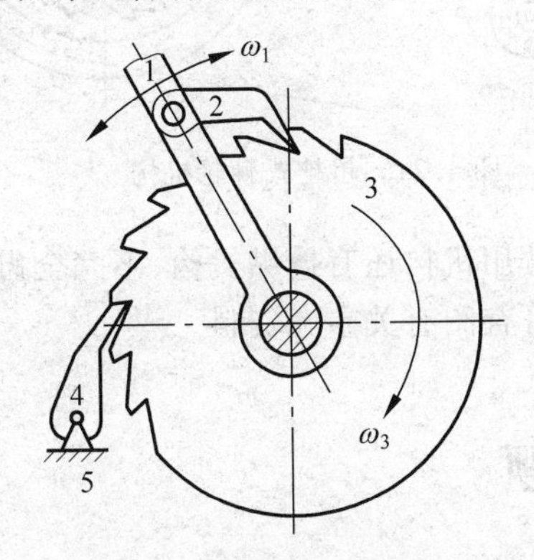

图 4.19　外啮合棘轮机构

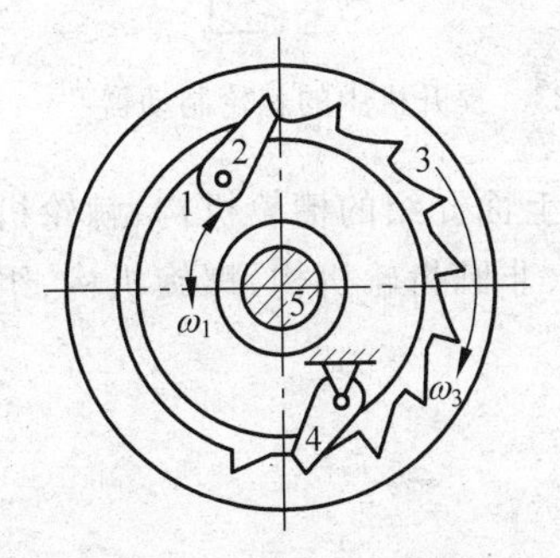

图 4.20　内啮合棘轮机构

如图 4.22 所示为摩擦式棘轮机构，当摆杆 1 作逆时针转动时，利用楔块 2 与摩擦轮 3 之间的摩擦产生自锁，从而带动摩擦轮 3 和摆杆一起转动；当摆杆作顺时针转动时，楔块 2 与摩擦轮 3 之间产生滑动，这时由于楔块 4 的自锁作用能阻止摩擦轮反转。这样，在摆杆不断作往复运动时，摩擦轮 3 便作单向的间歇运动。

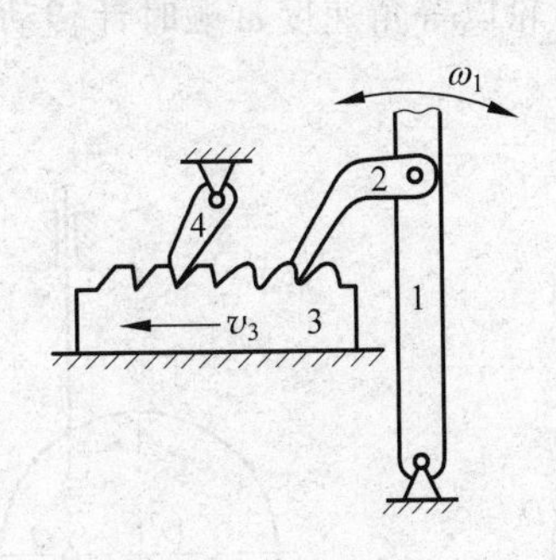

图 4.21　棘条机构

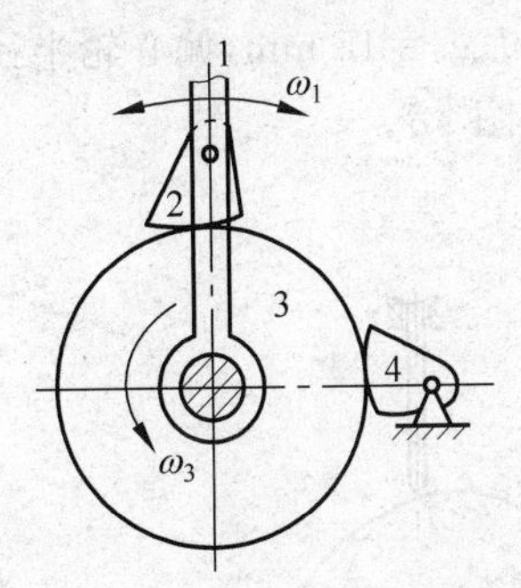

图 4.22　摩擦式棘轮机构

棘轮机构还常用作制动器以防止机构逆转，这种棘轮制动器广泛用于卷扬机、提升机以及运输和牵引设备中。图 4.23 所示为提升机中的棘轮制动器。重物被提升过程中，如果机械发生故障，棘轮机构的止回棘爪将及时对棘轮制动，防止棘轮倒转，从而起到保证安全的作用。

棘轮机构也常在各种机械中起超越作用，其中最常见的例子之一是自行车的传动装置。如图4.24所示为自行车后轮轴上的棘轮机构。当脚蹬踏板时，经链轮1和链条2带动内圈具有棘齿的链轮3逆时针转动，再通过棘爪4的作用，使后轮轴5逆时针转动，从而驱使自行车前进。当自行车前进时，如果踏板不动，后轮轴5便会超越链轮3而转动，让棘爪4在棘轮齿背上划过，从而实现不蹬踏板的自由滑行。

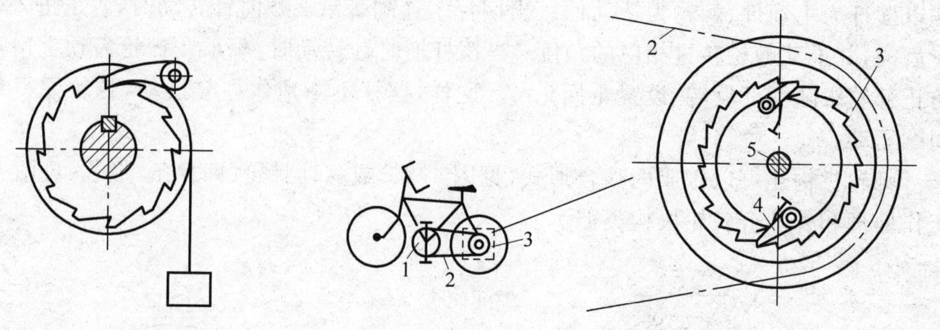

图4.23 提升机中的棘轮制动器

图4.24 超越式棘轮机构

除了上面介绍的槽轮机构、棘轮机构外，其他常用机构还有擒纵机构、不完全齿轮机构、星轮机构、非圆齿轮机构、螺旋机构、组合机构等，可查阅有关参考资料。

习 题

4.1 如图4.25所示为一偏置直动从动件盘形凸轮机构。已知 AB 段为凸轮的推程廓线，试在图上标注推程运动角 δ_t。

4.2 如图4.26所示为一偏置直动从动件盘形凸轮机构。已知凸轮为一个以 C 点为中心的圆盘，问轮廓上 D 点与尖顶接触时其压力角为多少？试作图表示。

4.3 图4.27所示为一对心尖顶推杆单元弧凸轮(偏心轮)，其几何中心 O' 与凸轮转轴 O 的距离为 $L_{O'O}=15$ mm，偏心轮半径 $R=30$ mm，凸轮以等角速度 ω 顺时针转动，试绘出推杆的位移线图 s-δ。

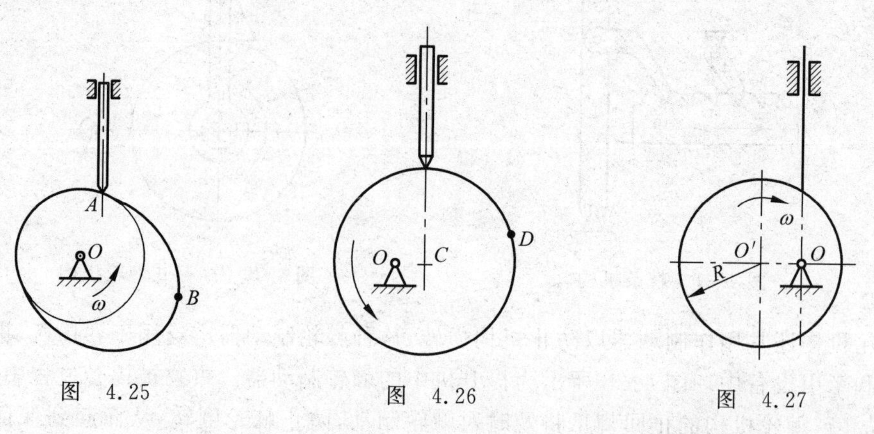

图 4.25

图 4.26

图 4.27

4.4　设计对心滚子直动推杆盘形凸轮。已知凸轮的基圆半径 $r_0=35$ mm，凸轮以等角速度 ω 逆时针转动，推杆行程 $h=20$ mm，滚子半径 $r_r=10$ mm，位移线图 s-δ 如图 4.28 所示。

4.5　设计偏置滚子直动推杆盘形凸轮。已知凸轮以等角速度 ω 顺时针转动，凸轮转轴 O 偏于推杆中心线的右方 10 mm 处，基圆半径 $r_0=35$ mm，推杆行程 $h=32$ mm，滚子半径 $r_T=10$ mm，其位移线图 s-δ 如图 4.29 所示。

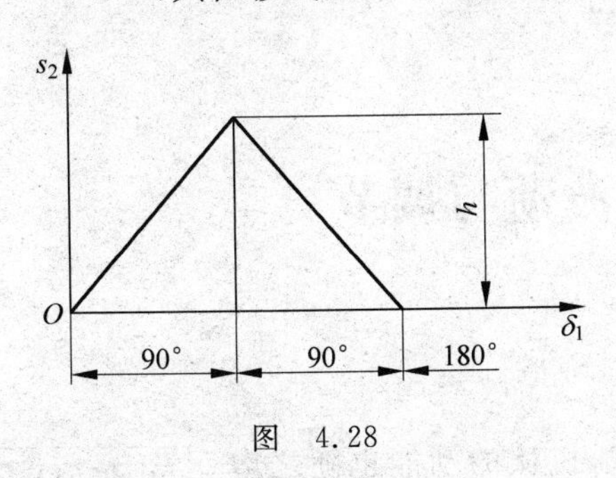

图　4.28

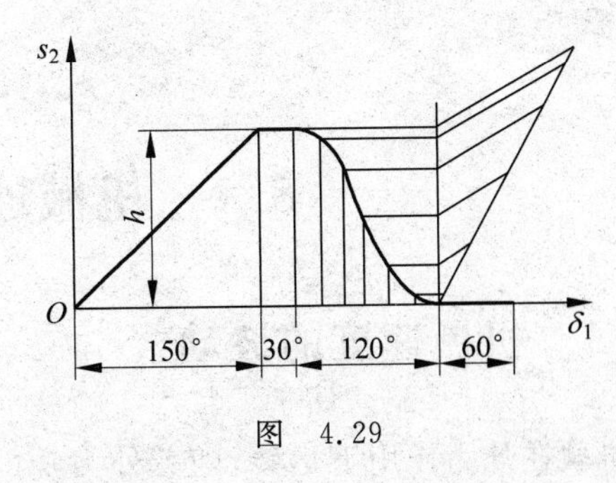

图　4.29

第5章

机械调速与平衡

5.1 机械速度波动与调节

5.1.1 机械速度的波动

MOOC

机械在外力作用下运转，随着外力功的增减，机械的动能也随之增减。如果驱动力在一段时间内所做的功等于阻力所做的功，则机械保持匀速运动。当驱动力所做的功不等于阻力所做的功时，盈功将促使机械动能增加，亏功将导致机械动能减少。机械动能的增减产生机械运转速度波动。机械波动会产生附加的动压力，降低机械效率和工作可靠性，引起机械振动，影响零件的强度和寿命，降低机械的精度和工艺性能，使产品质量下降。因此，需要对机械的速度进行调节，使其在正常范围之内波动。

机械速度波动可分为两类。

1. 周期性速度波动

当外力作周期性变化时，速度也作周期性的波动。如图5.1所示，由于在一个周期中，外力功的和为零，角速度在经过一个周期后又回到初始状态。但是，在周期中的某一时刻，驱动力所做的功与阻力所做的功不相等，因而出现速度的波动。这种速度变化称为周期性速度波动。运动周期 T 通常对应于机械主轴回转的时间。

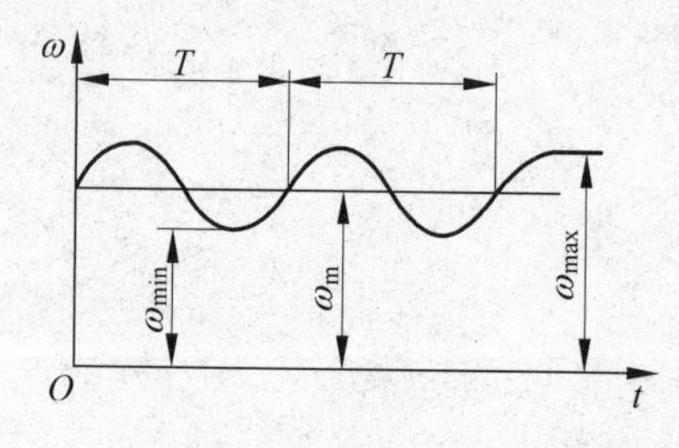

图5.1 周期性速度波动

2. 非周期性速度波动

如果驱动力所做的功始终大于阻力所做的功，则机械运转的速度将不断升高，直至超越机械强度所容许的极限转速而导致机械损坏。反之，如果驱动力所做的功总是小于阻力所做的功，则机械运转的速度将不断下降，直至停车。这种波动没有周期变化的特点，因此称为非周期性速度波动。

非周期性速度波动的调节问题分为两种情况。

(1) 当机械的原动机所发出的驱动力矩是速度的函数且成反比关系时，机械具有自动调节非周期性速度波动的能力。这种自动调节非周期性速度波动的能力称为自调性，选用电动机作为原动机的机械，一般都具有自调性。

(2) 对于没有自调性的机械系统(如采用蒸汽机、汽轮机或内燃机为原动机的机械系统),必须安装一种专门的调节装置,称为调速器,来调节机械出现的非周期性速度波动。图 5.2 所示为机械式离心调速器的工作原理图。原动机 2 的输入功与供汽量的大小成正比。当负荷突然减小时,原动机 2 和工作机 1 的主轴转速升高,由圆锥齿轮驱动的调速器主轴的转速也随着升高,重球因离心力增大而飞向上方,带动圆筒 N 上升,并通过套环和连杆将节流阀关小,使蒸汽输入量减少;反之,若负荷突然增加,原动机及调速器主轴转速下降,飞球下落,节流阀开大,使供汽量增加。采用这种方法使输入功和负荷所消耗的功(包括摩擦损失)达到平衡,以保持速度稳定。

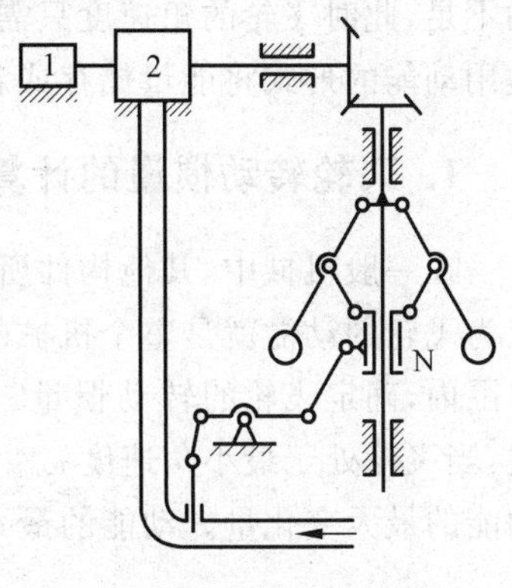

图 5.2　离心调速机构

5.1.2　机械运转的平均速度和不均匀系数

如图 5.1 所示,若已知机械主轴角速度随时间变化的规律 $\omega=f(t)$,一个周期角速度的实际平均值 ω_m 可由下式求出:

$$\omega_m=\frac{1}{T}\int_0^T\omega\mathrm{d}t \tag{5.1}$$

这个值称为机器的"额定转速"。

由于 ω 的变化规律很复杂,故在工程计算中都以算术平均值近似代替实际平均值,即

$$\omega_m=\frac{\omega_{\max}+\omega_{\min}}{2} \tag{5.2}$$

式中,$\omega_{\max}$ 和 $\omega_{\min}$ 分别为最大角速度和最小角速度。

机械速度波动的相对程度用不均匀系数 δ 表示:

$$\delta=\frac{\omega_{\max}-\omega_{\min}}{\omega_m} \tag{5.3}$$

δ 越小,主轴越接近匀速转动。各种不同机械许用的不均匀系数 δ 是根据它们的工作要求确定的。例如驱动发电机的活塞式内燃机,如果主轴的速度波动太大,势必影响输出电压的稳定性,所以这类机械的不均匀系数应当取小一些;反之,如冲床和破碎机等一类机械,速度波动稍大也不影响其工艺性能,这类机械的不均匀系数可取得大一些。几种常见机械的不均匀系数可按表 5.1 选取。

表 5.1　不均匀系级 δ 的取值范围

机械类型	破碎机械	冲压机械	压缩机和水泵	减速机械	发电机
不均匀系级 δ	0.1～0.2	0.05～0.15	0.03～0.05	0.015～0.2	0.002～0.003

5.1.3　飞轮设计方法

飞轮可以对周期性速度波动的机械系统进行调速,其工作原理是利用了它的储能作用。飞轮具有很大的转动惯量,当机械出现盈功时,飞轮的角速度上升,只需上升少许,就可以将多余的能量储存起来；而当机械出现亏功时，飞轮就会将其储存的能量释放出来，补充能量的不足，此时飞轮的角速度只需作小幅度的下降即可。因此说飞轮实质上是一个储存器，它是用动能的形式将能量储存或释放出来。

1. 飞轮转动惯量的计算

在一般机械中，其他构件所具有的动能与飞轮相比，其值甚小，因此，在近似设计中可以认为飞轮的动能就是整个机械的动能。飞轮设计工作就是要在机械运转不均匀系数的容许范围内，确定飞轮的转动惯量。当飞轮处于最大角速度 ω_{max} 时，具有动能最大值 E_{max}；反之，当飞轮处于最小角速度 ω_{min} 时，具有动能最小值 E_{min}。E_{max} 与 E_{min} 之差表示一个周期内动能的最大变化量。动能的最大变化量即最大剩余功为

$$A_{max} = E_{max} - E_{min} = \frac{1}{2}J(\omega_{max}^2 - \omega_{min}^2) = J\omega_m^2\delta \tag{5.4}$$

式中，A_{max} 为最大剩余功，或最大盈亏功。

因此可得

$$J = \frac{A_{max}}{\omega_m^2\delta} = \frac{900A_{max}}{\pi^2 n^2 \delta} \tag{5.5}$$

飞轮的转动惯量与不均匀系数的关系曲线如图 5.3 所示。

2. 飞轮尺寸确定

一般飞轮的轮毂和轮辐的质量很小，近似计算时认为飞轮质量 m 集中于平均直径为 D_m 的轮缘上。因此，转动惯量可以写成

$$J = m\left(\frac{D_m}{2}\right)^2 = \frac{mD_m^2}{4} \tag{5.6}$$

当按照机器的结构和空间位置选定轮缘的平均直径 D_m 之后，由式(5.6)便可求出飞轮的质量 m。选定飞轮的材料与高宽比 H/B 后，按轮缘为矩形端面求出轮缘截面尺寸，见图 5.4。

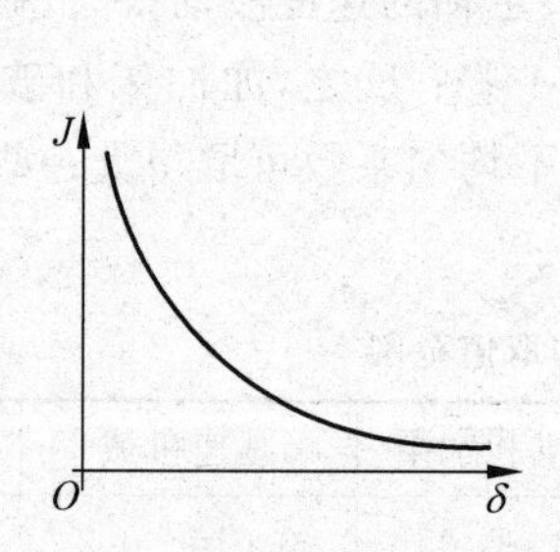

图 5.3 转动惯量与不均匀系数的关系

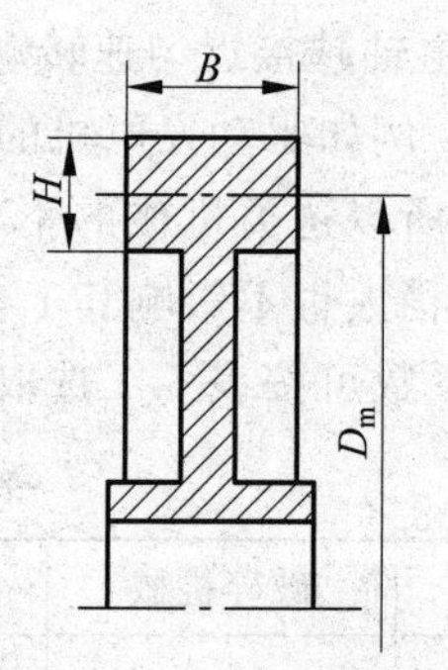

图 5.4 飞轮结构示意图

应当说明，飞轮不一定是外加的专门构件。实际机械中往往用增大皮带轮(或齿轮)的尺寸和质量的方法，使其兼起飞轮的作用。这种皮带轮(或齿轮)也就是机器中的飞轮。还应指出，本章所介绍的确定盈亏功的方法，没有考虑除飞轮外其他构件动能的变化，因而是近似的。当其他构件的质量较大或动能变化较大时，必须考虑这些构件的动能变化。

5.2　回转件的平衡

5.2.1　回转件的平衡目的

MOOC

机械中有许多构件是绕固定轴线回转的，这类作回转运动的构件称为回转件。如果回转件的结构不对称、制造不准确或材质不均匀，都会使整个回转件在转动时产生离心力系的不平衡，使离心力系的合力和合力偶矩不等于零。合力和合力偶矩的方向随着回转件的转动而发生周期性的变化并在轴承中引起一种附加的动压力，使整个机械产生周期性的振动，引起机械工作精度和可靠性的降低、零件损坏、噪声产生等。由于近年来高速重载和精密机械的发展，使上述问题显得更加突出。调整回转件的质量分布，使回转件工作时离心力系达到平衡，以消除附加动压力、尽量减轻有害的机械振动，这就是回转件的平衡目的。

每个回转件都可看作是由若干质量组成的。一个偏离回转中心距离为 r 的质量 m，以角速度 ω 转动时，产生的离心力为

$$P = mr\omega^2 \tag{5.7}$$

5.2.2　平衡计算

1. 静平衡

1）静平衡计算

如图 5.5 所示，对于轴向尺寸很小的回转件，如叶轮、飞轮、砂轮等，其质量的分布可以近似地认为在同一回转面内。因此，当该回转件匀速转动时，这些质量所产生的离心力构成同一平面内汇交于回转中心的力系。如果该力系不平衡，则力系的合力不为零。如欲使其平衡，只要在同一回转面内加一个质量或减一个质量，使其产生的离心力与原有质量所产生的离心力之总和等于零，达到平衡状态。即平衡条件为

$$\boldsymbol{P}_{\mathrm{b}} + \sum \boldsymbol{P}_i = \boldsymbol{0}$$

式中，$\boldsymbol{P}_{\mathrm{b}}$ 和 $\sum \boldsymbol{P}_i$ 分别表示平衡质量的离心力和原有质量离心力的合力。

上式可写成

$$m_{\mathrm{b}}\boldsymbol{r}_{\mathrm{b}}\omega^2 + \sum m_i\boldsymbol{r}_i\omega^2 = \boldsymbol{0}$$

消去公因子 ω^2，可得

$$m_{\mathrm{b}}\boldsymbol{r}_{\mathrm{b}} + \sum m_i\boldsymbol{r}_i = \boldsymbol{0} \tag{5.8}$$

式中，m_{b}、$\boldsymbol{r}_{\mathrm{b}}$ 为平衡质量及其质心的向径，m_i、$\boldsymbol{r}_i$ 为原有各质量及其质心的向径，如图 5.6 所示。

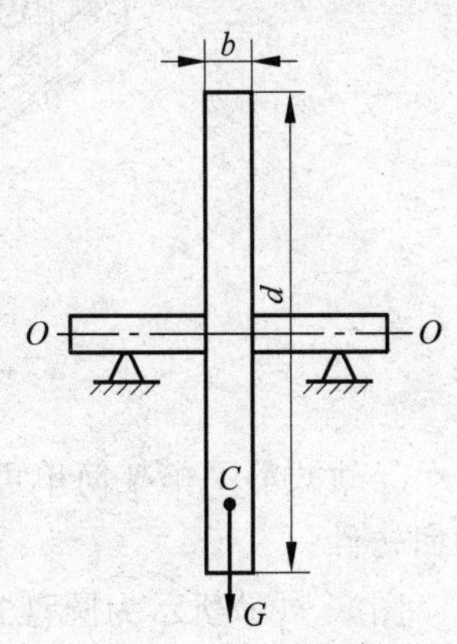

图 5.5　静平衡问题

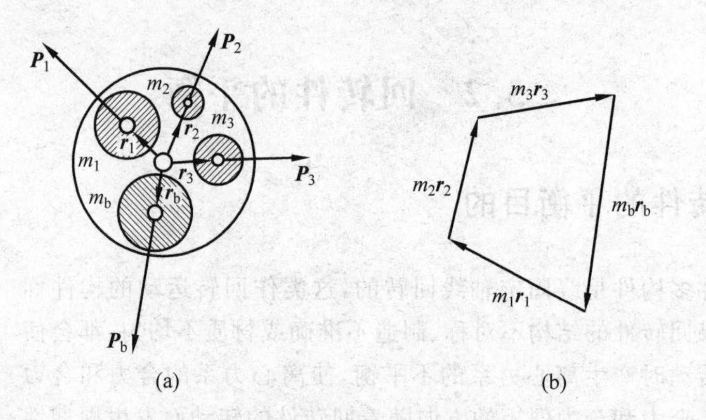

图 5.6　平面惯性力与力封闭图

2）静平衡试验

静不平衡的回转件，其质心偏离回转轴线，产生静力矩。利用静平衡架，找出不平衡质径积的大小和方向，并由此确定平衡质量的大小和位置，使质心移到回转轴线上以达到静平衡。这种方法称为静平衡试验法。

对于圆盘形回转件，设圆盘直径为 D，其宽度为 b，当 $D/b>5$ 时，这类回转件通常经静平衡试验校正后，可不必进行动平衡。

图 5.7(a)所示为导轨式静平衡架。架上两根互相平行的钢制刀口形（也可以做成圆柱形或棱柱形）导轨被安装在同一水平面内。试验时将回转件的轴放在导轨上。如回转件质心不在包含回转轴线的铅垂面内，则由于重力对回转轴线的静力矩作用，回转件在导轨上发生滚动。待到滚动停止时，质心 S 即处在最低位置，由此便可确定质心的偏移方向。然后再用橡皮泥在质心相反方向加一适当的平衡质量，并逐步调整其大小或径向位置，直到该回转件在任意位置都能保持静止。这时所加的平衡质量与其向径的乘积即为该回转件达到静平衡需加的质径积。

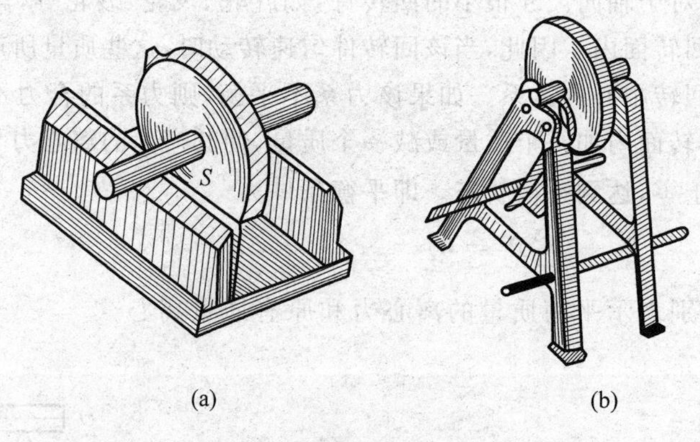

图 5.7　两种静平衡实验台

导轨式静平衡架简单可靠，其精度能满足一般生产需要，但不能用于平衡两端轴径不等的回转件。

图 5.7(b)所示为圆盘式静平衡架。待平衡回转件的轴放置在分别由两个圆盘组成的支承上。圆盘可绕其几何轴线转动，故回转件也可以自由转动，试验程序与上述相同。这类

平衡架一端的支承高度可调，以便平衡两端轴径不等的回转件。这种设备安装和调整都很简便，但圆盘中心的滚动轴承易于弄脏，致使摩擦阻力矩增大，故其精度略低于导轨式静平衡架。

2. 动平衡

1）动平衡计算

如图5.8所示，轴向尺寸较大的回转件，如多缸发动机曲轴、电动机转子、汽轮机转子和机床主轴等，其质量的分布不能再近似地认为是位于同一回转面内，而应看作分布于垂直于轴线的许多互相平行的回转面内。这类回转件转动时所产生的离心力系不再是平面汇交力系，而是空间力系。因此，单靠在某一回转面内加一平衡质量的静平衡方法并不能消除这类回转件转动时的不平衡，如在图5.9所示的转子中，设不平衡质量 m_1、m_2 分布于相距 l 的两个回转面内，且 $m_1=m_2$，$\boldsymbol{r}_1=\boldsymbol{r}_2$。该回转件的质心落在回转轴上，而且 $m_1\boldsymbol{r}_1+m_2\boldsymbol{r}_2=\boldsymbol{0}$，满足静平衡条件。因 m_1 和 m_2 不在同一回转面内，故当回转件转动时，在包含回转轴线的平面内存在着一个由离心力 $\boldsymbol{P}_1$、$\boldsymbol{P}_2$ 组成的力偶，使回转件处于动不平衡状态。

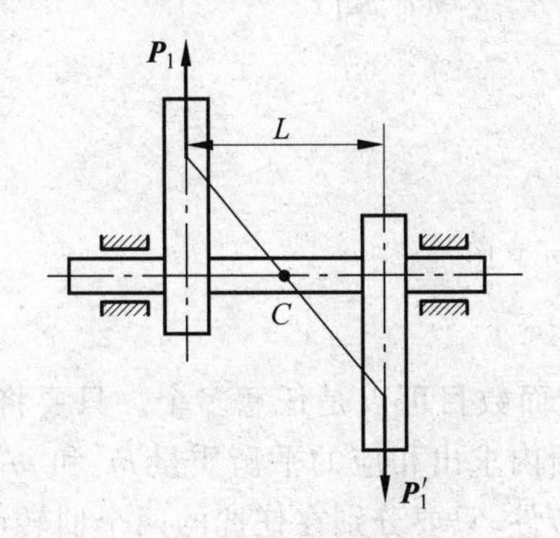

图5.8　动平衡问题

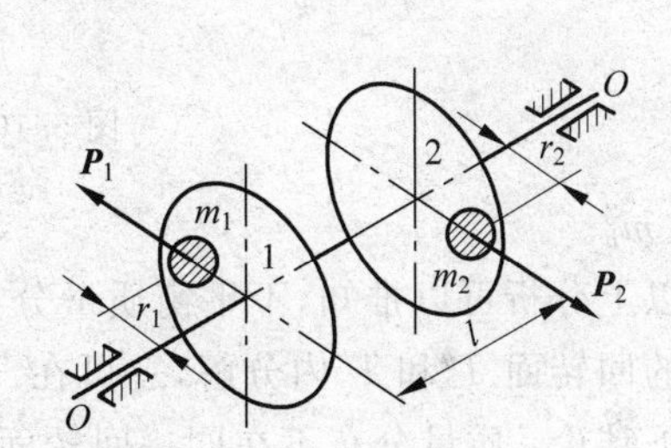

图5.9　简单的动不平衡转子

如图5.10(a)所示，设回转件的不平衡质量分布在1、2、3三个回转面内，依次以 m_1、m_2、m_3 表示，其向径分别为 $\boldsymbol{r}_1$、$\boldsymbol{r}_2$、$\boldsymbol{r}_3$。它可由任选的两个平行平面 T' 和 T'' 内的另两个质量 m_i' 和 m_i'' 代替，且 m_i' 和 m_i'' 处于回转轴线和 m_i 的质心组成的平面内。现将平面1、2、3内的质量 m_1、m_2、m_3 分别用任选的两个回转面 T' 和 T'' 内的质量 m_1'、m_2'、m_3' 和 m_1''、m_2''、m_3'' 来代替，有

$$\begin{cases} m_i'=\dfrac{m_i}{l}l_i'', \quad i=1,2,3 \\ m_i''=\dfrac{m_i}{l}l_i', \quad i=1,2,3 \end{cases} \tag{5.9}$$

可以认为上述回转件的不平衡质量集中在 T' 和 T'' 两个回转面内。

对回转面 T'，其平衡方程为

$$m_b'\boldsymbol{r}_b'+m_1'\boldsymbol{r}_1+m_2'\boldsymbol{r}_2+m_3'\boldsymbol{r}_3=\boldsymbol{0} \tag{5.10}$$

对回转面 T''，其平衡方程为

$$m_b''\boldsymbol{r}_b''+m_1''\boldsymbol{r}_1+m_2''\boldsymbol{r}_2+m_3''\boldsymbol{r}_3=\boldsymbol{0} \tag{5.11}$$

作向量图如图5.10(b)和(c)所示，由此求出质径积 $m_b'\boldsymbol{r}_b'$ 和 $m_b''\boldsymbol{r}_b''$。选定 $\boldsymbol{r}_b'$ 和 $\boldsymbol{r}_b''$ 后即可确

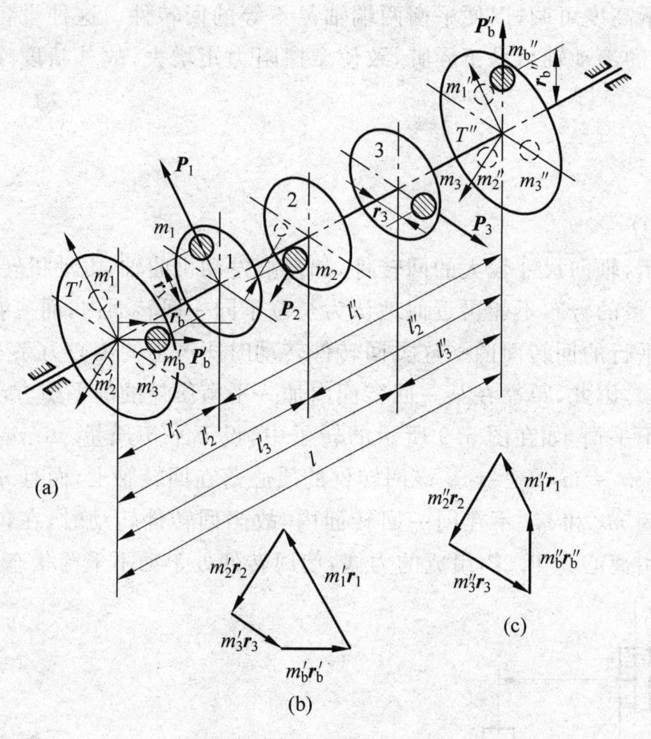

图 5.10 动平衡示意图

定 m'_b 和 m''_b。

由以上分析可以推知，不平衡质量分布的回转面数目可以是任意多个。只要将各质量向所选的回转面 T' 和 T'' 内分解，总可在 T' 和 T'' 面内求出相应的平衡质量 m'_b 和 m''_b。因此可得如下结论：质量分布不在同一回转面内的回转件，只要分别在任选的两个回转面（即平衡校正面）内各加上适当的平衡质量，就能达到完全平衡。所以动平衡的条件是：回转件上各个质量的离心力的向量和等于零，且离心力所引起的力偶矩的向量和也等于零。

2）动平衡试验

由动平衡原理可知，轴向尺寸较大的回转件，必须分别在任意两个回转平面内各加一个适当的质量，才能使回转件达到平衡。令回转件在动平衡试验机上运转，然后在两个选定的平面内分别找出所需平衡质径积的大小和方位，从而使回转件达到动平衡的方法称为动平衡试验法。

$D/b<5$ 的回转件或有特殊要求的重要回转件一般都要进行动平衡试验。

图 5.11 所示为一种机械式动平衡机的工作原理图。待平衡的回转件 1 安装在摆架 2 的两个轴承 B 上。摆架的一端用水平轴线的回转副 O 与机架 3 相连接；另一端用弹簧 4 与机架 3 相连。调整弹簧使回转件的轴线处于水平位置。当摆架绕着 O 轴摆动时，其振幅大小可由指针 5 读出。

如前所述，任何动不平衡的回转件，其不平衡质径积可由任选的校正平面 T' 和 T'' 中的两个质径积 $m'\boldsymbol{r}'$ 和 $m''\boldsymbol{r}''$ 来代替。如图 5.11 所示，在进行动平衡时，调整回转件的轴向位置，使校正平面 T'' 通过摆动轴线 O。这样，待平衡的回转件转动时，T'' 面内 $m''\boldsymbol{r}''$ 所产生的离心力将不会影响摆架的摆动。也就是说，摆架的振动完全是由 T' 面上质径积 $m'\boldsymbol{r}'$ 所产生的

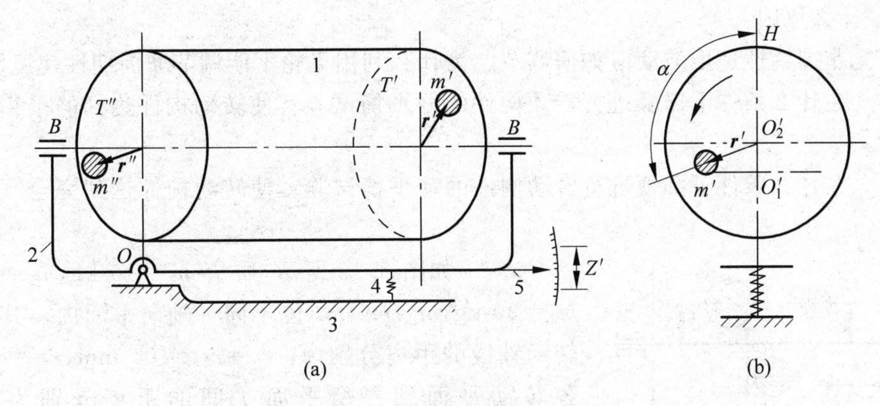

图 5.11　动平衡机原理

1—回转件；2—摆架；3—机架；4—弹簧；5—指针

离心力造成的。

根据强迫振动理论，摆架振动的振幅 Z' 与 T' 面上的不平衡质径积 $m'\boldsymbol{r}'$ 的大小成正比，即

$$Z' = \mu m' r' \tag{5.12}$$

式中，μ 为比例常数。

μ 的数值可用下述方法求得：取一个类似的、经过动平衡校正的标准转子，在其 T' 面上加一已知质径积 $m_0'\boldsymbol{r}_0'$，并测出其振幅 Z_0'，将 $m_0'\boldsymbol{r}_0'$ 和 Z_0' 代入式(5.12)，即可求出比例常数 μ。当比例常数 μ 已知，读出 Z' 之后，便可由式(5.12)算出 $m'\boldsymbol{r}'$ 的大小。

$m'\boldsymbol{r}'$ 的方向按图 5.6(b)确定，该图为校正面 T' 的右视图。O_1'、O_2' 分别为待平衡回转件轴心在振动时到达的最低和最高位置。当摆架摆到最高位置时，不平衡质量 m 并不在正上方，而是处在沿回转方向超前 α 角的位置。

α 称为强迫振动相位差，可由图 5.12 所示方法测定。先将待平衡回转件正向转动，用一个划针从正上方逐渐接近试件外缘，至针尖刚刚触及试件即止。这样一来，针尖在外缘上画出一段短弧线、弧线中点 H_1 即为最高偏离点。以同样速度将试件反转，用划针记下反转时的最高偏离点 H_2。因两个方向的相位差 α_1 和 α_2 应相等，故连接 H_1 和 H_2 并作其中垂线，向径 OA 即表示不平衡质径积 $m'\boldsymbol{r}'$ 的方位。将待平衡回转件调头安放，令 T' 面通过摆架的转动轴线 O，重复前述步骤，即可求出 T'' 面内不平衡质径积 $m''\boldsymbol{r}''$ 的大小和方位。

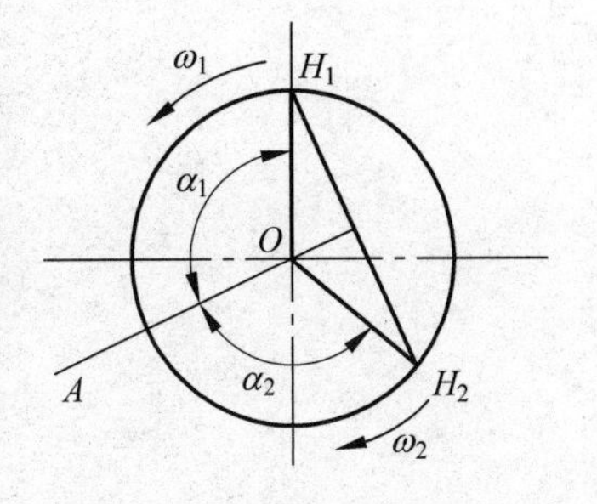

图 5.12　相位差的确定

习　题

5.1　机械为什么会产生速度波动？它有何危害？

5.2　周期性速度波动应如何调节？它能否调节为恒稳定运转？为什么？

5.3　为什么在机械中安装飞轮就可以调节周期性速度波动？通常都将飞轮安装在高

速轴上是什么原因?

5.4 非周期性速度波动应如何调节?为什么利用飞轮不能调节非周期性速度波动?

5.5 在什么条件下需要进行转动构件的静平衡试验?使转动构件达到静平衡的条件是什么?

5.6 在什么条件下必须进行转动构件的动平衡试验?使转动构件达到完全平衡的条件是什么?

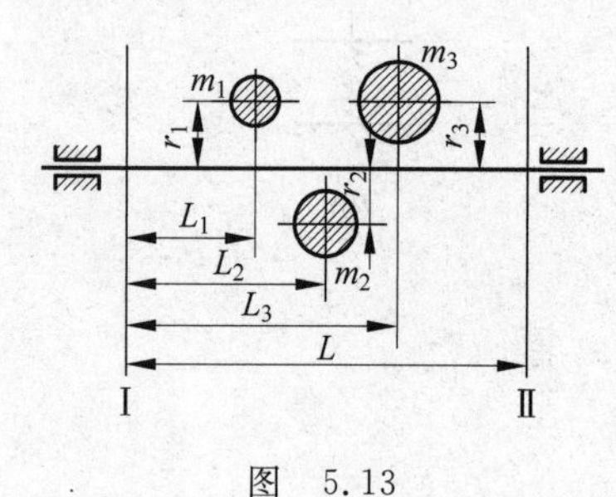

图 5.13

5.7 如图5.13所示,质量$m_1=10$ kg,$m_2=15$ kg,$m_3=20$ kg,m_1、m_2、m_3位于同一轴向平面内。其质心到转动轴线的距离分别为:$r_1=r_3=100$ mm,$r_2=80$ mm。各转动平面到平衡平面I间的距离分别为:$L_1=200$ mm,$L_2=300$ mm,$L_3=400$ mm。两个平衡平面Ⅰ和Ⅱ间的距离$L=600$ mm。试求分布于平面Ⅰ和Ⅱ内的平衡质量m_c'及m_c''的大小。已知m_c'及m_c''的质心到转动轴线的距离分别为$r'=r''=100$ mm。

第 6 章

齿轮传动与蜗杆传动

6.1 齿轮传动的特点及类型

齿轮传动是机械传动中最重要的、应用最为广泛的一种传动形式。

齿轮传动的主要优点是：①工作可靠、寿命较长；②传动比稳定；③传动效率高；④可实现平行轴、任意角相交轴、任意角交错轴之间的传动；⑤适用的功率和圆周速度范围广。齿轮传动的缺点是：①加工和安装精度要求较高，制造成本也较高；②不适于远距离的两轴间传动。

齿轮传动的类型很多，按照一对齿轮两轴线的相对位置，可分类如下（见图 6.1）：

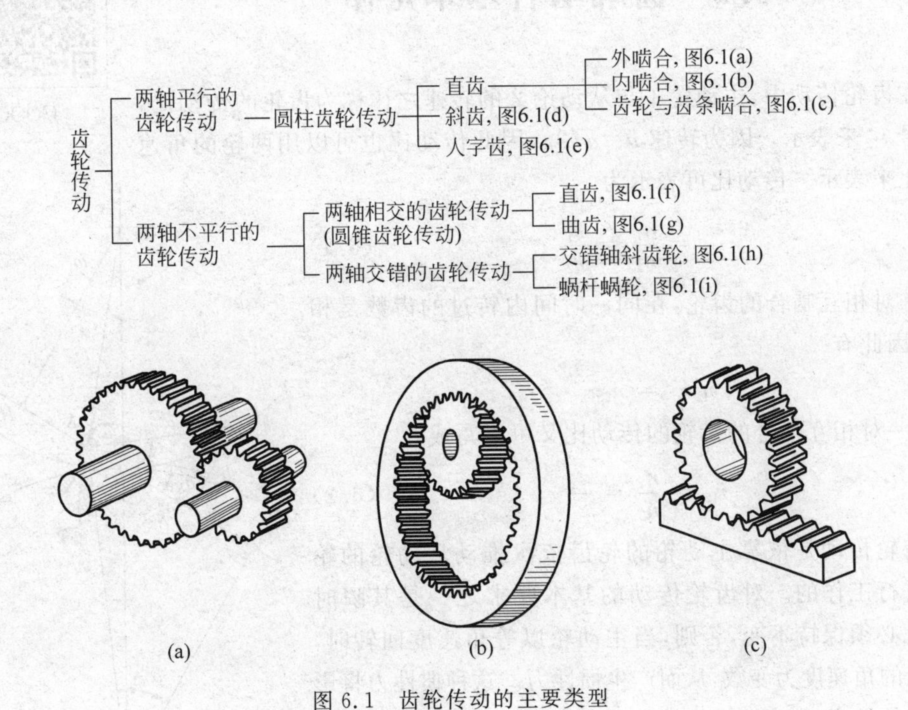

图 6.1 齿轮传动的主要类型

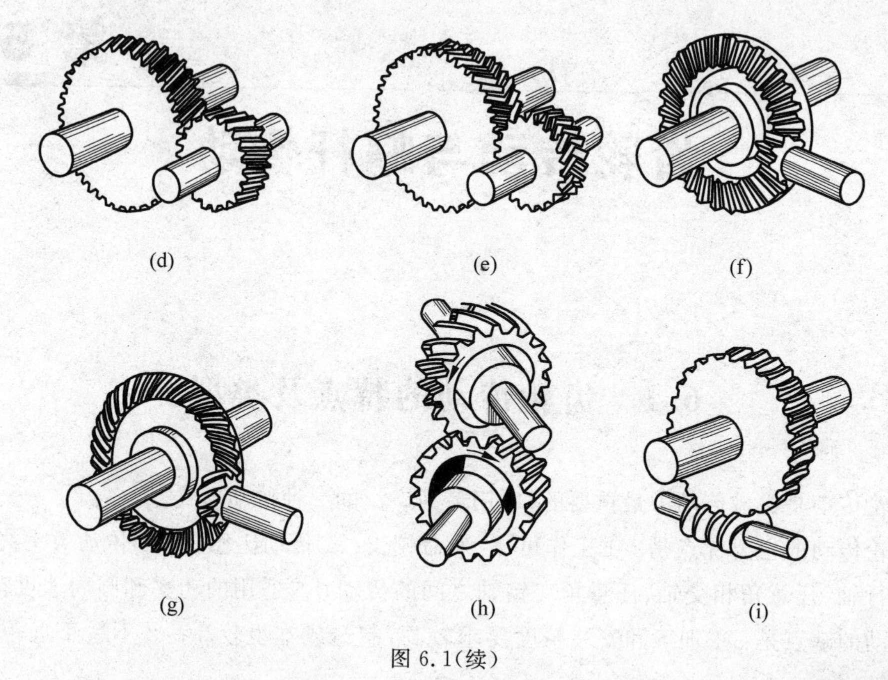

图 6.1(续)

6.2 齿廓啮合基本定律

在齿轮传动中，主动轮1与从动论2的转速之比称为齿轮的传动比，用符号 i_{12} 来表示。因为转速 $n=\omega/2\pi$，因此传动比也可以用两轮的角速度之比来表示。传动比可表示为

$$i_{12}=\frac{n_1}{n_2}=\frac{\omega_1}{\omega_2} \tag{6.1}$$

一对相互啮合的齿轮，在同一时间内转过的齿数是相同的，因此有

$$n_1z_1=n_2z_2$$

因此，一对相互啮合的齿轮的传动比又可以写成

$$i_{12}=\frac{n_1}{n_2}=\frac{z_2}{z_1} \tag{6.2}$$

齿轮传动是依靠主动轮的轮齿依次推动从动轮的轮齿来进行工作的。对齿轮传动的基本要求之一是其瞬时传动比必须保持不变，否则，当主动轮以等角速度回转时，从动轮的角速度为变数，从而产生惯性力。这种惯性力将影响轮齿的强度、寿命和工作精度。齿廓啮合基本定律就是研究当齿廓形状符合什么条件时，才能满足这一基本要求。

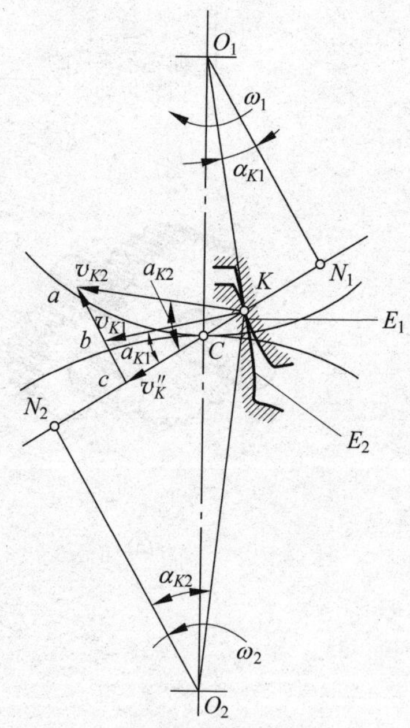

图 6.2 齿廓曲线与齿轮传动比的关系

图6.2表示两相互啮合的齿廓 E_1 和 E_2 在 K 点接触，两轮的角速度分别为 ω_1 和 ω_2，两齿廓的转动中心分别为

O_1、O_2。过 K 点作两齿廓的公法线 N_1N_2，与连心线 O_1O_2 交于 C 点。两轮齿廓上 K 点的速度分别为

$$v_{K1}=\omega_1\overline{O_1K}$$
$$v_{K2}=\omega_2\overline{O_2K} \tag{6.3}$$

且 v_{K1} 和 v_{K2} 在法线 N_1N_2 上的分速度应相等，否则两齿廓将会压坏或分离。即

$$v_{K1}\cos\alpha_{K1}=v_{K2}\cos\alpha_{K2} \tag{6.4}$$

由式(6.3)和式(6.4)得

$$\frac{\omega_1}{\omega_2}=\frac{\overline{O_2K}\cos\alpha_{K2}}{\overline{O_1K}\cos\alpha_{K1}}$$

过 O_1、O_2 分别作 N_1N_2 的垂线 O_1N_1 和 O_2N_2，得$\angle KO_1N_1=\alpha_{K1}$，$\angle KO_2N_2=\alpha_{K2}$，故上式可写成

$$\frac{\omega_1}{\omega_2}=\frac{\overline{O_2K}\cos\alpha_{K2}}{\overline{O_1K}\cos\alpha_{K1}}=\frac{\overline{O_2N_2}}{\overline{O_1N_1}}$$

又因$\triangle CO_1N_1\backsim\triangle CO_2N_2$，则式(6.7)又可写成

$$\frac{\omega_1}{\omega_2}=\frac{\overline{O_2N_2}}{\overline{O_1N_1}}=\frac{\overline{O_2C}}{\overline{O_1C}} \tag{6.5}$$

由式(6.5)可知，要保证齿轮传动比为定值，则比值$\dfrac{\overline{O_2C}}{\overline{O_1C}}$应为常数。现因两轮轴心连线$\overline{O_1O_2}$为定长，故要满足上述要求，$C$ 点应为连心线上的定点，这个定点 C 称为节点。

因此，为使齿轮传动保持定传动比，必须使 C 点为连心线上的固定点。或者说，欲使齿轮传动保持定传动比，不论齿廓在任何位置接触，过接触点所作的齿廓公法线都必须与两轮的连心线交于一定点。这就是齿廓啮合的基本定律。

满足齿廓啮合基本定律而互相啮合的一对齿廓称为共轭齿廓。符合齿廓啮合基本定律的齿廓有很多，齿轮的齿廓除要求满足定传动比外，还必须考虑制造、安装和强度等要求。在齿轮传动中，常用的齿廓有渐开线齿廓、摆线齿廓和圆弧齿廓，其中以渐开线齿廓应用最广。本章只讨论渐开线齿轮传动。

6.3　渐开线齿廓及其啮合特点

1. 渐开线的形成及其特性

如图 6.3 所示，直线 L 与半径为 r_b 的圆相切，当直线沿该圆作纯滚动时，直线上任一点的轨迹即为该圆的渐开线。这个圆为渐开线的基圆，而作纯滚动的直线 L 为渐开线的发生线。

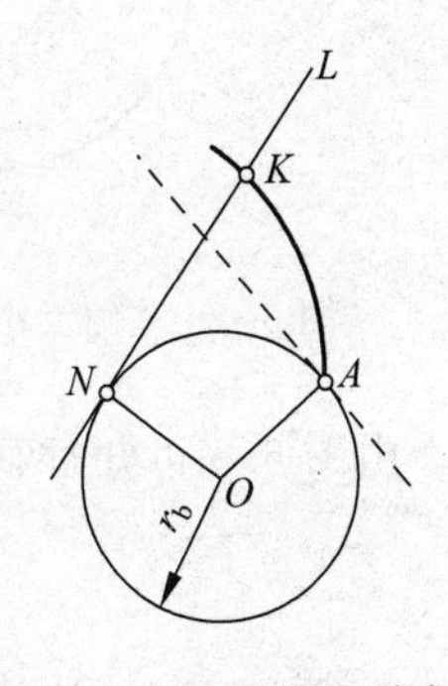

图 6.3　渐开线的形成

根据渐开线的形成过程，可知渐开线具有下列特性。

(1) 发生线在基圆上滚过的一段长度等于基圆上相应被滚过的一段弧长，即$\overline{KN}=\widehat{AN}$。

(2) 因 N 点是发生线沿基圆作纯滚动时的速度瞬心，K 点的

运动方向垂直于KN且与渐开线K点的切线方向一致，故发生线KN是渐开线K点的法线。又因发生线始终与基圆相切，所以渐开线上任一点的法线必与基圆相切。

(3) 发生线与基圆的切点N也是渐开线在K点处的曲率中心，线段$\overline{KN}$为渐开线在K点处的曲率半径。故渐开线越接近基圆部分曲率半径越小，在基圆上其曲率半径为零。

(4) 渐开线的形状取决于基圆的大小。如图6.4所示，基圆半径越小，渐开线越弯曲；基圆半径越大，渐开线越趋平直。当基圆半径趋于无穷大时，其渐开线就变成一条直线。所以渐开线齿条(直径为无穷大的齿轮)具有直线齿廓。

(5) 渐开线是从基圆开始向外逐渐展开的，故基圆以内无渐开线。

以上渐开线特性是研究渐开线齿轮啮合传动的基础。

2. 渐开线齿廓满足齿廓啮合基本定律

以渐开线为齿廓曲线的齿轮称为渐开线齿轮。

如图6.5所示，两渐开线齿轮的基圆分别为r_{b1}、r_{b2}，过两轮齿廓啮合点K作两齿廓的公法线N_1N_2，根据渐开线的性质，公法线N_1N_2必与两基圆相切，即为两基圆的内公切线。又因两轮的基圆为定圆，在其同一方向的内公切线只有一条。所以无论两齿廓在任何位置接触(见图中虚线位置接触)，过接触点所作两齿廓的公法线(即两基圆的内公切线)为一固定直线，与连心线O_1O_2的交点C必是一定点。因此，渐开线齿廓能满足定传动比要求。

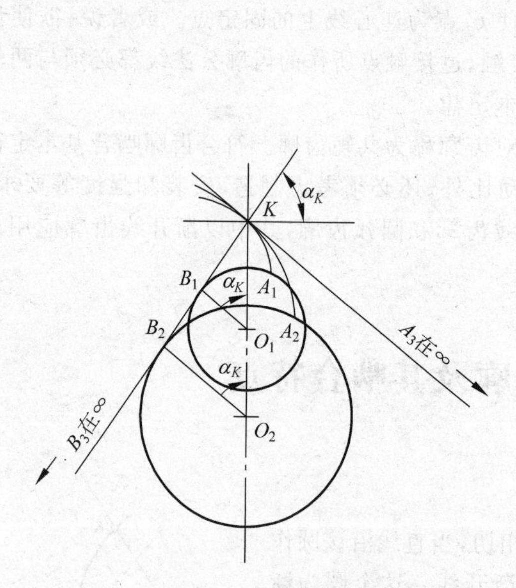

图6.4 基圆大小与渐开线形状的关系

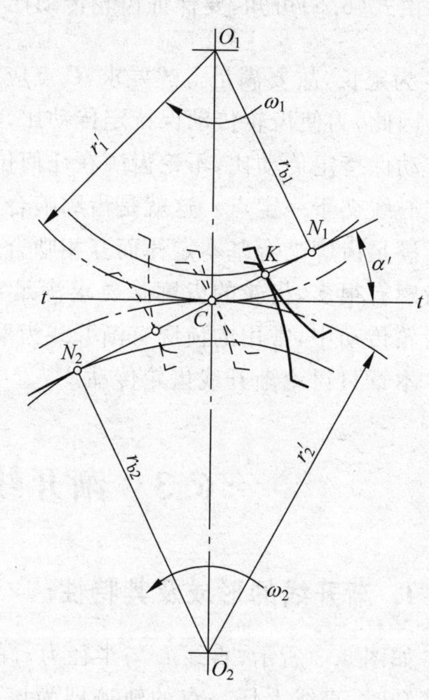

图6.5 渐开线齿廓满足定传动比

由图6.5可知，两轮的传动比为

$$i_{12}=\frac{\omega_1}{\omega_2}=\frac{\overline{O_2C}}{\overline{O_1C}}=\frac{r_{b2}}{r_{b1}} \tag{6.6}$$

上式表明两轮的传动比为一定值，并与两轮的基圆半径成反比。公法线与连心线O_1O_2

的交点 C 称为节点，以 O_1、O_2 为圆心，$\overline{O_1C}$、$\overline{O_2C}$ 为半径所作的圆，称为齿轮的节圆，其半径分别以 r_1' 和 r_2' 表示。从图中可知，一对齿轮传动相当于一对节圆的纯滚动，而且两齿轮的传动比也等于其节圆半径的反比。故一对齿轮的传动比为

$$i=\frac{\omega_1}{\omega_2}=\frac{r_2'}{r_1'}=\frac{r_{b2}}{r_{b1}} \tag{6.7}$$

3. 渐开线齿廓的压力角

在一对齿廓的啮合过程中，齿廓接触点的法向压力与齿廓上该点的速度方向之间所夹的锐角，称为齿廓在这一点的压力角。如图 6.6 所示，齿廓上 K 点的法向压力 F_n 与该点的速度 v_K 之间的夹角 α_K 称为齿廓上 K 点的压力角。由图可知

$$\cos\alpha_K=\frac{\overline{ON}}{\overline{OK}}=\frac{r_b}{r_K} \tag{6.8}$$

上式说明渐开线齿廓上各点压力角不等，半径 r_K 越大，其压力角越大。在基圆上压力角等于零。

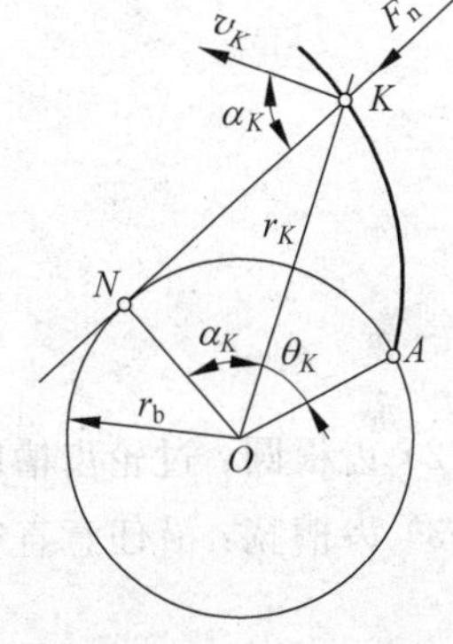

图 6.6　渐开线齿廓的压力角

4. 啮合线、啮合角

一对齿轮啮合传动时，齿廓啮合点(接触点)的轨迹称为啮合线。对于渐开线齿轮，无论在哪一点接触，接触齿廓的公法线总是两基圆的内公切线 N_1N_2(见图 6.5)。齿轮啮合时，齿廓啮合点都在公法线上，因此，内公切线 N_1N_2 即为渐开线齿廓的啮合线。

过节点 C 作两节圆的公切线 tt，公切线与啮合线 N_1N_2 间的夹角称为啮合角，用 α' 表示。由于渐开线齿廓的啮合线是一条定直线 N_1N_2，故啮合角的大小始终保持不变。啮合角不变表示齿廓间的正压力方向不变，这对于齿轮传动的平稳性是有利的。

单独一个齿轮只有压力角无啮合角，一对齿轮啮合传动才有啮合角。

5. 渐开线齿轮传动的可分性

当一对渐开线齿轮制成之后，其基圆半径是不能改变的，因此由式(6.6)可知，即使两轮的中心距稍有变动，其传动比仍保持原值不变，这称为渐开线齿轮传动的可分性。这一特性对于渐开线齿轮的装配和使用都是十分有利的。

6.4　渐开线标准齿轮的基本参数和几何尺寸

1. 齿轮各部分的名称和符号

MOOC

图 6.7 所示为标准直齿圆柱外齿轮的一部分。为了使齿轮在两个方向都能传动，轮齿两侧齿廓由形状相同、方向相反的渐开线曲面组成。

(1) 齿顶圆：过轮齿顶端所作的圆，用 d_a 表示。

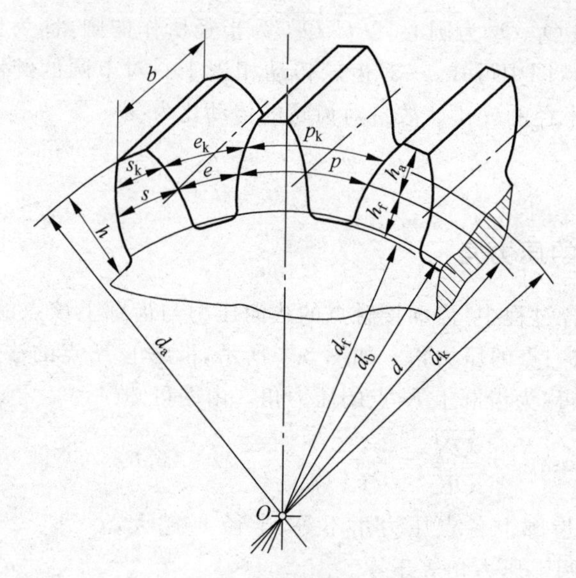

图6.7 齿轮各部分名称

(2) 齿根圆：过轮齿槽底所作的圆，用 d_f 表示。

(3) 齿槽宽：沿任意直径 d_k 的圆周上所量得的相邻两齿之间的齿槽的弧线宽度，用 e_k 表示。

(4) 齿厚：沿任意直径 d_k 的圆周上所量得的轮齿的弧线厚度，用 s_k 表示。

(5) 齿距：沿任意直径 d_k 的圆周上所量得的相邻两齿同侧齿廓之间的弧长，用 p_k 表示。

在同一圆周上，齿距等于齿厚与齿槽宽之和，即

$$p_k = s_k + e_k \tag{6.9}$$

以及

$$d_k = \frac{p_k}{\pi} z \tag{6.10}$$

式中，z 为齿轮的齿数；d_k 为任意圆的直径。

(6) 分度圆：齿轮上齿厚和齿槽宽相等的圆，用 d 表示。

分度圆上的齿厚以 s 表示，齿槽宽用 e 表示，齿距用 p 表示。

(7) 齿顶：轮齿介于齿顶圆和分度圆之间的部分，其径向高度称为齿顶高，用 h_a 表示。

(8) 齿根：轮齿介于齿根圆和分度圆之间的部分，其径向高度称为齿根高，用 h_f 表示。

齿顶高与齿根高之和称为全齿高，用 h 表示，故

$$h = h_a + h_f \tag{6.11}$$

(9) 顶隙：一对齿轮啮合时，一个齿轮的齿顶圆到另一个齿轮的齿根圆的径向距离。

2. 渐开线齿轮的基本参数

(1) 齿数：齿轮在整个圆周上轮齿的总数，用 z 表示。

(2) 模数

在式(6.10)中含有无理数“π”，对齿轮的计算和测量都不方便，因此规定比值 $\frac{p}{\pi}$ 等于整

数或简单的有理数，并作为计算齿轮几何尺寸的一个基本参数。这个比值称为模数，用 m 表示，单位为 mm，即 $m=\frac{p}{\pi}$，齿轮的主要几何尺寸计算都与 m 有关。

齿轮的模数 m 已经标准化，表 6.1 所示为国家标准所规定的标准模数系列。

表 6.1 标准模数系列(GB 1357—1987)

第一系列	1	1.25	1.5	2	2.5	3	4	5	6	8	10
	12	16	20	25	32	40	50				
第二系列	1.75	2.25	2.75	(3.25)	3.5	(3.75)	4.5				
	5.5	(6.5)	7	9	(11)	14	18	22	28	36	45

注：① 本表适用于渐开线圆柱齿轮，对斜齿轮是指法面模数；
② 优先采用第一系列，括号内的模数尽可能不用。

(3) 压力角

分度圆上的压力角通常称为齿轮的压力角，用 α 表示。分度圆上的压力角已标准化，国家标准规定分度圆上的压力角为标准值，$\alpha=20°$。

由于齿轮分度圆上的模数和压力角均规定为标准值，因此齿轮的分度圆也可定义为：齿轮上具有标准模数和标准压力角的圆。齿轮分度圆直径 d 则可表示为

$$d=\frac{p}{\pi}z=mz \tag{6.12}$$

齿轮的齿顶高、齿根高和顶隙可用模数表示为

$$h_a=h_a^* m \tag{6.13}$$

$$h_f=(h_a^*+c^*)m \tag{6.14}$$

$$c=c^* m \tag{6.15}$$

式中，h_a^* 和 c^* 分别称为齿顶高系数和顶隙系数，均为标准值。对于渐开线圆柱齿轮，正常齿：$h_a^*=1, c^*=0.25$；短齿：$h_a^*=0.8, c^*=0.3$。

3. 标准齿轮的几何尺寸

模数、压力角、齿顶高系数、顶隙系数均为标准值，且分度圆上齿厚与齿槽宽相等的齿轮称为标准齿轮。因此，对于标准齿轮，有

$$s=e=\frac{p}{2}=\frac{\pi m}{2} \tag{6.16}$$

标准直齿圆柱齿轮的几何尺寸计算公式如表 6.2 所示。

表 6.2 标准直齿圆柱齿轮的几何尺寸计算公式

名　称	代号	公式与说明
齿数	z	根据工作要求确定
模数	m	由轮齿的承载能力确定，并按表 6.1 取标准值
压力角	α	$\alpha=20°$
分度圆直径	d	$d_1=mz_1$；$d_2=mz_2$
齿顶高	h_a	$h_a=h_a^* m$
齿根高	h_f	$h_f=(h_a^*+c^*)m$
齿全高	h	$h=h_a+h_f$

续表

名　　称	代号	公式与说明
齿顶圆直径	d_a	$d_{a1}=d_1+2h_a=m(z_1+2h_a^*)$ $d_{a2}=m(z_2+2h_a^*)$
齿根圆直径	d_f	$d_{f1}=d_1-2h_f=m(z_1-2h_a^*-2c^*)$ $d_{f2}=m(z_2-2h_a^*-2c^*)$
分度圆齿距	p	$p=\pi m$
分度圆齿厚	s	$s=\frac{1}{2}\pi m$
分度圆齿槽宽	e	$e=\frac{1}{2}\pi m$
基圆直径	d_b	$d_{b1}=d_1\cos\alpha=mz_1\cos\alpha$ $d_{b2}=mz_2\cos\alpha$

6.5 渐开线直齿圆柱齿轮传动分析

1. 渐开线齿轮正确啮合的条件

齿轮传动时，每对齿啮合一段时间便要分离，而由后一对齿接替。由图6.3可知，一对渐开线齿轮传动时，其齿廓啮合点都应在啮合线 N_1N_2 上，如图6.8所示，当前一对齿(退出啮合)在啮合线上的 K 点接触时，其后一对齿(进入啮合)应在啮合线上另一点 K' 接触。

这样，当前一对齿分离时，后一对齿才能不中断地接替传动。令 K_1 和 K_1' 表示轮1齿廓上的啮合点，K_2 和 K_2' 表示轮2齿廓上的啮合点。为了保证前后两对齿有可能同时在啮合线上接触，轮1相邻两齿同侧齿廓沿法线的距离 K_1K_1' 应与轮2相邻两齿同侧齿廓沿法线的距离 K_2K_2' 相等(沿法线方向的齿距称为法向齿距)。即

$$K_1K_1'=K_2K_2'$$

根据渐开线的性质，对轮2有

$$K_2K_2'=N_2K'-N_2K=\overset{\frown}{N_2i}-\overset{\frown}{N_2j}$$

$$=\overset{\frown}{ij}=p_{b2}=p_2\cos\alpha_2=\pi m_2\cos\alpha_2$$

同理，对轮1可得

$$K_1K_1'=p_1\cos\alpha_1=\pi m_1\cos\alpha_1$$

由此可得

$$m_1\cos\alpha_1=m_2\cos\alpha_2$$

由于模数和压力角为标准值，为满足上式，应使

$$\begin{cases}m_1=m_2=m\\\alpha_1=\alpha_2=\alpha\end{cases}\tag{6.17}$$

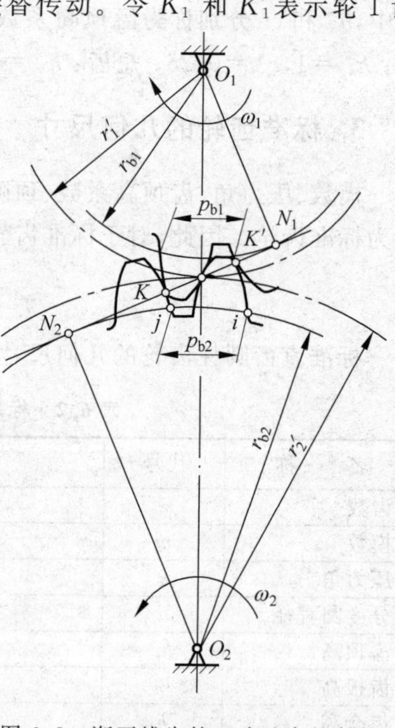

图6.8 渐开线齿轮正确啮合的条件

式(6.17)表明,一对渐开线齿轮正确啮合的条件是两轮的模数和压力角分别相等。

因此,齿轮的传动比可写成

$$i=\frac{\omega_1}{\omega_2}=\frac{d'_2}{d'_1}=\frac{d_{b2}}{d_{b1}}=\frac{d_2}{d_1}=\frac{z_2}{z_1} \tag{6.18}$$

2. 齿轮传动的标准中心距

一对齿轮传动时,一个齿轮节圆上的齿槽宽与另一齿轮节圆上的齿厚之差称为齿侧间隙。在齿轮加工时,刀具轮齿与被加工轮齿之间是没有齿侧间隙的;在齿轮传动中,为了消除反向传动空程和减少撞击,也要求齿侧间隙等于零。

由前述已知,标准齿轮的齿厚和齿槽宽相等,一对正确啮合的渐开线齿轮的模数相等,即

$$s_1=e_1=s_2=e_2=\frac{\pi m}{2}$$

因此,当分度圆和节圆重合时,便可满足无侧隙啮合条件。安装时使分度圆与节圆重合的一对标准齿轮的中心距称为标准中心距,用 a 表示:

$$a=r'_1+r'_2=r_1+r_2=\frac{m}{2}(z_1+z_2) \tag{6.19}$$

显然,此时的啮合角 α' 就等于分度圆上的压力角 α。应当指出,分度圆和压力角是单个齿轮本身所具有的,而节圆和啮合角是一对齿轮相互啮合时才出现的。标准齿轮传动中,只有当分度圆与节圆重合时,压力角与啮合角才相等。

3. 渐开线齿轮连续传动的条件

图 6.9 所示为一对相互啮合的齿轮,轮 1 为主动轮,轮 2 为从动轮。齿廓的啮合是由主动轮 1 的齿根推动从动轮 2 的齿顶开始的,因此,从动轮齿顶圆与啮合线的交点 B_2 即为一对齿廓进入啮合的开始点。随着轮 1 推动轮 2 转动,两齿廓的啮合点沿着啮合线移动。当啮合点移动到齿轮 1 的齿顶圆与啮合线的交点 B_1 时(图 6.9 中虚线位置),这对齿廓终止啮合,两齿廓即将分离。故啮合线 N_1N_2 上的线段 B_1B_2 为齿廓啮合点的实际轨迹,称为实际啮合线,而线段 N_1N_2 称为理论啮合线。

当一对轮齿在 B_2 点开始啮合时,前一对轮齿仍在 K 点啮合,则传动就能连续进行。由图 6.9 可见,实际啮合线段 B_1B_2 的长度大于齿轮的法向齿距。如果前一对轮齿已于 B_1 点脱离啮合,而后一对轮齿仍未进入啮合,则这时传动发生中断,将引起冲击。因此,保证连续传动的条件是要求实际啮合线长度大于或等于齿轮的法向齿距(即基圆齿距 p_b)。

通常将实际啮合线长度与基圆齿距之比称为齿轮的重合度,用 ε 表示,即

$$\varepsilon=\frac{\overline{B_1B_2}}{p_b}\geqslant 1 \tag{6.20}$$

理论上,当 $\varepsilon=1$ 时,就能保证一对齿轮连续传动,但考虑齿轮的制造、安装误差和啮合传动中轮齿的变形,实际上应使 $\varepsilon>1$。一般机械制造中,常使 $\varepsilon\geqslant 1.1\sim1.4$。重合度越大,表示同时啮合的齿对数越多。对于标准齿轮传动,其重合度都大于 1,故通常不必进行验算。

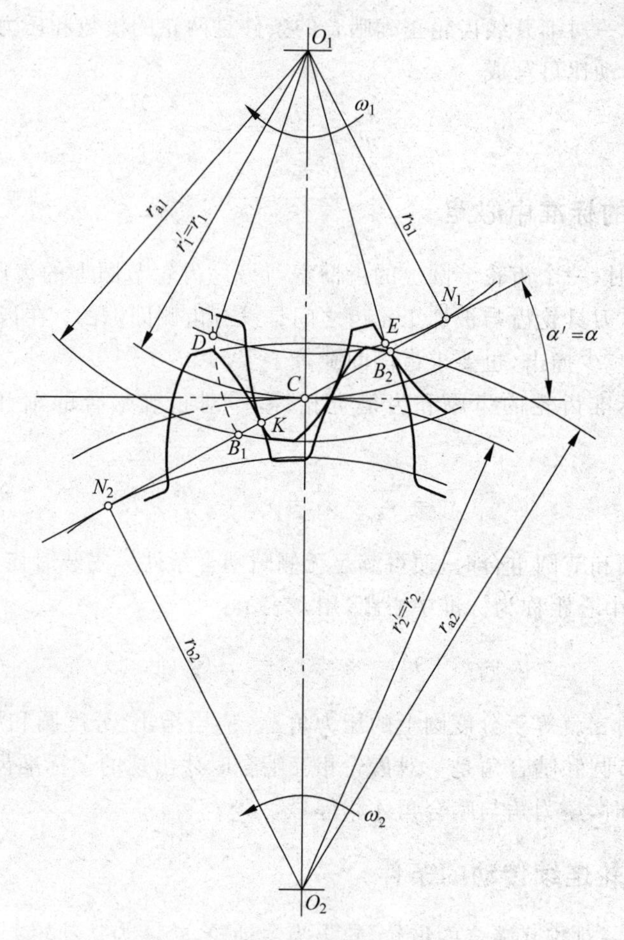

图 6.9 渐开线齿轮连续传动的条件

6.6 渐开线直齿圆柱齿轮的加工

1. 齿轮轮齿的加工方法

轮齿加工的基本要求是齿形准确和分齿均匀。轮齿的加工方法很多，最常用的是切削加工法，此外还有铸造法、热轧法等。轮齿的切削加工方法按其原理可分为仿形法和范成法两类。

1）仿形法

仿形法是用与齿轮齿槽形状相同的圆盘铣刀或指状铣刀在铣床上进行加工，如图 6.10 所示。加工时铣刀绕本身的轴线旋转，同时轮坯转过 $2\pi/z$，再铣第二个齿槽，其余以此类推。这种加工方法简单，不需要专用机床，但精度差，而且是逐个齿切削，切削不连续，故生产率低，仅适用于单件生产及精度要求不高的齿轮加工。

2）范成法

范成法是利用一对齿轮（或齿轮与齿条）互相啮合时其共轭齿廓互为包络线的原理来切

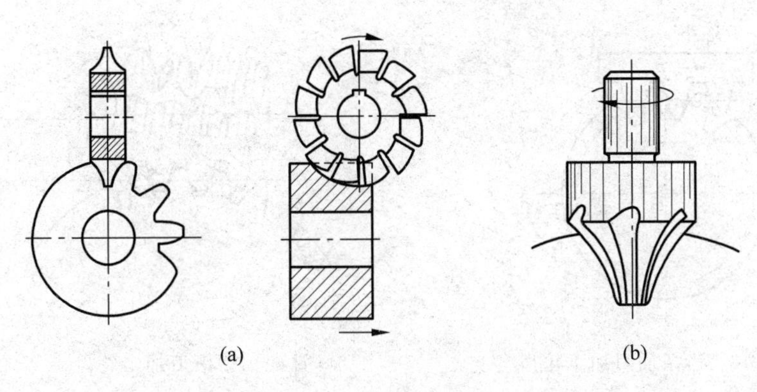

图 6.10　成形法加工齿轮

齿的(见图 6.11)。如果把其中一个齿轮(或齿条)做成刀具,就可以切出与它共轭的渐开线齿廓。

范成法种类很多,有插齿、滚齿、剃齿、磨齿等,其中最常用的是插齿和滚齿,剃齿和磨齿用于精度和粗糙度要求较高的场合。

(1) 插齿

图 6.12 所示为用齿轮插刀加工齿轮时的情形。齿轮插刀的形状和齿轮相似,其模数和压力角与被加工齿轮相同。加工时,齿轮插刀沿轮坯轴线方向作上下往复的切削运动;同时,机床的传动系统严格地保证齿轮插刀与轮坯之间的范成运动。齿轮插刀刀具顶部比正常齿高出 $c^{*}m$,以便切出顶隙部分。

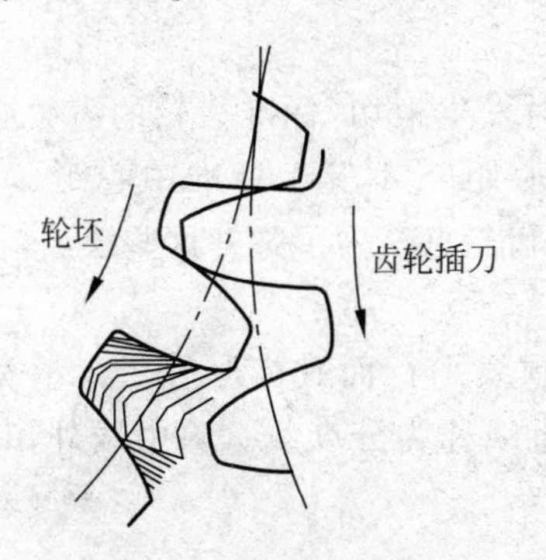

图 6.11　范成法加工齿轮

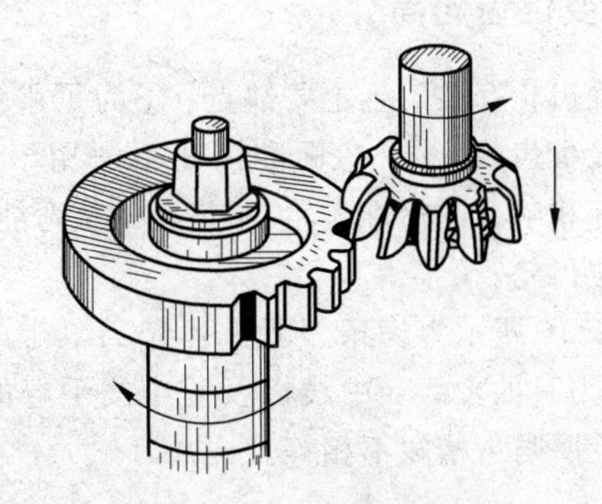

图 6.12　齿轮插刀切齿

当齿轮插刀的齿数增加到无穷多时,其基圆半径变为无穷大,插刀的齿廓变成直线齿廓,齿轮插刀就变成齿条插刀。图 6.13 所示为齿条插刀加工轮齿的情形。

(2) 滚齿

齿轮插刀和齿条插刀都只能间断地切削,生产率低。目前广泛采用齿轮滚刀在滚齿机上进行轮齿的加工。

滚齿加工方法基于齿轮与齿条相啮合的原理。图 6.14 所示为滚刀加工轮齿的情形。滚刀 1 的外形类似沿纵向开了沟槽的螺旋,其轴向剖面齿形与齿条相同。当滚刀转动时,相当于这个假想的齿条连续地向一个方向移动,轮坯又相当于与齿条相啮合的齿轮,从而滚刀能按照范成原理在轮坯上加工出渐开线齿廓。滚刀除旋转外,还沿轮坯的轴向逐渐移动,以便切出整个齿宽。

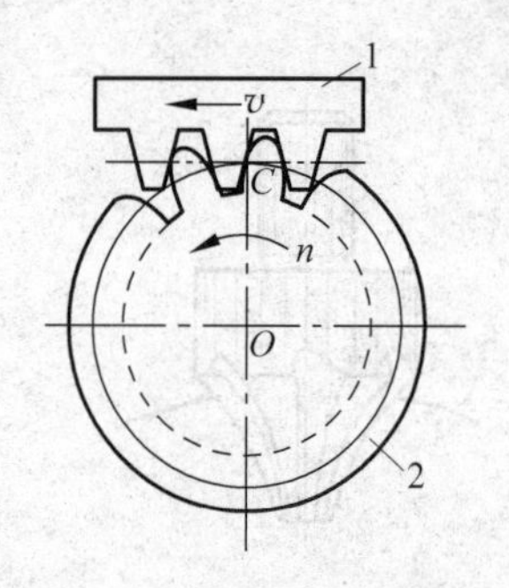

图 6.13 齿条插刀加工轮齿

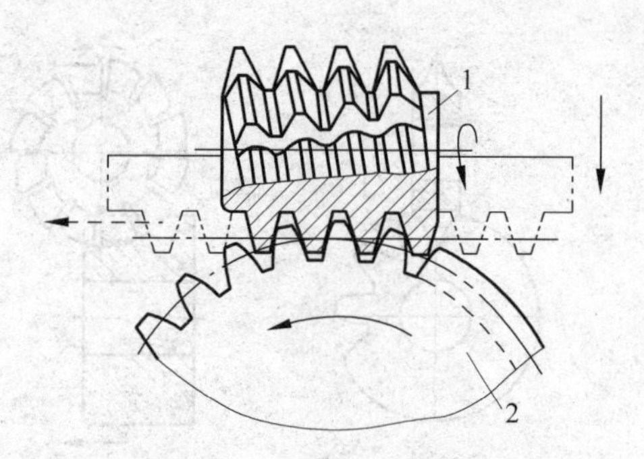

图 6.14 滚刀加工轮齿

2. 轮齿的根切现象，齿轮的最少齿数

用范成法加工齿数较少的齿轮时，常会将轮齿根部的渐开线齿廓切去一部分，如图 6.15 所示。这种现象称为根切。根切将使轮齿齿根宽尺寸减小，导致抗弯强度降低，重合度减小，故应设法避免。

对于标准齿轮，是用限制最少齿数的方法来避免根切。用滚刀加工压力角为 20°的标准直齿圆柱齿轮时，通过计算，可以得出不发生根切的最少齿数 $z_{\min}=17$。某些情况下，为了尽量减少齿数以获得比较紧凑的结构，在满足轮齿弯曲强度条件下，允许齿根部有轻微根切时，$z_{\min}=14$。

3. 变位齿轮简介

标准齿轮存在下列主要缺点：①为了避免加工时发生根切，标准齿轮的齿数必须大于或等于最少齿数 $z_{\min}$；②标准齿轮不适用于实际中心距 a' 不等于标准中心距 a 的场合；③一对互相啮合的标准齿轮，小齿轮的抗弯能力比大齿轮低。为了弥补这些缺点，在机械中采用变位齿轮。

图 6.16 所示为齿条刀具。齿条刀具上与刀具顶线平行而其齿厚等于齿槽宽的直线 nn，称为刀具的中线。中线以及与中线平行的任一直线称为分度线。除中线外，其他分度线上的齿厚与齿槽宽不相等。

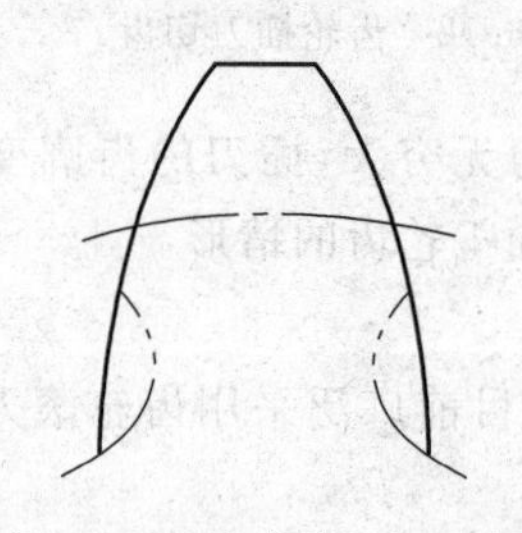

图 6.15 轮齿的根切现象

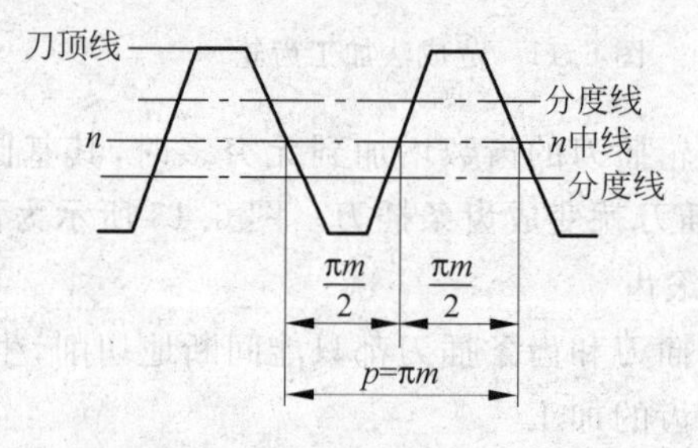

图 6.16 齿条刀具

加工齿轮时，若齿条刀具的中线与轮坯的分度圆相切并作纯滚动，由于刀具中线上的齿厚与齿槽宽相等，则被加工齿轮分度圆上的齿厚与齿槽距相等，其值为$\frac{\pi m}{2}$，因此被加工出来的齿轮为标准齿轮(见图 6.17(a))。

若刀具与轮坯的相对运动关系不变，但刀具相对轮坯的中心远离(见图 6.17(b))或靠近(见图 6.17(c))一段距离 xm，则轮坯的分度圆不再与刀具中线相切，而是与中线以上或以下的某个分度线相切。这时与轮坯分度圆相切并作纯滚动的刀具分度线上的齿厚与齿槽宽不相等，因此被加工的齿轮在分度圆上的齿厚与齿槽宽也不相等。当刀具远离轮坯的中心移动时，被加工齿轮的分度圆齿厚增大，如图 6.17(b)所示。当刀具向轮坯的中心靠近时，被加工齿轮的分度圆齿厚减小，如图 6.17(c)所示。这种由于刀具相对于轮坯的位置发生变化而加工的齿轮，称为变位齿轮。齿条刀具中线相对于被加工齿轮分度圆所移动的距离，称为变位量，用 xm 表示，其中 m 为模数，x 为变位系数。刀具中线远离轮坯的中心称为正变位，这时的变位系数为正数，所切出的齿轮称为正变位齿轮；刀具靠近轮坯的中心称为负变位，这时的变位系数为负数，所加工的齿轮称为负变位齿轮。

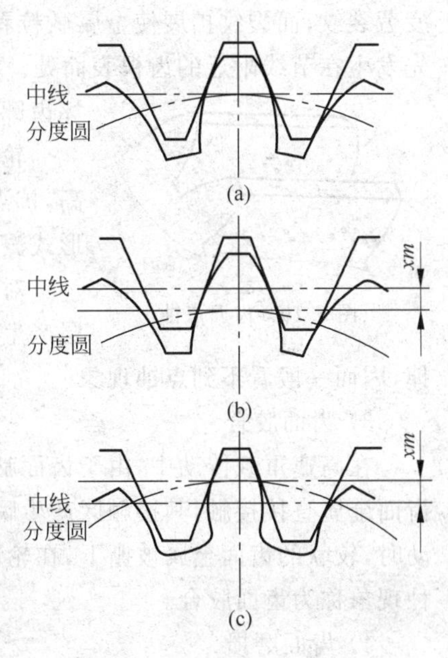

图 6.17　变位齿轮的切削原理

采用变位齿轮可以制成齿数少于 $z_{\min}$ 的齿轮而不发生根切，可以实现非标准中心距的无侧隙传动，也可以使一对相互传动齿轮的抗弯能力接近相等。

6.7　直齿圆柱齿轮强度设计

1. 轮齿的失效形式

MOOC

齿轮传动常按工作条件分为开式传动、半开式传动和闭式传动，按齿面硬度分为软齿面(硬度≤350HBS 或≤38HRC)和硬齿面(硬度＞350HBS 或＞38HRC)。通常齿轮传动的失效主要是轮齿的失效，轮齿的主要失效形式有以下 5 种。

1) 轮齿折断

齿轮工作时，若轮齿危险剖面的应力超过材料所允许的极限值，轮齿将发生折断。

轮齿的折断有两种情况：一种是因短时意外的严重过载或受到冲击载荷时突然折断，称为过载折断；另一种是由于循环变化的弯曲应力的反复作用而引起的疲劳折断。轮齿折断一般发生在轮齿根部(见图 6.18)。

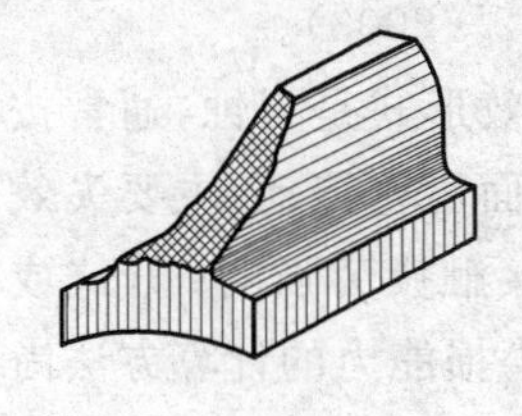
图 6.18　轮齿折断

2) 齿面点蚀

在润滑良好的闭式齿轮传动中，当齿轮工作了一定时间后，在轮齿工作表面上会产生一些细小的凹坑，称为点蚀(见图 6.19)。点蚀的产生主要是由于轮齿啮合时，齿面的接触应力按脉动循环变化，在这种脉动循环变化接触应力的多次重复作用下，轮齿表面层会产生疲劳裂纹，而裂纹扩展使金属微粒剥落下来形成细小的凹坑即疲劳点蚀。通常疲劳点蚀首先发生在节线附近的齿根表面处。点蚀使齿面有效承载面积减小，点蚀的扩展将会严重损坏齿廓表面，引起冲击和噪声，造成传动的不平稳。

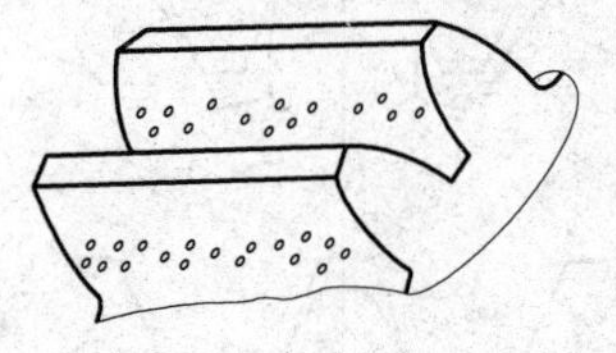

图 6.19 齿面点蚀

轮齿齿面的抗点蚀能力主要与齿面硬度有关，齿面硬度越高，抗点蚀能力越强。点蚀是闭式软齿面齿轮传动的主要失效形式。

对于开式齿轮传动，由于齿面磨损速度较快，即使轮齿表层产生疲劳裂纹，但还未扩展到金属剥落时表面层就已被磨掉，因而一般看不到点蚀现象。

3）齿面胶合

在高速重载传动中，由于齿面啮合区的压力很大，润滑油膜因温度升高容易破裂，造成齿面金属直接接触，其接触区产生瞬时高温，致使两轮齿表面焊粘在一起，当两齿面相对运动时，较软的齿面金属被撕下，在轮齿工作表面形成与滑动方向一致的沟痕（见图 6.20），这种现象称为齿面胶合。

4）齿面磨损

互相啮合的两齿廓表面间有相对滑动，在载荷作用下会引起齿面的磨损。尤其在开式传动中，由于灰尘、砂粒等硬颗粒容易进入齿面间而发生磨损。齿面严重磨损后，轮齿齿厚减薄，将使抗弯能力降低从而导致轮齿折断，同时因失去正确的齿形而产生严重噪声和振动，影响轮齿正常工作，最终使传动失效。

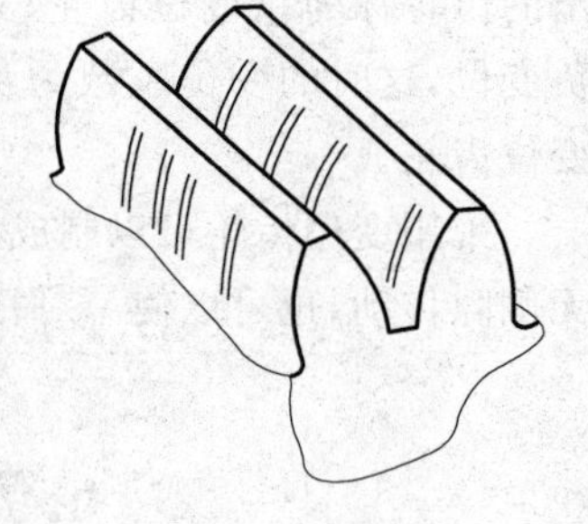

图 6.20 齿面胶合

采用闭式传动，减小齿面粗糙度值和保持良好的润滑可以减少齿面磨损。

5）齿面塑性变形

在重载作用下，较软的齿面上表层金属可能沿滑动方向滑移，出现局部金属流动现象，使齿面产生塑性变形，齿廓失去正确的齿形。在起动和过载频繁的传动中较易产生这种失效形式。

2. 设计准则

综上所述，齿轮在具体的工作情况下，必须具有足够的、相应的工作能力，以保证在整个工作寿命期间内不发生失效。齿轮传动的设计准则是根据齿轮可能出现的失效形式来确定的，但是对于齿面磨损、塑性变形等，尚未形成相应的设计准则，所以目前在齿轮传动设计中，通常只按保证齿根弯曲疲劳强度和齿面接触疲劳强度进行计算。而对于高速重载齿轮传动，还要按保证齿面抗胶合能力的准则进行计算（参阅 GB/Z 6413.2—2003）。

在实际应用中常用的设计准则是：闭式软齿面齿轮传动，主要失效形式是点蚀，通常按齿面接触疲劳强度进行设计，然后校核齿根弯曲疲劳强度；闭式硬齿面齿轮传动，主要失效形式是轮齿折断，通常按齿根弯曲疲劳强度进行设计，然后校核齿面接触疲劳强度；开式或半开式齿轮传动，主要失效形式是磨损以及轮齿折断，由于对齿面抗磨损能力的计算方法尚不够完善，通常按齿根弯曲疲劳强度进行设计，并将模数适当放大以补偿磨损对轮齿的强度削弱，不必校核齿面接触疲劳强度。

3. 齿轮材料

对齿轮材料的要求：齿面应有足够的硬度和耐磨性，轮齿芯部有较好的韧性，以承受冲击载荷和变载荷。常用的齿轮材料是各种牌号的优质碳素钢、合金结构钢、铸钢和铸铁等，一般多采用锻件或轧制钢材。当齿轮直径在 400～600 mm 范围内时，可采用铸钢；低速齿轮可采用灰铸铁。表 6.3 列出了常用齿轮材料及其热处理后的硬度。

表 6.3　常用的齿轮材料及其热处理后的硬度

材　料	机械性能/MPa		热处理方法	硬　　度	
	σ_B	σ_s		HBS	HRC
45 钢	580	290	正火	160～217	
	640	350	调质	217～255	
			表面淬火		40～50
40Cr	700	500	调质	240～286	
			表面淬火		48～55
35SiMn	750	450	调质	217～269	
42SiMn	785	510	调质	229～286	
20Cr	637	392	渗碳、淬火、回火		56～62
20CrMnTi	1100	850	渗碳、淬火、回火		56～62
40MnB	735	490	调质	241～286	
ZG45	569	314	正火	163～197	
ZG35SiMn	569	343	正火、回火	163～217	
	637	412	调质	197～248	
HT200	200			170～230	
HT300	300			187～255	
QT500-5	500			147～241	
QT600-2	600			229～302	

齿轮常用的热处理方法有以下几种。

1）表面淬火

表面淬火一般用于中碳钢和中碳合金钢。表面淬火处理后齿面硬度可达 52～56HRC，耐磨性好，齿面接触强度高。表面淬火的方法有高频淬火和火焰淬火等。

2）渗碳淬火

渗碳淬火用于处理低碳钢和低碳合金钢，渗碳淬火后齿面硬度可达 56～62HRC，齿面接触强度高，耐磨性好，而轮齿芯部仍保持较高的韧性，常用于受冲击载荷的重要齿轮传动。

3）调质

调质处理一般用于中碳钢和中碳合金钢。调质处理后齿面硬度可达 220～260HBS。

4）正火

正火能消除内应力、细化晶粒，改善力学性能和切削性能。中碳钢正火处理可用于机械强度要求不高的齿轮传动。

经热处理后齿面硬度≤350HBS 的软齿面齿轮多用于中、低速传动。当大小齿轮都是软齿面时，考虑到小齿轮齿根较薄，弯曲强度较低，且受载次数较多，因此应使小齿轮齿面硬度比大齿轮高30～50HBS。

齿面硬度＞350HBS的硬齿面齿轮，其最终热处理在轮齿精切后进行。因热处理后轮齿会产生变形，故对于精度要求高的齿轮需进行磨齿。当大小齿轮都是硬齿面时，小齿轮的硬度应略高，也可与大齿轮相等。

近年，由于齿轮材质和齿轮加工工艺技术的迅速发展，越来越多地选用硬齿面齿轮。

4. 直齿圆柱齿轮传动轮齿的受力分析和计算载荷

1) 轮齿的受力分析

为了计算轮齿的强度以及设计轴和轴承装置等，需确定作用在轮齿上的力。

图6.21(a)所示为一对直齿圆柱齿轮啮合传动时的受力情况。若忽略齿面间的摩擦力，则轮齿之间的总作用力 F_n 将沿着轮齿啮合点的公法线 N_1N_2 方向，故也称之为法向力。法向力 F_n 可分解为两个分力：圆周力 F_t 和径向力 F_r。分别表示为

$$\text{圆周力}\quad F_t = \frac{2T_1}{d_1} \tag{6.21}$$

$$\text{径向力}\quad F_r = F_t\tan\alpha \tag{6.22}$$

$$\text{法向力}\quad F_n = \frac{F_t}{\cos\alpha} \tag{6.23}$$

式中，T_1 为小齿轮上的转矩，$T_1 = 9.55\times10^6\dfrac{P_1}{n_1}$，N·mm，其中，$P_1$ 为小齿轮传递的功率，kW，n_1 为小齿轮转速，r/min；d_1 为小齿轮的分度圆直径，mm；α 为分度圆压力角，(°)。

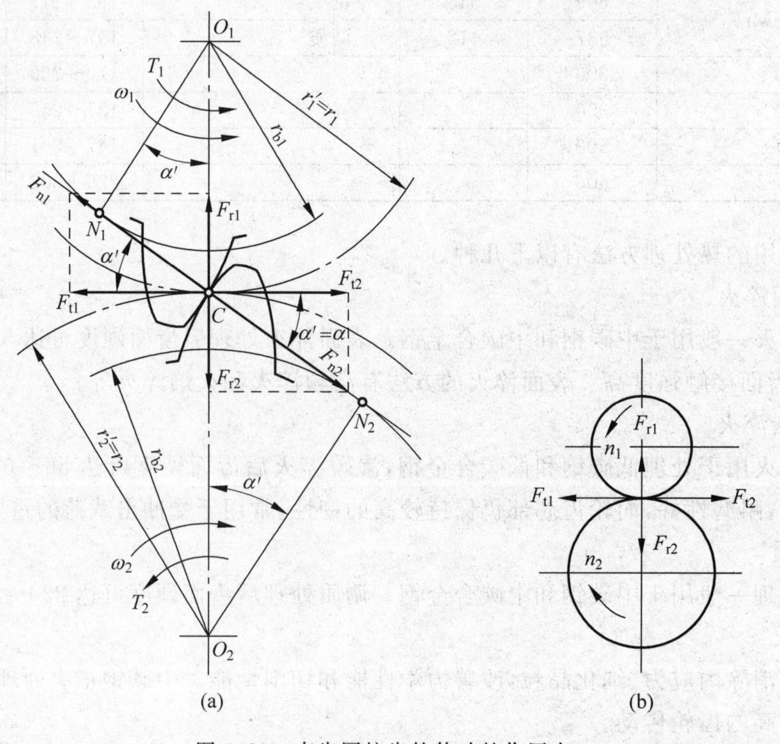

图6.21 直齿圆柱齿轮传动的作用力

圆周力 F_t 的方向，在主动轮上与转速方向相反，在从动轮上与转速方向相同。径向力 F_r 的方向对于两轮都是由力的作用点指向轮心。

主动轮与从动轮各力的关系可用下式表示：

$$\boldsymbol{F}_{t2}=-\boldsymbol{F}_{t1};\quad \boldsymbol{F}_{r2}=-\boldsymbol{F}_{r1};\quad \boldsymbol{F}_{n2}=-\boldsymbol{F}_{n1} \tag{6.24}$$

为方便分析，常采用受力简图的平面图表示方法，如图 6.21(b)所示。

2) 计算载荷

上述受力分析是在载荷沿齿宽均匀分布的理想条件下进行的。但实际运转时，由于齿轮、轴、支承等存在制造、安装误差，以及受载时产生变形等，使载荷沿齿宽不是均匀分布，造成载荷局部集中。轴和轴承的刚度越小、齿宽 b 越宽，载荷集中越严重。此外，由于各种原动机和工作机的特性不同(例如机械的起动和制动、工作机构速度的突然变化和过载等)，导致在齿轮传动中还将引起附加动载荷。因此在齿轮强度计算时，通常用计算载荷 F_nK 代替名义载荷 F_n。其中 K 为载荷系数，其值由表 6.4 查取。

表 6.4　载荷系数 K 的取值

原动机	工作特性		
	工作平稳	中等冲击	较大冲击
电动机、透平机	1～1.2	1.2～1.5	1.5～1.8
多缸内燃机	1.2～1.5	1.5～1.8	1.8～2.1
单缸内燃机	1.6～1.8	1.8～2.0	2.1～2.4

注：斜齿圆柱齿轮、圆周速度低、精度高、齿宽系数小时取小值；直齿圆柱齿轮、圆周速度高、精度低、齿宽系数大时取大值。齿轮在两轴承之间对称布置时取小值，不对称布置及悬臂布置时取较大值。

5. 轮齿的齿根弯曲疲劳强度计算

MOOC

为了防止齿轮在工作时发生轮齿折断，应限制在轮齿根部的弯曲应力。

进行轮齿弯曲应力计算时，假设全部载荷由一对轮齿承受且作用于齿顶处，这时齿根所受的弯矩最大。计算轮齿弯曲应力时，将轮齿看作宽度为 b 的悬臂梁(见图 6.22)。

其危险截面可用 30°切线法确定，即作与轮齿对称中心线成 30°夹角并与齿根圆角相切的斜线，两切点的连线是危险截面位置。设法向力 F_n 移至轮齿中线并分解成相互垂直的两个分力，即 $F_1=F_n\cos\alpha_F$，$F_2=F_n\sin\alpha_F$，其中 F_1 使齿根产生弯曲应力，F_2 则产生压缩应力。因压应力数值较小，为简化计算，在计算齿根弯曲疲劳强度时只考虑弯曲应力。危险截面的弯曲应力为

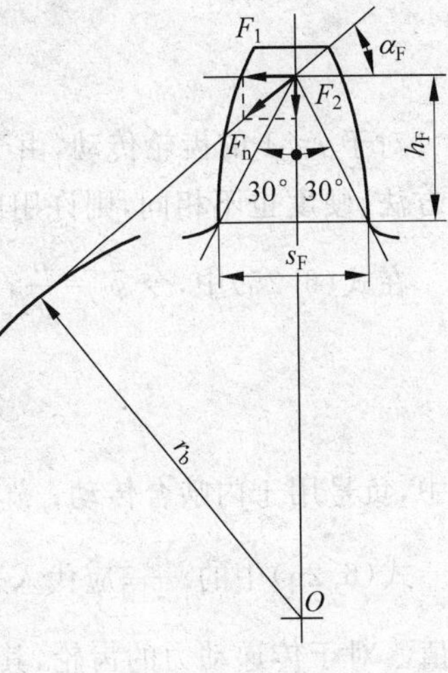

图 6.22　轮齿受力分析

$$\sigma_F=\frac{M}{W}=\frac{KF_nh_F\cos\alpha_F}{\frac{bs_F^2}{6}}=\frac{6KF_nh_F\cos\alpha_F}{bs_F^2}$$

$$=\frac{6KF_th_F\cos\alpha_F}{bs_F^2\cos\alpha}=\frac{KF_t}{bm}\,\frac{6\left(\frac{h_F}{m}\right)\cos\alpha_F}{\left(\frac{s_F}{m}\right)^2\cos\alpha}$$

令

$$Y_F = \frac{6 \times \frac{h_F}{m}\cos\alpha_F}{\left(\frac{s_F}{m}\right)^2 \cos\alpha}$$

将 $F_t = \frac{2T_1}{d_1}$ 和 $d_1 = mz_1$ 代入前面公式，可得齿根弯曲疲劳强度的校核公式为

$$\sigma_F = \frac{2KT_1Y_F}{bm^2z_1} \leqslant [\sigma_F], \text{MPa} \tag{6.25}$$

式中，b 为齿宽，mm；m 为模数，mm；T_1 为小轮传递转矩，N·mm；K 为载荷系数；z_1 为小齿轮齿数；Y_F 为齿形系数。对标准齿轮，Y_F 只与齿数有关，其值可由图 6.23 查出。

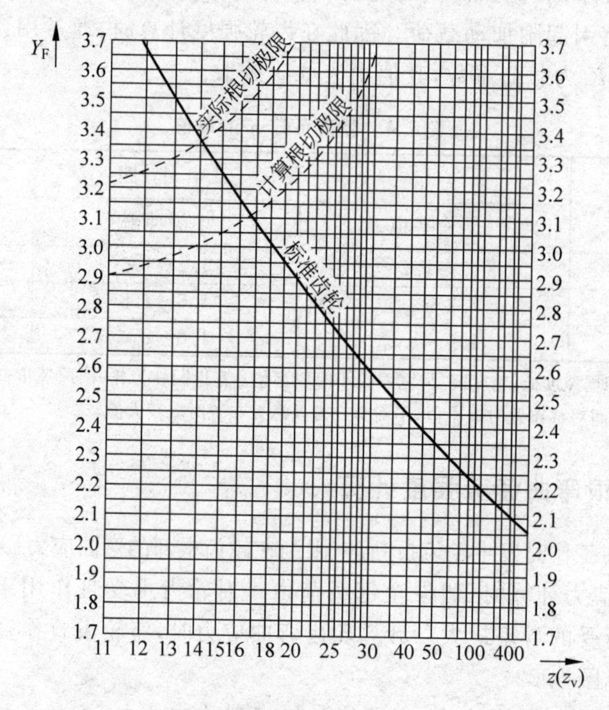

图 6.23 齿形系数 Y_F

对于 $i \neq 1$ 的齿轮传动，由于 $z_1 \neq z_2$，因此 $Y_{F1} \neq Y_{F2}$，则 $\sigma_{F1} \neq \sigma_{F2}$，而且两轮的材料和热处理方法、硬度也不相同，则许用应力不同，因此，应分别验算两个齿轮的弯曲强度。

在式(6.25)中，令 $\phi_a = \frac{b}{a}$，则得齿根弯曲疲劳强度设计公式为

$$m \geqslant \sqrt[3]{\frac{4KT_1Y_F}{\phi_a(i \pm 1)z_1^2[\sigma_F]}}, \text{mm} \tag{6.26}$$

式中，负号用于内啮合传动；ϕ_a 为齿宽系数。

式(6.26)中的 $\frac{Y_F}{[\sigma_F]}$ 应代入 $\frac{Y_{F1}}{[\sigma_{F1}]}$ 和 $\frac{Y_{F2}}{[\sigma_{F2}]}$ 中的较大者，算得的模数应按表 6.1 圆整为标准值。对于传递动力的齿轮，其模数应大于 1.5 mm，以防止意外断齿。在满足弯曲强度的条件下，应尽量增加齿数使传动的重合度增大，以改善传动平稳性和载荷分配；在中心距 a

一定时，齿数增加则模数减小，齿顶高和齿根高都随之减小，能节约材料和减少金属切削量。

许用弯曲应力$[\sigma_F]$按下式计算：

$$[\sigma_F]=\frac{\sigma_{Flim}}{S_F} \tag{6.27}$$

式中，σ_{Flim}为弯曲疲劳极限，MPa，根据图 6.24 查取；S_F为弯曲疲劳安全系数，根据表 6.5 查取。

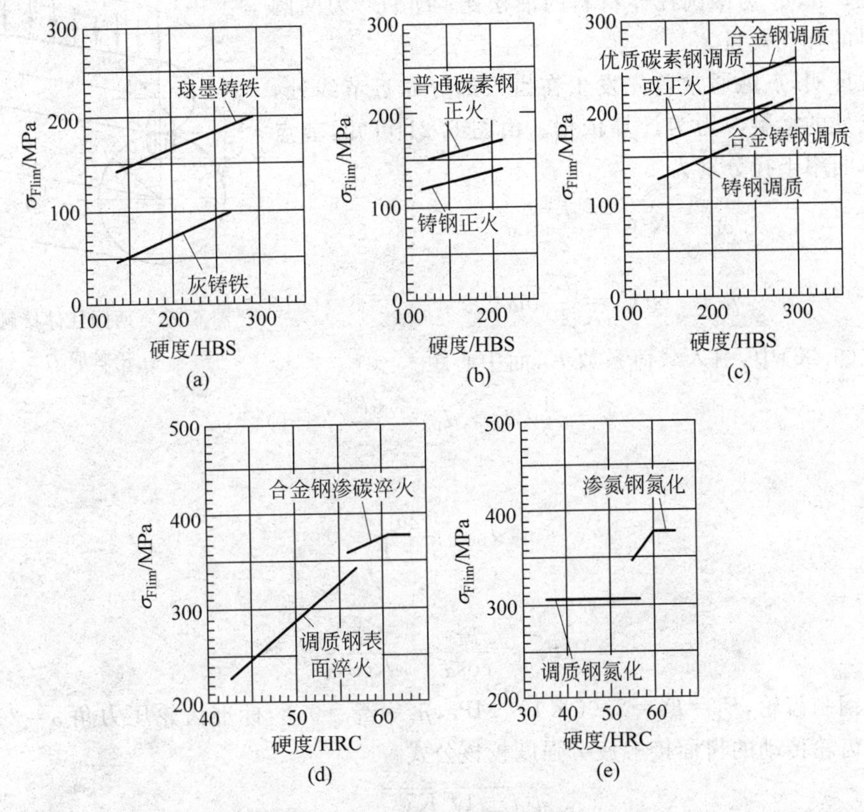

图 6.24　齿轮的弯曲疲劳极限 σ_{Flim}

注：对于长期双侧工作的齿轮传动，因齿根弯曲应力为对称循环变应力，故应将图中数据乘以 0.7。

表 6.5　安全系数 S_F 和 S_H

安全系数	软齿面	硬齿面	重要的传动、渗碳淬火齿轮或铸造齿轮
S_F	1.3～1.4	1.4～1.6	1.6～2.2
S_H	1.0～1.1	1.1～1.2	1.3

6. 轮齿的齿面接触疲劳强度计算

为避免齿面发生点蚀，应限制齿面的接触应力。齿面接触应力的计算是以两圆柱体接触时的最大接触应力为基础进行的。

图 6.25 所示的两圆柱体，在载荷作用下接触区产生的最大接触应力可根据弹性力学的赫兹公式得出：

$$\sigma_H = \sqrt{\frac{F_n}{\pi b} \cdot \frac{\dfrac{1}{\rho_1} \pm \dfrac{1}{\rho_2}}{\dfrac{1-\mu_1^2}{E_1} + \dfrac{1-\mu_2^2}{E_2}}} \tag{6.28}$$

式中，F_n 为作用在圆柱体上的载荷；b 为接触长度；ρ_1、ρ_2 为两圆柱体接触处的半径，式中“+”号用于外接触，“−”号用于内接触；μ_1、μ_2 为两圆柱体材料的泊松比；E_1、E_2 为两圆柱体材料的弹性模量。

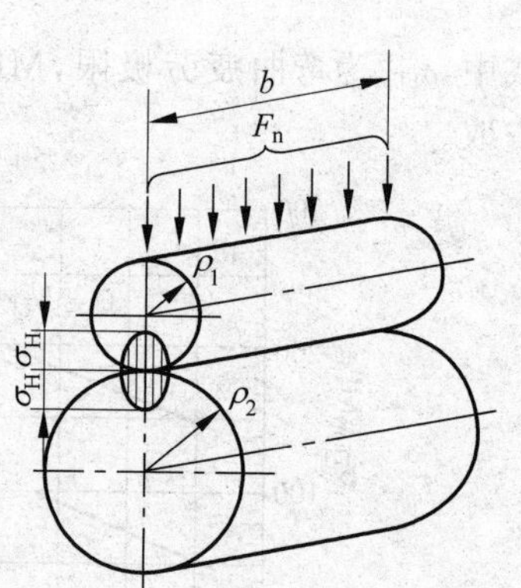

图 6.25 两圆柱体接触时的接触应力

实践证明，点蚀通常首先发生在齿根部分靠近节线处，故取节点处的接触应力为计算依据。由图 6.21 可知，节点处的齿廓曲率半径分别为

$$\rho_1 = N_1C = \frac{d_1}{2}\sin\alpha$$

$$\rho_2 = N_2C = \frac{d_2}{2}\sin\alpha$$

在式(6.28)中，引入载荷系数 K，而中心距

$$a = \frac{1}{2}(d_2 \pm d_1) = \frac{d_1}{2}(i \pm 1)$$

或表示为

$$d_1 = \frac{2a}{i \pm 1}$$

因为

$$F_n = \frac{Ft}{\cos\alpha} = \frac{2T_1}{d_1\cos\alpha}$$

对于一对钢制齿轮，$E_1 = E_2 = 2.06 \times 10^5$ MPa，$\mu_1 = \mu_2 = 0.3$，标准齿轮压力角 $\alpha = 20°$，可得钢制标准齿轮传动的齿面接触疲劳强度校核公式

$$\sigma_H = 335\sqrt{\frac{(i \pm 1)^3 KT_1}{iba^2}} \leqslant [\sigma_H], \text{MPa} \tag{6.29}$$

令 $\phi_a = \dfrac{b}{a}$，称 ϕ_a 为齿宽系数，将 $b = \phi_a a$ 代入式(6.29)，可得齿面接触疲劳强度设计公式

$$a \geqslant (i \pm 1)\sqrt[3]{\left(\frac{335}{[\sigma_H]}\right)^2 \frac{KT_1}{\phi_a i}}, \text{mm} \tag{6.30}$$

式中，σ_H 为齿面接触应力，MPa；$[\sigma_H]$ 为许用接触应力，MPa；其他参数意义同前面公式所述。

式(6.29)和式(6.30)仅适用于一对钢制齿轮，若配对齿轮材料为钢对铸铁或铸铁对铸铁，则应将公式中的系数 335 分别改为 285 和 250。

配对齿轮的接触应力相等，即 $\sigma_{H1} = \sigma_{H2}$，但许用接触应力 $[\sigma_{H1}] \neq [\sigma_{H2}]$，设计时 $[\sigma_H]$ 取 $[\sigma_{H1}]$、$[\sigma_{H2}]$ 之中的较小值。

许用接触应力 $[\sigma_H]$ 按下式计算：

$$[\sigma_H] = \frac{\sigma_{Hlim}}{S_H}, \text{MPa} \tag{6.31}$$

式中，σ_{Hlim}为接触疲劳极限，MPa，根据图 6.26 查取；S_H为接触疲劳安全系数，根据表 6.5 查取。

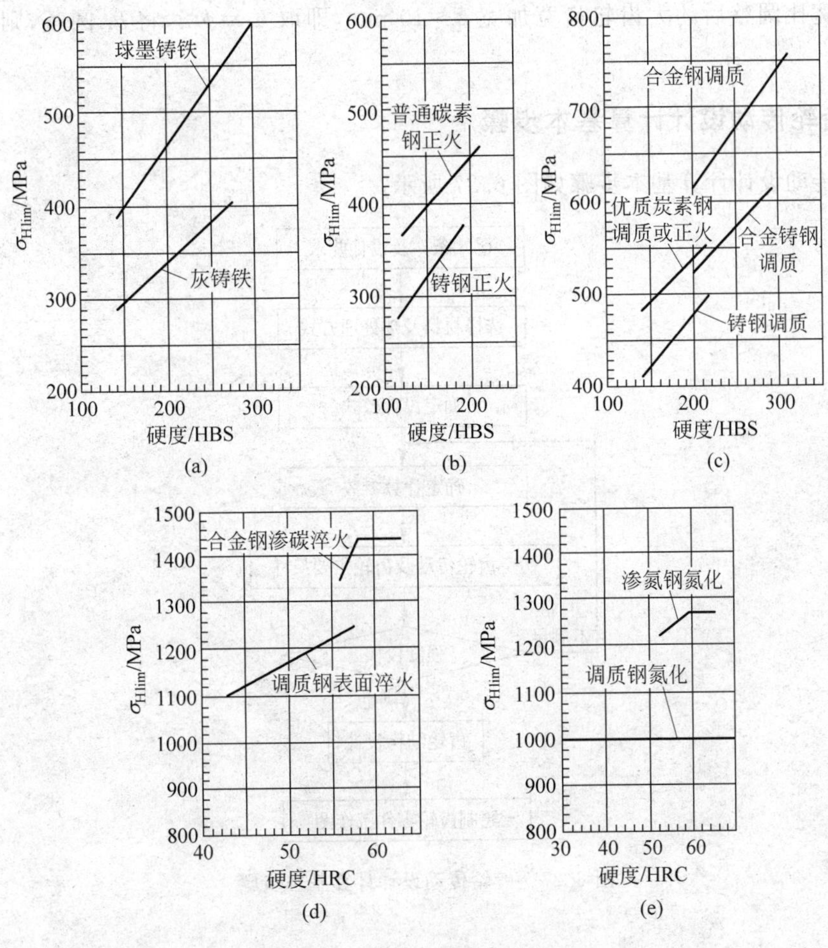

图 6.26　齿轮的接触疲劳极限 σ_{Hlim}

7. 齿轮传动设计参数的选择

1）齿数 z 的选择

对于软齿面闭式齿轮传动，在满足弯曲强度的条件下，为提高传动的平稳性，以齿数多些为好，小齿轮齿数可取 $z_1=20\sim40$，速度较高时取较大值；硬齿面齿轮传动应保证足够的弯曲强度，宜取较少的齿数，以便增大模数，小齿轮齿数可取 $z_1=17\sim20$。

小齿轮齿数 z_1 确定后，按转动比 i 可确定大齿轮齿数 z_2。为了使一对啮合齿轮磨损均匀，传动平稳，z_1 与 z_2 一般应互为质数。

2）齿宽系数 ϕ_a的选择

由齿轮的强度计算公式可知，轮齿越宽，承载能力也越高，但会使齿面上载荷分布越不均匀，因此齿宽系数 ϕ_a应取得适当。其荐用值如下：轻型减速器可取 $\phi_a=0.2\sim0.4$；中型减速器可取 $\phi_a=0.4\sim0.6$；重型减速器可取 $\phi_a=0.8$；当 $\phi_a>0.4$ 时，通常用斜齿或人字齿。

为了避免大小齿轮因制造误差和装配误差产生轴向错位时导致啮合齿宽减小，通常将小齿轮齿宽比圆整后的大齿轮齿宽加宽 5～10 mm，即取 $b_2=\phi_a a$，将 b_2 圆整，则 $b_1=b_2+(5\sim10)$。

8. 齿轮传动设计计算基本步骤

齿轮传动设计计算基本步骤如图 6.27 所示。

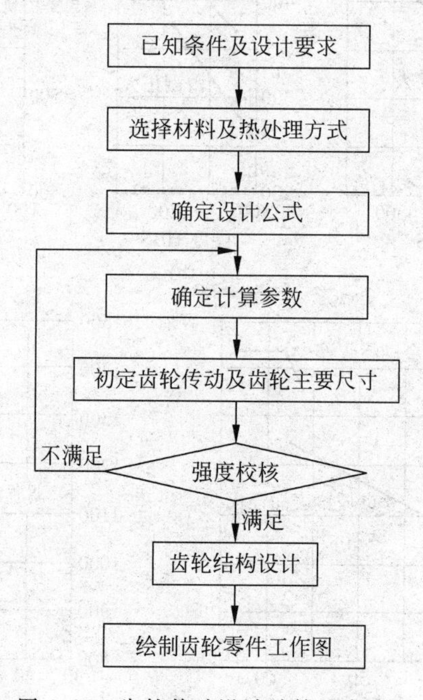

图 6.27 齿轮传动设计计算基本步骤

6.8 斜齿圆柱齿轮传动

1. 斜齿圆柱齿轮的形成及啮合特性

由 6.3 节可知，当发生线在基圆上作纯滚动时，发生线上任一点的轨迹为该圆的渐开线。而对于具有一定宽度的直齿圆柱齿轮，其齿廓侧面是发生面 S 在基圆柱上作纯滚动时，平面 S 上任一条与基圆柱母线 NN 平行的直线 KK 所形成的渐开线曲面。如图 6.28 所示，直齿圆柱齿轮啮合时，其接触线是与轴线平行的直线，因而一对齿廓沿齿宽同时进入啮合或退出啮合，容易引起冲击和噪声，传动平稳性差，不适宜用于高速齿轮传动。

斜齿圆柱齿轮的发生面在基圆柱上作纯滚动时，平面 S 上直线 KK 不与基圆柱母线 NN 平行，而是与 NN 成一角度 β_b，当 S 平面在基圆柱上作纯滚动时，斜直线 KK 的轨迹形成斜齿轮的齿廓曲面，KK 与基圆柱母线的夹角 β_b 称为基圆柱上的螺旋角。斜齿圆柱齿轮啮合时，其接触线都是与斜直线 KK 平行的直线，因齿高有一定限制，故在两齿廓啮合过程中，接触线长度由零逐渐增长，从某一位置以后又逐渐缩短，直至脱离啮合，即斜齿轮进入和脱离接触都是逐渐进行的，故传动平稳，噪声小，此外，由于斜齿轮的轮齿是倾斜的，同时啮合的轮齿对数比直齿轮多，故重合度比直齿轮大，如图 6.29 所示。

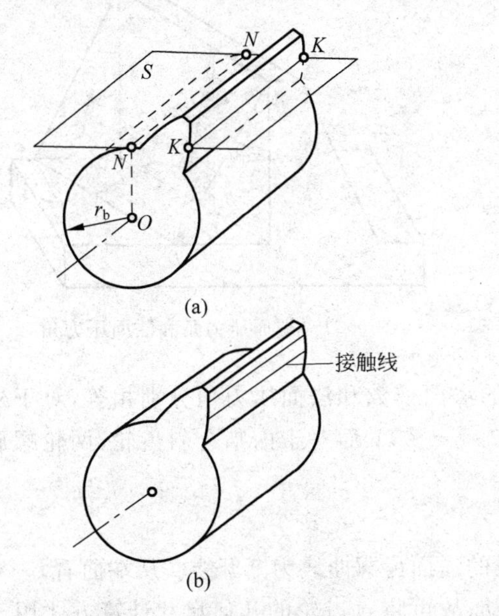

图 6.28 直齿轮齿廓曲面的形成

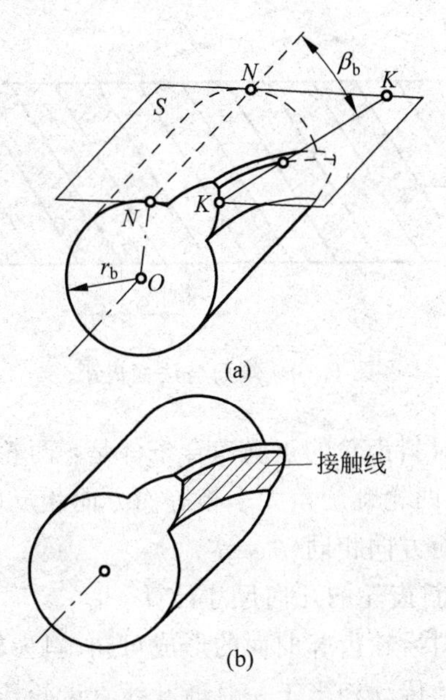

图 6.29 斜齿轮齿廓曲面的形成

2. 标准斜齿圆柱齿轮的基本参数和几何尺寸

1）螺旋角

一般用分度圆柱面上的螺旋角 β 表示斜齿圆柱齿轮轮齿的倾斜程度。通常所说的斜齿轮的螺旋角是指分度圆柱上的螺旋角。斜齿轮的螺旋角一般取 8°～20°。

2）模数和压力角

垂直于斜齿轮轴线的平面称为端面，垂直于螺旋线方向的平面称为法面。加工斜齿轮时，斜齿轮法面参数与刀具的参数相同，故规定斜齿轮的法面参数为标准值。但在进行斜齿轮的几何尺寸计算时，却按端面参数进行计算，因此必须找出端面参数与法面参数的换算关系。

图 6.30 所示为斜齿圆柱齿轮分度圆柱面的展开图。从图中可知，端面齿距 p_t 与法面齿距 p_n 的关系为

$$p_t = \frac{p_n}{\cos\beta}$$

因 $p=\pi m$，故法面模数 m_n 和端面模数 m_t 之间的关系为

$$m_n = m_t\cos\beta \tag{6.32}$$

由图 6.31 可知端面（ABD 平面）压力角和法面（A_1B_1D 平面）压力角之间的关系为

$$\tan\alpha_t = \frac{BD}{AB}$$

$$\tan\alpha_n = \frac{B_1D}{A_1B_1}, \quad A_1B_1 = AB$$

因 $A_1B_1=AB$，且 $B_1D=BD\cos\beta$，故

$$\tan\alpha_n = \tan\alpha_t \cos\beta \tag{6.33}$$

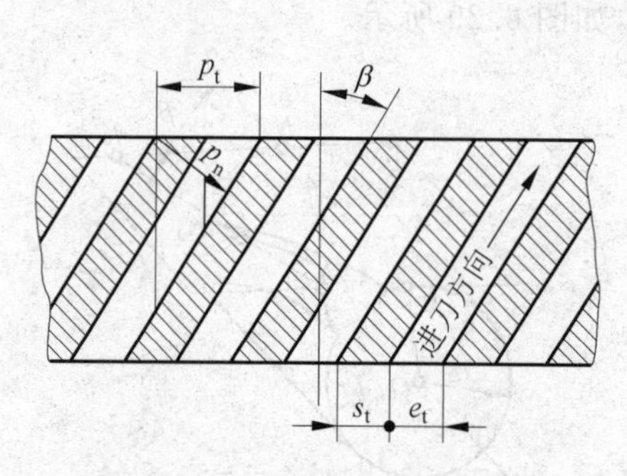

图 6.30　端面与法面齿距

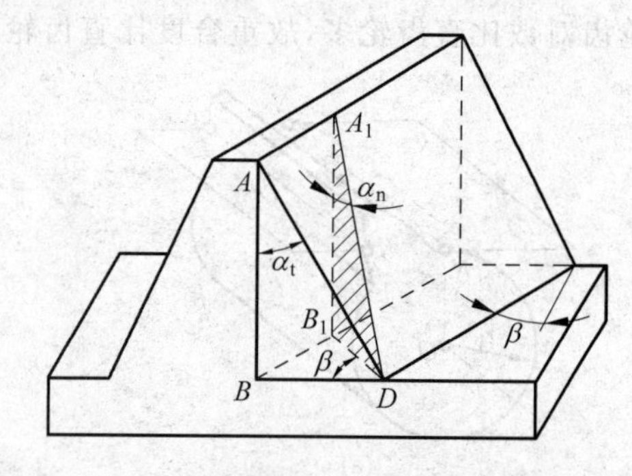

图 6.31　端面压力角和法面压力角

一对斜齿轮的正确啮合条件是：两轮的法面模数和法面压力角分别相等，对于外啮合斜齿轮，两轮螺旋角大小相等而方向相反($\beta_1=-\beta_2$)；而对于内啮合斜齿轮，两轮螺旋角大小相等而方向相同($\beta_1=\beta_2$)。

3）斜齿轮的几何尺寸计算

由斜齿轮齿廓曲面的形成可知，斜齿轮的法面齿廓曲线为渐开线。从端面看，一对渐开线斜齿轮传动相当于一对渐开线直齿轮传动，故可将直齿轮的几何尺寸计算方式用于斜齿轮的端面。斜齿轮的几何尺寸计算按表 6.6 的计算公式进行。

表 6.6　标准斜齿圆柱齿轮的参数和几何尺寸计算

名　称	代　号	计算公式
端面模数	m_t	$m_t=\dfrac{m_n}{\cos\beta}$，$m_n$ 为标准值
螺旋角	β	$\beta=8°\sim20°$
端面压力角	α_t	$\alpha_t=\arctan\dfrac{\tan\alpha_n}{\cos\beta}$，$\alpha_n$ 为标准值
分度圆直径	d_1,d_2	$d_1=m_t z_1=\dfrac{m_n z_1}{\cos\beta}$，$d_2=m_t z_2=\dfrac{m_n z_2}{\cos\beta}$
齿顶高	h_a	$h_a=m_n$
齿根高	h_f	$h_f=1.25m_n$
全齿高	h	$h=h_a+h_f=2.25m_n$
顶隙	c	$c=h_f-h_a=0.25m_n$
齿顶圆直径	d_{a1},d_{a2}	$d_{a1}=d_1+2h_a$，$d_{a2}=d_2+2h_a$
齿根圆直径	d_{f1},d_{f2}	$d_{f1}=d_1-2h_f$，$d_{f2}=d_2-2h_f$
中心距	a	$a=\dfrac{d_1+d_2}{2}=\dfrac{m_t}{2}(z_1+z_2)=\dfrac{m_n(z_1+z_2)}{2\cos\beta}$

3. 斜齿圆柱齿轮的当量齿数

加工斜齿轮时，铣刀是沿着螺旋线方向进刀的，故按照齿轮的法面齿形来选择刀具。另外，在计算轮齿的强度时，因为力作用在法面内，所以也需要知道法面的齿形。

如图 6.32 所示，过分度圆柱面上 C 点作轮齿螺旋线的法平面 nn，其与分度圆柱面的交线为一椭圆。

其长半轴 $a=\dfrac{d}{2\cos\beta}$，短半轴 $b=\dfrac{d}{2}$，椭圆在 C 点的曲率半径 $\rho=\dfrac{a^2}{b}=\dfrac{d}{2\cos^2\beta}$。以 ρ 为分度圆半径，以斜齿轮的法面模数 m_n 为模数，$\alpha_n=20°$，作一个直齿圆柱齿轮，这个直齿轮与斜齿轮的法面齿形十分接近。这个假想的直齿圆柱齿轮称为斜齿圆柱齿轮的当量齿轮，齿数 z_v 称为当量齿数，表示为

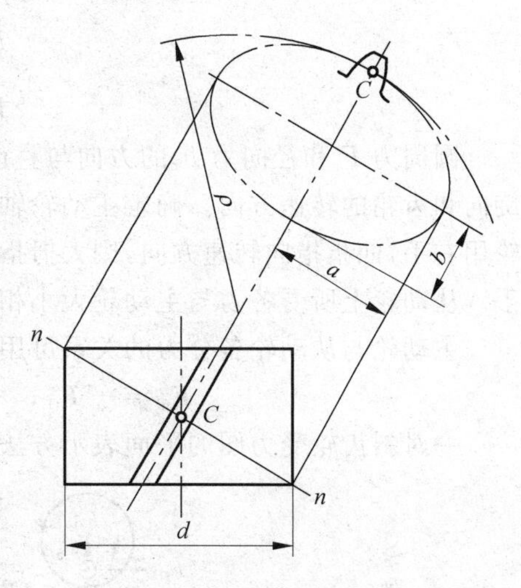

图 6.32　斜齿轮的当量齿轮

$$z_v=\frac{2\rho}{m_n}=\frac{d}{m_n\cos^2\beta}=\frac{m_n z}{m_n\cos^3\beta}=\frac{z}{\cos^3\beta} \tag{6.34}$$

式中，z 为斜齿轮的实际齿数。

由式(6.34)可知，斜齿轮的当量齿数总是大于斜齿轮实际齿数，并且往往不是整数。

因斜齿轮的当量齿轮为一直齿圆柱齿轮，其不发生根切的最少齿数 $z_{vmin}=17$，则正常齿标准斜齿轮不发生根切的最少齿数为

$$z_{min}=z_{vmin}\cdot\cos^3\beta \tag{6.35}$$

4. 标准斜齿圆柱齿轮传动强度计算

1) 斜齿轮的受力分析

如图 6.33 所示，作用在斜齿圆柱齿轮轮齿上的法向力 F_n 可以分解为三个相互垂直的分力：圆周力 F_t、径向力 F_r 和轴向力 F_a。由图 6.33(b)可得三个分力的计算方式

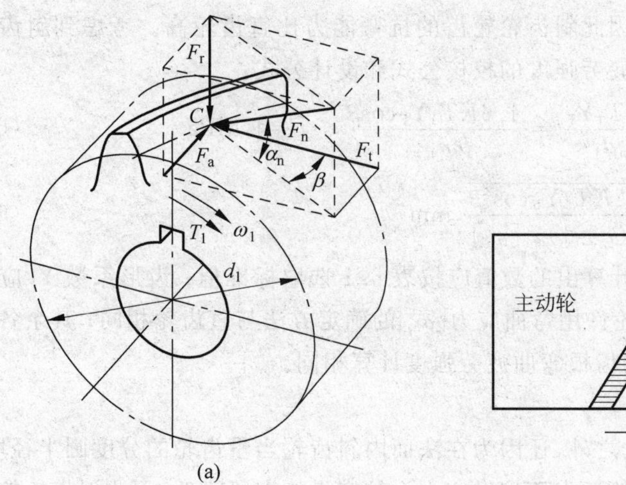

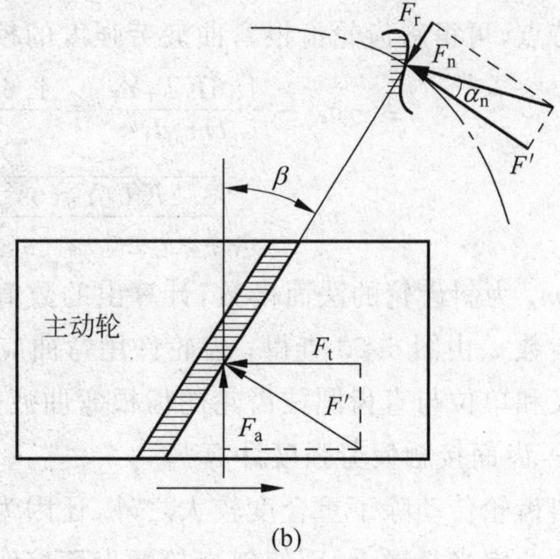

图 6.33　斜齿轮受力分析

如下：

$$F_t = \frac{2T_1}{d_1} \tag{6.36}$$

$$F_r = \frac{F_t \tan\alpha_n}{\cos\beta} \tag{6.37}$$

$$F_a = F_t \tan\beta \tag{6.38}$$

圆周力 F_t和径向力 F_r的方向与直齿圆柱齿轮判断相同；轴向力 F_a的方向取决于轮齿旋向和齿轮的转速方向。确定主动轮轴向力的方向可利用左、右手定则。对于主动右旋齿轮用右手，四指指向转速方向，则大拇指指向为轴向力的方向；而对于主动左旋齿轮则用左手。从动轮上所受各力与主动轮大小相等，方向相反。

主动轮与从动轮各分力的关系可用下式表示：

$$\boldsymbol{F}_{t2} = -\boldsymbol{F}_{t1}；\quad \boldsymbol{F}_{r2} = -\boldsymbol{F}_{r1}；\quad \boldsymbol{F}_{a2} = -\boldsymbol{F}_{a1} \tag{6.39}$$

一对斜齿轮受力图的平面表示方法如图 6.34 所示。

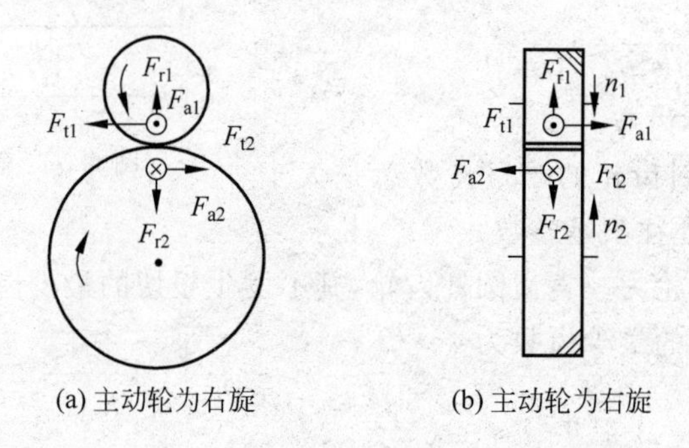

图 6.34 一对斜齿轮受力图的平面表示方法

2）齿根弯曲疲劳强度计算

斜齿轮轮齿的弯曲应力是在轮齿的法面内进行分析的，其计算方法与直齿轮中所述的方法相似。

因为斜齿轮传动重合度较大，同时啮合的轮齿对数较多，而且轮齿的接触线是倾斜的，有利于降低斜齿轮的弯曲应力，因此斜齿轮轮齿的抗弯能力比直齿轮高。考虑到斜齿轮的上述特点，可得斜齿轮齿根弯曲疲劳强度的校核公式和设计公式：

$$\sigma_F = \frac{1.6KT_1Y_F}{bm_nd_1} = \frac{1.6KT_1Y_F\cos\beta}{bm_n^2z_1} \leqslant [\sigma_F], \text{MPa} \tag{6.40}$$

$$m_n \geqslant \sqrt[3]{\frac{3.2KT_1Y_F\cos^2\beta}{\phi_a(i\pm1)z_1^2[\sigma_F]}}, \text{mm} \tag{6.41}$$

式中，m_n 为斜齿轮的法面模数，计算出的数值应按表 6.1 选取标准值；齿形系数 Y_F应根据当量齿数 z_v由图 6.23 查得；齿轮许用弯曲应力$[\sigma_F]$的确定方法与直齿轮相同；其余各参数的含义和单位与直齿圆柱齿轮的齿根弯曲疲劳强度计算相同。

3）齿面接触疲劳强度计算

斜齿轮传动除了重合度较大之外，还因为在法面内斜齿轮当量齿轮的分度圆半径增大，齿廓的曲率半径增大，而使斜齿轮的齿面接触应力也较直齿轮有所降低，因此斜齿轮轮齿的抗点蚀能力也较直齿轮高。根据上述特点，可得一对钢制斜齿轮齿面接触疲劳强度的校核公式和设计公式。

$$\sigma_H = 305\sqrt{\frac{(i\pm1)^3KT_1}{iba^2}} \leqslant [\sigma_H],\text{MPa} \tag{6.42}$$

$$a \geqslant (i\pm1)\sqrt[3]{\left(\frac{305}{[\sigma_H]}\right)^2\frac{KT_1}{\phi_a i}},\text{mm} \tag{6.43}$$

上式中各参数的含义和单位与直齿圆柱齿轮的齿面接触疲劳强度计算相同。

若配对齿轮材料改变时，以上两式中系数305应加以修正。钢对铸铁应将305乘以$\frac{285}{335}$，铸铁对铸铁应将305乘以$\frac{250}{335}$。

按式(6.43)求出中心距a圆整成整数后，根据已选定的z_1、z_2和初选螺旋角β'，由下式计算模数m_n：

$$m_n = \frac{2a\cos\beta'}{z_1+z_2} \tag{6.44}$$

求得的m_n应按表6.1取为标准值。

然后再修正螺旋角：

$$\beta = \arccos\frac{m_n(z_1+z_2)}{2a} \tag{6.45}$$

例6.1 设计一单级闭式斜齿圆柱齿轮传动，由电动机驱动，已知传递功率$P_1=3.68$ kW，$i=5$，$n_1=450$ r/min，单向运转，载荷有轻微冲击。

解：根据闭式齿轮传动的失效分析和设计准则，按齿面接触疲劳强度进行设计计算，再校核齿根弯曲疲劳强度。

(1) 选择材料、热处理方法、精度等级、齿数及螺旋角

查表6.3，小齿轮选用45钢，调质，HBS1=217～255，取HBS1=230；大齿轮选用45钢，正火，HBS2=160～217，取HBS2=190；

选8级精度(GB/T 10095.2—2008)；

初选小齿轮齿数$z_1=23$，大齿轮齿数$z_2=iz_1=5\times23=115$；

初选螺旋角$\beta'=12°$。

(2) 按齿面接触疲劳强度设计进行计算

① 确定计算参数。

传递扭矩T_1：

$$T_1 = 9.55\times10^6\times\frac{P_1}{n_1} = 9.55\times10^6\times\frac{3.68}{450}\text{ N}\cdot\text{mm} = 7.81\times10^4\text{ N}\cdot\text{mm}$$

载荷系数K：因载荷比较平稳，齿轮相对轴承对称布置，由表6.4取$K=1.1$。

齿宽系数ϕ_a：轻型减速器，取$\phi_a=0.3$。

许用接触应力$[\sigma_H]$：由图6.26(c)查得

$$\sigma_{\text{Hlim1}} = 575\text{ MPa},\quad \sigma_{\text{Hlim2}} = 525\text{ MPa}$$

安全系数由表6.5取$S_H=1$，则

$$[\sigma_{H1}] = \frac{\sigma_{\text{Hlim1}}}{S_H} = \frac{575}{1}\text{ MPa} = 575\text{ MPa}$$

$$[\sigma_{H2}] = \frac{\sigma_{\text{Hlim2}}}{S_H} = \frac{525}{1}\text{ MPa} = 525\text{ MPa}$$

由于$[\sigma_{H2}]<[\sigma_{H1}]$，因此应取小值$[\sigma_{H2}]$代入。

传动比 $i=5$，将以上参数代入式(6.43)得

$$a \geqslant (i \pm 1)\sqrt[3]{\left(\frac{305}{[\sigma_{\mathrm{H}}]}\right)^2 \frac{KT_1}{\phi_{\mathrm{a}} i}} = (5+1)\sqrt[3]{\left(\frac{305}{525}\right)^2 \frac{1.1 \times 7.81 \times 10^4}{0.3 \times 5}}\ \mathrm{mm} \approx 161.02\ \mathrm{mm}$$

② 确定齿轮参数及主要尺寸

计算模数：

$$m_{\mathrm{n}} = \frac{2a\cos\beta'}{z_1 + z_2} = \frac{2 \times 161.02 \times \cos 12^\circ}{23 + 115}\ \mathrm{mm} = 2.3\ \mathrm{mm}$$

取标准值 $m_{\mathrm{n}}=2.5$ mm，按 $\beta'=12^\circ$ 估算中心距：

$$a = \frac{m_{\mathrm{n}}(Z_1 + Z_2)}{2\cos\beta'} = \frac{2.5 \times (23 + 115)}{2\cos 12^\circ}\ \mathrm{mm} = 176.35\ \mathrm{mm}$$

圆整中心距，取 $a=175$ mm，修正螺旋角并计算主要尺寸：

$$\beta = \arccos\frac{m_{\mathrm{n}}(z_1 + z_2)}{2a} = \arccos\frac{2.5 \times (23 + 115)}{2 \times 175} = 9.696^\circ = 9^\circ 41' 46''$$

$$d_1 = \frac{m_{\mathrm{n}} z_1}{\cos\beta} = \frac{2.5 \times 23}{\cos 9.696^\circ}\ \mathrm{mm} \approx 58.333\ \mathrm{mm}$$

$$d_2 = \frac{m_{\mathrm{n}} z_2}{\cos\beta} = \frac{2.5 \times 115}{\cos 9.696^\circ}\ \mathrm{mm} \approx 291.667\ \mathrm{mm}$$

$$b = \phi_{\mathrm{a}} a = 0.3 \times 175\ \mathrm{mm} = 52.5\ \mathrm{mm}$$

为了提高齿轮承载能力，取 $b_2=60$ mm，$b_1=65$ mm。($b_2 \geqslant b$，$b_1=b_2+5\sim8$)

(3) 校核齿根弯曲疲劳强度

根据式(6.40)得

$$\sigma_{\mathrm{F}} = \frac{1.6KT_1\cos\beta}{z_1 b m_{\mathrm{n}}^2} Y_{\mathrm{F}} \leqslant [\sigma_{\mathrm{F}}]$$

许用弯曲应力 $[\sigma_{\mathrm{F}}]$：由图 6.24(c)得

$$\sigma_{\mathrm{Flim1}} = 190\ \mathrm{MPa}, \quad \sigma_{\mathrm{Flim2}} = 175\ \mathrm{MPa}$$

安全系数：由表 6.5 取 $S_{\mathrm{F}}=1.3$，则

$$[\sigma_{\mathrm{F1}}] = \frac{\sigma_{\mathrm{Flim1}}}{S_{\mathrm{F}}} = \frac{190}{1.3}\ \mathrm{MPa} = 146\ \mathrm{MPa}$$

$$[\sigma_{\mathrm{F2}}] = \frac{\sigma_{\mathrm{Flim2}}}{S_{\mathrm{F}}} = \frac{175}{1.3}\ \mathrm{MPa} = 135\ \mathrm{MPa}$$

当量齿数 z_{v}：由 $z_1=23$，$z_2=115$，$\beta=9.696^\circ$，确定斜齿轮的当量齿数，即

$$z_{\mathrm{v1}} = \frac{z_1}{\cos^3\beta} = \frac{23}{\cos^3 9.696^\circ} = 24.01$$

$$z_{\mathrm{v2}} = \frac{z_2}{\cos^3\beta} = \frac{115}{\cos^3 9.696^\circ} = 126.06$$

齿形系数 Y_{F}：查图 6.23 得 $Y_{\mathrm{F1}}=2.75$，$Y_{\mathrm{F2}}=2.19$，有

$$\sigma_{\mathrm{F1}} = \frac{1.6KT_1\cos\beta}{z_1 b m_{\mathrm{n}}^2} Y_{\mathrm{F1}} = \frac{1.6 \times 1.1 \times 7.81 \times 10^4 \cos 9.696^\circ}{23 \times 60 \times 2.5^2} \times 2.75\ \mathrm{MPa}$$

$$= 43.20\ \mathrm{MPa} < [\sigma_{\mathrm{F1}}]$$

$$\sigma_{\mathrm{F2}} = \sigma_{\mathrm{F1}} \frac{Y_{\mathrm{F2}}}{Y_{\mathrm{F1}}} = 43.20 \times \frac{2.19}{2.75}\ \mathrm{MPa} = 34.40\ \mathrm{MPa} < [\sigma_{\mathrm{F2}}]$$

强度足够。

(4) 其他几何尺寸计算(略)

(5) 小齿轮采用齿轮轴结构，大齿轮采用辐板式结构。大齿轮的结构尺寸按锻造齿轮结构图 6.41 中推荐的计算公式选择，具体结构如图 6.35 所示。

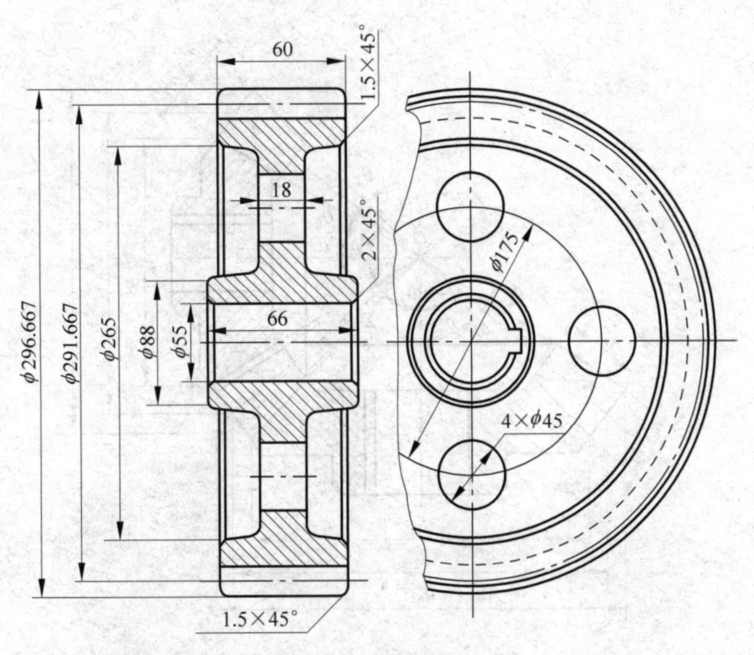

图 6.35　大齿轮结构图

6.9　直齿圆锥齿轮传动

1. 直齿圆锥齿轮传动特性

圆锥齿轮用于相交两轴之间的传动，其中应用最广泛的是两轴交角 $\Sigma=\delta_1+\delta_2=90°$ 的直齿圆锥齿轮。与圆柱齿轮不同，圆锥齿轮的轮齿是沿圆锥面分布的，其轮齿尺寸朝锥顶方向逐渐缩小。

圆锥齿轮的运动关系相当于一对节圆锥作纯滚动。除节圆锥外，圆锥齿轮还有分度圆锥、齿顶圆锥、齿根圆锥和基圆锥等。

图 6.36 所示为一对标准直齿圆锥齿轮，其节圆锥与分度圆锥重合，其中 δ_1、δ_2 为节锥角，Σ 为两节圆锥几何轴线的夹角，d_1、d_2 为大端节圆直径。当 $\Sigma=\delta_1+\delta_2=90°$ 时，其传动比为

$$i=\frac{n_1}{n_2}=\frac{d_2}{d_1}=\frac{z_2}{z_1}=\frac{\sin\delta_2}{\sin\delta_1}=\tan\delta_2=\cot\delta_1 \tag{6.46}$$

2. 直齿圆锥齿轮的齿廓曲线、背锥和当量齿数

如图 6.37 所示，当发生面 S 沿基圆锥作纯滚动时，平面上一条通过锥顶的直线 OK 将形成一渐开线曲面，此曲面即为直齿圆锥齿轮的齿廓曲面，直线 OK 上各点的轨迹都是渐开线。渐开线 NK 上各点与锥顶 O 的距离均相等，所以该渐开线必在一个以 O 为球心、OK 为半径的球面上，因此圆锥齿轮的齿廓曲线理论上是以锥顶 O 为球心的球面渐开线。但因球面渐开线无法在平面上展开，给设计和制造造成困难，故常用背锥上的齿廓曲线来代替球面渐开线。

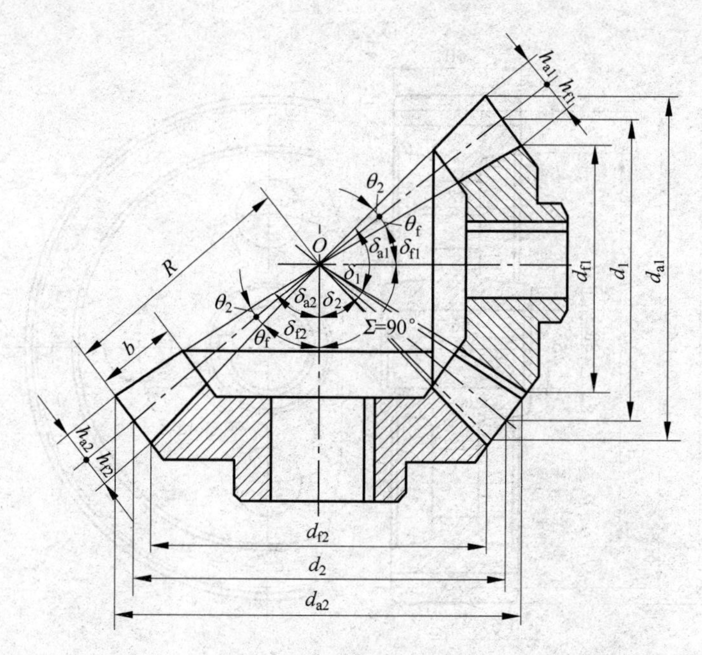

图 6.36 圆锥齿轮传动分析

图 6.38 所示为一圆锥齿轮的轴线平面，$\triangle OAB$、$\triangle Obb$、$\triangle Oaa$ 分别表示其分度圆锥、顶圆锥和根圆锥与轴线平面的交线。过 A 点作 OA 的垂线，与圆锥齿轮的轴线交于 O'点，以 OO'为轴线，$O'A$ 为母线作圆锥，这个圆锥称为背锥。若将球面渐开线的轮齿向背锥上投影，则 a、b 点的投影为 a'、b'点，由图可见 $a'b'$和 ab 相差很小，因此可以用背锥上的齿廓曲线来代替圆锥齿轮的球面渐开线。

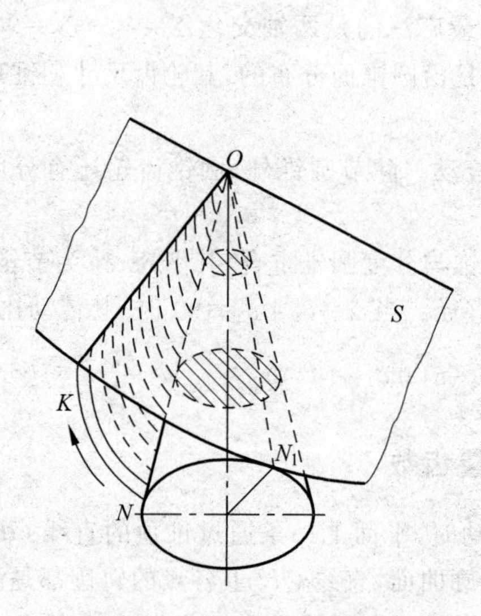

图 6.37 球面渐开线的形成

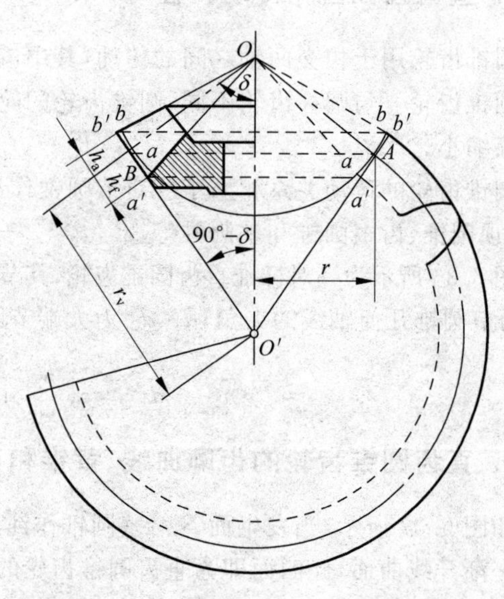

图 6.38 圆锥齿轮的背锥和当量齿数

因圆锥面可以展开成平面，故把背锥表面展开成一扇形平面，扇形的半径 r_v就是背锥母线的长度，以 r_v为分度圆半径，大端模数 m_e为标准模数，大端压力角为 20°，按照圆柱齿轮的作图方法画出扇形齿轮的齿形。该齿廓即为圆锥齿轮大端的近似齿廓，扇形齿轮的齿数为圆锥齿轮的实际齿数。

将扇形齿轮补足为完整的圆柱齿轮，这个圆柱齿轮称为圆锥齿轮的当量齿轮，当量齿轮的齿数 z_v 称为当量齿数。由图 6.38 可见

$$r_v = \frac{r}{\cos\delta} = \frac{mz}{2\cos\delta}$$

而 $r_v = \frac{mz_v}{2}$，故

$$z_v = \frac{z}{\cos\delta} \tag{6.47}$$

根据上式可知，$z_v > z$，且往往不是整数。

综上所述，一对圆锥齿轮的啮合相当于一对当量圆柱齿轮的啮合，因此可把圆柱齿轮的啮合原理运用到圆锥齿轮。

3. 直齿圆锥齿轮传动的几何尺寸计算

按 GB/T 12369—1990 规定，直齿圆锥齿轮传动的几何尺寸计算是以其大端为标准。当轴交角 $\Sigma=90°$ 时，标准直齿圆锥齿轮的几何尺寸计算公式见表 6.7。

表 6.7　$\Sigma=90°$ 标准直齿圆锥齿轮的几何尺寸计算

名　称	符　号	计算方式及说明
大端模数	m_e	按 GB/T 12369—1990 取标准值
传动比	i	$i=\frac{z_2}{z_1}=\tan\delta_2=\cot\delta_1$
		单级 $i<6\sim7$
分度圆锥角	δ_1、δ_2	$\delta_2=\arctan\frac{z_2}{z_1}$，$\delta_1=90°-\delta_2$
分度圆直径	d_1、d_2	$d_1=m_e z_1$，$d_2=m_e z_2$
齿顶高	h_a	$h_a=m_e$
齿根高	h_f	$h_f=1.2m_e$
全齿高	h	$h=2.2m_e$
顶隙	c	$c=0.2m_e$
齿顶圆直径	d_{a1}、d_{a2}	$d_{a1}=d_1+2m_e\cos\delta_1$，$d_{a2}=d_2+2m_e\cos\delta_2$
齿根圆直径	d_{f1}、d_{f2}	$d_{f1}=d_1-2.4m_e\cos\delta_1$，$d_{f2}=d_2-2.4m_e\cos\delta_2$
外锥距	R_e	$R_e=\sqrt{r_1^2+r_2^2}=\frac{m_e}{2}\sqrt{z_1^2+z_2^2}=\frac{d_1}{2\sin\delta_1}=\frac{d_2}{2\sin\delta_2}$
齿宽	b	$b\leqslant\frac{R_e}{3}$，$b\leqslant 10m_e$
齿顶角	θ_a	$\theta_a=\arctan\frac{h_f}{R_e}$（不等顶隙齿） $\theta_a=\theta_f$（等顶隙齿）
齿根角	θ_f	$\theta_f=\arctan\frac{h_f}{R_e}$
根锥角	δ_{f1}、δ_{f2}	$\delta_{f1}=\delta_1-\theta_f$，$\delta_{f2}=\delta_2-\theta_f$
顶锥角	δ_{a1}、δ_{a2}	$\delta_{a1}=\delta_1+\theta_a$，$\delta_{a2}=\delta_2+\theta_a$

4. 直齿圆锥齿轮传动强度计算

1）直齿圆锥齿轮受力分析

图6.39所示为直齿圆锥齿轮轮齿受力情况。由于圆锥齿轮的轮齿厚度和高度向锥顶方向逐渐减小，故轮齿各剖面上的弯曲强度都不相同，为简化起见，通常假定载荷集中作用在齿宽中部的节点上。法向力 F_n 可分解为3个分力：

圆周力

$$F_t = \frac{2T_1}{d_{m1}} \tag{6.48}$$

径向力

$$F_r = F_t \tan\alpha\cos\delta \tag{6.49}$$

轴向力

$$F_a = F_t \tan\alpha\sin\delta \tag{6.50}$$

式中，d_{m1} 为小齿轮齿宽中点的分度圆直径，$d_{m1}=d_1-b\sin\delta_1$。

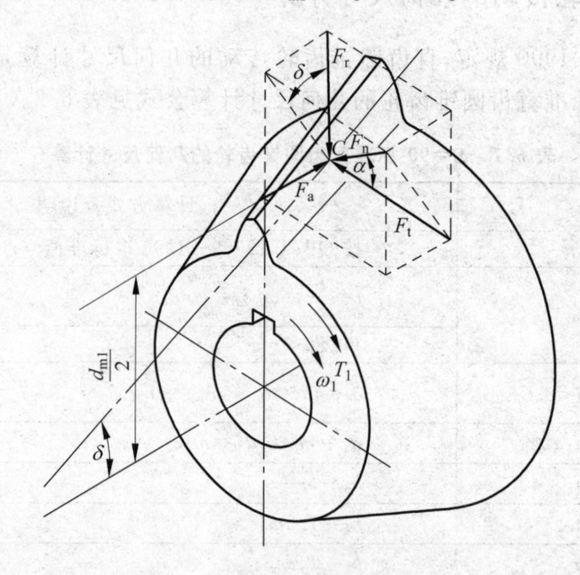

图6.39 直齿圆锥齿轮受力分析

圆周力 F_t 和径向力 F_r 的方向判断与直齿圆柱齿轮相同。轴向力 F_a 的方向对两个齿轮都是（由小端指向大端）背着锥顶。当两轴夹角 $\Sigma=90°$ 时，因 $\sin\delta_1=\cos\delta_2$，$\cos\delta_1=\sin\delta_2$，故

$$F_{r1}=-F_{a2},\quad F_{a1}=-F_{r2},\quad F_{t1}=-F_{t2} \tag{6.51}$$

2）齿面接触疲劳强度的校核公式和设计公式

直齿圆锥齿轮传动的强度计算与直齿圆柱齿轮传动基本相同。由前述可知，直齿圆锥齿轮传动的强度可近似地按齿宽中部处的当量直齿圆柱齿轮的参数与公式进行计算。

$$\sigma_H = \frac{335}{R_e-0.5b}\sqrt{\frac{\sqrt{(i^2+1)^3}KT_1}{ib}} \leqslant [\sigma_H],\text{MPa} \tag{6.52}$$

$$R_e \geqslant \sqrt{i^2+1}\sqrt[3]{\left[\frac{335}{(1-0.5\phi_R)[\sigma_H]}\right]^2\frac{KT_1}{\phi_R i}},\text{mm} \tag{6.53}$$

式中，对于单级直齿圆锥齿轮传动，可取 $i=1\sim5$；ϕ_R 为齿宽系数，$\phi_R=\dfrac{b}{R_e}$，一般取 $\phi_R=0.25\sim0.3$；其余参数的含义及其单位与直齿圆柱齿轮相同。

式(6.52)和式(6.53)仅适用于一对钢制齿轮，若配对齿轮材料为钢对铸铁或铸铁对铸铁，则应将公式中的系数 335 分别改为 285 和 250。

由式(6.53)求出锥距 R_e 后，再由已选定的齿数 z_1 和 z_2，求出大端端面模数

$$m_e=\frac{2R_e}{z_1\sqrt{i^2+1}} \tag{6.54}$$

并按 GB/T 12369—1990 圆整为标准值。

3) 齿根弯曲强度的校核公式和设计公式

$$\sigma_F=\frac{2KT_1Y_F}{bm_m^2z_1}\leqslant[\sigma_F],\text{MPa} \tag{6.55}$$

$$m_m\geqslant\sqrt[3]{\frac{4KT_1Y_F(1-0.5\phi_R)}{\sqrt{i^2+1}\,\phi_R z_1^2[\sigma_F]}},\text{mm} \tag{6.56}$$

式中，m_m 为平均模数，$m_m=m_e(1-0.5\phi_R)$；Y_F 为齿形系数，按当量齿数 z_v 由图 6.23 查取。

由 m_m 可求出 m_e，并圆整为标准值。

6.10　齿轮的结构设计

齿轮强度计算和几何尺寸计算，主要是确定齿轮的模数、齿宽、螺旋角、分度圆直径、齿顶圆直径、齿根圆直径等，而轮缘、轮辐和轮毂等结构尺寸和结构形式，则需通过结构设计来确定。齿轮的结构有锻造、铸造、装配式及焊接齿轮等形式，具体的结构应根据工艺要求及经验公式确定。

图 6.40(b)所示为实心式齿轮，当齿根圆直径与轴径接近($e\leqslant2m_t$)时，见图 6.40(c)应将齿轮与轴做成一体，称为齿轮轴，见图 6.40(a)。

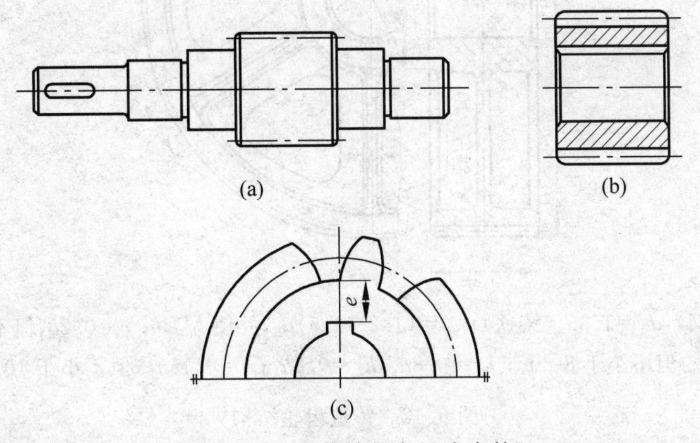

图 6.40　齿轮轴与实心式齿轮

当齿顶圆直径 $d_a\leqslant500$ mm 时，一般都用锻造齿轮(见图 6.41)，尺寸大的可用腹板式，如图 6.41(a)所示，尺寸小的可用整体式，如图 6.41(b)所示。

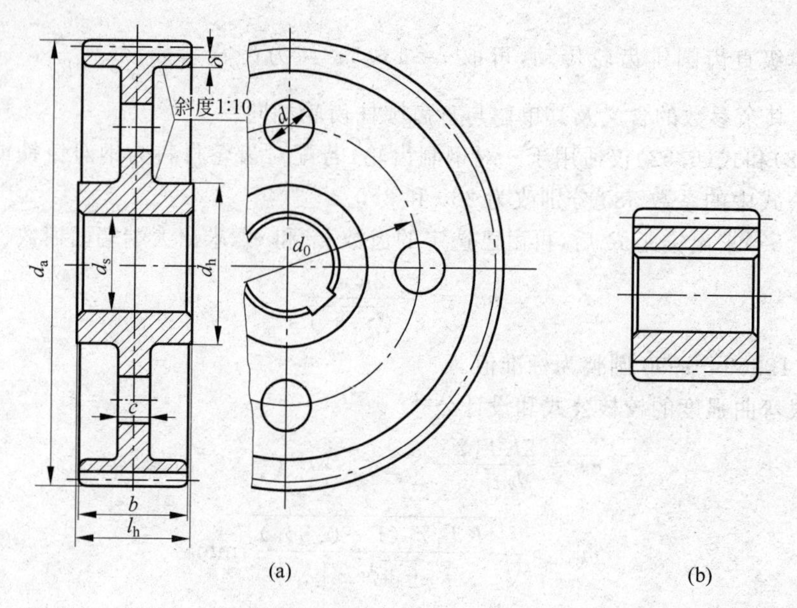

$d_n=1.6d_s$，$l_h=(1.2\sim1.5)d_s$，并使 $l_h\geqslant b$，$c=0.3b$，$\delta=(2.5\sim4)m_n$，但不小于 8 mm；

d_0 和 d 按结构取定，当 d 较小时可不开孔

图 6.41 锻造齿轮结构

当齿顶圆直径 $d_a>500$ mm 时，一般都用铸造齿轮(见图 6.42)。

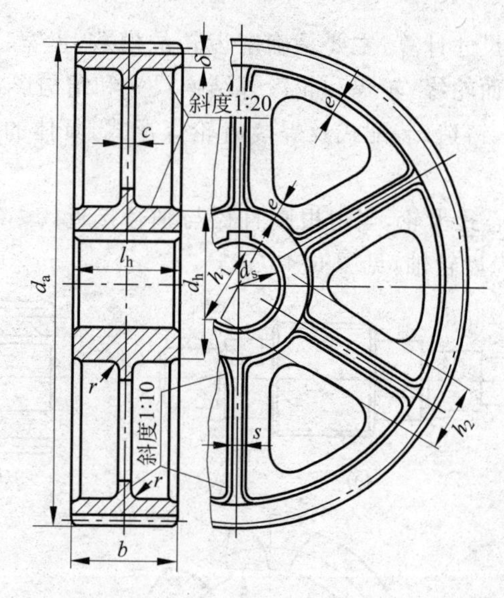

$d_h=1.6d_s$(铸钢)，$d_h=1.8d_s$(铸铁)；$l_h=(1.2\sim1.5)d_s$，并使 $l_h\geqslant b$；$c=0.2b$，但不小于 10 mm；

$\delta=(2.5\sim4)m_n$，但不小于 8 mm；$h_1=0.8d_s$，$h_2=0.8h_1$；$s=0.15h_1$，但不小于 10 mm；$e=0.8\delta$

图 6.42 铸造齿轮结构

对于大型齿轮($d_a>600$ mm)，为节省贵重材料，可用优质材料做的齿圈套装于铸钢或铸铁的轮心上(见图 6.43)。

对于单件或小批量生产的大型齿轮，可做成焊接结构的齿轮(见图 6.44)。

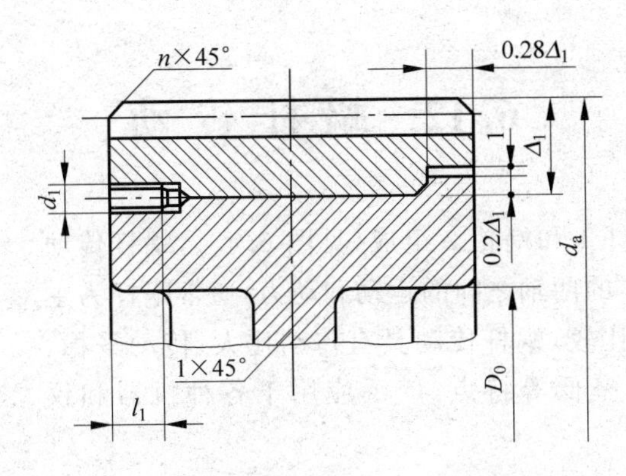

$D_0=d_a-18m_n$，$\Delta_1=5m_n$，

$d_1=0.05d_{sh}$，$l_1=0.15d_{sh}$，

骑缝螺钉数为 4～8 个；d_{sh} 为齿轮孔径

图 6.43　装配式齿轮

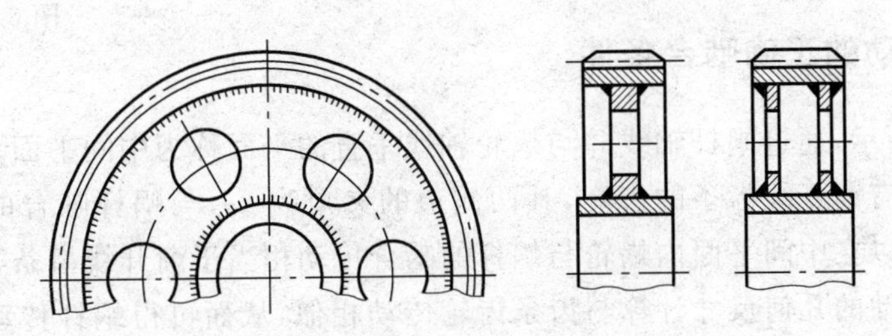

图 6.44　焊接式齿轮

6.11　齿轮传动的润滑

半开式及开式齿轮传动，或速度较低的闭式齿轮传动，可采用人工定期添加润滑油或润滑脂进行润滑。

闭式齿轮传动通常采用油润滑，其润滑方式根据齿轮的圆周速度 v 而定，当 $v\leqslant 12$ m/s 时可用油浴式（见图 6.45），大齿轮浸入油池一定的深度，齿轮转动时把润滑油带到啮合区。齿轮浸油深度可根据齿轮的圆周速度大小而定，对圆柱齿轮通常不宜超过一个齿高，但一般亦不应小于 10 mm；对圆锥齿轮应浸入全齿宽，至少应浸入齿宽的一半。多级齿轮传动中，当几个大齿轮直径不相等时，可采用惰轮（甩油作用）的油浴润滑（见图 6.46）。当齿轮的圆周速度 $v>12$ m/s 时，应采用喷油润滑（见图 6.47），用油泵以一定的压力供油，借喷嘴将润滑油喷到齿面上。

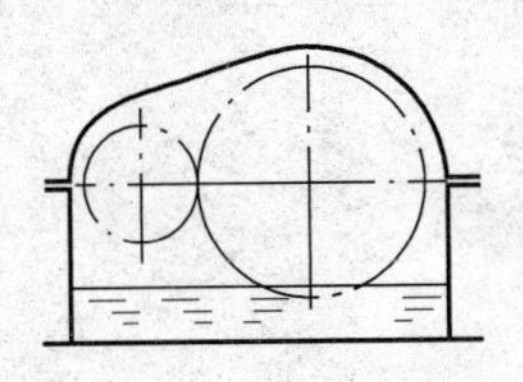

图 6.45　油浴润滑

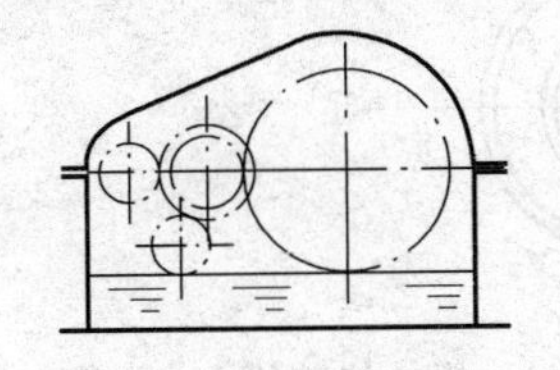

图 6.46　采用惰轮的油浴润滑

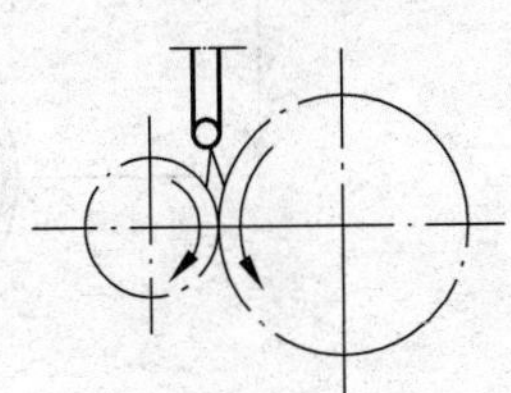

图 6.47　喷油润滑

6.12 蜗杆传动

蜗杆传动主要由蜗杆1和蜗轮2组成(见图6.48),蜗杆传动用于传递空间交错成90°的两轴之间的运动和动力,通常蜗杆为主动件。与其他机械传动比较,蜗杆传动具有传动比大、传动平稳、噪声小、自锁性能好、效率低等特点,广泛应用于各种机器和仪器中。

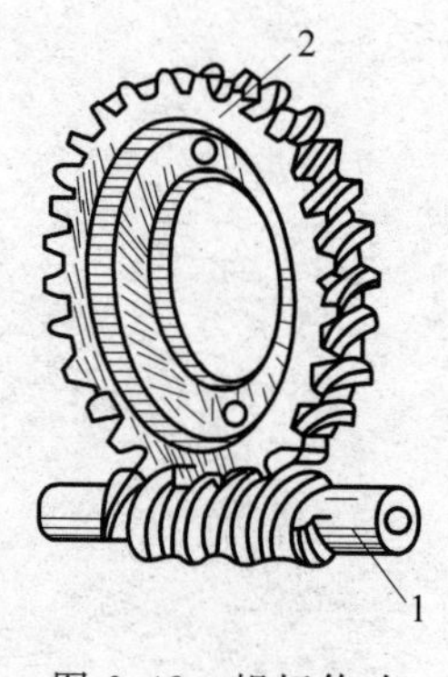

图6.48 蜗杆传动

机械中常用的为普通圆柱蜗杆传动。根据蜗杆螺旋面的形状,可分为阿基米德蜗杆、渐开线蜗杆及延伸渐开线蜗杆三种。由于阿基米德蜗杆容易加工制造,应用最广,因此本章主要讨论这种蜗杆传动。

1. 蜗杆传动的正确啮合条件

如图6.49所示,通过蜗杆轴线并与蜗轮轴线垂直的平面称为中间平面。在中间平面内阿基米德蜗杆具有渐开线齿条的齿廓,其两侧边的夹角为2α,与蜗杆啮合的蜗轮齿廓可认为是渐开线。所以在中间平面内蜗轮与蜗杆的啮合传动相当于渐开线齿条与齿轮的啮合传动。因此蜗杆传动的几何尺寸计算与齿条齿轮传动相似,从而可得蜗杆传动的正确啮合条件为:

(1) 在中间平面内,蜗杆的轴向模数m_{a1}与蜗轮的端面模数m_{t2}相等;

(2) 蜗杆的轴向压力角α_{a1}与蜗轮的端面压力角α_{t2}相等;

(3) 两轴线交错角为90°时,蜗杆分度圆柱上的导程角γ应等于蜗轮分度圆柱上的螺旋角β,且两者的旋向相同。

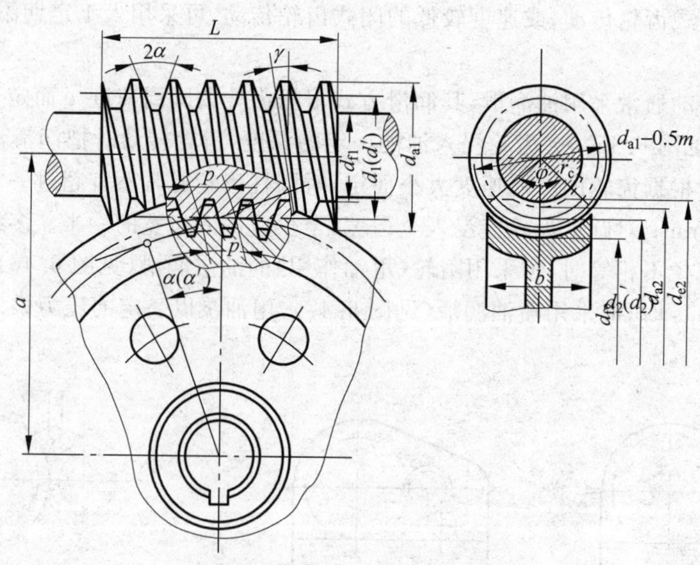

图6.49 蜗杆传动的中间平面

2. 蜗杆传动的主要参数和几何尺寸计算

1）模数 m 和压力角 α

为了方便加工，规定蜗杆的轴向模数为标准模数。蜗轮的端面模数等于蜗杆的轴向模数，因此蜗轮端面模数也应为标准模数。标准模数系列见表 6.8。压力角标准值为 20°。

表 6.8　圆柱蜗杆的基本尺寸和参数

m /mm	d_1 /mm	z_1	q	m^2d_1 /mm³	m /mm	d_1 /mm	z_1	q	m^2d_1 /mm³
1	18	1	18.00	18	6.3	63	1,2,4,6	10.00	2500
1.25	20	1	16.00	31.25	8	80	1,2,4,6	10.00	5120
1.6	20	1,2,4	12.50	51.2	10	90	1,2,4,6	9.00	9000
2	22.4	1,2,4,6	11.20	89.6	12.5	112	1,2,4	8.96	17 500
2.5	28	1,2,4,6	11.20	175	16	140	1,2,4	8.75	35 840
3.15	35.5	1,2,4,6	11.27	352	20	160	1,2,4	8.00	64 000
4	40	1,2,4,6	10.00	640	25	200	1,2,4	8.00	125 000
5	50	1,2,4,6	10.00	1250					

注：本表取自 GB/T 10085—1988，表中的 d_1 为国际规定的优先使用值。

2）蜗杆头数 z_1、蜗轮齿数 z_2 和传动比 i

选择蜗杆头数 z_1 时，主要考虑传动比、效率及加工等因素。通常蜗杆头数 $z_1=1,2,4$。若要得到大的传动比且要求自锁时，可取 $z_1=1$；当传递功率较大时，为提高传动效率，可采用多头蜗杆，通常取 $z_1=2$ 或 4。

蜗轮齿数 $z_2=iz_1$，为了避免蜗轮轮齿发生根切，z_2 不应小于 26，但不宜大于 80。因为 z_2 过大，会使蜗轮结构尺寸增大，蜗杆长度也随之增加，致使蜗杆刚度降低而影响啮合精度。

对于蜗杆为主动件的蜗杆传动，其传动比为

$$i=\frac{n_1}{n_2}=\frac{z_2}{z_1} \tag{6.57}$$

式中，n_1、n_2 分别为蜗杆和蜗轮的转速，r/min；z_1、z_2 分别为蜗杆头数和蜗轮齿数。

3）蜗杆直径系数 q 和导程角 γ

加工蜗轮的滚刀，其参数（m、α、z_1）和分度圆直径 d_1 必须与相应的蜗杆相同，故 d_1 不同的蜗杆，必须采用不同的滚刀。为减少滚刀数量并便于刀具的标准化，制定了蜗杆分度圆直径的标准系列（见表 6.8）。

如图 6.50 所示，蜗杆螺旋面和分度圆柱的交线是螺旋线，γ 为蜗杆分度圆柱上的螺旋线导程角，p_a 为轴向齿距，由图可得

$$\tan\gamma=\frac{z_1p_a}{\pi d_1}=\frac{z_1m}{d_1}=\frac{z_1}{q} \tag{6.58}$$

式中，$q=\dfrac{d_1}{m}$，称为蜗杆直径系数，表示蜗杆分度圆直径与模数的比。当 m 一定时，q 增大，则 d_1 变大，蜗杆的刚度和强度相应提高。

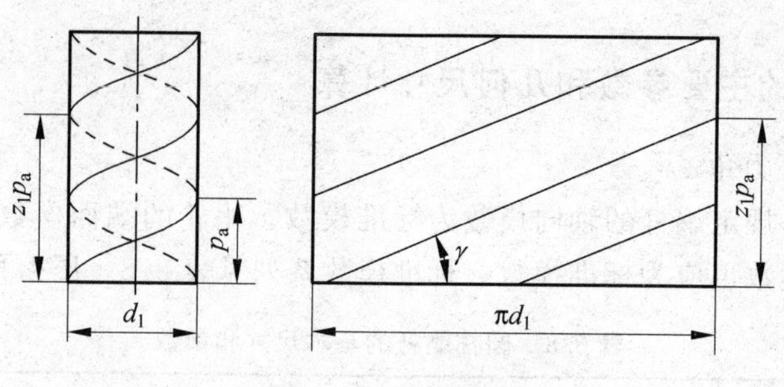

图 6.50 蜗杆展开

又因 $\tan\gamma=\dfrac{z_1}{q}$，当 q 较小时，γ 增大，效率 η 随之提高，在蜗杆轴刚度允许的情况下，应尽可能选用较小的 q 值。q 和 m 的搭配列于表 6.8。

4）蜗杆传动的几何尺寸计算

圆柱蜗杆传动的几何尺寸计算可参考表 6.9 和表 6.8。

表 6.9 圆柱蜗杆传动的几何尺寸计算

名称	计算公式	
	蜗杆	蜗轮
分度圆直径	$d_1=mq$	$d_2=mz_2$
齿顶高	$h_a=m$	$h_a=m$
齿根高	$h_f=1.2m$	$h_f=1.2m$
顶圆直径	$d_{a1}=m(q+2)$	$d_{a1}=m(z_2+2)$
根圆直径	$d_{f1}=m(q-2.4)$	$d_{f2}=m(z_2-2.4)$
径向间隙	$c=0.2m$	
中心距	$a=0.5(d_1+d_2)=0.5m(q+z_2)$	
蜗杆轴向齿距，蜗轮端面齿距	$p_{a1}=p_{t2}=\pi m$	

5）蜗杆传动的相对滑动速度

如图 6.51 所示，蜗杆传动在节点处啮合，齿廓之间有较大的相对滑动。设蜗杆的圆周速度为 v_1，蜗轮的圆周速度为 v_2，v_1 和 v_2 呈 $90°$，而使齿廓之间产生较大的相对滑动，相对滑动速度 v_s 为

$$v_s=\sqrt{v_1^2+v_2^2}=\frac{v_1}{\cos\gamma},\mathrm{m/s} \tag{6.59}$$

由图 6.51 可见，相对滑动速度 v_s 沿蜗杆螺旋线方向。齿廓之间的相对滑动会引起磨损和发热，导致传动效率降低。

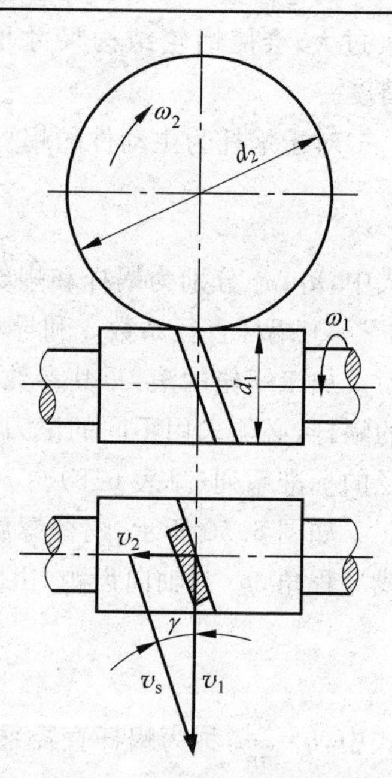

图 6.51 蜗杆传动的滑动速度

3. 蜗杆传动强度计算

1）蜗杆传动的主要失效形式

由于材料方面的原因，蜗杆螺旋部分的强度总是高于蜗轮轮齿的强度，故失效常发生在蜗轮齿上。因此蜗杆传动强度计算是针对蜗轮进行的。蜗杆传动的相对滑动速度大，因摩擦引起的发热量大、效率低，故主要失效形式为胶合，其次

才是点蚀和磨损。目前对于胶合和磨损还没有完善的计算方法，故只能参照圆柱齿轮进行齿面及齿根强度的计算，而在选择许用应力时，适当考虑胶合与磨损失效的影响。由于蜗杆传动轮齿间有较大的滑动，工作时发热大，若闭式蜗杆传动散热不够，可能引起润滑失效而导致齿面胶合，故对闭式蜗杆传动还要进行热平衡计算。

MOOC

2）蜗杆传动受力分析

蜗杆传动的受力分析与斜齿圆柱齿轮类似，齿面上的法向力 F_n 可分解为三个相互垂直的分力：圆周力 F_t，径向力 F_r 和轴向力 F_a，如图6.52所示。由于蜗杆轴与蜗轮轴交错成90°，所以蜗杆圆周力 F_{t1} 等于蜗轮轴向力 F_{a2}，蜗杆轴向力 F_{a1} 等于蜗轮圆周力 F_{t2}，蜗杆径向力 F_{r1} 等于蜗轮径向力 F_{r2}，即

$$\begin{cases} F_{t1} = F_{a2} = \dfrac{2T_1}{d_1} \\ F_{t2} = F_{a1} = \dfrac{2T_2}{d_2} \\ F_{r1} = F_{r2} = F_{t2}\tan\alpha \end{cases} \tag{6.60}$$

式中，T_1、T_2 分别为作用于蜗杆和蜗轮上的转矩，N·mm；d_1、d_2 分别为蜗杆和蜗轮的分度圆直径，mm。其中 $T_2 = T_1 i\eta$，η 为传动效率，i 为传动比。

蜗杆和蜗轮轮齿上的作用力（圆周力、径向力、轴向力）方向的确定与斜齿圆柱齿轮相同。

图6.52 蜗杆与蜗轮的作用力

3）蜗轮齿面接触疲劳强度计算

蜗轮齿面接触疲劳强度计算与斜齿轮相似，以蜗杆蜗轮在节点处啮合的相应参数代入赫兹公式，可得青铜或铸铁蜗轮轮齿齿面接触强度的校核公式

$$\sigma_H = 500\sqrt{\frac{KT_2}{m^2 d_1 z_2^2}} \leqslant [\sigma_H], \text{MPa} \tag{6.61}$$

而设计公式为

$$m^2 d_1 \geqslant \left[\frac{500}{z_2[\sigma_H]}\right]^2 KT_2, \text{mm}^3 \tag{6.62}$$

式中，$[\sigma_H]$、σ_H 分别为蜗轮材料的许用接触应力和齿面接触应力。$[\sigma_H]$ 值可查表6.10和表6.11。

表6.10 锡青铜蜗轮的许用接触应力 $[\sigma_H]$ MPa

蜗轮材料	铸造方法	适用滑动速度 v_s/(m/s)	蜗杆齿面硬度	
			≤350HBS	>45HRC
铸锡磷青铜	砂型	≤12	180	200
ZCuSn10P1	金属型	≤25	200	220
铸锡锌铅青铜	砂型	≤10	110	125
ZCuSn5Pb5Zn5	金属型	≤12	135	150

表 6.11 铝青铜及铸铁蜗轮的许用接触应力[σ_H] MPa

蜗轮材料	蜗杆材料	滑动速度 v_s/(m/s)						
		0.5	1	2	3	4	6	8
铸铝铁青铜 ZCuAl9Fe3	淬火钢	250	230	210	180	160	120	90
HT150、HT200	渗碳钢	130	115	90	—	—	—	—
HT150	调质钢	110	90	70	—	—	—	—

设计计算时可按 m^2d_1 值由表 6.8 确定模数 m 和蜗杆分度圆直径 d_1，最后按表 6.9 计算出蜗杆和蜗轮的主要几何尺寸及中心距。

4）蜗轮齿根弯曲疲劳强度计算

由蜗轮齿根弯曲疲劳强度和热平衡计算所限定的承载能力，通常都能满足弯曲强度的要求，因此只有受强烈冲击、振动的传动，或蜗轮采用脆性材料时，才考虑蜗轮轮齿的弯曲强度。其计算公式可参阅有关书籍。

4. 蜗杆传动的材料和结构

1）蜗杆和蜗轮的材料

选用蜗杆传动材料时不仅要满足强度要求，更重要的是具有良好的减摩性、抗磨性和抗胶合的能力。

蜗杆一般用碳素钢或合金钢制造。对于高速重载的蜗杆，可用 15Cr、20Cr、20CrMnTi 和 20MnVB 等，经渗碳淬火至硬度为 56～63HRC，也可用 40 钢、45 钢、40Cr、40CrNi 等经表面淬火至硬度为 45～50HRC。对于不太重要的传动及低速中载蜗杆，常用 45 钢、40 钢等经调质或正火处理，硬度为 220～230HBS。

蜗轮常用锡青铜、无锡青铜或铸铁制造。锡青铜用于滑动速度 $v_s>3$ m/s 的传动，常用牌号有 ZCuSn10P1 和 ZCuSn5Pb5Zn5；无锡青铜一般用于 $v_s\leqslant 4$ m/s 的传动，常用牌号为 ZCuAl9Fe3；铸铁用于滑动速度 $v_s<2$ m/s 的传动，常用牌号有 HT150 和 HT200 等。近年来，随着塑料工业的发展，也可用尼龙或增强尼龙来制造蜗轮。

2）蜗杆和蜗轮的结构

蜗杆通常与轴做成一体，除螺旋部分的结构尺寸取决于蜗杆的几何尺寸外，其余的结构尺寸可参考轴的结构尺寸而定。图 6.53(a)所示为铣制蜗杆，在轴上直接铣出螺旋部分，其刚性较好。图 6.53(b)所示为车制蜗杆，其刚性稍差。

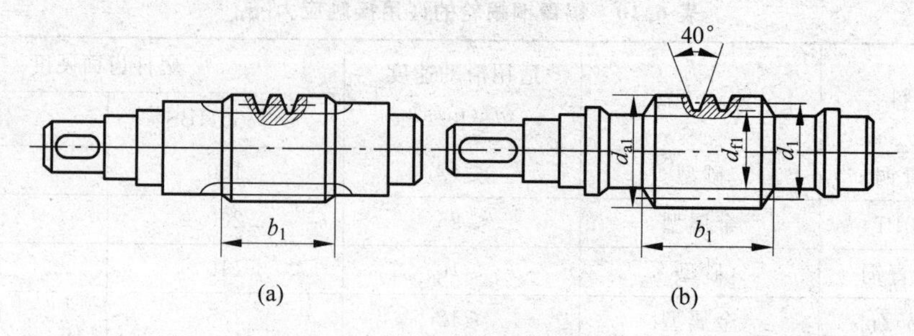

图 6.53 蜗杆的结构形式

蜗轮的结构有整体式和组合式两类。如图 6.54(a)所示为整体式结构,多用于铸铁蜗轮或尺寸很小的青铜蜗轮。为了节省有色金属,对于尺寸较大的青铜蜗轮一般制成组合式结构,为防止齿圈和轮心因发热而松动,常在接缝处再拧入 4～6 个螺钉,以增强连接的可靠性(见图 6.54(c)),或采用螺栓连接(见图 6.54(b)),也可在铸铁轮心上浇注青铜齿圈(见图 6.54(d))。

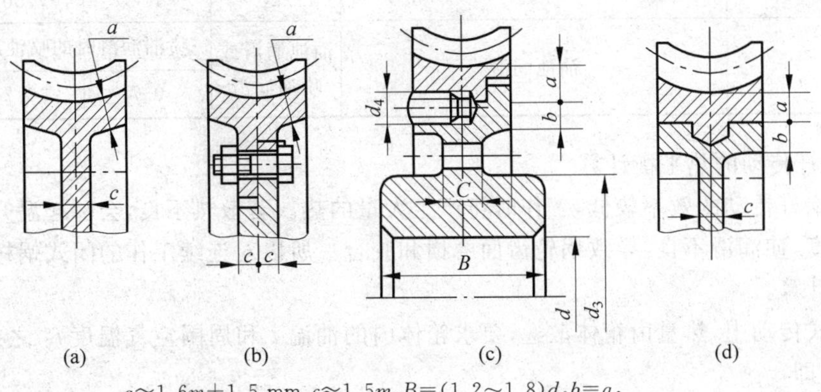

$a \approx 1.6m + 1.5$ mm, $c \approx 1.5m$, $B = (1.2 \sim 1.8)d$, $b = a$,

$d_3 = (1.6 \sim 1.8)d$, $d_4 = (1.2 \sim 1.5)m$, $l_1 = 3d_4$(m 为蜗轮模数)

图 6.54　蜗轮的结构形式

5. 蜗杆传动的效率和自锁、润滑和热平衡计算

1) 蜗杆传动的效率和自锁

闭式蜗杆传动工作时,功率的损耗有三部分:轮齿啮合损耗、轴承摩擦损耗和箱体内润滑油搅动的损耗。所以闭式蜗杆传动的总效率为

$$\eta = \eta_1 \eta_2 \eta_3$$

式中,η_1 为考虑轮齿啮合损耗的效率;η_2 为考虑轴承摩擦损耗的效率;η_3 为考虑搅油损耗的效率。

上述三部分效率中,最主要的是轮齿啮合效率 η_1。当蜗杆主动时,η_1 可近似按螺旋副的效率计算,即

$$\eta_1 = \frac{\tan\gamma}{\tan(\gamma + \rho_v)} \tag{6.63}$$

式中,ρ_v 为当量摩擦角,$\rho_v = \arctan f_v$,f_v 为当量摩擦因数。

由式(6.63)可知,η_1 随 ρ_v 的减小而增大,而 ρ_v 与蜗杆蜗轮的材料、表面质量、润滑油的种类、啮合角以及齿面相对滑动速度 v_s 有关,并随 v_s 的增大而减小。在一定范围内 η_1 随导程角 γ 增大而增大,故动力传动常用多头蜗杆以增大导程角 γ。但 γ 过大时,蜗杆制造困难,效率提高很少,故通常取 $\gamma < 30°$。

当 $\gamma \leqslant \rho_v$ 时,蜗杆传动便具有自锁性。

2) 蜗杆传动的润滑

由于蜗杆传动的相对滑动速度 v_s 大,传动效率低,发热量大,因此必须注意蜗杆传动的润滑;否则会进一步导致传动效率显著降低,并会带来剧烈的磨损,甚至产生胶合。蜗杆传

动的润滑方法和润滑油黏度可参考表6.12。

表6.12 蜗杆传动润滑油黏度荐用值及润滑方法

滑动速度 v_s/(m/s)	0～1	0～2.5	0～5	5～10	10～15	15～25	>25
载荷类型	重载	重载	中载	不限	不限	不限	不限
运动黏度 ν_{40}/cst	900	500	350	220	150	100	80
润滑方法	油池润滑			油池润滑或喷油润滑	喷油润滑时的喷油压力/MPa		
					0.7	0.2	0.3

3）蜗杆传动的热平衡计算

由于蜗杆传动的效率较低，工作时将产生大量的热。若散热不良，会引起温升过高而降低油的黏度，使润滑不良，导致蜗轮齿面磨损和胶合。所以对连续工作的闭式蜗杆传动要进行热平衡计算。

在闭式传动中，热量由箱体散逸，要求箱体内的油温 t 和周围空气温度 t_0 之差 Δt 不超过允许值，即

$$\Delta t = t - t_0 = \frac{1000P_1(1-\eta)}{\alpha_s A} \leqslant [\Delta t] \tag{6.64}$$

式中，P_1 为蜗杆传递功率，kW；η 为传动效率；α_s 为散热系数，通常取 $\alpha_s=10\sim17$ W/(m^2·℃)；A 为散热面积，m^2；$[\Delta t]$为温差允许值，一般为60～70℃。

若计算的温差超过允许值，可采取以下措施来改善散热条件：

(1) 在箱体上加散热片以增大散热面积；

(2) 在蜗杆轴上装风扇进行吹风冷却，如图6.55(a)所示；

(3) 在箱体油池内装设蛇形水管，用循环水冷却，如图6.55(b)所示；

(4) 用循环油冷却，如图6.55(c)所示。

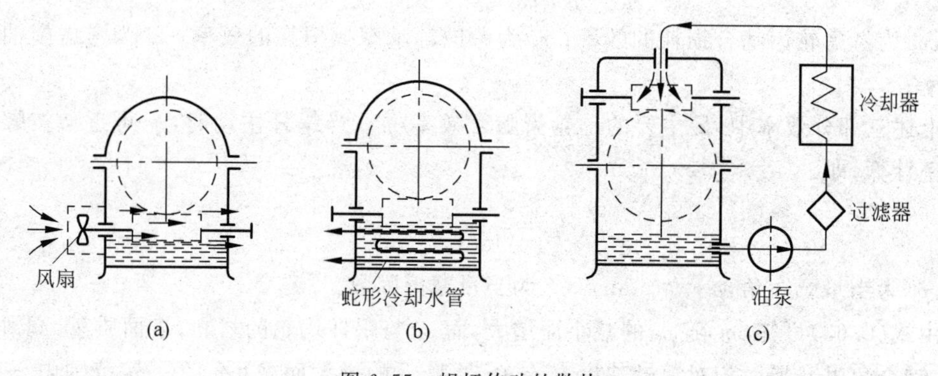

图6.55 蜗杆传动的散热

例6.2 已知一传递动力的蜗杆传动，蜗杆为主动件，它所传递的功率 $P=3$ kW，转速 $n_1=960$ r/min，$n_2=70$ r/min，载荷平稳，试设计此蜗杆传动。

解：由于蜗杆传动的强度计算是针对蜗轮进行的，而且对载荷平稳的传动，蜗轮轮齿接触强度和热平衡计算所限定的承载能力通常都能满足弯曲强度的要求，因此，本题只需进行接触强度和热平衡计算。

(1) 蜗轮轮齿齿面接触强度计算

① 选材料，确定许用接触应力$[\sigma_H]$。蜗杆用45钢，表面淬火45～50HRC；蜗轮用ZCuSn10P1。由

表6.10查得$[\sigma_H]=200$ MPa。

② 选蜗杆头数z_1，确定蜗轮齿数z_2。传动比$i=n_1/n_2=960/70=13.71$，因传动比不大，为了提高传动效率，可选$z_1=2$，则$z_2=iz_1=13.71\times2=27.42$，取$z_2=27$。

③ 确定作用在蜗轮上的转矩T_2。因$z_1=2$，故初步选取$\eta=0.80$，则

$$T_2=9.55\times10^6\times\frac{P_2}{n_2}=9.55\times10^6\times\frac{P_1\eta}{n_2}=9.55\times10^6\times\frac{3\times0.8}{70}\ \text{N}\cdot\text{mm}=327\,428.4\ \text{N}\cdot\text{mm}$$

④ 确定载荷系数K。因载荷平稳，速度较低，取$K=1.1$，由式(6.62)得

$$m^2d_1\geqslant\left(\frac{500}{z_2[\sigma_H]}\right)^2KT_2\geqslant\left(\frac{500}{27\times200}\right)^2\times1.1\times327\,428.4\ \text{mm}^3=3086.6\ \text{mm}^3$$

根据表6.8，取$m=8$ mm，$d_1=80$ mm。

⑤ 计算主要几何尺寸

蜗杆分度圆直径　$d_1=80$ mm

蜗轮分度圆直径　$d_2=mz_2=8\times27\ \text{mm}=216\ \text{mm}$

中心距 $a=\frac{1}{2}(d_1+d_2)=0.5\times(80+216)\ \text{mm}=148\ \text{mm}$

(2) 热平衡计算

由式(6.64)计算：

$$\Delta t=t-t_0=\frac{1000P_1(1-\eta)}{\alpha_s A}$$

取$\alpha_s=15$ W/(m^2·℃)，取散热面积$A\approx1.1$ m^2，效率$\eta=0.8$，则

$$[\Delta t]=t-t_0=\frac{1000\times3\times(1-0.8)}{1.1\times15}℃=36.36℃<[\Delta t]=60\sim70℃$$

故满足热平衡要求。

(3) 其他几何尺寸计算(略)

(4) 绘制蜗杆和蜗轮零件工作图(略)

习　题

6.1　渐开线有哪些特性？为什么渐开线齿轮能满足齿廓啮合基本定律？

6.2　解释下列名词：分度圆、节圆、基圆、压力角、啮合角、啮合线、重合度。

6.3　在什么条件下分度圆与节圆重合？在什么条件下压力角与啮合角相等？

6.4　渐开线齿轮正确啮合与连续传动的条件是什么？

6.5　为什么要限制最少齿数？$\alpha=20°$的直齿轮和斜齿轮的z_{min}各等于多少？

6.6　蜗杆传动有哪些基本特点？

6.7　蜗杆传动以哪一个平面内的参数和尺寸为标准？这样做有什么好处？

6.8　蜗杆传动的正确啮合条件是什么？

6.9　蜗杆传动的传动比是$i=d_2/d_1$吗？为什么？

6.10　与齿轮传动相比，蜗杆传动的失效形式有何特点？为什么？

6.11　蜗杆传动的设计计算中有哪些主要参数？如何选择这些参数？为何规定蜗杆分度圆直径d_1为标准值？

6.12　为修配两个损坏的标准直齿圆柱齿轮，现测得参数如下。

齿轮1的参数 $h=4.5\ \mathrm{mm}, d_a=44\ \mathrm{mm}$

齿轮2的参数 $p=6.28\ \mathrm{mm}, d_a=162\ \mathrm{mm}$

试计算两齿轮的模数 m 和齿数 z。

6.13 若已知一对标准安装的直齿圆柱齿轮的中心距 $a=190\ \mathrm{mm}$，传动比 $i=3.52$，小齿轮的齿数 $z_1=21$，试求这对齿轮的 m、d_1、d_2、d_{a2}、d_{f2} 和 p。

6.14 已知一对外啮合斜齿圆柱齿轮传动的中心距 $a=200\ \mathrm{mm}$，法面模数 $m_n=2\ \mathrm{mm}$，法面压力角 $\alpha_n=20°$，齿数 $z_1=30$，$z_2=166$，试计算端面模数 m_t，分度圆直径 d_1、d_2，齿根圆直径 d_{f1}、d_{f2} 和螺旋角 β。

6.15 在一个中心距 $a=155\ \mathrm{mm}$ 的旧减速器箱体内，配上一对齿数为 $z_1=23$，$z_2=76$，模数 $m_n=3\ \mathrm{mm}$ 的斜齿圆柱齿轮，试问这对齿轮的螺旋角 β 应为多少？

6.16 斜齿圆柱齿轮的齿数 z 与其当量齿数 z_v 有什么关系？在下列几种情况下应分别采用哪一种齿数？

(1) 计算斜齿圆柱齿轮传动的传动比；

(2) 用成形法加工斜齿轮时选盘形铣刀；

(3) 计算斜齿轮的分度圆直径；

(4) 进行弯曲强度计算时查取齿形系数 Y_F。

6.17 若一对齿轮的传动比和中心距保持不变而增大齿数，试问这对于齿轮的接触强度和弯曲强度各有何影响？

6.18 有一直齿圆柱齿轮传动，原设计传递功率 P，主动轴转速 n_1，若其他条件不变，轮齿的工作应力也不变，当主动轴转速提高一倍，即 $n_1'=2n_1$ 时，该齿轮传动能传递的功率 P' 应为多少？

6.19 有一直齿轮传动，允许传递功率为 P，欲通过热处理方法提高材料的力学性能，使大、小齿轮的许用接触应力 $[\sigma_{H2}]$、$[\sigma_{H1}]$ 各提高30%，试问此传动在不改变工作条件及其他设计参数的情况下，抗疲劳点蚀允许传递的扭矩和功率可提高百分之几？

6.20 某展开式二级斜齿圆柱齿轮传动中，齿轮4转动方向如图6.56所示，已知Ⅰ轴为输入轴，齿轮4为右旋齿。为使中间轴Ⅱ所受的轴向力抵消一部分，试在图中标出：

(1) 各轮的轮齿旋向；

(2) 各轮轴向力 F_{a1}、F_{a2}、F_{a3}、F_{a4} 的方向。

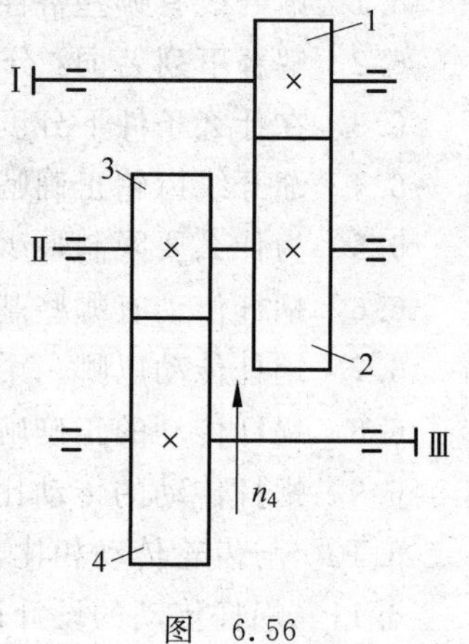

图 6.56

6.21 图6.57中所示的直齿圆锥齿轮与斜齿圆柱齿轮组成的双级传动装置，动力由Ⅰ轴输入，小圆锥齿轮1的转向 n_1 如图所示。

(1) 为使中间轴Ⅱ所受的轴向力抵消一部分，确定斜齿轮3和斜齿轮4的轮齿旋向(画在图上)；

(2) 在图6.57中分别画出圆锥齿轮2和斜齿轮3所受的圆周力 F_t、径向力 F_r 和轴向力 F_a 的方向(垂直纸面向外的力用⊙表示，向内的力用⊗表示)。

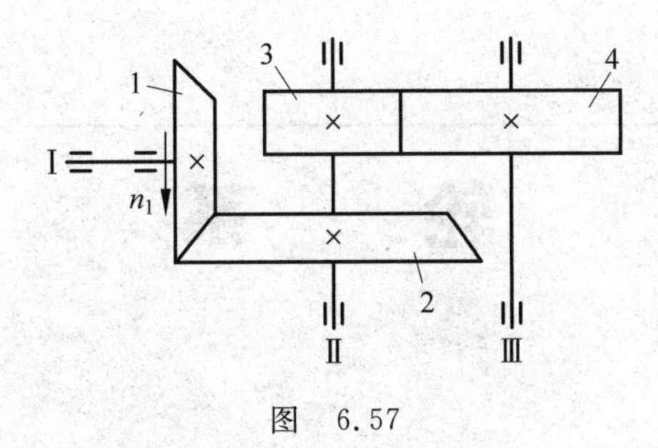

图　6.57

6.22　试设计单级斜齿轮传动，已知 $P=10$ kW，$n_1=1210$ r/min，$i=4.1$，电动机驱动，双向传动，有中等冲击，设小齿轮用 35SiMn 调质，大齿轮用 45 钢调质，$z_1=23$。

6.23　如图 6.58 所示，蜗杆主动，$T_1=20$ N・m，$m=4$ mm，$z_1=2$，$d_1=50$ mm，蜗轮齿数 $z_2=50$，传动的啮合效率 $\eta=0.75$，试确定：(1)蜗轮的转向；(2)蜗杆与蜗轮上作用力的大小和方向。

6.24　如图 6.59 所示为蜗杆传动和圆锥齿轮传动的组合。已知输出轴上的锥齿轮 z_4 的转向 n，(1)欲使中间轴上的轴向力能部分抵消，试在图中标出蜗杆的螺旋线方向和蜗杆的转向；(2)在图中标出各轮轴向力。

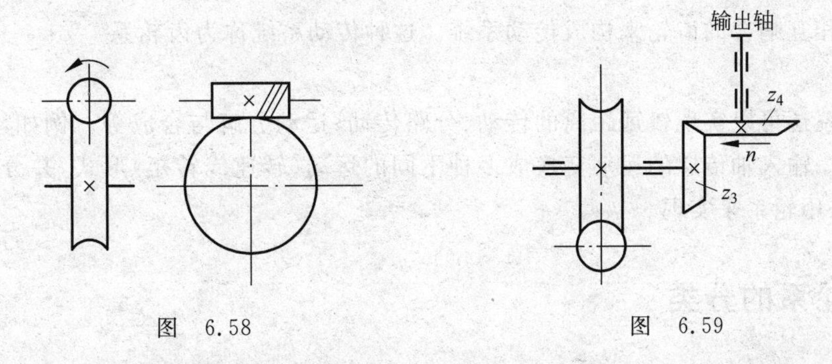

图　6.58　　　　图　6.59

6.25　设计一个由电动机驱动的单级圆柱蜗杆减速器，已知电动机功率为 7 kW，转速为 1440 r/min，蜗轮轴转速为 80 r/min，载荷平稳，单向传动，蜗轮材料选用铸锡锌铅青铜 ZCuSn5Pb5Zn5，蜗杆选用 40Cr，表面淬火。

X-6　已知蜗杆传动及齿轮传动的主要参数：模数 m、齿数(或蜗杆头数)z、分度圆直径 d，以下标 1、2、3、4 分别代表蜗杆、蜗轮、小齿轮及大齿轮。设：$z_1=1$，$m_1=6$ mm，$q=12$；$z_2=50$，$m_2=6$ mm；$z_3=22$，$m_3=8$ mm；$z_4=43$，$m_4=8$ mm。试计算蜗杆传动比、齿轮传动比和总传动比。另：若选定电动机转速为 940 r/min，试计算曲柄的角速度。

课程设计题

S.3　根据 S.1、S.2 计算得到的高速轴和低速轴的功率、转速和转矩以及齿轮传动比，设计齿轮或齿轮轴。

第7章

轮　　系

7.1　轮系及其分类

在机械装备中,齿轮机构是应用最为广泛的传动形式之一。在简单的情况下,仅用一对齿轮即可实现所需的传动要求。然而在许多实际应用中,往往需要获得很大的传动比,此时若单靠一对齿轮进行传动,不仅会造成机构外廓尺寸过大,而且因大小齿轮直径相差悬殊,还容易使小齿轮过早出现磨损,从而使大齿轮的工作能力得不到充分发挥。为此,常常采用一系列相互啮合的齿轮来构成传动系统。这种传动系统称为齿轮系统,简称轮系。

使用轮系还可以实现较远距离的传动、分路传动、运动分解与合成等。例如,有时为了能够将由同一输入轴传递的运动变换成多种不同的运动(转速或转矩)形式,并分配给多根输出轴,可采用轮系来实现。

7.1.1　轮系的分类

按照轮系传动时各齿轮的轴线位置是否固定,可以把轮系分为定轴轮系(见图 7.1)、周转轮系(见图 7.2)和混合轮系(见图 7.3)三种类型。

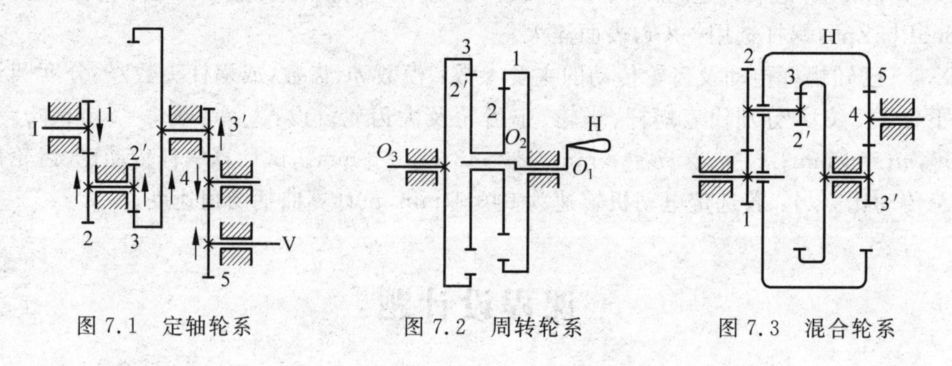

图 7.1　定轴轮系　　图 7.2　周转轮系　　图 7.3　混合轮系

1. 定轴轮系

如图 7.1 所示,传动时轮系中所有齿轮的几何轴线相对于机架固定不动的轮系称为定轴轮系。

2. 周转轮系

若轮系中至少有一个齿轮的几何轴线相对于机架不固定而绕其他齿轮的几何轴线发生相对转动，则称这种轮系为周转轮系，或动轴轮系。如图 7.2 所示，齿轮 2—2′的轴线 O_2 绕齿轮 1 的固定轴线 O_1 转动。轴线不动的齿轮称为中心轮，如图中的齿轮 1 和 3；轴线转动的齿轮称为行星轮，如图中的齿轮 2 和 2′；作为行星轮轴线的构件称为系杆，如图中的转柄 H。

3. 混合轮系

更复杂的轮系可以同时包含若干个基本的周转轮系，或者既包含定轴轮系，又包含周转轮系，称之为混合轮系。如图 7.3 所示的混合轮系包含一个由齿轮 1、2、2′、3 及转臂 H 组成的周转轮系，还包含一个由齿轮 3′、4、5 组成的定轴轮系。

7.1.2 传动比

输入轴与输出轴的转速之比称为轮系的传动比，用符号 i_{ab} 来表示，其中下标 a 是输入轴的代号，b 是输出轴的代号。因为转速 $n=\omega/2\pi$，因此传动比也可以用两轴的角速度之比来表示，即轴 a 和轴 b 的传动比可表示为

$$i_{ab}=\frac{n_a}{n_b}=\frac{\omega_a}{\omega_b} \tag{7.1}$$

一对相互啮合的齿轮，在同一时间内转过的齿数是相同的，因此有

$$n_a z_a = n_b z_b \tag{7.2}$$

式中，n_a、n_b 为两齿轮的转速；z_a、z_b 为两齿轮的齿数。

因此，一对相互啮合的齿轮的传动比又可以写成

$$i_{ab}=\frac{n_a}{n_b}=\frac{z_b}{z_a} \tag{7.3}$$

7.1.3 从动轮转动方向

1. 箭头表示

为了完整地表达出输入、输出轴之间的传动关系，轮系传动比的计算不仅要确定其数值，而且要确定两轴的相对转动方向。齿轮的转向一般用箭头表示。如图 7.4 所示，当轴线垂直于纸面时，图 7.4(a)表示逆时针转动，图 7.4(b)表示顺时针转动。当轴线在纸面内时，用直线箭头表示轴或齿轮的转动方向，如图 7.5 所示。图 7.5(a)表示左视时顺时针转动，图 7.5(b)表示俯视时逆时针转动。

2. 符号表示

如果轮系中各齿轮轴线相互平行，则其为平面轮系，否则为空间轮系。当两轴或齿轮的轴线平行时，可以用正号“＋”或负号“－”表示它们的转向相同或相反，并直接标注在传动比

的公式中。例如，$i_{ab}=10$，表明：轴 a 和轴 b 的转速比为 10，且转向相同。又如，$i_{ab}=-5$，表明轴 a 和轴 b 的转速比数值为 5，但二者转向相反。

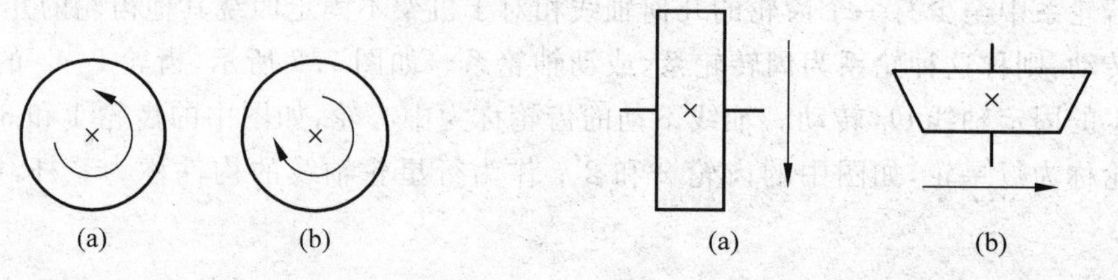

图 7.4 轴线与纸面垂直时的转向表示方法　　图 7.5 轴线在纸面内的转向表示方法

符号表示法在平行轴的轮系中经常用到。由于一对内啮合齿轮的转向相同，因此它们的传动比取"+"；而一对外啮合齿轮的转向相反，因此它们的传动比取"−"。可见，两轴或齿轮的转向相同与否，由它们的外啮合次数而定：外啮合次数为奇数时，主、从动轮转向相反；外啮合次数为偶数时，主、从动轮转向相同。

当两轮或两轴轴线不平行时，它们的转向不能用相同或相反来描述，因此不能将符号表示法用于判断轴线不平行的从动轮的转向。

3. 判断从动轮转向的几个要点

(1) 一对平行轴内啮合圆柱齿轮的转向相同，如图 7.6(a)和(b)所示。

(2) 外啮合的圆柱齿轮或圆锥齿轮的转动方向要么同时指向啮合点，要么同时背离啮合点。如图 7.6(c)～(f)所示为圆柱或圆锥齿轮啮合的几种情况。

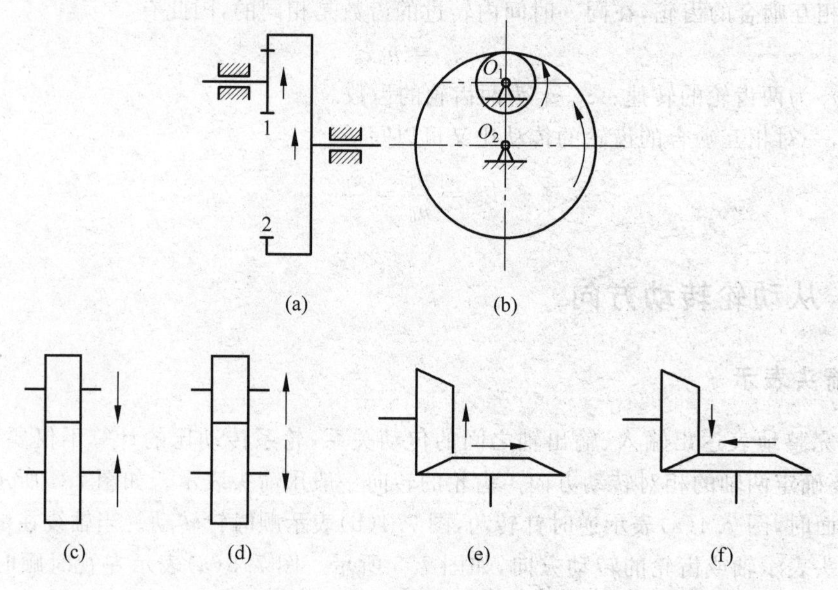

图 7.6 齿轮转动方向的关系

(3) 蜗杆蜗轮在啮合点处的速度矢量之差为该点的相对滑动速度。它必定与表面轮廓相切，即平行于螺旋线，如图 7.7 所示。

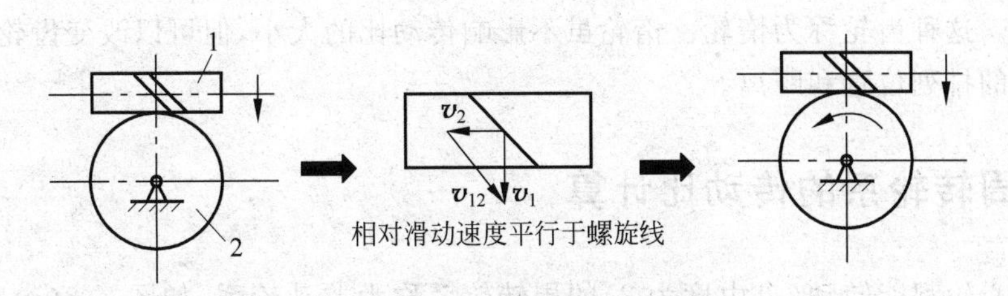

图 7.7 蜗杆与蜗轮转向的判断

7.2 轮系的传动比计算

7.2.1 定轴轮系的传动比计算

MOOC

已知定轴轮系各齿轮的齿数，可以利用式(7.3)逐步计算每对啮合齿轮的传动比，进而得到所求的两轴间的传动比为

$$i_{1N}=\frac{n_1}{n_N}=(-1)^m\frac{\text{两轴间所有从动轮齿数的乘积}}{\text{两轴间所有主动轮齿数的乘积}} \tag{7.4}$$

证明：参照图 7.1 所示的定轴轮系，因为齿轮 1 为始端主动轮，齿轮 N 为末端从动轮，根据定义，轮系传动比为 $i_{1N}=\frac{n_1}{n_N}$，且有

$$i_{1N}=\frac{n_1}{n_N}=\frac{n_1}{n_2}\frac{n_2}{n_3}\cdots\frac{n_{N-1}}{n_N}$$

又由式(7.3)可知

$$\frac{n_1}{n_2}=\frac{\text{轴 2 的从动轮齿数}}{\text{轴 1 的主动轮齿数}}$$

$$\frac{n_2}{n_3}=\frac{\text{轴 3 的从动轮齿数}}{\text{轴 2 的主动轮齿数}}$$

$$\vdots$$

$$\frac{n_{N-1}}{n_N}=\frac{\text{轴 }N\text{ 的从动轮齿数}}{\text{轴 }N-1\text{ 的主动轮齿数}}$$

将上面得到的各转速比代入，并考虑外啮合次数对旋转方向的影响，得到式(7.4)。证毕。

例 7.1 已知图 7.1 所示的轮系中各齿轮齿数为 $z_1=22, z_2=25, z_2'=20, z_3=132, z_3'=20, z_5=28$，$n_1=1450$ r/min，试计算 n_5，并判断其转动方向。

解：因为齿轮 1、2′、3′、4 为主动轮，齿轮 2、3、4、5 为从动轮，外啮合次数为 3。代入式(7.4)得

$$i_{15}=(-1)^3\frac{z_2}{z_1}\frac{z_3}{z_2'}\frac{z_4}{z_3'}\frac{z_5}{z_4}=-\frac{25\times132\times28}{22\times20\times20}=-10.5$$

所以

$$n_5=\frac{n_1}{i}=-\frac{1450}{10.5}\text{ r/min}=-138.1\text{ r/min}$$

转向与轮 1 相反(如图 7.1 中所示)。

从上例还可以看出：由于齿轮 4 既是主动轮，又是从动轮，因此在计算中并未用到它的

具体齿数值。这种齿轮称为惰轮。惰轮虽不影响传动比的大小，但可以改变齿轮的转向，且会改变齿轮的排列位置和距离。

7.2.2 周转轮系的传动比计算

两个中心轮都能转动(自由度为2)的周转轮系称为差动轮系，如图7.8(a)所示；若固定其中一个中心轮，轮系的自由度为1时，则称之为行星轮系，如图7.8(b)所示。

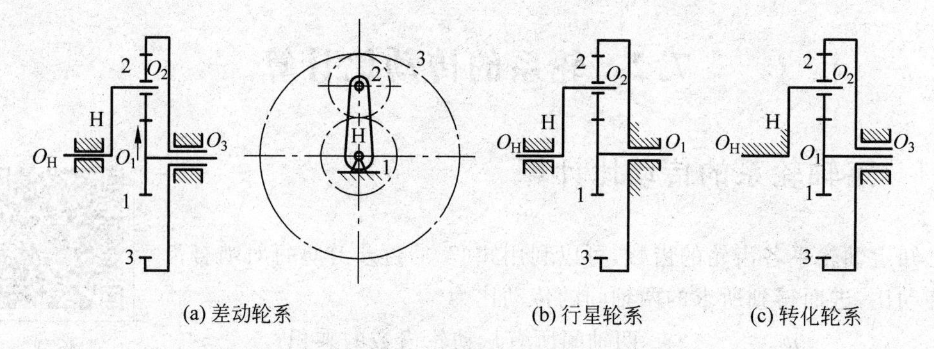

(a) 差动轮系　(b) 行星轮系　(c) 转化轮系

图7.8 周转轮系的类型

由于周转运动是兼有自转和公转的复杂运动，直接计算其传动比较为困难，为此，可以在整个轮系上加上一个与系杆H旋转方向相反而大小相同的公共角速度$-n_H$，这样轮系中各构件之间的相对运动没有变化，而原周转轮系则被转化成一个假想的定轴轮系，称为"转化轮系"。对该假想的定轴轮系，使用式(7.4)可以计算其传动比。因此，周转轮系的转化轮系的传动比可以写成

$$i_{1N}^{H}=\frac{n_1-n_H}{n_N-n_H}=(-1)^m\frac{\text{两轴间所有从动轮齿数的乘积}}{\text{两轴间所有主动轮齿数的乘积}} \tag{7.5}$$

此即"反转原理"。例如，设图7.8(b)所示的周转轮系中，行星架H的转速为n_H，对整个轮系运用反转原理，即给整个轮系加上一个绕轴线O_H，并与n_H方向相反、大小相同的公共转速$-n_H$后，根据运动的相对性，行星架便相对于观察者静止不动，而所有齿轮几何轴线的位置也全部固定，原来的周转轮系便成了定轴轮系(见图7.8(c))。各构件转速的变化如表7.1所示。

表7.1 构件转速变化

构件	原转速	转化后的转速
1	n_1	$n_1^H=n_1-n_H$
2	n_2	$n_2^H=n_2-n_H$
3	$n_3=0$	$n_3^H=n_3-n_H=0-n_H=-n_H$
H	n_H	$n_H^H=n_H-n_H=0$

注意，转化轮系中各构件的转速右上方都带有角标H，表示这些转速是各构件对行星架H的相对转速。转化后的轮系是定轴轮系，可以用定轴轮系传动比计算公式进行计算：

$$i_{13}^{\mathrm{H}}=\frac{n_1^{\mathrm{H}}}{n_3^{\mathrm{H}}}=\frac{n_1-n_{\mathrm{H}}}{n_3-n_{\mathrm{H}}}=-\frac{z_2 z_3}{z_1 z_2}$$

另外应区分 i_{13} 与 i_{13}^{H}，前者是两轮的真实传动比，后者是假想的转化轮系中两轮的传动比。

例 7.2 一周转轮系如图 7.9 所示，已知 $n_3=200$ r/min，$n_{\mathrm{H}}=12$ r/min，$z_1=80$，$z_2=25$，$z_2'=35$，$z_3=20$。设 n_{H} 与 n_3 的转向相反，试计算图示的周转轮系中轴 1 与轴 3 的传动比。

解：将各已知量代入式(7.5)得

$$i_{13}^{\mathrm{H}}=\frac{n_1-12}{n_3-12}=(-1)^1\times\frac{25\times 20}{80\times 35}$$

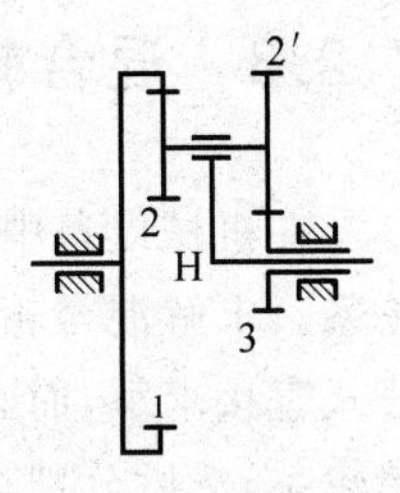

图 7.9 周转轮系

则得

$$n_1=-\frac{5}{28}\times(-200-12)+12=49.85$$

从而有

$$i_{13}=\frac{n_1}{n_3}=-\frac{49.85}{200}\approx -0.25$$

上式中，“−”表明 n_1 与 n_3 的转向相反。

例 7.3 图 7.10 所示为组合机床动力滑台中使用的差动轮系，已知 $z_1=20$，$z_2=24$，$z_2'=20$，$z_3=24$，转臂 H 沿顺时针方向的转速为 16.5 r/min。欲使轮 1 的转速为 940 r/min，并分别沿顺时针或逆时针方向转动，求轮 3 的转速和转向。

解：(1) 当转臂 H 与轮 1 均为顺时针回转时，将 $n_{\mathrm{H}}=16.5$，$n_1=940$ 代入式(7.5)有

$$i_{13}^{\mathrm{H}}=\frac{n_1-n_{\mathrm{H}}}{n_3-n_{\mathrm{H}}}=\frac{940-16.5}{n_3-16.5}=(-1)^2\times\frac{z_2\times z_3}{z_1\times z_2'}=\frac{36}{25}$$

解得 $n_3=657.82$ r/min。

(2) 当转臂 H 为顺时针方向回转，轮 1 为逆时针方向回转时，将 $n_{\mathrm{H}}=16.5$，$n_1=-940$ 代入式(7.5)有

$$i_{13}^{\mathrm{H}}=\frac{n_1-n_{\mathrm{H}}}{n_3-n_{\mathrm{H}}}=\frac{-940-16.5}{n_3-16.5}=(-1)^2\times\frac{z_2\times z_3}{z_1\times z_2'}=\frac{36}{25}$$

解得 $n_3=-647.74$ r/min。

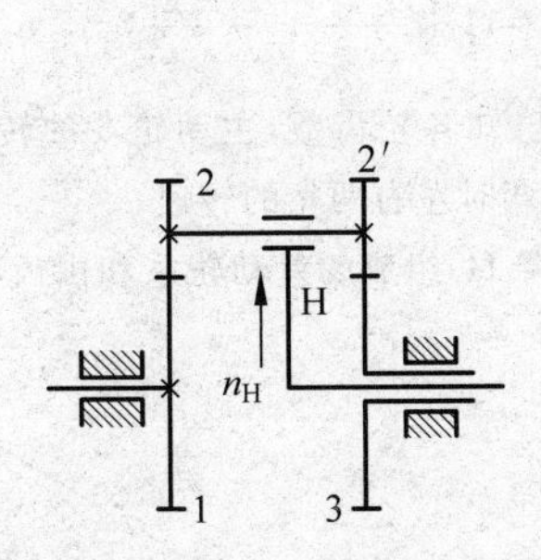

图 7.10 机床动力滑台差动轮系

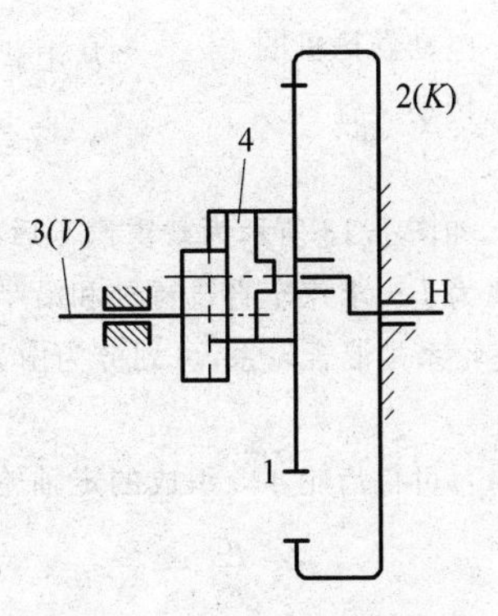

图 7.11 一齿差行星减速器

例 7.4 图 7.11 所示为一搅拌器中使用的一齿差行星减速器，其中内齿轮 2 固定不动，动力从偏心轴 H 输入，而行星轮的转动则通过十字滑块联轴器 4 从轴 3 输出。已知 $z_1=99$，$z_2=100$，试求 $i_{\mathrm{H}3}$。

解：因 $n_2=0$，由式(7.5)有

$$i_{12}^{\mathrm{H}}=\frac{n_1-n_{\mathrm{H}}}{0-n_{\mathrm{H}}}=\frac{z_2}{z_1}=\frac{100}{99}$$

故

$$n_1=\left(1-\frac{100}{99}\right)n_H=-\frac{1}{99}n_H$$

又因为 $n_1=n_3$，从而有

$$i_{H3}=\frac{n_H}{n_3}=\frac{n_H}{n_1}=-99$$

式中，负号表示 n_1 与 n_H 的转向相反。

7.2.3 混合轮系的传动比计算

MOOC

在机械设备中，除广泛采用定轴轮系和周转轮系外，还大量应用混合轮系。求解混合轮系的传动比时，不能采用定轴轮系或周转轮系的计算公式直接求解，而必须首先将混合轮系划分成各个基本的定轴轮系和周转轮系，然后分别写出它们的传动比计算公式，最后联立求解。

正确区分各个轮系的关键在于找出各个基本的周转轮系。划分周转轮系的一般方法为：先找出具有动轴线的行星轮，再找出支持该行星轮的转臂，最后确定与行星轮直接啮合的一个或几个中心轮。每一简单的周转轮系中都应有中心轮、行星轮和转臂，而且中心轮的几何轴线与转臂的轴线是重合的。在划分出周转轮系后，剩下的一般是其他基本轮系。

例 7.5 如图 7.12 所示为电动卷扬机的传动装置，已知各轮齿数，求 i_{15}。

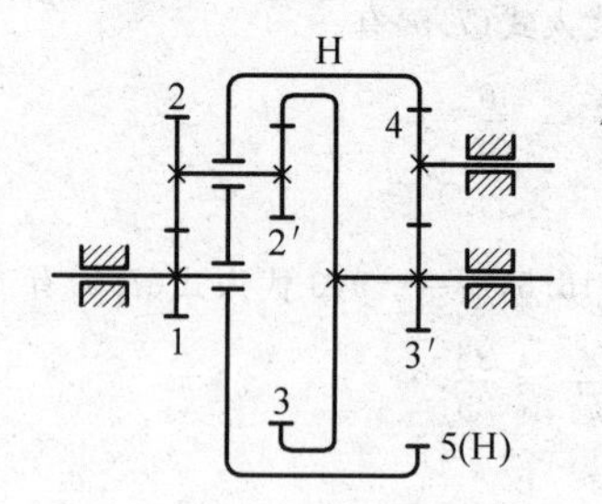

图 7.12 电动卷扬机的传动装置

解：这一混合轮系可划分为由齿轮 1、2、2′、3 和转臂 H 组成的差动轮系，以及由齿轮 5、4、3′组成的定轴轮系。H 和齿轮 5 是同一个构件。

齿轮 1、2、2′、3 和 H 组成的差动轮系的传动比为

$$i_{13}^5=\frac{n_1-n_5}{n_3-n_5}=-\frac{z_3z_2}{z_2'z_1}$$

齿轮 5、4 和 3′组成的定轴轮系的传动比为

$$\frac{n_3}{n_5}=-\frac{z_5}{z_3'}$$

从上式解出 n_3，代入 i_{13}^5，可得

$$i_{15}=\frac{n_1}{n_5}=1+\frac{z_3z_2}{z_2'z_1}+\frac{z_5z_3z_2}{z_3'z_2'z_1}$$

例 7.6 如图 7.13 所示为载重汽车后桥差速轮系简图。已知各轮齿数，主动轮 5 的转速 n_5，左右两车轮间的距离为 B。求汽车直线行驶和沿半径为 r 的弯道上转弯时左右两轮的转速。

解：差速轮系是混合轮系，可划分为由齿轮 1、2、3 和 4(转臂 H)组成的差动轮系和由齿轮 4、5 组成的定轴轮系。

由式(7.4)，可得齿轮 4、5 组成的定轴轮系的传动比为

$$i_{45}=\frac{n_4}{n_5}=\frac{z_5}{z_4}$$

注意，此定轴轮系的轴线不平行，因此不能采用符号判断转向。

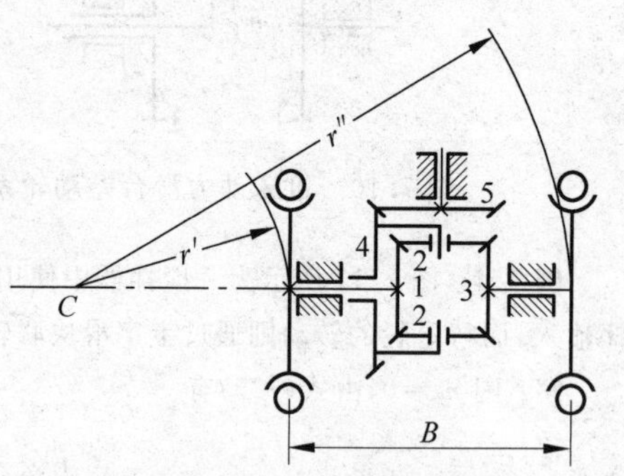

图 7.13 载重汽车后桥差速轮系

齿轮 1、2、3 及 4(转臂 H)组成的差动轮系的传动比为

$$i_{13}^H=\frac{n_1-n_4}{n_3-n_4}=-\frac{z_3}{z_1}=-1$$

故

$$n_4=\frac{n_1+n_3}{2}$$

当汽车直线行驶时,因左右两轮所行的距离相等,所以 $n_1=n_3=n_4$,也就是说齿轮 1 和 3 之间没有相对转动,它们成为一个整体,共同随齿轮 4 一起转动。

当汽车转弯沿圆弧行驶时,例如汽车向左转,其右轮所行的外圈距离大于左轮所行的内圈距离。由于两车轮的直径大小相等,而它们和地面之间又是纯滚动,所以应满足以下关系:

$$i_{13}=\frac{n_1}{n_3}=\frac{r'}{r''}$$

联立 i_{13}、i_{13}^{H} 两式解得

$$n_1=\frac{2r'}{r'+r''}n_4$$

$$n_3=\frac{2r''}{r'+r''}n_4$$

可见,该轮系根据转弯半径大小自动分解 n_4 使 n_1、n_3 符合转弯的要求。将 i_{45} 代入上式可得

$$n_1=\frac{2r'}{r'+r''}n_4=\frac{2r'}{r'+r''}\cdot\frac{z_5}{z_4}n_5$$

$$n_3=\frac{2r''}{r'+r''}n_4=\frac{2r''}{r'+r''}\cdot\frac{z_5}{z_4}n_5$$

习 题

7.1 指出定轴轮系与周转轮系的区别。

7.2 传动比的符号表示什么意义?

7.3 如何确定轮系的转向关系?

7.4 何谓惰轮?惰轮在轮系中有何作用?

7.5 行星轮系和差动轮系有何区别?

7.6 为什么要引入转化轮系?

7.7 如何把复合轮系分解为简单的轮系?

7.8 在图 7.14 所示的滚齿机工作台传动装置中,已知各轮的齿数如图中括弧内所示。若被切齿轮为 64 齿,求传动比 i_{75}。

7.9 在图 7.15 所示的行星轮系中,已知 $z_1=63$,$z_2=56$,$z_2'=55$,$z_3=62$,求传动比 $i_{\mathrm{H}3}$。

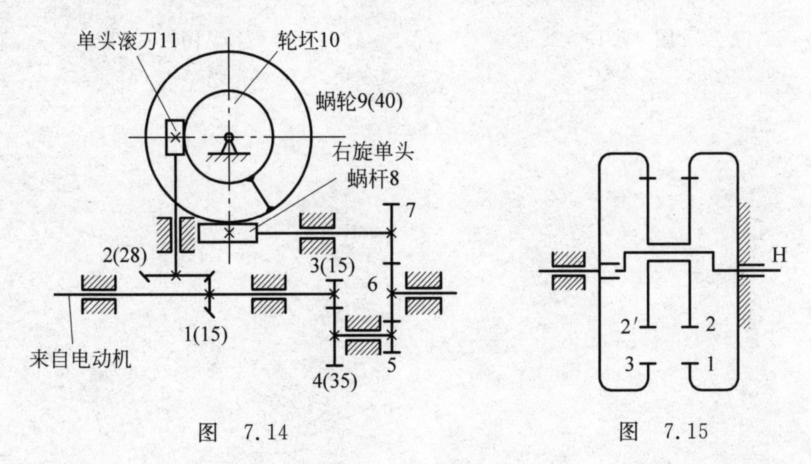

图 7.14

图 7.15

7.10 在图7.16所示的双级行星减速器中,已知高速级各轮齿数为 $z_1=14$,$z_2=34$,$z_3=85$;低速级各轮齿数为 $z_4=20$,$z_5=28$,$z_6=79$。试求此行星减速器的总传动比 $i_{\mathrm{I},\mathrm{II}}$。

7.11 如图7.17所示为Y38滚齿机差动机构的机构简图,其中行星轮2空套在转臂(即轴Ⅱ)上,轴Ⅱ和轴Ⅲ的轴线重合。当铣斜齿圆柱齿轮时,分齿运动从轴Ⅰ输入,附加转动从轴Ⅱ输入,故轴Ⅲ的转速(传至工作台)是两个运动的合成。已知 $z_1=z_2=z_3$ 及输入转速 n_{I}、n_{II},求输出转速 n_{III}。

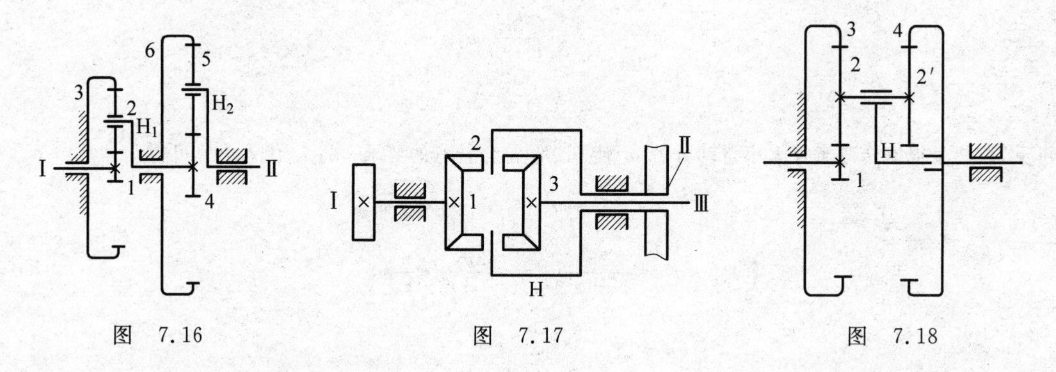

图 7.16　　图 7.17　　图 7.18

7.12 如图7.18所示为某生产自动线中使用的行星减速器。已知各轮的齿数为 $z_1=16$,$z_2=44$,$z_2'=46$,$z_3=104$,$z_4=106$,求 i_{14}。

7.13 在图7.19所示的增速器中,若已知各轮齿数,试求传动比 i_{16}。

7.14 在图7.20所示的行星减速器中,已知传动比 $i_{1\mathrm{H}}=7.5$,行星齿轮数为3,各齿轮为标准齿轮且模数相等。试确定各轮的齿数比。

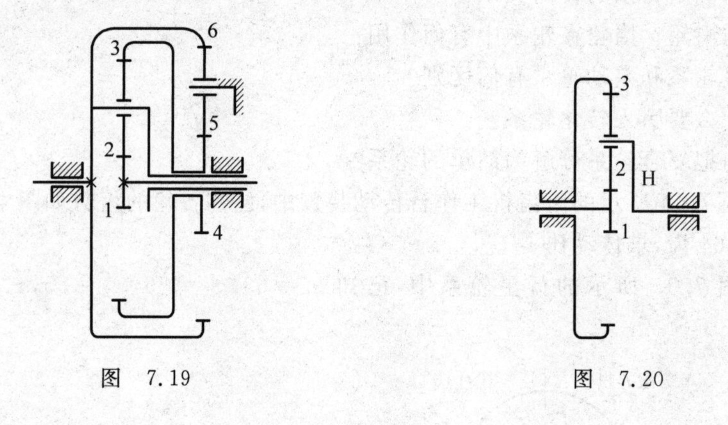

图 7.19　　图 7.20

第 8 章

带 传 动

8.1 概 述

8.1.1 带传动的类型

常用的带传动包括摩擦型带传动和啮合型带传动两大类。

如图 8.1 所示，摩擦型带传动通常由主动带轮、从动带轮和张紧在两轮上的传动带组成。安装时，带紧绕在两个带轮上，带与带轮接触面间存在正压力。当原动机驱动主动带轮转动时，带与带轮接触面间产生摩擦力。正是通过这种摩擦力，主动带轮才能拖动带，进而带又拖动从动带轮，使运动和动力从主动带轮传递到从动带轮。

啮合型带传动由主动同步带轮、从动同步带轮和套在两轮上的环形同步带组成(见图 8.2)，带的工作面制成齿形，与有齿的带轮相啮合实现传动。啮合型带传动除了具有摩擦型带传动的缓冲吸振优点，还有传递功率大、传动比准确等特点，故多用于要求传动平稳、传动精度较高的场合。

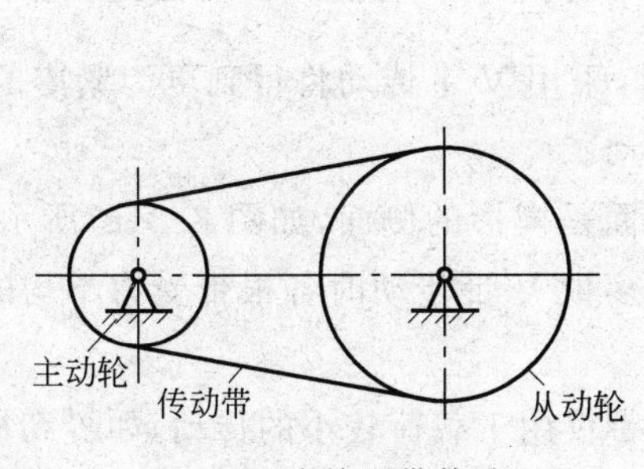

图 8.1 摩擦型带传动

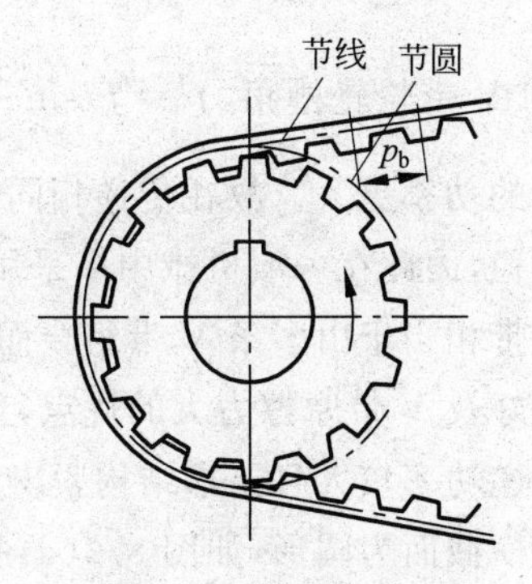

图 8.2 啮合型带传动

按照带的横截面形状分类，摩擦型带传动可分为平带传动(见图 8.3(a))、V 带传动(见图 8.3(b))、多楔带传动(见图 8.3(c))和圆带传动(见图 8.3(d))。

平带的横截面为扁平矩形，其工作面是与轮面相接触的内表面(见图 8.4(a))。V 带的横截面为等腰梯形，工作时，通过带的两侧面与 V 型轮槽侧面接触处所产生的摩擦力来传动，而带与轮槽底部并无接触(见图 8.4(b))。

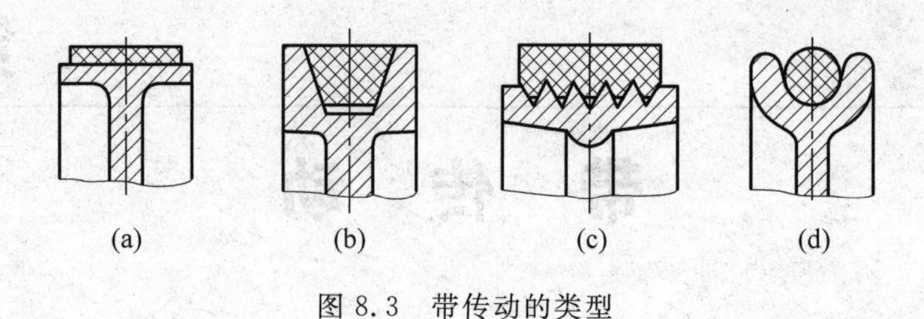

图 8.3　带传动的类型

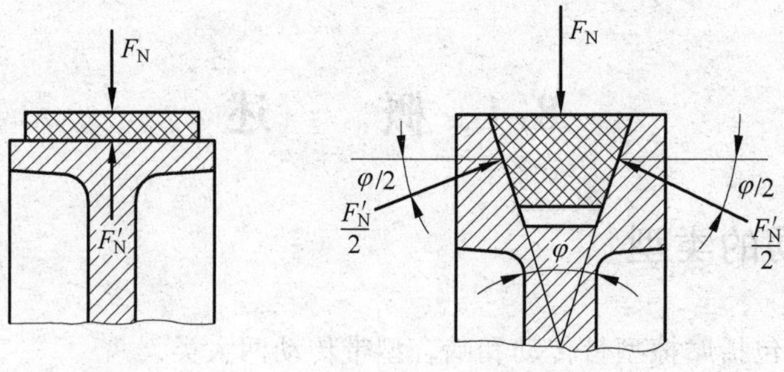

图 8.4　平带与 V 带传动的比较

与平带传动相比，在相同的张紧力作用下，V 带传动可以产生更大的工作摩擦力，因而具有更大的传动能力。如图 8.4 所示，当平带和 V 带承受同样的压紧力 F_N 时，它们的法向力 F'_N 却不相同。平带与带轮接触面上的摩擦力为 $F_N f = F'_N f$，而 V 带与带轮接触面上的摩擦力为

$$F'_N f = \frac{F_N f}{\sin \frac{\varphi}{2}} = F_N f' \tag{8.1}$$

式中，φ 为 V 带轮轮槽角，$f' = f/\sin \frac{\varphi}{2}$ 为当量摩擦因数。显然 $f' > f$，因此在相同条件下，V 带传递的功率更大。故在传递相同的功率时，采用 V 带传动将得到更为紧凑的结构。V 带传动平稳，因此在一般机械中多采用 V 带传动。

多楔带相当于由多条 V 带组合而成，工作面是楔形的侧面，如图 8.3(c)所示。其兼有平带挠性好及 V 带摩擦力大的优点，且克服了多根 V 带传动时各根带受力不均的缺点，故适用于传递功率较大且要求结构紧凑的场合。

圆带横截面为圆形，如图 8.3(d)所示。圆带仅用于载荷较小的传动，如缝纫机、医疗器械等。

8.1.2　V 带的结构和规格

V 带有普通 V 带、窄 V 带、大楔角 V 带、齿形 V 带、联组 V 带和接头 V 带等多种类型，其中普通 V 带应用最广。

普通 V 带已标准化，按其截面大小分为 7 种型号(见表 8.1)。

表 8.1　普通 V 带截面尺寸(GB/T 11544—2012)　mm

型　号	Y	Z	A	B	C	D	E
顶宽 b	6.0	10.0	13.0	17.0	22.0	32.0	38.0
节宽 b_p	5.3	8.5	11.0	14.0	19.0	27.0	32.0
高度 h	4.0	6.0	8.0	10.5	13.5	19.0	23.5
楔角 φ	40°						
每米质量 q/(kg/m)	0.02	0.06	0.10	0.17	0.30	0.62	0.90

标准普通 V 带都制成无接头的环形，其横剖面结构如图 8.5 所示。它由如下几部分组成。

(1) 包布：由胶帆布制成，起保护作用。

(2) 顶胶：由橡胶制成，当带弯曲时承受拉伸。

(3) 底胶：由橡胶制成，当带弯曲时承受压缩。

(4) 抗拉体：由几层挂胶的帘芯或浸胶的绳芯构成，承受基本拉伸载荷。

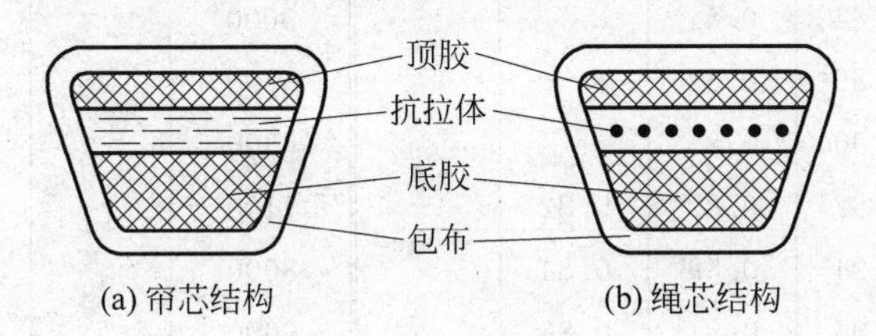

图 8.5　V 带结构

抗拉体的结构分为帘芯 V 带(见图 8.5(a))和绳芯 V 带(见图 8.5(b))两种。帘芯 V 带制造方便；绳芯 V 带柔韧性好，抗弯强度高，但抗拉强度低，适用于载荷不大、带轮直径较小及转速较高的场合。

当带受纵向弯曲时，在带中保持原长度不变的任一条周线称为节线，如图 8.6(a)所示。由全部节线形成的面称为节面，如图 8.6(b)所示。带的节面宽度称为节宽(b_p)，当带受纵向弯曲时，该宽度保持不变。在 V 带轮上，与所配用的节宽 b_p 相对应的带轮直径称为节径 d_p，通常也称为基准直径 d_d(见图 8.7)。V 带在规定的张紧力下，位于带轮基准直径上的周线长度称为基准长度 L_d。每种型号的普通 V 带都有多种基准长度，以满足不同中心距的需要。普通 V 带的基准长度系列见表 8.2。

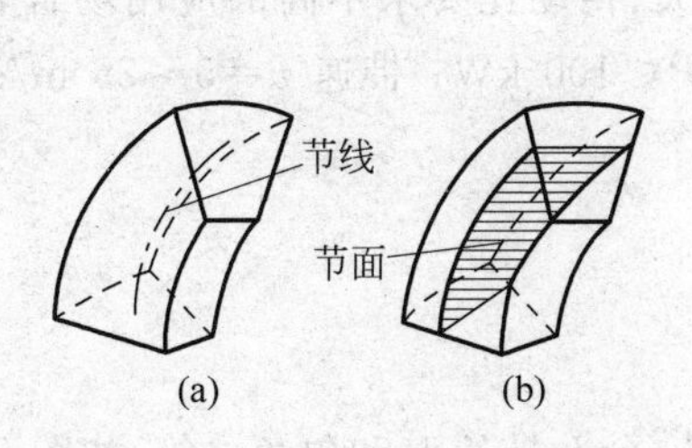

图 8.6　普通 V 带的节线与节面

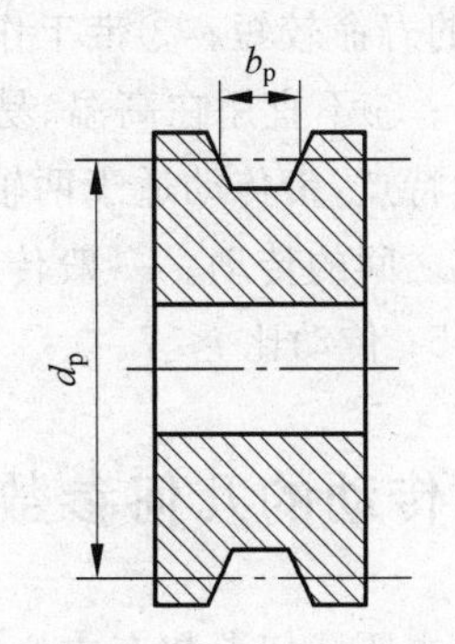

图 8.7　带轮基准直径

表 8.2 普通 V 带的长度系列和带长修正系数 K_L(GB/T 13575.1—2008)

基准长度 L_d/mm	K_L					基准长度 L_d/mm	K_L			
	Y	Z	A	B	C		Z	A	B	C
200	0.81					1600	1.04	0.99	0.92	0.83
224	0.82					1800	1.06	1.01	0.95	0.86
250	0.84					2000	1.08	1.03	0.98	0.88
280	0.87					2240	1.10	1.06	1.00	0.91
315	0.89					2500	1.30	1.09	1.03	0.93
355	0.92					2800		1.11	1.05	0.95
400	0.96	0.79				3150		1.13	1.07	0.97
450	1.00	0.80				3550		1.17	1.09	0.99
500	1.02	0.81				4000		1.19	1.13	1.02
560		0.82				4500			1.15	1.04
630		0.84	0.81			5000			1.18	1.07
710		0.86	0.83			5600				1.09
800		0.90	0.85			6300				1.12
900		0.92	0.87	0.82		7100				1.15
1000		0.94	0.89	0.84		8000				1.18
1120		0.95	0.91	0.86		9000				1.21
1250		0.98	0.93	0.88		10 000				1.23
1400		1.01	0.96	0.90						

8.1.3 带传动的特点

与齿轮传动相比，带传动的主要优点为：①带有弹性，具备缓冲吸振的能力，传动平稳且噪声小。因此在多级传动中，带传动常被安排在高速级。②过载时，带在带轮上发生打滑，可防止其他零件损坏，起过载保护作用。③单级即可实现较大中心距的传动。④结构简单，维护方便，制造与安装精度要求不高，成本低廉。

带传动的主要缺点为：①工作时带与带轮之间存在弹性滑动，传动比不准确；②传动效率较低，带的寿命较短；③带工作时需要一定的张紧力，故压轴力较大；④带传动装置的外廓尺寸较大；⑤不宜用在高温、易燃、易爆及有油、水等场合。

鉴于上述特点，带传动适于两轴中心距较大、传动比要求不高的应用场合，且多用于原动机与工作机之间的传动。一般传递的功率 $P \leqslant 100$ kW；带速 $v=5 \sim 25$ m/s；传动效率 $\eta=0.90 \sim 0.95$；传动比 $i \leqslant 7$。

8.1.4 带传动的几何参数

带传动的主要几何参数有中心距 a、带轮直径 d、带长 L 和包角 α 等，如图 8.8 所示。

(1) 中心距 a：当带处于规定的张紧力时，两带轮轴线间的距离。

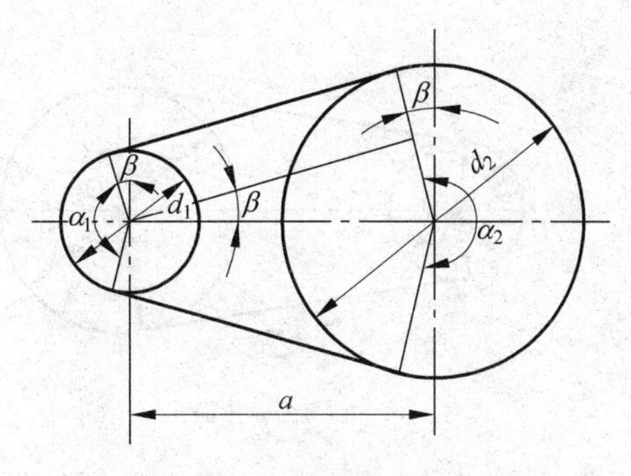

图 8.8　带传动的几何参数

(2) 带轮直径 d：在 V 带传动中，指带轮的基准直径。用 d_d 表示带轮的基准直径。

(3) 带长 L：对 V 带传动，指带的基准长度。用 L_d 表示带的基准长度。

(4) 包角 α：带与带轮接触弧所对的中心角。

由图 8.8 可知，带长

$$L = 2a\cos\beta + (\pi - 2\beta)\frac{d_{d1}}{2} + (\pi + 2\beta)\frac{d_{d2}}{2}$$

$$\approx 2a + \frac{\pi}{2}(d_{d1} + d_{d2}) + \frac{(d_{d2} - d_{d1})^2}{4a} \quad (8.2)$$

根据计算所得的带长 L，由表 8.2 选用带的基准长度。若已知带长，则由式(8.2)可得中心距

$$a \approx \frac{1}{8}\left\{2L - \pi(d_{d1} + d_{d2}) + \sqrt{[2L - \pi(d_{d1} + d_{d2})]^2 - 8(d_{d2} - d_{d1})^2}\right\}$$

$$\alpha = \pi \pm 2\beta \quad (8.3)$$

因 β 角很小，以 $\beta \approx \sin\beta = \frac{d_{d2} - d_{d1}}{2a}$ 代入上式得

$$\alpha = \pi \pm \frac{d_{d2} - d_{d1}}{a} = 180° \pm \frac{d_{d2} - d_{d1}}{a} \times 57.3° \quad (8.4)$$

式中，“+”号用于大轮包角 α_2，“−”号用于小轮包角 α_1。

8.2　带传动的工作情况分析

8.2.1　带传动的受力分析

MOOC

如前所述，带必须以一定的初拉力张紧在带轮上，使带与带轮的接触面上产生正压力，如图 8.9(a)所示。带传动未工作时，带的两边具有相等的初拉力 F_0。

当主动轮 1 在转矩作用下以转速 n_1 转动时，由图 8.9(b)可知，由于摩擦力的作用，主动轮 1 拖动带，带又驱动从动轮 2 以转速 n_2 转动，从而把主动轮上的运动和动力传到从动轮上。传动时，带在与两轮的接触处所受的摩擦力方向如图 8.9(b)所示，带绕上主动轮的一边被拉紧，称为紧边，紧边拉力由 F_0 增加到 F_1；带绕上从动轮的一边被放松，称为松边，松边拉力由 F_0 减少到 F_2。设环形带的总长不变，则紧边拉力的增加量 $F_1 - F_0$ 应等于松边拉力的减少量 $F_0 - F_2$，因此有

$$F_0 = \frac{1}{2}(F_1 + F_2) \quad (8.5)$$

带的紧边拉力和松边拉力的差应等于带与带轮接触面上产生的摩擦力总和 $\sum F_f$，称为带传动的有效拉力，也就是带所传递的圆周力 F，即

$$F = \sum F_f = F_1 - F_2 \quad (8.6)$$

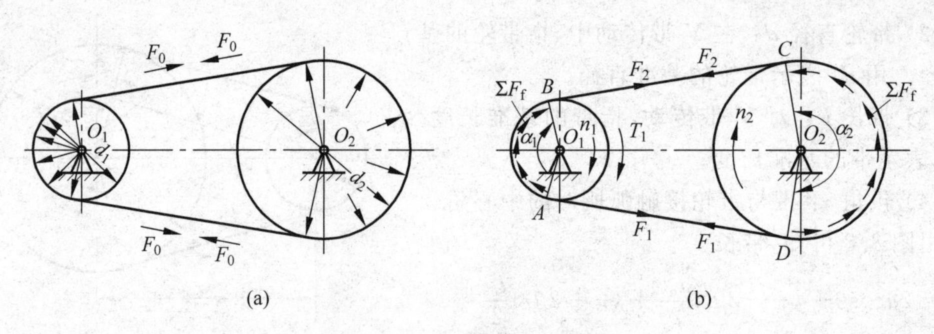

图 8.9 带传动的受力分析

圆周力 F(单位：N)、带速 v(单位：m/s)和传递功率 P(单位：kW)之间的关系为

$$P=\frac{Fv}{1000} \tag{8.7}$$

由式(8.7)可知，当功率 P 一定时，带速 v 越小，则圆周力 F 越大，因此通常把带传动布置在机械设备的高速级传动上，以减小所需传递的圆周力。当带速一定时，传递的功率 P 越大，则圆周力 F 越大，需要带与带轮之间的摩擦力也越大，但在一定的条件下，摩擦力的大小有一个极限值，即最大摩擦力 $\sum F_{\max}$。当带所需传递的圆周力超过这个极限值时，带与带轮将发生显著的相对滑动，这种现象称为**打滑**。出现打滑时，虽然主动轮还在转动，但带和从动轮都不能正常运动，甚至完全不动，使传动失效。打滑将使带的磨损加剧，传动效率降低，故在带传动中应防止出现打滑。

在一定条件下，当摩擦力达到极限值时，带的紧边拉力 F_1 与松边拉力 F_2 之间的关系可用柔韧体摩擦的欧拉公式来表示：

$$\frac{F_1}{F_2}=e^{f\alpha} \tag{8.8}$$

式中，F_1、F_2 分别为紧边拉力和松边拉力，N；f 为带与轮之间的摩擦因数；α 为带在带轮上的包角，rad。

联解式(8.5)、式(8.6)及式(8.8)得

$$F=2F_0\,\frac{e^{f\alpha}-1}{e^{f\alpha}+1} \tag{8.9}$$

由式(8.9)可知，增大初拉力 F_0、增大包角 α 和增大摩擦因数 f，都可提高带传动所能传递的圆周力，这样带传动的工作能力也就越高。对于带传动，在一定的条件下摩擦因数 f 为一定值，而且 $\alpha_2>\alpha_1$，所以摩擦力的最大值取决于小带轮包角 α_1。

8.2.2 带传动的运动分析

带是弹性体，在受力情况下会产生弹性变形。由于带的紧边拉力和松边拉力不相等，因而产生的弹性变形也不相同。由图 8.9(b)可知，在主动轮上，带由 A 点转到 B 点的过程中，带所受的拉力由 F_1 降到 F_2，带的弹性变形相应地逐渐减小，即带在带轮上逐渐缩短并沿带轮滑动，使带的速度小于主动轮的圆周速度(即 $v_{带}<v_1$)。在从动轮上，带从 C 点转到 D 点的过程中，带所受的拉力由 F_2 逐渐增加到 F_1，带的弹性变形也逐渐增大，即带在带轮

上逐渐伸长并沿带轮滑动，所以从动轮的圆周速度又小于带速(即 $v_2 < v_{带}$)。这种由于带的弹性变形而引起带与带轮之间产生的微小滑动称为**弹性滑动**。

上述分析表明，由于弹性滑动的影响，从动轮的圆周速度总是小于主动轮的圆周速度。通常弹性滑动引起的从动轮的速度降低值不大于3%，数值很小，在一般计算中可不考虑。若忽略弹性滑动影响，则带速为

$$v = \frac{\pi d_{d1} n_1}{60 \times 1000} = \frac{\pi d_{d2} n_2}{60 \times 1000}, \text{m/s} \tag{8.10}$$

由式(8.10)可得带传动的理论传动比

$$i = \frac{n_1}{n_2} = \frac{d_{d2}}{d_{d1}} \tag{8.11}$$

式中，n_1、n_2 分别为主动轮和从动轮的转速，r/min；d_{d1}、d_{d2} 分别为主动轮和从动轮的基准直径，mm。

应当指出，在带传动中摩擦力使带的两边发生不同程度的拉伸变形，而摩擦力是带传动所必需的，所以弹性滑动是带传动的固有特性，只能设法降低，而不能避免。

8.2.3 带的应力分析

带传动工作时，带中的应力由以下三部分组成。

1. 由拉力产生的拉应力 σ

$$\begin{cases} 紧边拉应力 \quad \sigma_1 = \dfrac{F_1}{A}, \text{MPa} \\ 松边拉应力 \quad \sigma_2 = \dfrac{F_2}{A}, \text{MPa} \end{cases} \tag{8.12}$$

式中，A 为带的横截面积，mm^2。

2. 弯曲应力 σ_b

带绕过带轮时，因弯曲而产生弯曲应力 σ_b：

$$\sigma_b = \frac{2Eh_a}{d_d}, \text{MPa} \tag{8.13}$$

式中，E 为带的弹性模量，MPa；d_d 为V带轮的基准直径，mm；h_a 为从V带的节线到最外层的垂直距离，mm。

由式(8.13)可知，带在两轮上产生的弯曲应力的大小与带轮基准直径成反比，故小轮上的弯曲应力较大。

3. 由离心力产生的拉应力 σ_c

当带沿带轮轮缘作圆周运动时，带本身的质量将引起离心力，带中产生的离心拉力为 $F_c = qv^2$，离心拉力在带的所有横剖面上所产生的离心拉应力 σ_c 是相等的，表示为

$$\sigma_c = \frac{F_c}{A} = \frac{qv^2}{A}, \text{MPa} \tag{8.14}$$

式中，q 为每米带长的质量，kg/m；v 为带速，m/s。

综合上述应力，得到带的应力分布情况如图 8.10 所示。从图中可见，带上的应力是各处不等的，其中最大应力发生在带的紧边开始绕上小带轮处，其值为

$$\sigma_{max} = \sigma_1 + \sigma_c + \sigma_{b1} \tag{8.15}$$

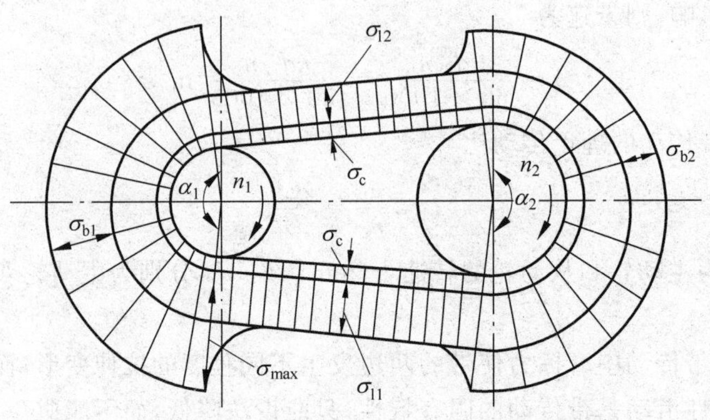

图 8.10　带的应力分布

8.3 V带传动的设计

8.3.1 带传动的主要失效形式和设计准则

1. 主要失效形式

(1) 打滑：当传递的圆周力 F 超过了带与带轮接触面之间摩擦力总和的极限时，带与带轮之间产生显著滑动，会使传动失效。

(2) 疲劳破坏：传动带在变应力的反复作用下，发生裂纹、脱层、松散，直至断裂。

2. 设计准则

其设计准则是：在保证带传动不打滑的条件下，具有一定的疲劳强度和寿命。

8.3.2 V带传动设计计算和参数选择

普通V带传动在设计计算时，已知条件一般包括：传动的用途和工作情况，传递的功率 P，主动轮、从动轮的转速 n_1、n_2（或传动比 i），传动位置要求和外廓尺寸要求，原动机类型等。设计时主要确定带的型号、长度和根数，带轮的材料、结构和尺寸，传动的中心距，带的初拉力和压轴力，张紧和防护装置等。设计计算步骤如下：

1. 确定计算功率

设 P 为传动的额定功率（单位：kW），K_A 为工作情况系数（见表 8.3），则计算功率 P_C 为

$$P_C = K_A P \tag{8.16}$$

表 8.3　工作情况系数 K_A

载荷性质	工　作　机	原　动　机					
		Ⅰ类			Ⅱ类		
		每天工作时间/h					
		<10	10～16	>16	<10	10～16	>16
载荷平稳	离心式水泵、通风机(≤7.5 kW)、轻型输送机、离心式压缩机	1.0	1.1	1.2	1.1	1.2	1.3
载荷变动小	带式运输机、通风机(>7.5 kW)、发电机、旋转式水泵、机床、剪床、压力机、印刷机、振动筛	1.1	1.2	1.3	1.2	1.3	1.4
载荷变动较大	螺旋式输送机、斗式提升机、往复式水泵和压缩机、锻锤、磨粉机、锯木机、纺织机械	1.2	1.3	1.4	1.4	1.5	1.6
载荷变动很大	破碎机(旋转式、颚式等)、球磨机、起重机、挖掘机、辊压机	1.3	1.4	1.5	1.5	1.6	1.8

注：Ⅰ类—普通鼠笼式交流电动机，同步电动机，直流电动机(并激)，$n \geqslant 600$ r/min 的内燃机。

Ⅱ类—交流电动机(双鼠笼式，滑环式、单相、大转差率)，直流电动机，$n \leqslant 600$ r/min 的内燃机。

2. 选定 V 带的型号

根据计算功率 P_C 和小轮转速 n_1，按图 8.11 选择普通 V 带的型号。若临近两种型号的交界线时，可按两种型号分别计算，通过分析比较择优选取。

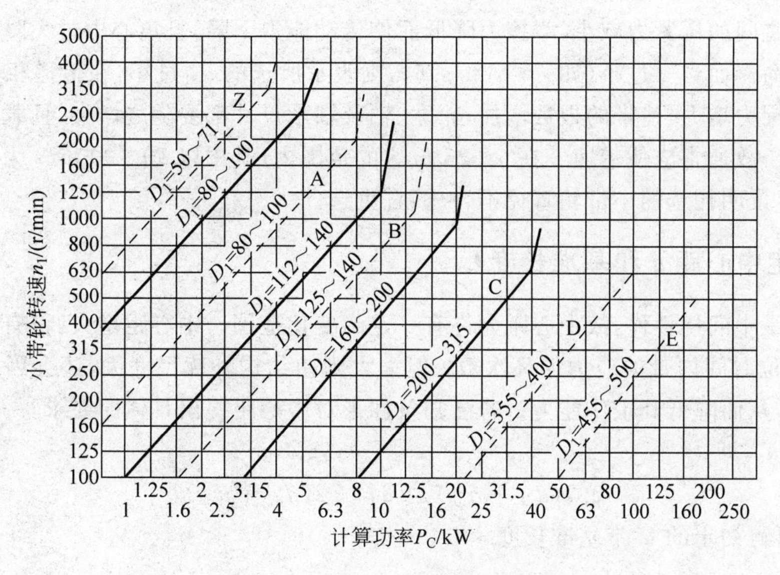

图 8.11　普通 V 带型号选择线图

3. 确定带轮基准直径 d_{d1}、d_{d2}

表 8.4 及表下注列出了 V 带轮的最小基准直径和带轮的基准直径系列。选择小带轮基准直径时，为了减小弯曲应力，应使 $d_{d1}>d_{min}$。带轮基准直径是影响带寿命的主要因素之一，带轮基准直径越小，弯曲应力就越大，带的寿命也越短，所以带轮基准直径不能选得过小，在空间尺寸不受限制时，宜取大些为好。大带轮的基准直径 d_{d2} 由下式确定：

$$d_{d2}=\frac{n_1}{n_2}d_{d1}=id_{d1} \tag{8.17}$$

d_{d1} 和 d_{d2} 的值应按表 8.4 圆整为基准直径系列值。

表 8.4 普通 V 带轮最小基准直径 mm

型 号	Y	Z	A	B	C
最小基准直径 d_{dmin}	20	50	75	125	200

注：带轮基准直径系列：20、22.4、25、28、31.5、35.5、40、45、50、56、63、71、75、80、85、90、95、100、106、112、118、125、132、140、150、160、170、180、200、212、224、236、250、265、280、300、315、335、355、375、400、425、450、475、500、530、560、600、630、670、710、750、800、900、1000、1060、1120、1250、1400、1500、1600、1800、2000、2240、2500。

摘自 GB/T 13575.1—2008。

4. 验算带速 v

由式(8.10)得

$$v=\frac{\pi d_{d1}n_1}{60\times 1000},\mathrm{m/s} \tag{8.18}$$

由 $P=Fv$ 知，传递功率一定时，带速 v 越大，所需传递的有效圆周力就越小，V 带根数减少，带轮变窄，加工时数少。但若 v 过大(如 $v>25$ m/s)，则因带绕过带轮时离心力过大，使带与带轮之间的压紧力减小，摩擦力降低而使传动能力下降，且离心力过大降低了带的疲劳强度和寿命。而当 v 过小(如 $v<5$ m/s)时，则表示所选的 d_{d1} 过小，在传递相同功率时带所传递的圆周力增大，使带的根数增加，轮宽、轴及轴承尺寸都要随之增大，且载荷分布不均匀现象严重。故通常应使带速 v 在 5～25 m/s 的范围内，其中以 10～20 m/s 为宜。若 v 不在此范围内，说明初选的小带轮直径不合适，宜重选。

5. 确定中心距 a 和基准长度 L_d

由于带是中间挠性件，故中心距允许有一定的变化范围。中心距增大，将有利于增大包角和减少单位时间内带的应力循环次数；但太大则使结构外廓尺寸大，还会因载荷变化引起带的颤动，从而降低其工作能力。若已知条件未对中心距提出具体的要求，一般可按下式初选中心距 a_0，即

$$0.7(d_{d1}+d_{d2})\leqslant a_0\leqslant 2(d_{d1}+d_{d2}) \tag{8.19}$$

由式(8.2)可得初定的 V 带基准长度

$$L_0=2a_0+\frac{\pi}{2}(d_{d1}+d_{d2})+\frac{(d_{d2}-d_{d1})^2}{4a_0}$$

根据初定的 L_0，由表 8.2 选取相近的基准长度 L_d。最后按下式近似计算实际所需的中

心距：

$$a \approx a_0 + \frac{L_d - L_0}{2} \tag{8.20}$$

考虑安装和张紧的需要，带传动的中心距一般设计成可以调整的，调整范围可取为$\pm 0.03L_d$。

6. 验算小轮包角 α_1

α_1 由式(8.4)计算：

$$\alpha_1 = 180° - \frac{d_{d2} - d_{d1}}{a} \times 57.3°$$

α_1 过小，则传动能力降低，易打滑。一般要求 $\alpha_1 \geqslant 120°$，个别情况下允许减小至 90°，否则可加大中心距或增设张紧轮。

7. 确定带的根数 z

$$z = \frac{P_C}{(P_0 + \Delta P_0)K_\alpha K_L} \tag{8.21}$$

式中，P_0 为单根普通 V 带的基本额定功率(见表 8.5)，kW；ΔP_0 为 $i \neq 1$ 时的单根普通 V 带额定功率的增量(见表 8.6)，kW；K_L 为带长修正系数，考虑带长不等于特定长度时对传动能力的影响(见表 8.2)；K_α 为包角修正系数，考虑 $\alpha_1 \neq 180°$时，传动能力有所下降(见表 8.7)。

表 8.5　单根普通 V 带的基本额定功率 P_0(在包角 $\alpha=180°$，特定长度，平稳工作条件下)　kW

带型	小带轮基准直径 D_1/mm	小带轮转速 n_1/(r/min)						
		400	730	800	980	1200	1460	2800
Z	50	0.06	0.09	0.10	0.12	0.14	0.16	0.26
	63	0.08	0.13	0.15	0.18	0.22	0.25	0.41
	71	0.09	0.17	0.20	0.23	0.27	0.31	0.50
	80	0.14	0.20	0.22	0.26	0.30	0.36	0.56
A	75	0.27	0.42	0.45	0.52	0.60	0.68	1.00
	90	0.39	0.63	0.68	0.79	0.93	1.07	1.64
	100	0.47	0.77	0.83	0.97	1.14	1.32	2.05
	112	0.56	0.93	1.00	1.18	1.39	1.62	2.51
	125	0.67	1.11	1.19	1.40	1.66	1.93	2.98
B	125	0.84	1.34	1.44	1.67	1.93	2.20	2.96
	140	1.05	1.69	1.82	2.13	2.47	2.83	3.85
	160	1.32	2.16	2.32	2.72	3.17	3.64	4.89
	180	1.59	2.61	2.81	3.30	3.85	4.41	5.76
	200	1.85	3.05	3.30	3.86	4.50	5.15	6.43
C	200	2.41	3.80	4.07	4.66	5.29	5.86	5.01
	224	2.99	4.78	5.12	5.89	6.71	7.47	6.08
	250	3.62	5.82	6.23	7.18	8.21	9.06	6.56
	280	4.32	6.99	7.52	8.65	9.81	10.74	6.13
	315	5.14	8.34	8.92	10.23	11.53	12.48	4.16
	400	7.06	11.52	12.10	13.67	15.04	15.51	—

表 8.6 单根普通 V 带额定功率的增量 ΔP_0（在包角 $\alpha=180°$，特定长度，平稳工作条件下） kW

带型	小带轮转速 n_1/(r/min)	传动比 i									
		1.00～1.01	1.02～1.04	1.05～1.08	1.09～1.12	1.13～1.18	1.19～1.24	1.25～1.34	1.35～1.51	1.52～1.99	≥2.0
Z	400	0.00	0.00	0.00	0.00	0.00	0.00	0.00	0.00	0.01	0.01
	730	0.00	0.00	0.00	0.00	0.00	0.00	0.01	0.01	0.01	0.02
	800	0.00	0.00	0.00	0.00	0.01	0.01	0.01	0.01	0.02	0.02
	980	0.00	0.00	0.00	0.00	0.01	0.01	0.01	0.02	0.02	0.02
	1200	0.00	0.00	0.01	0.01	0.01	0.01	0.02	0.02	0.02	0.03
	1460	0.00	0.00	0.01	0.01	0.01	0.02	0.02	0.02	0.02	0.03
	2800	0.00	0.01	0.02	0.02	0.03	0.03	0.03	0.04	0.04	0.04
A	400	0.00	0.01	0.01	0.02	0.02	0.03	0.03	0.04	0.04	0.05
	730	0.00	0.01	0.02	0.03	0.04	0.05	0.06	0.07	0.08	0.09
	800	0.00	0.01	0.02	0.03	0.04	0.05	0.06	0.08	0.09	0.10
	980	0.00	0.01	0.03	0.04	0.05	0.06	0.07	0.08	0.10	0.11
	1200	0.00	0.02	0.03	0.05	0.07	0.08	0.10	0.11	0.13	0.15
	1460	0.00	0.02	0.04	0.06	0.08	0.09	0.11	0.13	0.15	0.17
	2800	0.00	0.04	0.08	0.11	0.15	0.19	0.23	0.26	0.30	0.34
B	400	0.00	0.01	0.03	0.04	0.06	0.07	0.08	0.10	0.11	0.13
	730	0.00	0.02	0.05	0.07	0.10	0.12	0.15	0.17	0.20	0.22
	800	0.00	0.03	0.06	0.08	0.11	0.14	0.17	0.20	0.23	0.25
	980	0.00	0.03	0.07	0.10	0.13	0.17	0.20	0.23	0.26	0.30
	1200	0.00	0.04	0.08	0.13	0.17	0.21	0.25	0.30	0.34	0.38
	1460	0.00	0.05	0.10	0.15	0.20	0.25	0.31	0.36	0.40	0.46
	2800	0.00	0.10	0.20	0.29	0.39	0.49	0.59	0.69	0.79	0.89
C	400	0.00	0.04	0.08	0.12	0.16	0.20	0.23	0.27	0.31	0.35
	730	0.00	0.07	0.14	0.21	0.27	0.34	0.41	0.48	0.55	0.62
	800	0.00	0.08	0.16	0.23	0.31	0.39	0.47	0.55	0.63	0.71
	980	0.00	0.09	0.19	0.27	0.37	0.47	0.56	0.65	0.74	0.83
	1200	0.00	0.12	0.24	0.35	0.47	0.59	0.70	0.82	0.94	1.06
	1460	0.00	0.14	0.28	0.42	0.58	0.71	0.85	0.99	1.14	1.27
	2800	0.00	0.27	0.55	0.82	1.10	1.37	1.64	1.92	2.19	2.47

表 8.7 包角修正系数 K_α

包角 α	180°	170°	160°	150°	140°	130°	120°	110°	100°	90°
K_α	1.00	0.98	0.95	0.92	0.89	0.86	0.82	0.78	0.74	0.69

z 应圆整为整数，通常应使 $z<10$，以使各根带受力均匀。若算得的 V 带根数过多，则应改选 V 带型号重新设计。

8. 确定初拉力 F_0 并计算作用在轴上的载荷 F_Q

保持适当的初拉力是带传动工作的首要条件。初拉力不足，则极限摩擦力小，传动能力下降；初拉力过大，将增大作用在轴上的载荷并降低带的寿命。单根普通 V 带的初拉力 F_0 可按下式计算：

$$F_0 = \frac{500P_C}{zv}\left(\frac{2.5}{K_\alpha} - 1\right) + qv^2, \text{N} \tag{8.22}$$

式中，各符号的意义同前。

由于新带易松弛，所以对中心距不可调的带传动，安装新带时的初拉力应取上述计算值的 1.5 倍。

F_Q 可近似地用带的两边初拉力 F_0 的合力来计算。由图 8.12 可得，作用在轴上的载荷 F_Q 为

$$F_Q = 2zF_0 \sin\frac{\alpha_1}{2}, \text{N} \tag{8.23}$$

式中各符号的意义同前。

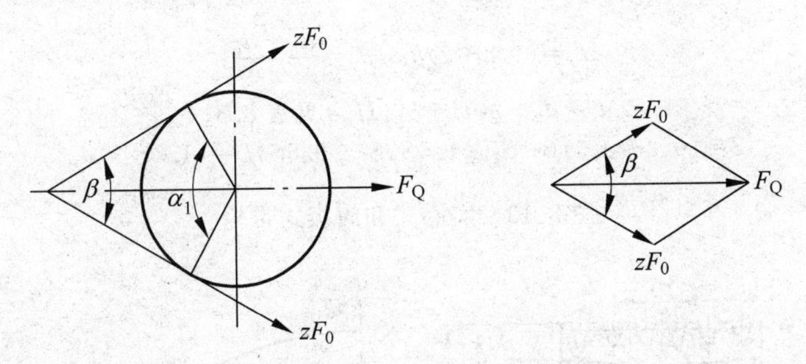

图 8.12　带传动的轴上载荷

9. V 带轮的结构设计

参见 8.4 节。

8.4　V 带轮的结构设计

V 带轮是普通 V 带传动的重要零件，带轮应具有足够的强度，且要轻、质量分布均匀，带与轮槽工作面的接触应具有足够的摩擦，但要减少对带的磨损。高速带轮要进行动平衡试验。

V 带轮一般采用铸铁 HT150 或 HT200 制造，其允许的最大圆周速度为 25 m/s。速度更高时，可采用铸钢或钢板冲压后焊接。塑料带轮的重量轻、摩擦因数大，常用于机床中。

V 带轮的结构与齿轮类似，直径较小时可采用实心式(见图 8.13(a))；中等直径的带轮可采用腹板式(见图 8.13(b))；直径大于 350 mm 时可采用轮辐式(见图 8.14)。

普通 V 带轮轮缘的截面图及轮槽尺寸如表 8.8 所示。普通 V 带两侧面的夹角均为 40°，由于 V 带绕在带轮上弯曲时，其截面变形使两侧面的夹角减小，为使 V 带能紧贴轮槽两侧，轮槽的楔角规定为 32°、34°、36°和 38°。

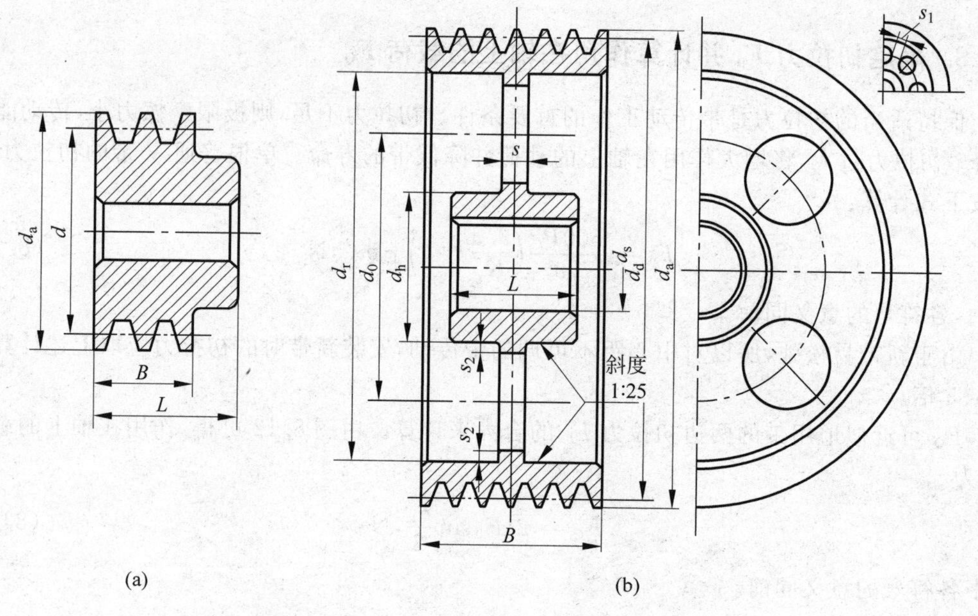

$$d_h=(1.8\sim2)d_s;\ d_0=\frac{d_h+d_r}{2};$$

$$d_r=d_a-2(H+\delta),H、\delta\text{见表 8.8};$$

$$S=(0.2\sim0.3)B;\ S_1\geqslant1.5S,S_2\geqslant0.5S,L=(1.5\sim2)d_s$$

图 8.13 实心式和腹板式带轮

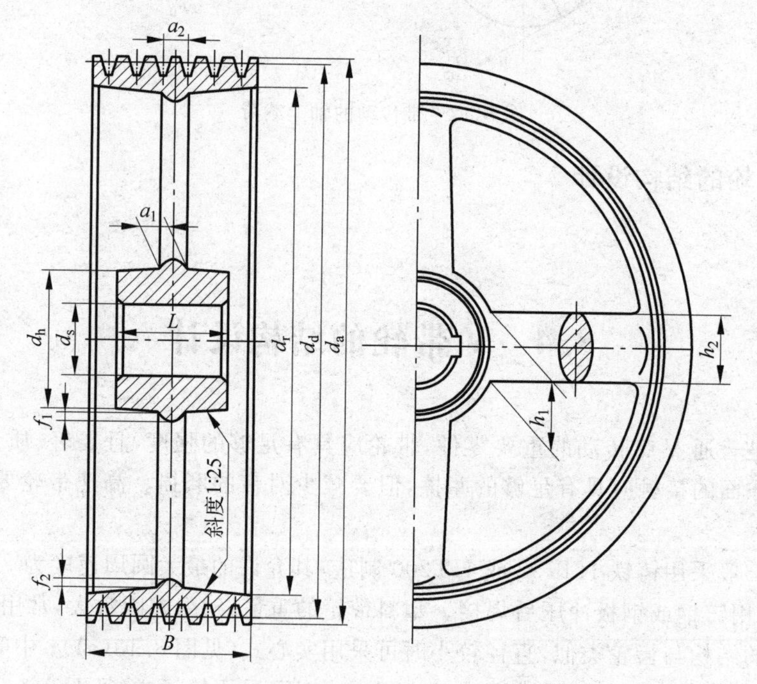

$h_1=290\sqrt[3]{\dfrac{P}{nA}}$；$P$ 为传递功率，kW；n 为带轮转速，r/min；A 为轮辐数；

$h_2=0.8h_1$；$a_1=0.4h_1$；$a_2=0.8a_1$；$f_1=0.2h_1$；$f_2=0.2h_2$

图 8.14 轮辐式带轮

表 8.8　普通 V 带轮的轮槽尺寸　mm

		槽型	Y	Z	A	B	C
		基准宽度 b_d	5.3	8.5	11	14	19
		基准线上槽深 h_{amin}	1.6	2.0	2.75	3.5	4.8
		基准线下槽深 h_{fmin}	4.7	7.0	8.7	10.8	14.3
		槽间距 e	8±0.3	12±0.3	15±0.3	19±0.4	25.5±0.5
		槽边距 f_{min}	6	7	9	11.5	16
		轮缘厚 δ_{min}	5	5.5	6	7.5	10
		外径 d_a	$d_a=d_d+2h_a$				
φ	32°	基准直径 d_d	≤60				
	34°			≤80	≤118	≤190	≤315
	36°		>60				
	38°			>80	>118	>190	>315

8.5　V 带传动的张紧装置及维护

8.5.1　带传动的张紧装置

MOOC

普通 V 带并非完全的弹性体，长期在张紧状态下工作，会因塑性变形而出现松弛，使初拉力 F_0 减小，传动能力下降。此时，必须重新张紧带，以保证带传动正常工作。

带传动常用的张紧方法是调节中心距，常见的张紧装置有以下两类。

1. 定期张紧装置

图 8.15(a)、(b)所示为采用滑轨和调节螺钉或采用摆动架和调节螺栓改变中心距的张紧方法。前者适用于水平或倾斜不大的布置，后者适用于垂直或接近垂直的布置。若中心距不能调节时，可采用具有张紧轮的装置(见图 8.15(c))，它靠平衡锤将张紧轮压在带上，以保持带的张紧。

2. 自动张紧装置

图 8.15(d)所示为采用重力和带轮上的制动力矩，使带轮随浮动架绕固定轴摆动而改变中心距的自动张紧方法。

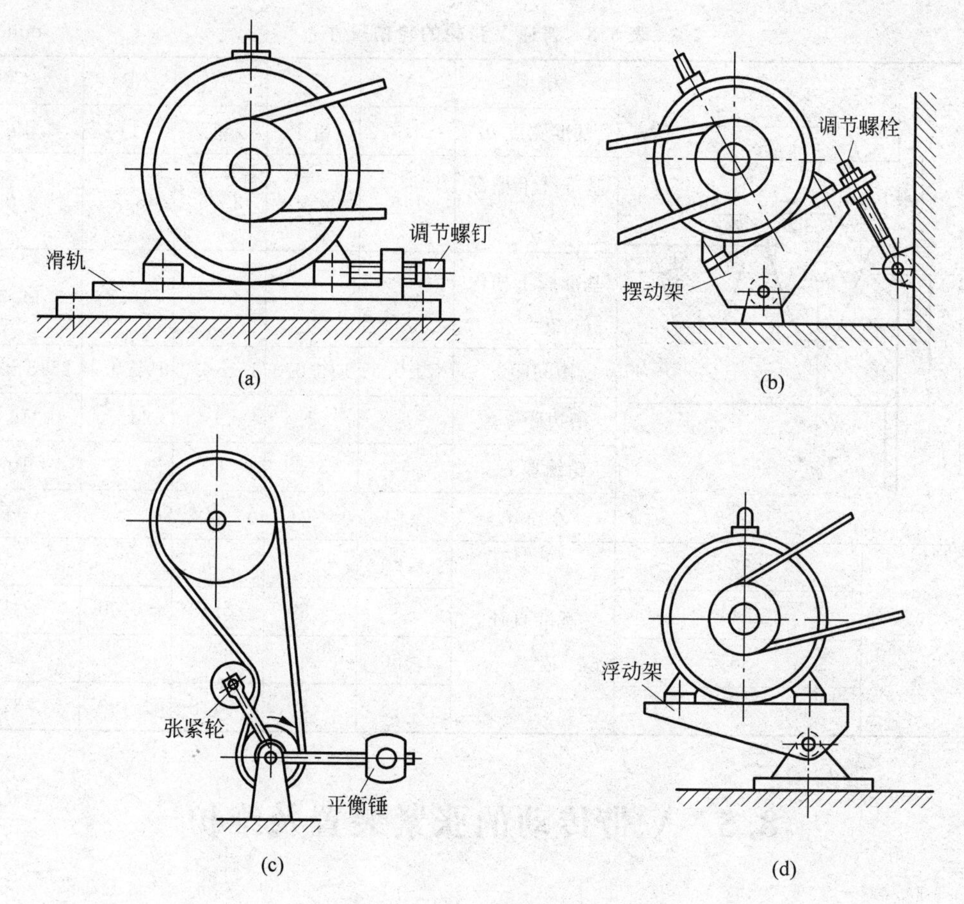

图 8.15 带传动的张紧装置

8.5.2 带传动的维护

为了延长带的寿命,保证带传动的正常运转,必须进行正确的使用和维护保养。使用时注意以下几点。

(1) 安装带时,最好缩小中心距后套上 V 带,再予以调整,而不应硬撬,以免损坏胶带,降低其使用寿命。

(2) 严防 V 带与油、酸、碱等介质接触,以免变质,也不宜在阳光下曝晒。

(3) 带根数较多的传动,若坏了少数几根需进行更换时,应全部更换,不要只更换坏的带而使新、旧带同时使用,这样会造成载荷分配不匀,反而加速新带的损坏。

(4) 为了保证安全生产,带传动须安装防护罩。

8.6 同步带传动简介

同步带(早期称为同步齿形带)以钢丝绳为抗拉层,外面包覆聚氨酯或氯丁橡胶。其横截面为矩形,带面具有等距横向齿,如图 8.2 所示,带轮轮面也制成相应的齿形,工作时靠带齿与轮齿啮合传动。由于带与带轮无相对滑动，能保持两轮的圆周速度同步，故称为同步带传动。与V带传动相比，同步带传动具有下列特点：

(1) 工作时齿形带与带轮间不会产生滑动，能保证两轮同步转动，传动比准确；

(2) 结构紧凑，传动比可达10；

(3) 带的初拉力较小，轴和轴承所受载荷较小；

(4) 传动效率较高，$\eta=0.98$；

(5) 安装精度要求高，中心距要求严格。

齿形带传动，带速可达50 m/s，传动比可达10，传递功率可达200 kW。

当带在纵截面内弯曲时，在带中保持原长度不变的任意一条周线称为节线(见图8.2)，节线长度为同步带的公称长度。在规定的张紧力下，带的纵截面上相邻两齿对称中心线的直线距离称为带节距 p_b，它是同步带的一个主要参数。

同步带在一些机械(如机床、轧钢机、电子计算机、纺织机械、电影放映机、内燃机等)中得到愈来愈广泛的应用。关于同步带传动的设计计算，可参考有关资料。

例8.1 试用例1.1中得到的数据设计普通V带传动。其中，电动机功率 $P=3.83$ kW，转速 $n_1=1440$ r/min，减速箱高速轴的转速 $n_2=450$ r/min。

解：(1) 确定计算功率 P_C

根据V带传动工作条件，查表8.3，可得工作情况系数 $K_A=1.3$，所以

$$P_C=K_AP=1.3\times3.83\ \text{kW}=4.98\ \text{kW}$$

(2) 选取V带型号

根据 P_C、n_1，由图8.11，选用A型V带。

(3) 确定带轮基准直径 d_{d1}、d_{d2}

由表8.4选 $d_{d1}=100$ mm。

根据式(8.11)，从动轮的基准直径为

$$d_{d2}=\frac{n_1}{n_2}d_{d1}=\frac{1440}{450}\times100\ \text{mm}=320\ \text{mm}$$

根据表8.4，选标准带轮直径 $d_{d2}=315$ mm。

(4) 验算带速 v

$$v=\frac{\pi d_{d1}n_1}{60\times1000}=\frac{3.14\times100\times1440}{60\times1000}\ \text{m/s}=7.54\ \text{m/s}$$

v 在5～15 m/s范围内，故带的速度合适。

(5) 确定V带的基准长度和传动中心距

按 $0.7(d_{d1}+d_{d2})\leqslant a_0\leqslant2(d_{d1}+d_{d2})$ 计算，有 $294\leqslant a\leqslant840$，故初选中心距 $a_0=500$ mm。

根据式(8.2)计算带所需的基准长度：

$$\begin{aligned}L_0&=2a_0+\frac{\pi}{2}(d_{d1}+d_{d2})+\frac{(d_{d2}-d_{d1})^2}{4a_0}\\&=\left[2\times500+\frac{\pi}{2}(100+315)+\frac{(315-100)^2}{4\times500}\right]\ \text{mm}=1674.7\ \text{mm}\end{aligned}$$

由表8.2，选取带的基准长度 $L_d=1600$ mm。

带的标记：A 1600 GB/T 11544—2012

按式(8.20)计算实际中心距：

$$a=a_0+\frac{L_d-L_0}{2}=\left(500+\frac{1600-1674.7}{2}\right)\ \text{mm}=463\ \text{mm}$$

(6) 验算主动轮上的包角 α_1

由式(8.4)得

$$\alpha_1 = 180° - \frac{d_{d2} - d_{d1}}{a} \times 57.3° = 180° - \frac{315 - 100}{463} \times 57.3° = 153.37° > 120°$$

故主动轮上的包角合适。

(7) 计算V带的根数 z

由 $n_1 = 1440$ r/min, $d_{d1} = 100$ mm,查表8.2得 $K_L = 0.99$,查表8.5得 $P_0 = 1.32$ kW,查表8.6得 $\Delta P_0 = 0.17$ kW,查表8.7得 $K_\alpha = 0.93$,所以由式(8.21)得

$$z = \frac{P_C}{(P_0 + \Delta P_0) K_\alpha K_L} z = \frac{4.98}{(1.32 + 0.17) \times 0.93 \times 0.99} = 3.63$$

取 $z = 4$ 根。

(8) 计算V带合适的初拉力 F_0

查表8.1得 $q = 0.11$ kg/m,所以由式(8.22)得

$$F_0 = \frac{500 P_C}{zv}\left(\frac{2.5}{K_\alpha} - 1\right) + qv^2 = \left(\frac{500 \times 4.98}{4 \times 7.54}\left(\frac{2.5}{0.93} - 1\right) + 0.11 \times 7.54^2\right) \text{N} = 145.06 \text{ N}$$

(9) 计算作用在轴上的载荷 F_Q

由式(8.23)得

$$F_Q = 2zF_0 \sin\frac{\alpha_1}{2} = 2 \times 4 \times 145.06 \times \sin\frac{153.37°}{2} \text{ N} = 1129.3 \text{ N}$$

(10) 带轮结构设计

按例1.1得到的电机参数和表8.8中的A型,有以下结构参数:

参数名称	符号	数值	单位
电动机轴径	D	28	mm
电动机伸出轴长	E	60	mm
大带轮伸出轴径	d_s	30	mm
上槽深($h_a > 2.75$ mm)	h_a	3	mm
槽间距	e	15±0.3	mm
槽边距($f > 9$ mm)	f	10	mm

① 小带轮

采用实心式结构:

公称直径 $d_d = 100$ mm

轮毂孔直径(连接电机轴)$D = 28$ mm

带轮外径 $d_a = d_d + 2h_a = 106$ mm

带轮宽 $B = (z-1)e + 2f = 65$ mm

轮毂宽 $L = 65$ mm

② 大带轮

采用腹板式,参考图8.13中推荐的取值公式,有:

公称直径 $d_d = 315$ mm

带轮外径 $d_a = d_d + 2h_a = 321$ mm,取322 mm

轮毂孔直径 $d_s = 30$ mm(参见图8.13)

带轮宽 $B = 65$ mm(与小带轮同宽)

轮毂宽 $L=B=65\ \text{mm}$ $(L>(1.5\sim2)d_s=45\sim60\ \text{mm})$

腹板内径 $d_h=(1.8\sim2)d_s$，取 $d_h=60\ \text{mm}$

腹板外径 $d_r=d_a-2(h+\delta)=286\ \text{mm}$

腹板厚 $s=(0.2\sim0.3)B=16\ \text{mm}$

腹板孔中心直径 $d_0=(d_h+d_r)/2=175\ \text{mm}$

腹板内外圈厚 $s_2=0.5s=8\ \text{mm}$

腹板孔直径 $d_f=d_0/3=55\ \text{mm}$，6 个

V 带轮的结构如图 8.16 和图 8.17 所示。

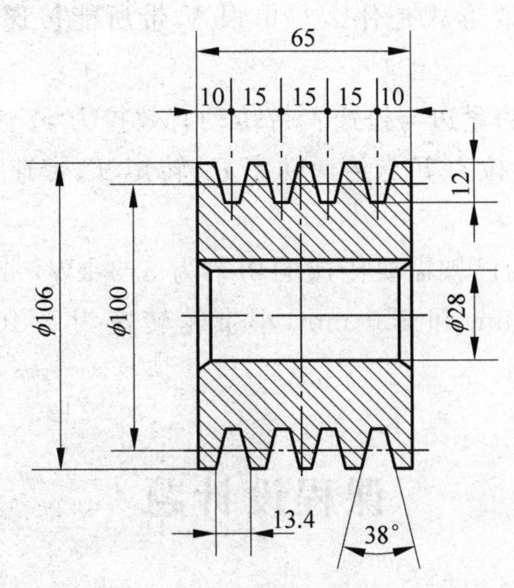

图 8.16　小带轮结构图

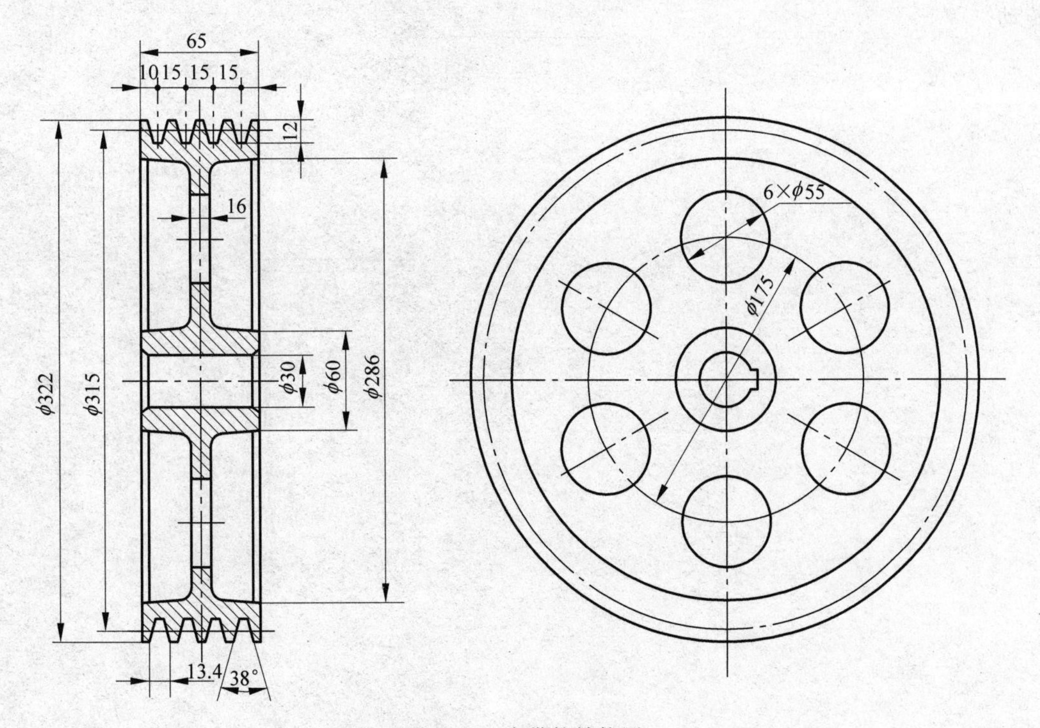

图 8.17　大带轮结构图

习　　题

8.1 带传动允许的最大有效拉力与哪些因素有关？

8.2 带在工作时受到哪些应力？如何分布？应力分布情况说明了哪些问题？

8.3 带传动中弹性滑动与打滑有何区别？它们对于带传动各有什么影响？

8.4 带传动的主要失效形式是什么？单根V带所能传递的功率是根据哪些条件得来的？

8.5 如何判别带传动的紧边与松边？带传动有效拉力 F 与紧力拉力 F_1、松边拉力 F_2 有什么关系？带传动的有效拉力 F 与传递功率 P、转矩 T、带速 v、带轮直径 d 之间有什么关系？

8.6 一普通V带传动，已知需要传递的功率为3.3 kW，带的型号为A型，两个V带轮的基准直径分别为125 mm和250 mm，小带轮转速为1440 r/min，初定中心距 $a_0=480$ mm，试设计此V带传动。

课程设计题

S.4 根据S.1计算得到的电动机功率、转速和转矩以及带轮传动比，设计普通V带传动。

第 9 章

链 传 动

9.1 概　述

9.1.1 链传动的特点和类型

链传动由装在平行轴上的链轮和跨绕在两链轮上的环形链条组成(见图 9.1),它以链条作为中间挠性件,靠链条与链轮轮齿的啮合来传递运动和动力。

链传动结构简单、耐用、易维护,与带传动一样,也适用于中心距较大的场合。

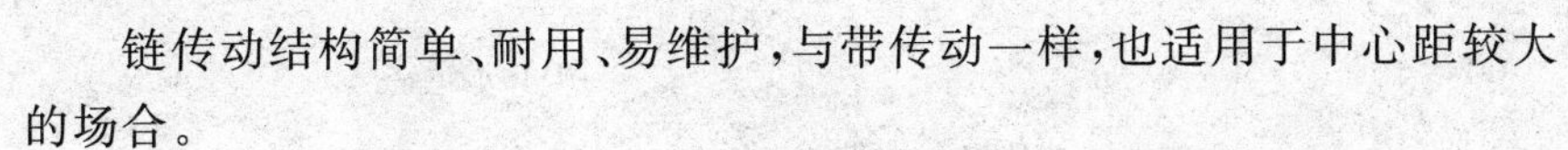

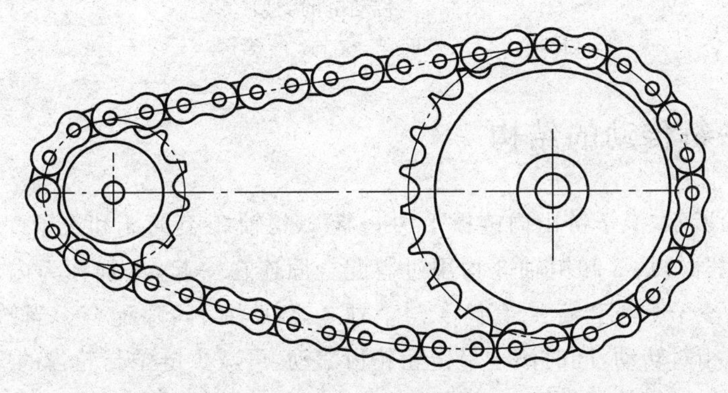

图 9.1　链传动

与带传动相比,链传动没有弹性滑动和打滑,因此能保持准确的平均传动比,且功率损耗小,效率高;同时,其依靠啮合传动,需要的张紧力小,压轴力也小;在同样的使用条件下,链轮宽度和直径也比带轮小,因而结构紧凑;还能在温度较高、有油污等恶劣环境条件下工作。与齿轮传动相比,链传动的制造和安装精度要求较低,成本低廉,容易实现远距离传动。

其缺点是:瞬时速度不均匀,瞬时传动比不恒定,传动中有一定的冲击和噪声;无过载保护功能;安装精度比带传动要求高;不宜在载荷变化大、高速和急速反转中应用;只能用于两平行轴间的传动。

链传动广泛用于矿山机械、农业机械、石油机械、机床及摩托车中。应用时应使链传动的传动比 $i\leqslant 8$;中心距 $a\leqslant 5\sim 6$ m;传递功率 $P\leqslant 100$ kW;圆周速度 $v\leqslant 15$ m/s。其传动

效率 $\eta=0.92\sim0.96$。

按用途不同，链可分为传动链、输送链和起重链。输送链和起重链主要用在运输和起重机械中，而传动链广泛用于一般机械传动中。

传动链主要有滚子链和齿形链两种结构形式（如图 9.2 所示）。其中，齿形链结构复杂，价格较高，应用不如滚子链广泛。

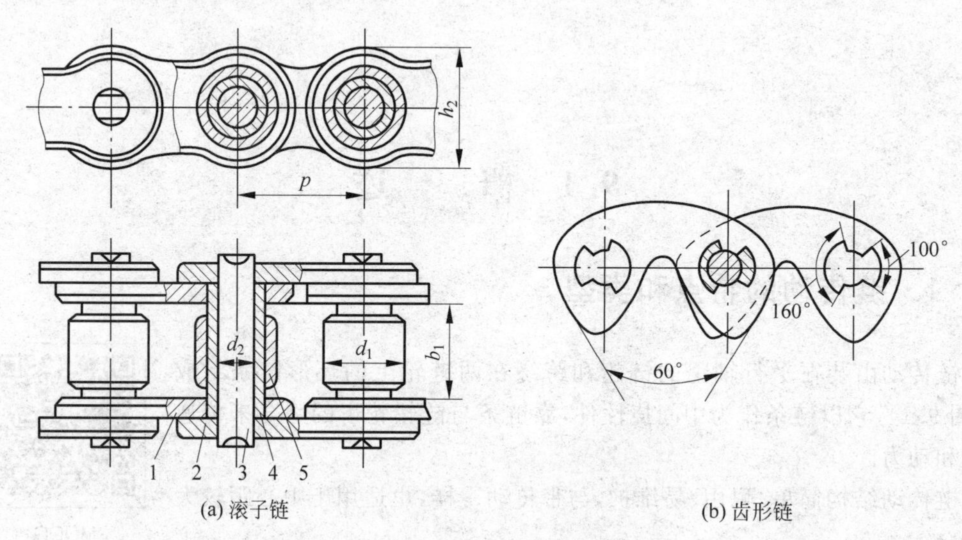

(a) 滚子链　　(b) 齿形链

图 9.2　传动链的类型

1—内链板；2—外链板；3—销轴；4—套筒；5—滚子

9.1.2 滚子链传动的结构

如图 9.2(a)所示，滚子链由内链板 1、外链板 2、销轴 3、套筒 4 和滚子 5 组成。其中，内链板 1 和套筒 4、外链板 2 和销轴 3 均用过盈配合固连在一起，分别称为内、外链节，内、外链节构成铰链。滚子 5 与套筒 4、套筒 4 与销轴 3 之间均为间隙配合。当链条啮入和啮出时，内、外链节作相对转动，同时滚子沿链轮轮齿滚动，可减少链条与轮齿的磨损。链的磨损主要发生在销轴与套筒的接触面上，因此内、外链板间应留少许间隙，以便润滑油渗入套筒与销轴的摩擦面间。

为减轻链条的质量并使链板各横剖面的抗拉强度大致相等，内、外链板均制成“∞”字形。组成链条的各零件由碳钢或合金钢制成，并进行热处理，以提高强度和耐磨性。

滚子链相邻两滚子中心的距离称为链节距，用 p 表示，它是链条的主要参数。节距 p 越大，链条各零件的尺寸越大，所能承受的载荷越大。

滚子链可制成单排和多排链，如双排或三排链。链的排数越多，承载能力越大，但排数过多时难以保证制造和装配精度，易发生各排链载荷分布不均匀现象，故实际应用时一般不超过 3 排。

滚子链已标准化，分为 A、B 两个系列，常用的是 A 系列。表 9.1 列出了几种 A 系列滚子链的主要参数。设计时，要根据载荷大小及工作条件等选用适当的链条型号、确定链传动的几何尺寸及链轮的结构尺寸。

表 9.1　A 系列滚子链的主要参数

链号	节距 p /mm	排距 p_1 /mm	滚子外径 d_1 /mm	极限载荷 Q (单排)/N	单位长度链条质量 q (单排)/(kg/m)
08A	12.70	14.38	7.95	13 800	0.60
10A	15.875	18.11	10.16	21 800	1.00
12A	19.05	22.78	11.91	21 100	1.50
16A	25.40	29.29	15.88	55 600	2.60
20A	31.75	35.76	19.05	86 700	3.80
24A	38.10	45.44	22.23	124 600	5.60
28A	44.45	48.87	25.40	169 000	7.50
32A	50.80	58.55	28.58	222 400	10.10
40A	63.50	71.55	39.68	347 000	16.10
48A	76.20	87.83	47.63	500 400	22.60

注：① 摘自 GB/T 1243—2006，表中链号与相应的国际标准链号一致，链号乘以 $\frac{25.4}{16}$ 即为节距值(mm)。后缀 A 表示 A 系列。

② 使用过渡链节时，其极限载荷按表列数值的 80%计算。

按照 GB/T 1243—2006 的规定，套筒滚子链的标记为

链号—排数×链节数　标准号

例如：A 级、双排、70 节、节距为 38.1 mm 的标准滚子链，标记应为

$$24A—2\times70\quad GB/T\ 1243—2006$$

标记中，B 级链不标等级，单排链不标排数。

滚子链的长度以链节数 L_p 表示。链节数 L_p 最好取偶数，以便链条联成环形时正好是内、外链板相接，接头处可用开口销(适用于大节距)或弹簧夹(适用于小节距)锁紧(见图 9.3(a))。当采用弹簧夹时，应使其开口端的方向与链条前进方向相反，以免在运转中受到碰撞而脱落。若链节数为奇数时，则需采用过渡链节(见图 9.3(b))。过渡链节的链板需单独制造，另外当链条受拉时，过渡链节还要承受附加的弯曲载荷，使强度降低，通常应尽量避免。

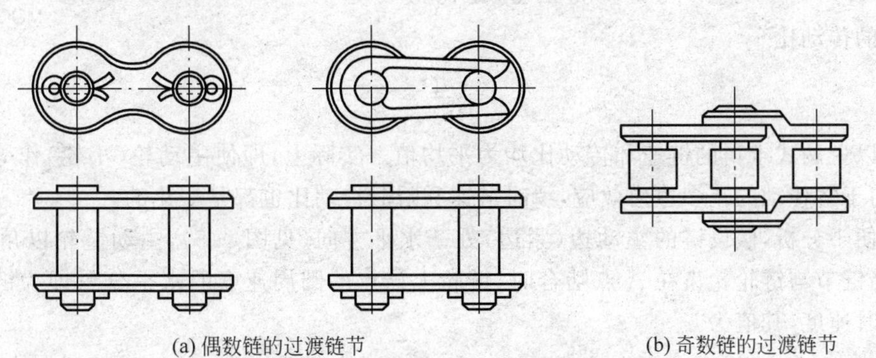

(a) 偶数链的过渡链节　　(b) 奇数链的过渡链节

图 9.3　滚子链的接头形式

9.1.3 齿形链

齿形传动链由一组齿形链板并列铰接而成(见图9.4),工作时,通过链片侧面的两直边与链轮轮齿相啮合。齿形链具有传动平稳、噪声小,承受冲击性能好,工作可靠等优点。但结构复杂,质量较大,价格较高。齿形链多用于高速(链速 v 可达40 m/s)或运动精度要求较高的传动。

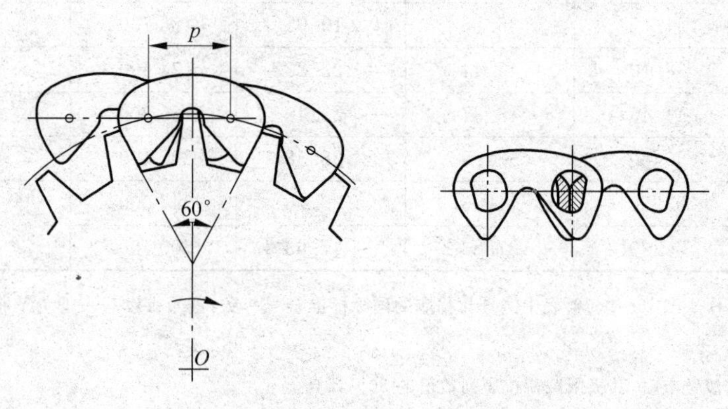

图9.4 齿形链

9.2 链传动的工作情况分析

9.2.1 链传动的运动不均匀性

MOOC

链条绕上链轮后形成折线,因此链传动相当于一对多边形轮之间的传动(见图9.5)。设 z_1、z_2 为两链轮的齿数,p 为节距(单位:mm),n_1、n_2 为两链轮的转速(单位:r/min),则链条线速度(简称链速)为

$$v=\frac{z_1 p n_1}{60\times 1000}=\frac{z_2 p n_2}{60\times 1000},\mathrm{m/s} \tag{9.1}$$

链传动的传动比

$$i=\frac{n_1}{n_2}=\frac{z_2}{z_1} \tag{9.2}$$

由以上两式求得的链速和传动比均为平均值。实际上,即使主动轮(小轮)作等角速度转动,由于链传动的正多边形效应,瞬时链速和瞬时传动比也都是变化的。

为便于分析,假设链的主动边(紧边)处于水平方向(见图9.5),主动链轮以角速度 ω_1 回转,当链节与链轮轮齿在 A 点啮合时,链轮上该点的圆周速度的水平分量即为链节上该点的瞬时速度,其值为

$$v=\frac{1}{2}d_1\omega_1\cos\theta \tag{9.3}$$

式中,d_1 为主动链轮的分度圆直径,mm;θ 为 A 点的圆周速度与水平线的夹角,(°)。

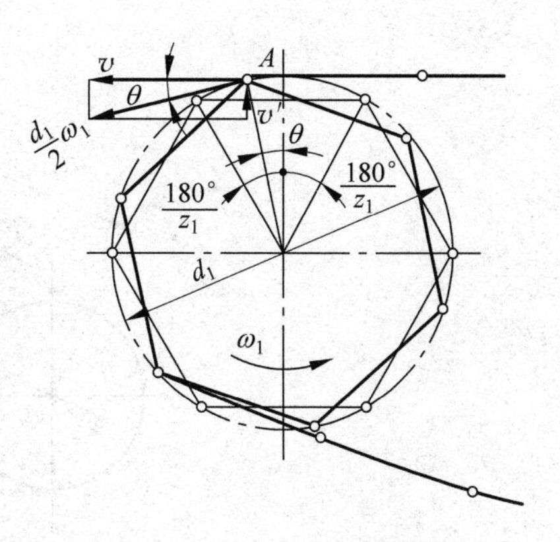

图 9.5 链传动的运动分析

任一链节从进入啮合到退出啮合，θ 角在 $-\frac{180°}{z}\sim+\frac{180°}{z}$ 的范围内变化。

当 $\theta=0°$ 时，链速最大，$v_{\max}=d_1\omega_1/2$；

当 $\theta=\pm\frac{180°}{z}$ 时，链速最小，$v_{\min}=\frac{d_1\omega_1}{2}\cos\frac{180°}{z_1}$。

由此可知，当主动轮以角速度 ω_1 等速转动时，链条的瞬时速度 v 周期性地由小变大，又由大变小，每转过一个节距变化一次。

同理，链条在垂直于链节中心线方向的分速度 $v'=\frac{d_1\omega_1}{2}\sin\theta$，也作周期性变化，从而使链条上下抖动。

由于链速是变化的，工作时不可避免地要产生振动和动载荷。

而在从动链轮上，β_2 角的变化范围为 $-\frac{180°}{z_2}\sim+\frac{180°}{z_2}$，由于链速 v 不等于常数且 β_2 不断变化，因此从动轮的角速度 $\omega_2=\frac{v}{\frac{d_2}{2}\cos\beta_2}$ 也是周期性变化的，故链传动的瞬时传动比 $i=\frac{\omega_1}{\omega_2}=\frac{d_2\cos\beta_2}{d_1\cos\theta_1}$ 是变化的。从动轮角速度 ω_2 的速度波动将引起链条与链轮轮齿的冲击，产生振动和噪声，并加剧磨损，而随着链轮齿数的增加，θ_1 和 β_2 相应减小，传动中的速度波动、冲击、振动和噪声也都减小，所以链轮的齿数不宜太少。通常取主动链轮(即小链轮)的齿数大于 17。

综上所述，由于链条绕在链轮上形成正多边形，导致链速和传动比都作周期性变化，这种运动不均匀性称为链传动的正多边形效应。正多边形效应是链传动的固有现象，不可避免。

链传动在工作过程中，由于存在正多边形效应，从而产生动载荷。为了减少动载荷和减轻链传动的正多边形效应，设计链传动时，链轮的齿数应取大些，链节距和链轮转速应取小些。通常链传动用在传动系统的低速级。

9.2.2 链传动的受力分析

链传动工作时，链的紧边拉力和松边拉力不相等。若不考虑动载荷，则紧边拉力 F_1 为工作拉力 F、离心拉力 F_c 及悬垂拉力 F_y 之和(如图 9.6 所示)：

$$F_1=F+F_c+F_y,\mathrm{N} \tag{9.4}$$

松边拉力为

$$F_2=F_c+F_y,\mathrm{N} \tag{9.5}$$

工作拉力为

$$F=F_1-F_2=\frac{1000P}{v},\mathrm{N} \tag{9.6}$$

式中，P 为链传动传递的功率，kW；v 为链速，m/s。

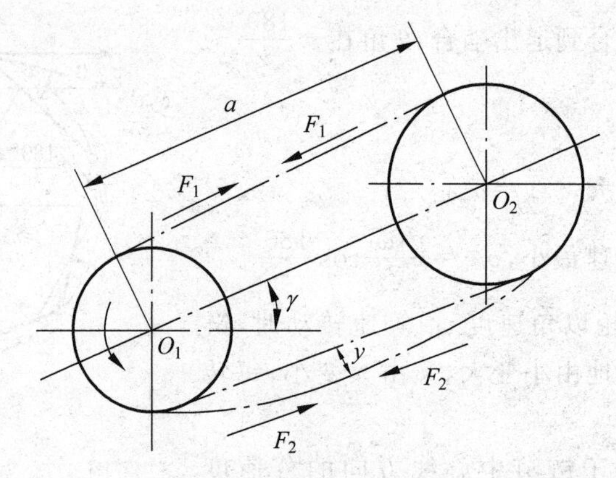

图 9.6 作用在链上的力

离心拉力为

$$F_c = qv^2 \text{, N} \tag{9.7}$$

式中，q 为单位长度链条的质量，kg/m，见表 9.1。

悬垂拉力为

$$F_y = K_y qga \text{, N} \tag{9.8}$$

式中，a 为链传动的中心距，m；g 为重力加速度，$g=9.81\ \text{m/s}^2$；K_y 为下垂度 $y=0.02a$ 时的垂度系数。K_y 值与两链轮轴线所在平面与水平面的倾斜角 β 有关。垂直布置时，$K_y=1$；水平布置时，$K_y=7$；对于倾斜布置的情况，$\beta=30°$时 $K_y=6$，$\beta=60°$时 $K_y=4$，$\beta=75°$时 $K_y=2.5$。

链作用在轴上的压力 F_Q 可近似取为

$$F_Q=(1.2\sim1.3)F \tag{9.9}$$

有冲击和振动时取大值。

9.3 滚子链传动的设计

9.3.1 滚子链传动的失效形式

MOOC

链传动的失效一般是链条的失效，其失效形式主要有以下几种。

1. 链板疲劳破坏

链传动中，链条经受着从紧边到松边的周期性变化，其所受应力为变应力。当循环次数超过一定值后，链板就会发生疲劳破坏。在正常润滑条件下，疲劳强度是限定链传动承载能力的主要因素。

2. 滚子、套筒的冲击疲劳破坏

链节与链轮啮合时，滚子与链轮间会产生冲击，高速时冲击载荷较大。另外，对于因张紧不好而松边垂度较大的链传动，在反复起动、制动、反转时也会产生惯性冲击，滚子、套筒表面受到反复多次的冲击载荷，会发生冲击疲劳破坏。

3. 销轴与套筒的胶合

当链轮的转速很高时，链节啮入链轮时的冲击能量增大，造成销轴与套筒之间的润滑油膜遭到破坏，使二者的工作表面在高温、高压下直接接触，从而导致工作表面胶合。另外，润滑不良也会使销轴与套筒工作面摩擦发热较大，致使两表面发生黏附磨损，严重时则发生胶合。

4. 链条铰链磨损

链在工作过程中，销轴与套筒的工作表面会因存在较大的压力和相对滑动而磨损，导致链节伸长，滚子与链轮轮齿的啮合点逐步向齿顶方向外移，容易引起跳齿和脱链。磨损是开式链传动的主要失效形式。

5. 过载拉断

在低速（$v<6$ m/s）重载或瞬时严重过载时，若链条所受拉力超过链条的静强度，则链条可能被拉断。

9.3.2　额定功率曲线图

以上各种失效形式，将使链传动的工作能力受到限制。图9.7是通过实验得出的单排滚子链的极限功率曲线。曲线1是在正常润滑条件下，由铰链磨损所限定的极限功率曲线；曲线2是链板疲劳强度限定的极限功率曲线；曲线3是套筒、滚子冲击疲劳强度限定的极限功率曲线；曲线4是铰链（套筒、销轴）胶合限定的极限功率曲线。显然，为安全起见，应使链传动功率限定在上述曲线范围之内。考虑安全余量，一般将实际使用的许用功率进一步限定在图中阴影区域内。

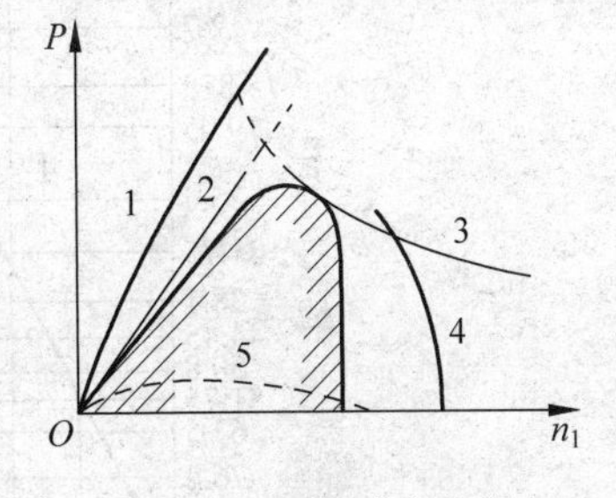

图9.7　极限功率曲线

润滑条件对链传动的承载能力影响很大。若润滑不良及工作情况恶劣，磨损将很严重，其极限功率将大幅度下降，如图9.7中的虚线5所示。

图9.8所示为部分型号滚子链的额定功率曲线，表示当采用推荐的润滑方式时，链传动所能传递的功率 P_0、小轮转速 n_1 和链号三者之间的关系。该图是在特定条件下制定的，即：①两轮共面；②小轮齿数 $z_1=19$；③链节数 $L_p=100$ 节；④载荷平稳；⑤按推荐的方式润滑（见图9.9）；⑥工作寿命为15 000 h；⑦链条因磨损而引起的相对伸长量不超过3%。

若润滑条件与推荐的润滑方式不同时，则根据链速 v 的不同，应将 P_0 适当降低：当链速 $v\leqslant 1.5$ m/s时，降低到50%；当1.5 m/s$\leqslant v\leqslant 7$ m/s时，降低到25%；当 $v>7$ m/s而润滑又不当时，则不宜用链传动。

设计时，若实际选用参数与上述特定条件不同，则需要引入一系列相应的修正系数对

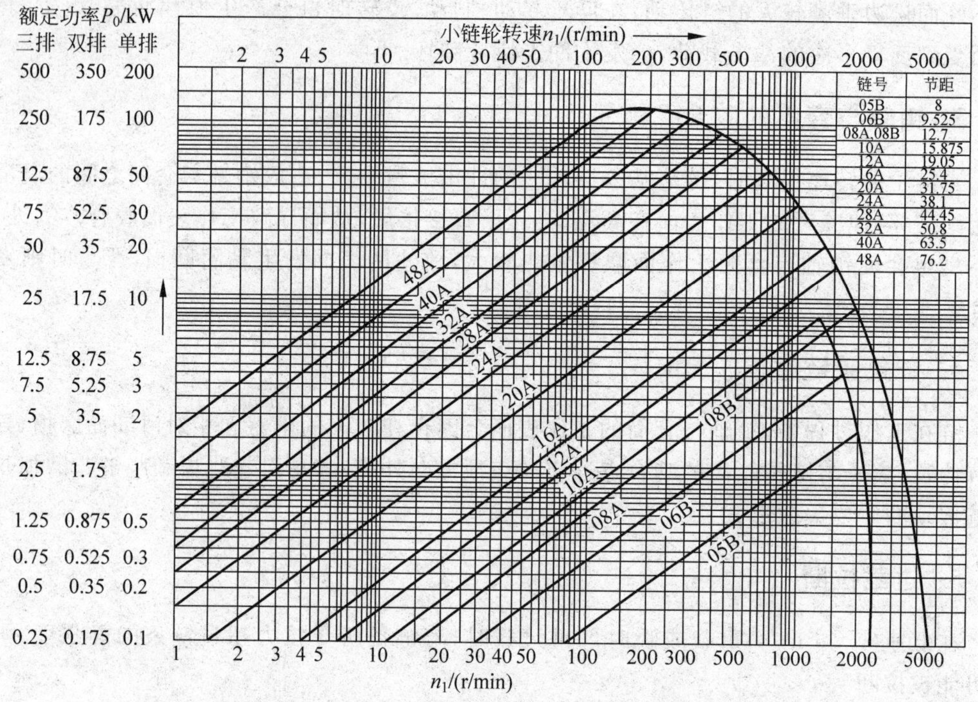

图 9.8 滚子链的额定功率曲线

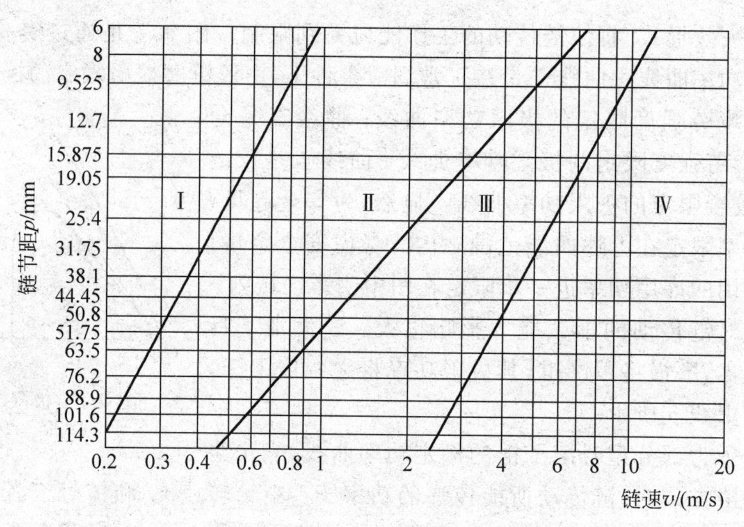

图 9.9 推荐的润滑方式

Ⅰ—人工定期润滑；Ⅱ—滴油润滑；Ⅲ—油浴或飞溅润滑；Ⅳ—压力喷油润滑

图 9.9 中的额定功率 P_0 进行修正。单排链传动的额定功率应按下式确定：

$$P_0 \geqslant \frac{K_A P}{K_Z K_L K_P} \tag{9.10}$$

式中，K_A 为工作情况系数，由表 9.2 确定；P_0 为单排链的额定功率，kW；P 为链传动传递的功率，kW；K_Z 为小链轮的齿数系数，由表 9.3 确定，当工作点落在图 9.8 的曲线顶点左侧时(属于链板疲劳)，查表中 K_Z，当工作点落在图 9.8 的曲线右侧时(属于套筒、滚子冲击疲劳)，查表中 K'_Z；K_L 为链长系数(见图 9.10)，图中曲线 1 为链板疲劳计算用，曲线 2 为套筒、滚子冲击疲劳计算用；当失效形式无法预先估计时，取曲线中小值代入计算；K_P 为多排链系数(表 9.4)。

表 9.2 工作情况系数 K_A

载荷性质	原动机	
	电动机或汽轮机	内燃机
载荷平稳	1.0	1.2
中等冲击	1.3	1.4
较大冲击	1.5	1.7

表 9.3 小链轮齿数系数 K_Z 和 K'_Z

z_1	9	10	11	12	13	14	15	16	17
K_Z	0.446	0.500	0.554	0.609	0.664	0.719	0.775	0.831	0.887
K'_Z	0.326	0.382	0.441	0.502	0.566	0.633	0.701	0.773	0.846
z_1	19	21	23	25	27	29	31	33	35
K_Z	1.00	1.11	1.23	1.34	1.46	1.58	1.70	1.82	1.93
K'_Z	1.00	1.16	1.33	1.51	1.69	1.89	2.08	2.29	2.50

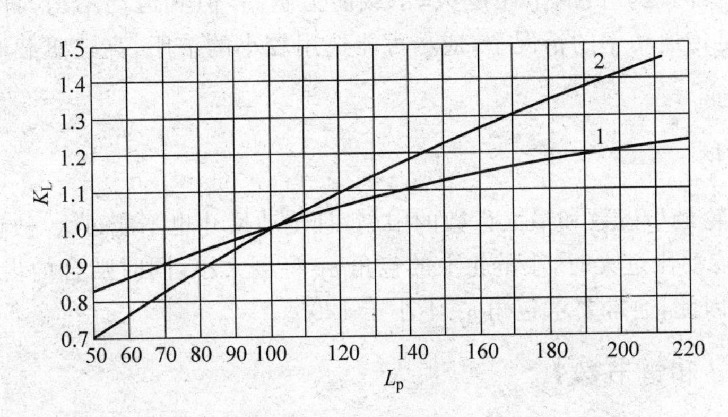

图 9.10 链长系数

1—链板疲劳；2—滚子套筒冲击疲劳

表 9.4 多排链系数 K_P

排数	1	2	3	4	5	6
K_P	1	1.7	2.5	3.3	4.0	4.6

9.3.3 滚子链传动参数的选择

链传动设计的已知条件一般包括：传递的功率 P，主动链轮、从动链轮的转速 n_1、n_2(或传动比 i)，工作状况以及对结构尺寸的要求等。需要设计的内容为：确定链的型号(节距)、链的排数、链长(链节数)、链轮齿数、材料和结构形式,计算中心距 a、压轴力,选择润滑和张紧装置等。

滚子链传动参数的选择方法如下:

1. 链轮齿数 z_1、z_2

由链传动的运动不均匀性知,齿数越少,瞬时链速变化越大,而且链轮直径也较小,当传递功率一定时,链和链轮轮齿的受力也会增加。故为使传动平稳,小链轮齿数不宜过少。但若齿数过多,则又会造成链轮尺寸过大,而且当链条磨损后,也更容易从链轮上脱落。滚子链传动的小链轮齿数 z_1 应根据链速 v 和传动比 i,由表 9.5 进行选取,然后按 $z_2=iz_1$,选取大链轮的齿数,并控制在 $z_2\leqslant120$。

表 9.5 小链轮齿数

链速 v/(m/s)	0.6～3	3～8	>8
z_1	≥15～17	≥19～21	≥23～25

因链节数常取偶数,故链轮齿数最好取奇数,以使磨损均匀。

2. 链的节距 p

链的节距 p 是决定链的工作能力、链及链轮尺寸的主要参数,正确选择 p 是链传动设计时要解决的主要问题。链的节距越大,承载能力越高,但其运动不均匀性和冲击就越严重。因此,在满足传递功率的情况下,应尽可能选用较小的节距,高速重载时可选用小节距多排链。

3. 传动比 i

传动比受链轮最小齿数和最大齿数的限制,且传动尺寸也不能过大,故链传动的传动比一般不大于 6。传动比过大时,小链轮上的包角 α_1 将会太小,同时啮合的齿数也太少,将加速轮齿的磨损。因此,通常要求包角 α_1 不小于 120°。

4. 中心距 a 和链节数 L_p

若链传动中心距过小,则小链轮上的包角也小,同时啮合的链轮齿数也减少;若中心距过大,则易使链条抖动。一般可取中心距 $a=(30\sim50)p$,最大中心距 $a_{\max}\leqslant80p$。

链的长度以链节数 L_p(节距 p 的倍数)来表示。与带传动相似,链节数 L_p 与中心距 a 之间的关系为

$$L_p=\frac{2a}{p}+\frac{z_1+z_2}{2}+\left(\frac{z_2-z_1}{2\pi}\right)^2\frac{p}{a} \tag{9.11}$$

计算出的 L_p 应圆整为整数,且最好取为偶数。

若 L_p 已知,也可由式(9.11)计算出实际中心距 a,即

$$a=\frac{p}{4}\left[\left(L_p-\frac{z_1+z_2}{2}\right)+\sqrt{\left(L_p-\frac{z_1+z_2}{2}\right)^2-8\left(\frac{z_2-z_1}{2\pi}\right)^2}\right] \tag{9.12}$$

为了便于链条的安装和调节链的张紧,通常中心距设计成可调的。若中心距不能调节

而又没有张紧装置时，应将算得的中心距减小2～5 mm，使链条有小的初垂度，以保持链传动的适度张紧。

例9.1 设计一带动压缩机的链传动。已知电动机的额定转速 $n_1=970$ r/min，压缩机转速 $n_2=330$ r/min，传递功率 $P=9.7$ kW，两班制工作，载荷平稳，要求中心距 a 不大于600 mm。电动机可在滑轨上移动。

解：(1) 选择链轮齿数 z_1、z_2

传动比

$$i=\frac{n_1}{n_2}=\frac{970}{330}=2.94$$

按表9.5取小链轮齿数 $z_1=25$，大链轮齿数 $z_2=iz_1=2.94\times25=73.5$，取 $z_2=73$。

(2) 求计算功率 P_C

由表9.2查得 $K_A=1.0$，计算功率为

$$P_C=K_AP=1.0\times9.7\text{ kW}=9.7\text{ kW}$$

(3) 确定中心距 a_0 及链节数 L_p

初定中心距 $a_0=(30\sim50)p$，取 $a_0=30p$。

由式(9.11)求 L_p：

$$L_p=\frac{2a_0}{p}+\frac{z_1+z_2}{2}+\left(\frac{z_2-z_1}{2\pi}\right)^2\frac{p}{a_0}=\frac{2\times30p}{p}+\frac{25+73}{2}+\left(\frac{73-25}{2\pi}\right)^2\frac{p}{30p}=110.94$$

取 $L_p=110$。

(4) 确定链条型号和节距 p

首先确定系数 K_Z、K_L、K_P。

根据链速估计链传动可能产生链板疲劳破坏，由表9.3查得小链轮齿数系数 $K_Z=1.34$，由图9.8查得 $K_L=1.02$，考虑传递功率不大，故选单排链，由表9.4查得 $K_P=1$。

所能传递的额定功率

$$P_0=\frac{P_C}{K_ZK_LK_P}=\frac{9.7}{1.34\times1.02\times1}\text{ kW}=7.09\text{ kW}$$

由图9.8选择滚子链型号为10A，链节距 $p=15.875$ mm，由图证实工作点落在曲线顶点左侧，主要失效形式为链板疲劳，前面假设成立。

(5) 验算链速 v

$$v=\frac{z_1pn_1}{60\times1000}=\frac{25\times15.875\times970}{60\times1000}\text{ m/s}=6.41\text{ m/s}$$

(6) 确定链长 L 和中心距 a

链长

$$L=\frac{L_P\times p}{1000}=\frac{110\times15.875}{1000}\text{ m}=1.746\text{ m}$$

中心距

$$\begin{aligned}a&=\frac{p}{4}\left[\left(L_p-\frac{z_1+z_2}{2}\right)+\sqrt{\left(L_p-\frac{z_1+z_2}{2}\right)^2-8\left(\frac{z_2-z_1}{2\pi}\right)^2}\right]\\&=\frac{15.875}{4}\left[\left(110-\frac{25+73}{2}\right)+\sqrt{\left(110-\frac{25+73}{2}\right)^2-8\left(\frac{73-25}{2\pi}\right)^2}\right]\text{ mm}\\&=468.47\text{ mm}\end{aligned}$$

(7) 求作用在轴上的力

工作拉力 $F=1000\dfrac{P}{v}=1000\dfrac{9.7}{6.41}\text{ N}=1513\text{ N}$

因载荷平稳，取 $F_Q=1.2F=1.2\times1513\text{ N}=1815.6\text{ N}$。

(8) 选择润滑方式

根据链速 $v=6.41$ m/s,节距 $p=15.875$ mm,按图9.9选择油浴或飞溅润滑方法。

设计结果:滚子链型号 10A—1×110 (GB/T 1243—1997),链轮齿数 $z_1=25$,$z_2=73$,中心距 $a=468.47$ mm,压轴力 $F_Q=1815.6$ N。

(9) 结构设计(略)

9.3.4 低速链传动的设计

对于 $v<0.6$ m/s 的低速链传动,其失效形式主要是链条因过载而被拉断,故应按抗拉静强度条件进行计算。根据已知的传动条件,由图9.8初选链条型号,然后校核安全系数 S:

$$S=\frac{Qn}{K_A F_1}\geqslant[S] \tag{9.13}$$

式中,S 为静强度计算的安全系数;Q 为链条的最低破坏载荷,由链号查表9.1;n 为链的排数;K_A 为工作情况系数,由表9.2确定;F_1 为链的紧边工作拉力;$[S]$为许用静强度安全系数,通常$[S]=4\sim8$。

9.4 滚子链轮的结构设计

链轮的轮齿应有足够的接触强度和耐磨性,故齿面多经热处理。因小链轮的啮合次数比大链轮多,所受冲击力也大,故所用材料一般优于大链轮。常用的链轮材料有碳素钢(如Q235、Q275、45钢、ZG312-570等),灰铸铁(如HT200)等。重要的链轮可采用合金钢。

链轮有整体式、孔板式、组合式等结构形式(见图9.11)。

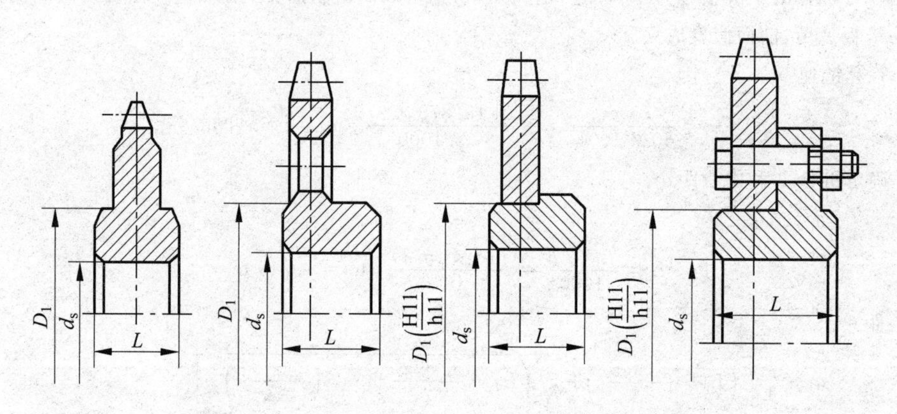

$L=(1.5\sim2)d_s$,$D_1=(1.2\sim2)d_s$,d_s 为轴孔直径

图9.11 链轮的结构

轮齿的齿形应保证链节能平稳地进入和退出啮合,受力良好,不易脱链,便于加工。

滚子链链轮的齿形已标准化(GB/T 1243—1997),有双圆弧齿形(见图9.12(a))和三圆弧一直线齿形(见图9.12(b))两种,前者齿形简单,后者可用标准刀具加工。

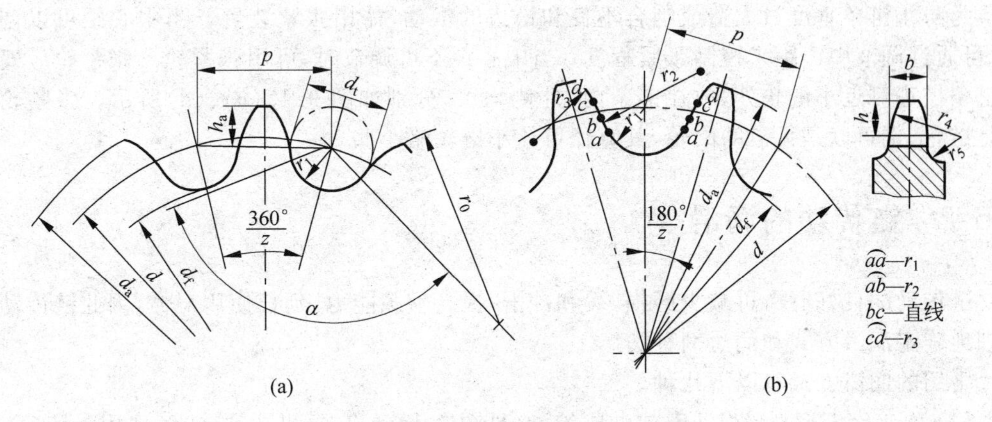

图 9.12　链轮的齿形

链轮上被链条节距等分的圆称为分度圆，其直径用 d 表示，则

$$d=\frac{p}{\sin(180°/z)} \tag{9.14}$$

齿顶圆直径

$$d_a=p\left(0.54+\cot\frac{180°}{z}\right) \tag{9.15}$$

齿根圆直径

$$d_f=d-d_t \tag{9.16}$$

式中，d_t 为滚子外径。

9.5　链传动的布置、张紧和润滑

9.5.1　链传动的布置

在链传动中，两链轮的转动平面应在同一平面内，两轴线必须平行，最好成水平布置(见图 9.13(a))。如需倾斜布置，则应使两链轮中心连线与水平线的夹角 φ 小于 45°(见图 9.13(b))，同时应使链的紧边(即主动边)在上，松边在下，以便链节和链轮轮齿可以顺利地进入和退出啮合。如果链的松边在上，可能会因链的松边垂度过大而出现链条与链轮的干扰，甚至会引起链的松边碰到紧边。

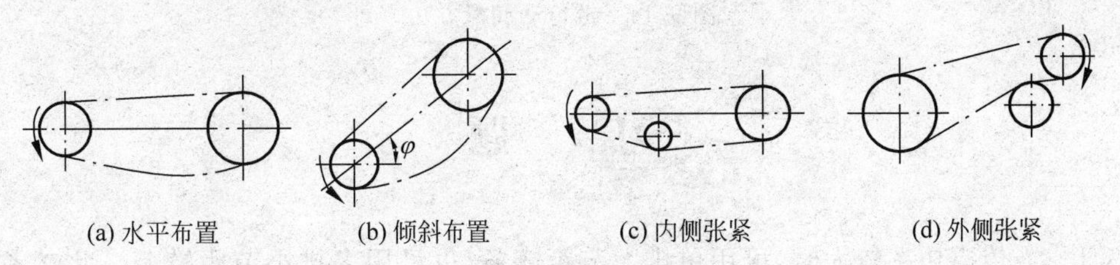

图 9.13　链传动布置

为防止链条垂度过大造成啮合不良和松边的颤动，需用张紧装置。当中心距可以调节时，可通过调节中心距来控制张紧程度；当中心距不可调节时，可用张紧轮。张紧轮应安装在链条松边靠近小链轮处，放在链条内、外侧均可，分别如图9.13(c)、(d)所示。张紧轮可以是链轮，也可以是无齿的滚轮，其直径可比小链轮略小些。

9.5.2 链传动的润滑

链传动的良好润滑可减少磨损，缓和冲击，提高承载能力，延长使用寿命，因此链传动应合理地确定润滑方式和润滑剂种类。

常用的润滑方式有以下几种。

(1) 人工定期润滑：用油壶或油刷给油(见图9.14(a))，每班注油一次，适用于链速 $v\leqslant$ 4 m/s的不重要传动。

(2) 滴油润滑：用油杯通过油管向松边的内、外链板间隙处滴油，用于链速 $v\leqslant10$ m/s的传动(见图9.14(b))。

(3) 油浴润滑：链从密封的油池中通过，链条浸油深度以6～12 mm为宜，适用于链速 $v=6\sim12$ m/s的传动(见图9.14(c))。

(4) 飞溅润滑：在密封容器中，用甩油盘将油甩起，经由壳体上的集油装置将油导流到链上。甩油盘速度应大于3 m/s，浸油深度一般为12～15 mm(见图9.14(d))。

(5) 压力油循环润滑：用油泵将油喷到链上，喷口应设在链条进入啮合处，适用于链速 $v\geqslant8$ m/s的大功率传动(见图9.14(e))。常用的润滑油有L-AN32、L-AN46、L-AN68、L-AN100等全损耗系统用油。温度低时，黏度宜低；功率大时，黏度宜高。

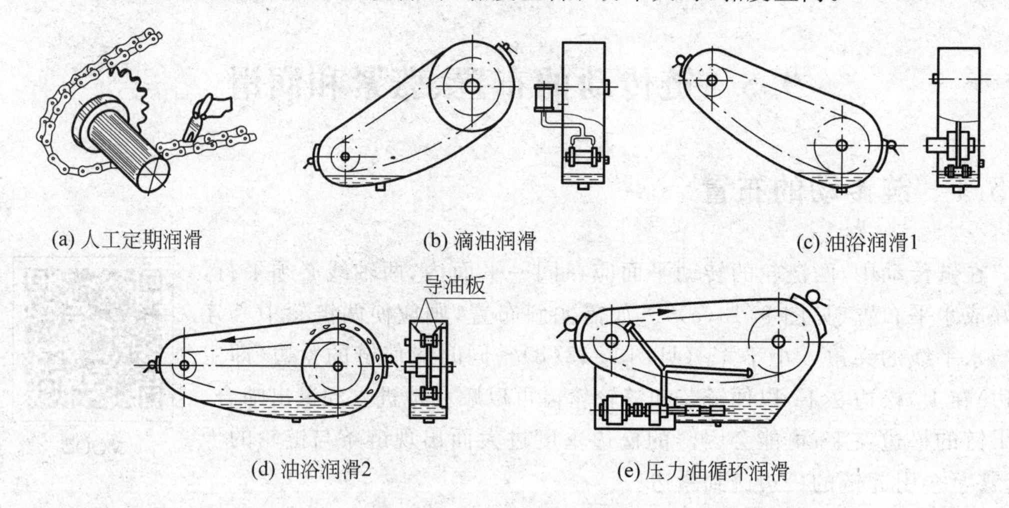

(a) 人工定期润滑　(b) 滴油润滑　(c) 油浴润滑1

(d) 油浴润滑2　(e) 压力油循环润滑

图9.14 链传动润滑方法

习　题

9.1 当传递功率较大时，可用单排大节距链条，也可用多排小节距链条。此二者各有何特点，各适用于什么场合？

9.2 小链轮齿数 z_1 不允许过少，大链轮齿数 z_2 不允许过多。这是为什么？

9.3 链传动的失效形式有几种？设计链传动的主要依据是什么？

9.4 试设计驱动运输机的链传动。已知：传递功率 $P=20$ kW。小链轮转速 $n_1=720$ r/min，大链轮转速 $n_2=200$ r/min，运输机载荷不够平稳。同时要求大链轮的分度圆直径最好不超过 700 mm。

9.5 某滚子链传动，已知主动链轮齿数 $z_1=19$，采用 10A 滚子链，中心距 $a=500$ mm，水平布置，传递功率 $P=2.8$ kW，主动轮转速 $n_1=110$ r/min。设工作情况系数 $K_A=1.2$，静力强度许用安全系数 $S=6$，试验算此滚子链传动设计。

第 10 章

螺纹连接与螺旋传动

机械连接是指实现机械零(部)件之间互相连接功能的方法。机械连接分为两大类：①机械动连接，即被连接的零(部)件之间可以有相对运动的连接，如各种运动副；②机械静连接，即被连接的零(部)件之间不允许有相对运动的连接。除有特殊说明之外，一般的机械连接是指机械静连接，螺纹连接是最常见的机械静连接之一。本章首先介绍机械螺纹连接，然后介绍螺纹的另一用途：螺旋传动。螺旋传动是利用螺杆和螺母的啮合来传递动力和运动的机械传动，它主要用于将旋转运动转换成直线运动，以及将转矩转换成推力。

10.1 螺纹形成原理、类型及其主要参数

如图 10.1 所示，将一条与水平面的夹角为 λ 的直线绕在圆柱体上，形成一条螺旋线。如果用一个平面图形(梯形、三角形或矩形)沿着一条螺旋线运动，并保持此平面图形始终在通过圆柱轴线的平面内，则此平面图形的轮廓在空间的轨迹形成一个螺纹。

形成螺纹的平面图形的形状称为螺纹牙形。如图 10.2 所示，螺纹牙形有矩形(见图 10.2(a))、三角形(见图 10.2(b))、梯形(见图 10.2(c))和锯齿形(见图 10.2(d))等。

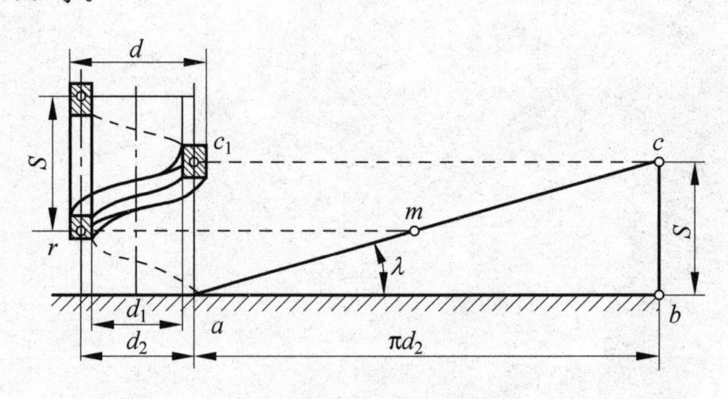

图 10.1 螺纹的形成

如图 10.3 所示，根据螺旋线的绕行方向，螺纹分为右旋螺纹(见图 10.3(a))和左旋螺纹(见图 10.3(b))；根据螺旋线的数目，螺纹又可以分为单线螺纹(见图 10.3(a))和双线或以上的多线螺纹(见图 10.3(b)、(c))。

如图 10.4 所示，在圆柱体外表面上形成的螺纹称为外螺纹，在圆柱体孔壁上形成的螺纹称为内螺纹。以三角螺纹为例，普通圆柱螺纹有以下主要参数。

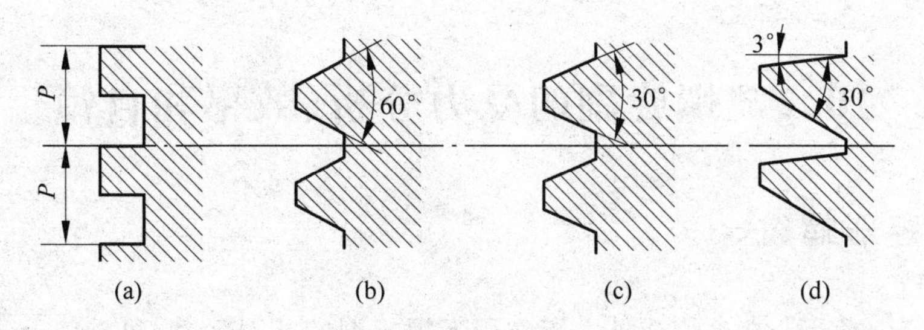

图 10.2　螺纹的牙形

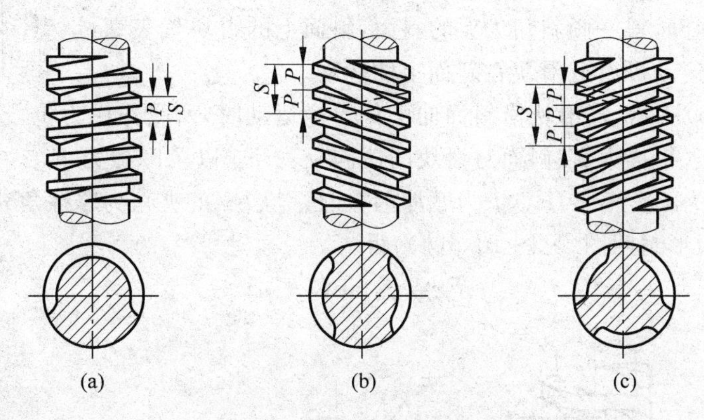

图 10.3　螺纹的旋向

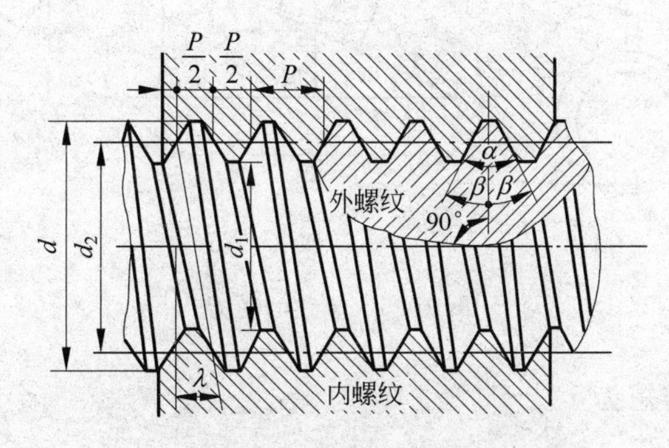

图 10.4　内、外螺纹

(1) 大径 d、D 分别表示外、内螺纹的最大直径，为螺纹的公称直径。

(2) 小径 d_1、D_1 分别表示外、内螺纹的最小直径。

(3) 中径 d_2、D_2 分别表示螺纹牙宽度和牙槽宽度相等处的圆柱直径。

(4) 螺距 P 表示相邻两螺纹牙同侧齿廓之间的轴向距离。

(5) 线数 n 表示螺纹的螺旋线数目。

(6) 导程 S 表示在同一条螺旋线上相邻两螺纹牙之间的轴向距离，$S=nP$。

(7) 螺纹升角 λ 为在中径 d_2 圆柱上，螺旋线的切线与螺纹轴线的垂直平面间的夹角，如图 10.1 所示，$S=\pi d_2\tan\lambda$。

(8) 牙形角 α 是指在螺纹轴向剖面内螺纹牙形两侧边的夹角。

(9) 牙侧角 β 是指螺纹牙形的侧边与螺纹轴线的垂直平面的夹角。

10.2 螺旋副的受力分析、效率和自锁

10.2.1 矩形螺纹

如图10.5(a)所示，在外力或外力矩作用下螺旋副的相对运动，可看作滑块在外力作用下沿螺纹表面作运动。如图10.5(b)所示，将矩形螺纹沿中径 d_2 处展开，得一倾斜角为 λ 的斜面，斜面上的滑块代表螺母，螺母与螺杆的相对运动可看成滑块在斜面上的运动。

如图10.5(b)所示，当滑块沿斜面向上作等速运动时，所受作用力包括轴向载荷 F_Q、水平推力 F、斜面对滑块的法向反力 F_N 以及摩擦力 F_f。F_N 与 F_f 的合力为 F_R，$F_f=fF_N$，f 为摩擦因数，F_R 与 F_N 的夹角为摩擦角 ρ。由力 F_R、F 和 F_Q 组成的力多边形封闭图(见图10.5(b))得

$$F = F_Q\tan(\lambda+\rho) \tag{10.1}$$

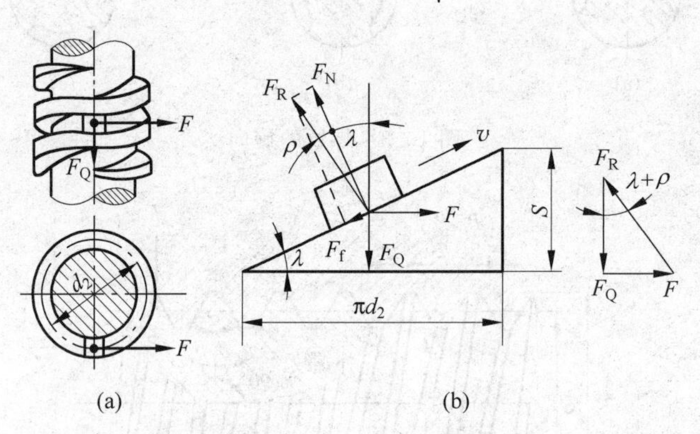

图10.5 螺纹的受力

转动螺纹所需的转矩为

$$T_1 = F\cdot\frac{d_2}{2} = \frac{d_2}{2}\cdot F_Q\tan(\lambda+\rho) \tag{10.2}$$

螺旋副的效率 η 是指有用功与输入功之比。螺母旋转一周所需的输入功为 $W_1=2\pi T_1$，有用功为 $W_2=F_QS$，其中，$S=\pi d_2\tan\lambda$，如图10.5(b)所示。因此，螺旋副的效率为

$$\eta = \frac{W_2}{W_1} = \frac{F_Q\pi d_2\tan\lambda}{F_Q\pi d_2\tan(\lambda+\rho)} = \frac{\tan\lambda}{\tan(\lambda+\rho)} \tag{10.3}$$

由式(10.3)可知，效率 η 与螺纹升角 λ 和摩擦角 ρ 有关，螺旋线的线数多、升角大，则效率高，反之亦然。当 ρ 一定时，对式(10.3)求极值，可得当升角 $\lambda\approx40°$ 时效率最高。但是，若螺纹升角过大，螺纹制造很困难，而且当 $\lambda>25°$ 后，效率增长不明显，因此，通常升角不超过25°。

如图10.5(b)所示，当滑块沿斜面等速下滑时，轴向载荷 F_Q 变为驱动滑块等速下滑的驱动力，F 为阻碍滑块下滑的力，摩擦力 F_f 的方向与滑块运动方向相反。由 F_R、F 和 F_Q 组

成的力多边形封闭图得

$$F = F_Q \tan(\lambda - \rho) \tag{10.4}$$

此时，螺母反转一周的输入功为 $W_1 = F_Q S$，输出功为 $W_2 = \pi d_2 F$，则螺旋副的效率为

$$\eta' = \frac{W_2}{W_1} = \frac{F_Q \tan(\lambda - \rho)\pi d_2}{F_Q \pi d_2 \tan\lambda} = \frac{\tan(\lambda - \rho)}{\tan\lambda} \tag{10.5}$$

由式(10.5)可知，当 $\lambda \leqslant \rho$ 时，$\eta' \leqslant 0$，说明无论力 F_Q 多大，滑块(即螺母)都不能运动，这种现象称为螺旋副的自锁。$\eta' = 0$ 表明螺旋副处于临界自锁状态。因此螺旋副的自锁条件是

$$\lambda \leqslant \rho \tag{10.6}$$

设计螺旋副时，对要求正反转自由运动的螺旋副，应避免自锁现象，工程中也可以应用螺旋副的自锁特性进行机械设计，如起重螺旋做成自锁螺旋，可以省去制动装置。

10.2.2　非矩形螺旋副

非矩形螺纹是指牙形角 α 不等于零的螺纹，包括三角形螺纹、梯形螺纹和锯齿形螺纹。如图 10.6 所示，非矩形螺纹的螺母与螺杆相对运动时，相当于楔形滑块沿楔形槽的斜面移动。非矩形螺纹的受力分析与矩形螺纹的受力分析过程一样，而矩形螺纹与非矩形螺纹的不同之处在于，在相同轴向载荷 F_Q 作用下，带牙侧角 β 的非矩形螺纹的法向力比矩形螺纹大，如图 10.7 所示，引入当量摩擦因数 f_v 和当量摩擦角 ρ_v 来考虑非矩形螺纹法向力的增加量，即用当量摩擦角 ρ_v 代替式(10.1)～式(10.6)中的 ρ，可相应得到非矩形螺纹，当螺母

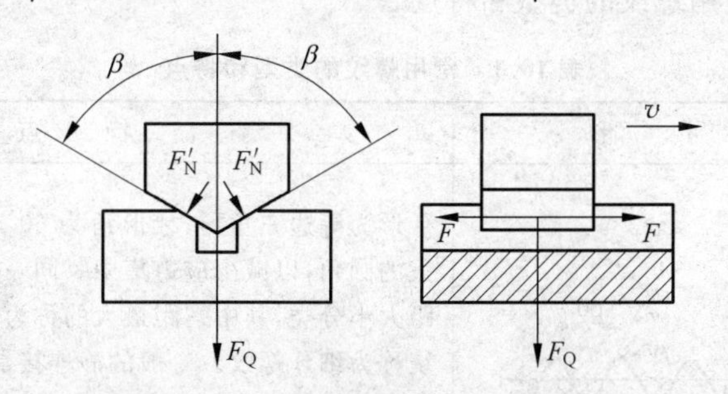

图 10.6　斜面当量摩擦因数的计算

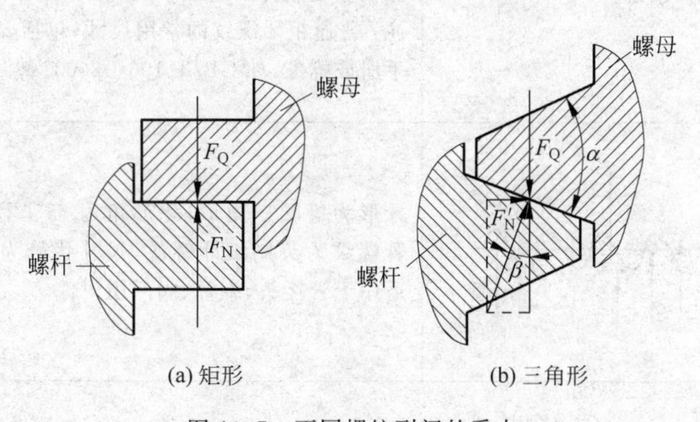

图 10.7　不同螺纹副间的受力

分别处于等速上升和等速下降时，螺母所需水平推力 F、转动螺母所需转矩 T_1 和螺旋副效率 η 的计算公式以及螺旋副自锁的条件。

$$f_v = \frac{f}{\cos\beta} = \tan\rho_v \tag{10.7}$$

很显然，非矩形螺纹的牙形角 α 越大，螺纹的效率越低。由于三角螺纹的自锁性能比矩形螺纹好，而静连接要求螺纹自锁，所以连接螺纹多采用大牙形角的三角螺纹。传动螺纹要求螺旋副的效率 η 要高，因此，一般采用牙形角较小的梯形螺纹。

10.3 螺纹连接的类型与标准连接件

机械静连接又可分为两类：①可拆连接，即允许多次装拆而不失效的连接，包括螺纹连接、键连接（含花键连接和无键连接）和销连接；②不可拆连接，即必须破坏连接某一部分才能拆开的连接，包括铆钉连接、焊接和黏接等。另外，过盈连接既可做成可拆连接，也可做成不可拆连接。螺纹连接是利用具有螺纹的零件所构成的连接，是应用最为广泛的一种可拆机械连接。

10.3.1 常用螺纹的类型和特点

表10.1列出了常用螺纹的类型和特点。

表10.1 常用螺纹的类型和特点

螺纹类型	牙形	特点
普通螺纹	内螺纹 60° 外螺纹 P d d_2 d_1	牙形为等边三角形，牙形角为60°，外螺纹牙根允许有较大的圆角，以减少应力集中。同一公称直径的螺纹，按螺距大小分类，其中螺距最大的称为粗牙螺纹，其他螺距的统称为细牙螺纹。一般的静连接常采用粗牙螺纹。细牙螺纹自锁性能好，但不耐磨，常用于薄壁件或者受冲击、振动和变载荷的连接中，也可用于微调机构的调整螺纹。注：普通粗牙螺纹的常用尺寸，包括 d、P、d_1、d_2，查有关手册或标准，如GB/T 196—2003。
非密封管螺纹	接头 55° 管子 P d d_2 d_1	牙形为等腰三角形，牙形角为55°，牙顶有较大的圆角。管螺纹为英制细牙螺纹，尺寸代号为管子内螺纹大径。适用于管接头、旋塞、阀门用附件。

续表

螺纹类型	牙形	特点
密封管螺纹	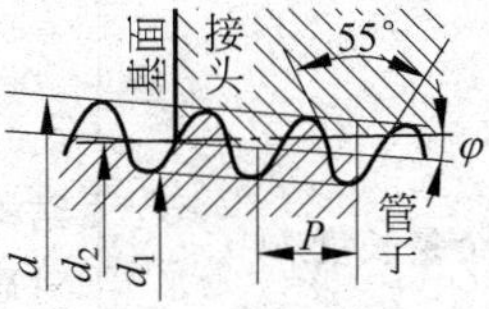 基面 接头 55° φ 管子 d d_2 d_1 P	牙形角为等腰三角形，牙形角为 55°，牙顶有较大的圆角。螺纹分布在锥度为 1∶16 的圆锥管壁上。包括圆锥内螺纹与圆锥外螺纹和圆锥外螺纹与圆锥内螺纹两种连接形式。螺纹旋合后，利用本身的变形来保证连接的紧密性。适用于管接头、旋塞、阀门及附件。
矩形螺纹	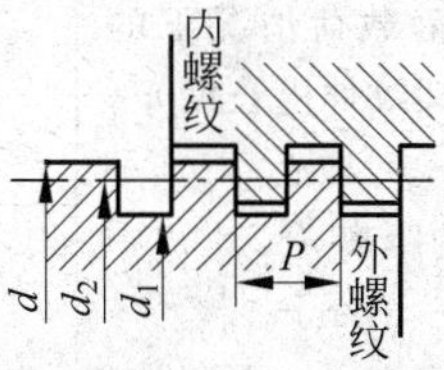 内螺纹 外螺纹 d d_2 d_1 P	牙形为正方形。传动效率高，但牙根强度低，螺旋副磨损后，间隙难以修复和补偿。矩形螺纹无国家标准。应用较少，目前逐渐被梯形螺纹所代替。
梯形螺纹	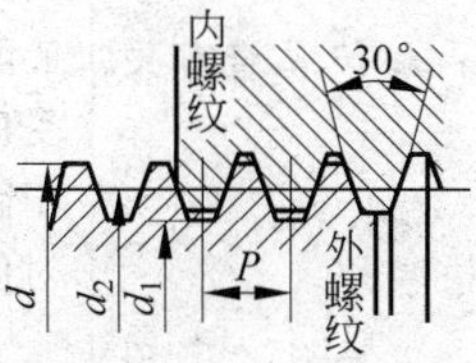 内螺纹 30° 外螺纹 d d_2 d_1 P	牙形为等腰梯形，牙形角为 30°，传动效率低于矩形螺纹，但工艺性好，牙根强度高，对中性好。采用剖分螺母时，可以补偿磨损间隙。梯形螺纹是最常用的传动螺纹。
锯齿形螺纹	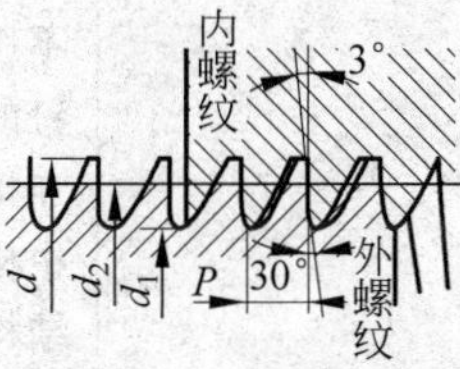 内螺纹 3° 30° 外螺纹 d d_2 d_1 P	牙形为不等腰梯形，牙形角为 33°，工作面的牙侧角为 3°，非工作面的牙侧角为 30°。外螺纹的牙根有较大的圆角，以减少应力集中。内、外螺纹旋合后大径处无间隙，便于对中，传动效率高，而且牙根强度高。适用于承受单向载荷的螺旋传动。

10.3.2　螺纹连接的基本类型与标准螺纹连接件

1. 螺纹连接的基本类型

螺纹连接的基本类型有螺栓连接、双头螺栓连接、螺钉连接和紧定螺钉连接，如表 10.2 所示。

Video

2. 标准螺纹连接件

螺纹连接件的结构形式和尺寸已经标准化，设计时查有关标准选用即可。常用螺纹连接件的类型、结构特点和应用场合如表 10.3 所示。

根据国家标准规定，螺纹连接件的精度分为 A、B、C 三个等级。其中，A 级精度最高，用于配合要求和防振要求高的重要零件的连接；B 级精度用于受载较大且经常装卸的连接；C 级精度用于一般要求的零件连接。

表10.2 螺纹连接的基本类型、特点与应用场合

类型	结构图	尺寸关系	特点与应用场合
普通螺栓连接	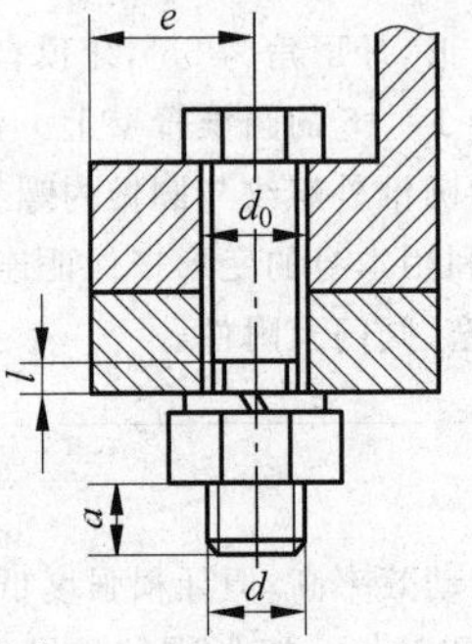	普通螺栓的螺纹余量长度 L_1 静载荷：$L_1 \geqslant (0.3 \sim 0.5)d$ 变载荷：$L_1 \geqslant 0.75d$ 铰制孔用螺栓在静载荷情况下的 L_1 应尽可能小于螺纹伸出长度 a $a=(0.2 \sim 0.3)d$	结构简单，装拆方便，对通孔加工精度要求低，应用最广泛
铰制孔用螺栓连接	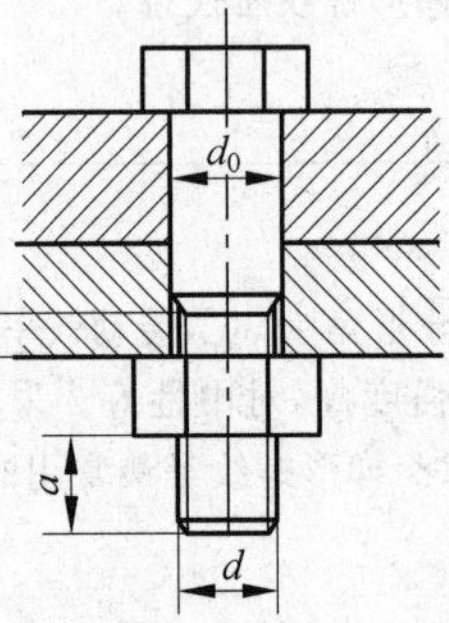	螺纹轴线到边缘的距离 e $e=d+(3 \sim 6)$ mm 螺栓孔直径 d_0 普通螺栓：$d_0=1.1d$； 铰制孔用螺栓：d_0 按 d 查有关标准。	孔与螺栓杆之间没有间隙，采用基孔制过渡配合。用螺栓杆承受横向载荷，或者用于固定被连接件的相对位置
螺钉连接	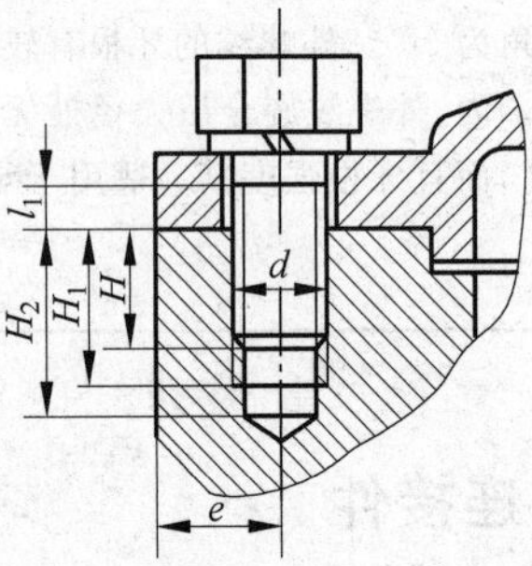	螺纹拧入深度 H 钢或青铜：$H \approx d$ 铸铁：$H=(1.25 \sim 1.5)d$ 铝合金：$H=(1.5 \sim 2.5)d$ 螺纹孔深度： $H_1=H+(2 \sim 2.5)p$ 钻孔深度： $H_2=H_1+(0.5 \sim 1)p$ l_1、a、e 值与普通螺栓连接相同	不用螺母，直接将螺钉的螺纹部分拧入被连接件之一的螺纹孔中构成连接。其连接结构简单。用于被连接件之一较厚不便加工通孔的场合，但如果经常装拆，易使螺纹孔产生过度磨损而导致连接失效
双头螺柱连接	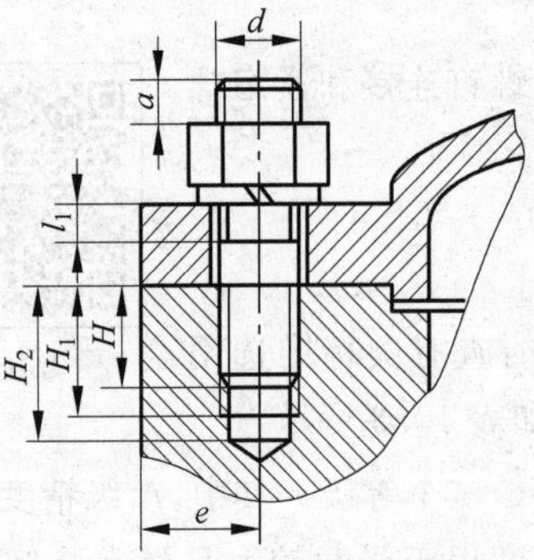		螺柱一端旋紧在一个被连接件的螺纹孔中。另一端则穿过另一被连接件通孔，通常用于被连接件之一太厚不便穿孔、结构要求紧凑或者经常装拆的场合

续表

类型	结构图	尺寸关系	特点与应用场合
紧定螺钉连接	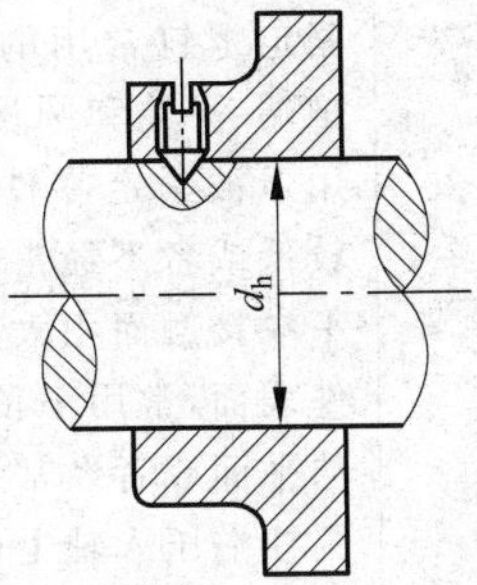 d_h	$d=(0.2\sim0.3)d_h$，当力和转矩较大时取较大值	螺钉的末端顶住零件的表面或者顶入该零件的凹坑中，将零件固定。它可以传递不大的载荷

表 10.3 常用螺纹连接件的类型、结构特点及应用场合

类型	图例	结构特点及应用场合
六角头螺栓	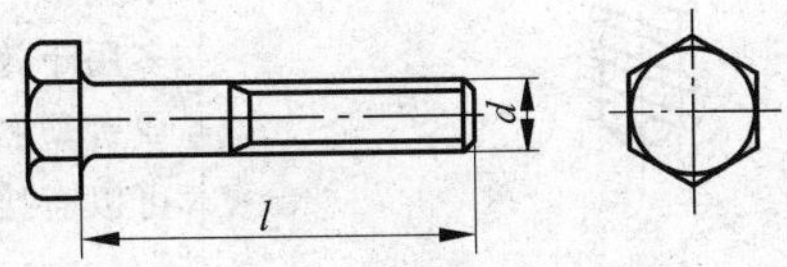 d l	应用最广。螺杆可制成全螺纹或者部分螺纹，螺距有粗牙和细牙。螺栓头部有六角头和小六角头两种。其中小六角头螺栓材料利用率高、机械性能好，但由于头部尺寸较小，不宜用于装拆频繁、被连接件强度较低的场合
双头螺柱	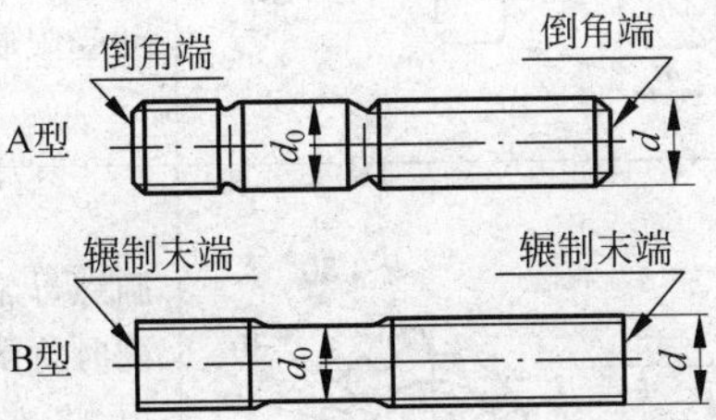 倒角端 倒角端 A型 d_0 d 辗制末端 辗制末端 B型 d_0 d	螺柱两头都有螺纹，两头的螺纹可以相同也可以不相同，螺柱可带退刀槽或者制成腰杆，也可以制成全螺纹的螺柱，螺柱的一端常用于旋入铸铁或者有色金属的螺纹孔中，旋入后不拆卸，另一端则用于安装螺母以固定其他零件
螺钉	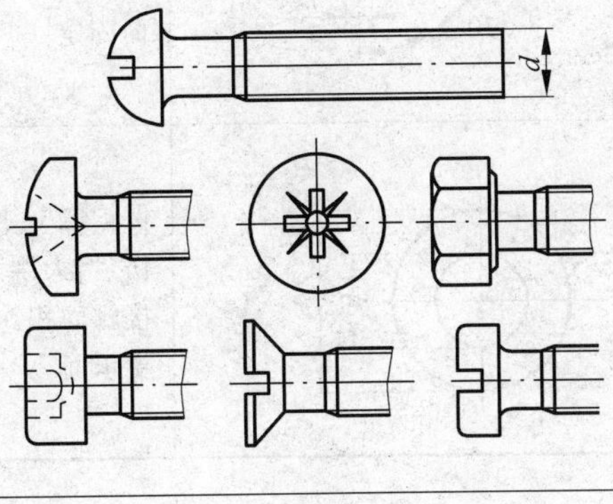 d	螺钉头部形状有圆头、扁圆头、六角头、圆柱头和沉头等。头部的起子槽有一字槽、十字槽和内六角孔等形式。十字槽螺钉头部强度高、对中性好，便于自动装配。内六角孔螺钉可承受较大的扳手扭矩，连接强度高，可替代六角头螺栓，用于要求结构紧凑的场合

续表

类　型	图　例	结构特点及应用场合
紧定螺钉	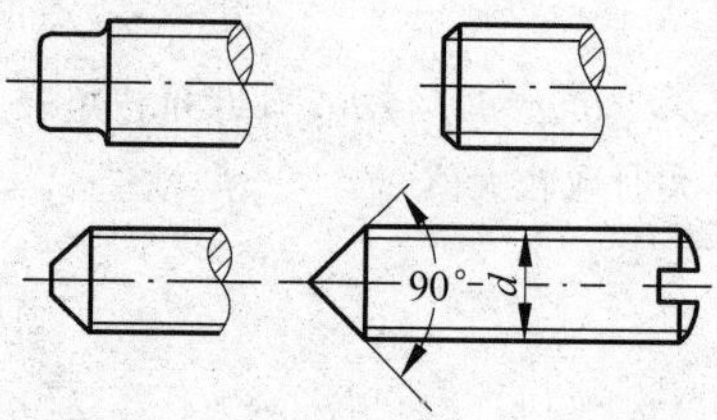 90° d	紧定螺钉常用的末端形式有锥端、平端和圆柱端。锥端适用于被紧定零件的表面硬度较低或者不经常拆卸的场合；平端接触面积大，不会损伤零件表面，常用于顶紧硬度较大的平面或者经常装拆的场合；圆柱端压入轴上的凹槽中，适用于紧定空心轴上的零件位置
自攻螺钉	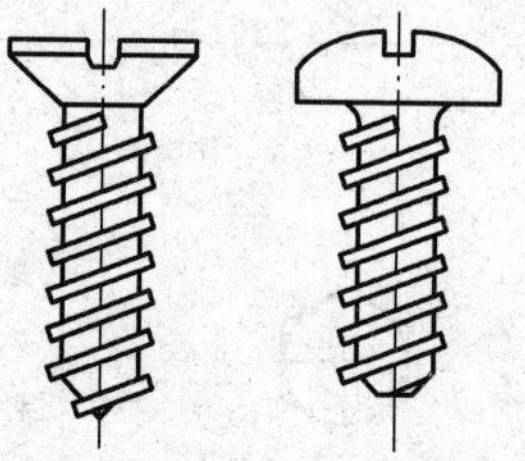	螺钉头部形状有圆头、六角头、圆柱头、沉头等。头部的起子槽有一字槽、十字槽等形式。末端形状有锥端和平端两种。多用于连接金属薄板、轻合金或者塑料零件，螺钉在连接时可以直接攻出螺纹
六角螺母	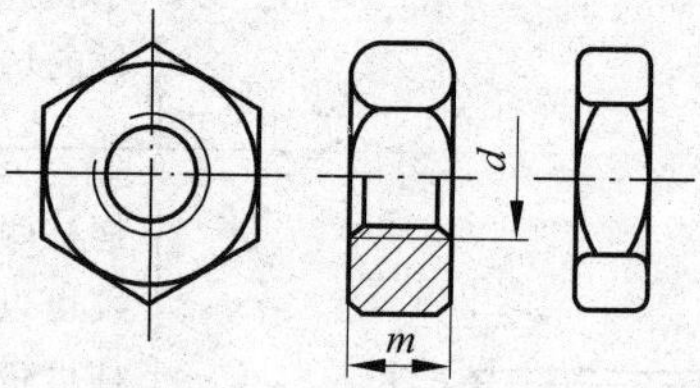 d m	根据螺母厚度不同，可分为标准型和薄型两种。薄螺母常用于受剪力的螺栓上或者空间尺寸受限制的场合
圆螺母	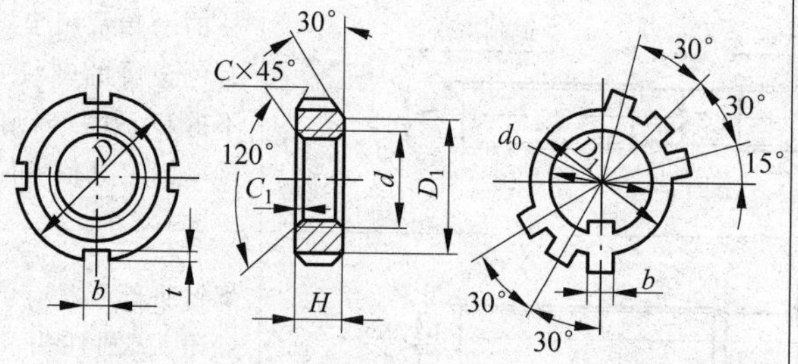 D b t 30° C×45° 120° C1 d D1 H d0 D 30° 30° 15° b 30° 30°	圆螺母常与止退垫圈配用，装配时将垫圈内舌插入轴上的槽内，将垫圈的外舌嵌入圆螺母的槽内，即可锁紧螺母，起到防松作用。常用于滚动轴承的轴向固定
垫圈	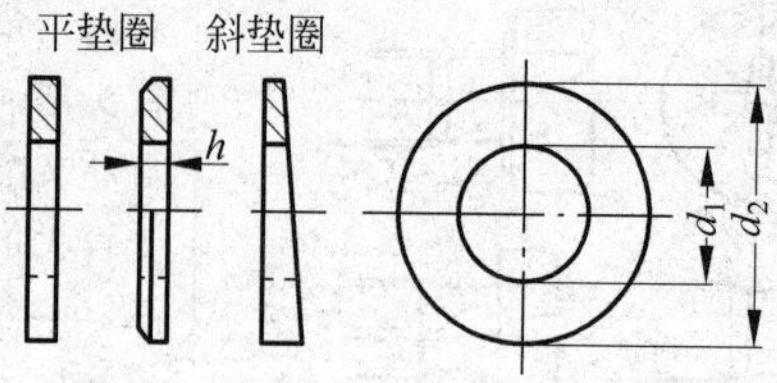 平垫圈　斜垫圈 h d1 d2	保护被连接件的表面不被擦伤，增大螺母与被连接件间的接触面积。斜垫圈用于倾斜的支承面

螺纹标准零件的标记按国家标准，举例如下：

(1) 螺纹规格 d=M12、公称长度 l=80mm、性能等级 8.8 级、表面氧化、A 级的六角头螺栓：

螺栓 M12×80　GB/T 5782—2016

(2) 螺纹规格 d=M12×1.5、公称长度 l=80mm、细牙螺纹、性能等级 8.8 级、表面氧化、A 级的六角头螺栓：

螺栓 M12×1.5×80　GB/T 5785—2016

(3) 螺纹规格 D=M10、性能等级 10 级、不经表面处理、A 级的Ⅰ型六角螺母：

螺母 M10　GB/T 6170—2015

(4) 规格 16mm、材料为 65Mn、表面氧化的标准型弹簧垫圈：

垫圈 16　GB/T 93—1987

(5) 螺纹规格 d=M12、公称长度 l=80mm、性能等级 8.8 级、表面氧化、按 m6 制造的 A 级六角头铰制孔用螺栓

螺栓 M12×m6×80　GB /T 27—2013

10.4　螺纹连接的预紧和防松

10.4.1　螺纹连接的预紧

螺纹连接装配时，一般都要求拧紧螺纹，使连接螺纹在承受工作载荷之前，受到预先作用的力，这就是螺纹连接的预紧，预先作用的力称为预紧力。螺纹连接预紧的目的在于增加连接的可靠性、紧密性和防松能力。

MOOC

如图 10.8 所示，在拧紧螺母时，需要克服螺纹副相对扭转的阻力矩 T_1 和螺母与支承面之间的摩擦阻力矩 T_2，即拧紧力矩 $T=T_1+T_2$。

对于 M10～M64 的粗牙普通螺栓，若螺纹连接的预紧力为 Q_0，螺栓直径为 d，则拧紧力矩 T 可以按下面近似公式计算：

$$T = 0.2Q_0 d,\mathrm{N\cdot mm} \tag{10.8}$$

Video

预紧力的大小根据螺栓所受载荷的性质、连接的刚度等具体工作条件而确定。对于一般连接用的钢制普通螺栓连接，其预紧力 Q_0 大小按下式计算：

$$Q_0 = (0.5\sim0.7)\sigma_s A,\mathrm{N} \tag{10.9}$$

式中，σ_s 为螺栓材料的屈服极限，$\mathrm{N/mm^2}$；A 为螺栓危险截面的面积，$A\approx\dfrac{\pi d^2}{4}$，$\mathrm{mm^2}$。

Video

预紧力的控制方法有多种。对于一般的普通螺栓连接，预紧力凭装配经验控制；对于较重要的普通螺栓连接，可用测力矩扳手(见图 10.9)

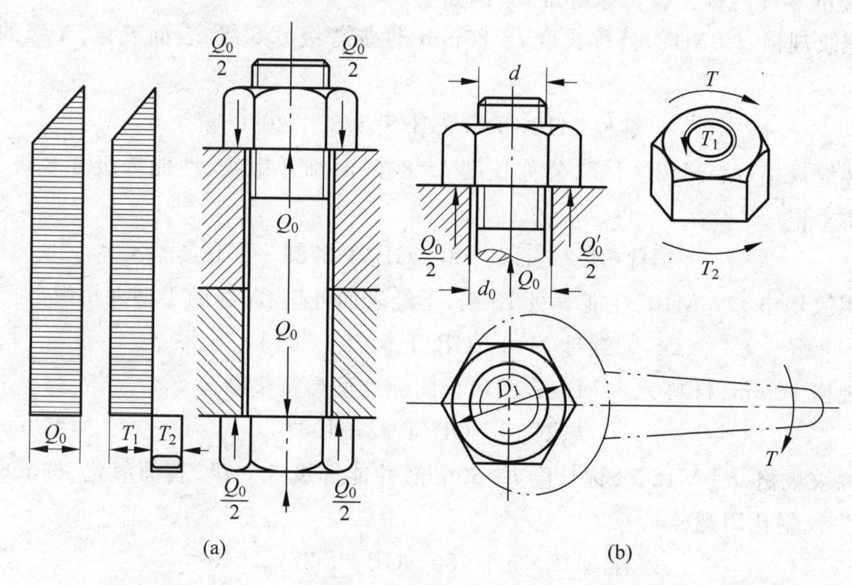

图 10.8 拧紧螺母时的受力与所需克服的阻力

或者定力矩扳手(见图 10.10)来控制预紧力大小；对预紧力控制有精确要求的螺栓连接,可采用测量螺栓伸长变形量的方法来控制预紧力大小；而对于高强度螺栓连接,可以采用测量螺母转角的方法来控制预紧力大小。

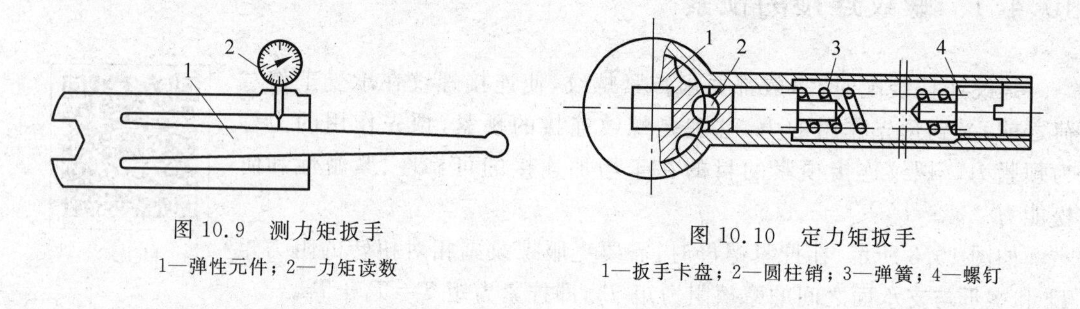

图 10.9 测力矩扳手
1—弹性元件；2—力矩读数

图 10.10 定力矩扳手
1—扳手卡盘；2—圆柱销；3—弹簧；4—螺钉

10.4.2 螺纹连接的防松

松动是螺纹连接最常见的失效形式之一。在静载荷条件下,普通螺栓由于螺纹的自锁性一般可以保证螺栓连接的正常工作,但是,在冲击、振动或者变载荷作用下,或者当温度变化很大时,螺纹副间的摩擦力可能减少或者瞬时消失,致使螺纹连接产生自动松脱现象,特别是在交通、化工和高压密闭容器等设备、装置中,螺纹连接的松动可能会造成重大事故的发生。为了保证螺纹连接的安全可靠,许多情况下螺栓连接都采取一些必要的防松措施。

螺纹连接防松的本质就是防止螺纹副的相对运动。按照工作原理来分,螺纹连接防松有摩擦防松、机械防松、破坏性防松以及黏合法防松等多种方法。常用螺纹防松方法见表 10.4。

表 10.4 常用的螺纹连接防松方法

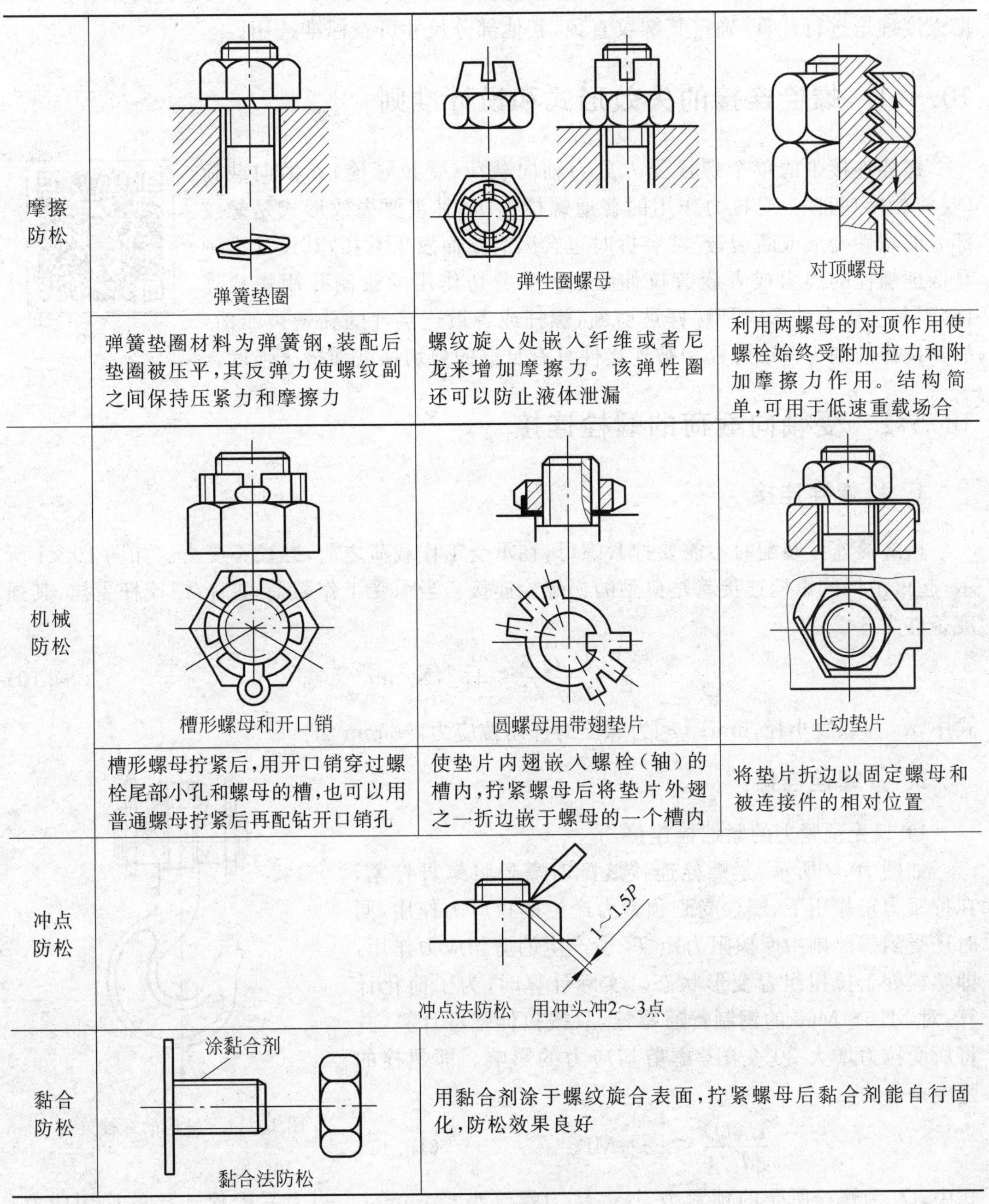

防松方法			
摩擦防松	弹簧垫圈	弹性圈螺母	对顶螺母
	弹簧垫圈材料为弹簧钢,装配后垫圈被压平,其反弹力使螺纹副之间保持压紧力和摩擦力	螺纹旋入处嵌入纤维或者尼龙来增加摩擦力。该弹性圈还可以防止液体泄漏	利用两螺母的对顶作用使螺栓始终受附加拉力和附加摩擦力作用。结构简单,可用于低速重载场合
机械防松	槽形螺母和开口销	圆螺母用带翅垫片	止动垫片
	槽形螺母拧紧后,用开口销穿过螺栓尾部小孔和螺母的槽,也可以用普通螺母拧紧后再配钻开口销孔	使垫片内翅嵌入螺栓(轴)的槽内,拧紧螺母后将垫片外翅之一折边嵌于螺母的一个槽内	将垫片折边以固定螺母和被连接件的相对位置
冲点防松	冲点法防松 用冲头冲2~3点 (1~1.5P)		
黏合防松	涂黏合剂 黏合法防松	用黏合剂涂于螺纹旋合表面,拧紧螺母后黏合剂能自行固化,防松效果良好	

10.5 螺栓连接的强度计算

MOOC

螺栓连接通常是成组使用的,称为螺栓组。在进行螺栓组的设计计算时,首先要确定螺栓的数目和布置形式,再进行螺栓受载分析,从螺栓组中找出受载最大的螺栓,计算该螺栓所受的载荷。螺栓组的强度计算,实际上是计算螺栓组中受载最大的单个螺栓的强度。由于螺纹连接件已经标准化，各部分结构尺寸是根据等强度原则及经验确定的，所以，螺栓连接的设计只需根据强度理论进行计算，确定其螺纹直径，其他部分尺寸可查标准选用。

10.5.1 螺栓连接的失效形式和设计准则

螺栓连接中的单个螺栓受力分为轴向载荷（受拉螺栓）和横向载荷（受剪螺栓）两种。受拉力作用的普通螺栓连接，其主要失效形式是螺纹部分的塑性变形或断裂，经常装拆时也会因磨损而发生滑扣，其设计准则是保证螺栓的静力或者疲劳拉伸强度；受剪切作用的铰制孔用螺栓连接，因其主要失效形式是螺杆被剪断，螺杆或者被连接件的孔壁被压溃，故其设计准则为保证螺栓和被连接件具有足够的剪切强度和挤压强度。

Video

10.5.2 受轴向载荷的螺栓连接

1. 松螺栓连接

松螺栓连接装配时不需要拧紧螺母，在承受工作载荷之前，螺栓不受力。如图10.11所示，起重吊钩的螺栓连接就是典型的松螺栓连接。当承受工作载荷 Q 时，螺栓杆受拉，其强度条件为

$$\sigma=\frac{Q}{\pi d_1^2/4}\leqslant[\sigma],\mathrm{N/mm^2} \tag{10.10}$$

式中，d_1 为螺纹小径，mm；$[\sigma]$为螺栓的许用拉应力，$\mathrm{N/mm^2}$。

2. 紧螺栓连接

1）只受预紧力的紧螺栓连接

如图10.8所示，紧螺栓连接装配时需要将螺母拧紧，在拧紧力矩作用下，螺栓受到预紧力产生的拉应力作用，同时还受到螺纹副中摩擦阻力矩 T_1 所产生的剪切应力作用，即螺栓处于拉扭组合变形状态。实际计算时，为了简化计算，对M10～M68的钢制普通螺栓，只按拉伸强度计算，并将所受拉力增大30%来考虑剪切应力的影响。即螺栓的强度条件为

$$\frac{1.3Q_0}{\pi d_1^2/4}\leqslant[\sigma],\mathrm{MPa} \tag{10.11}$$

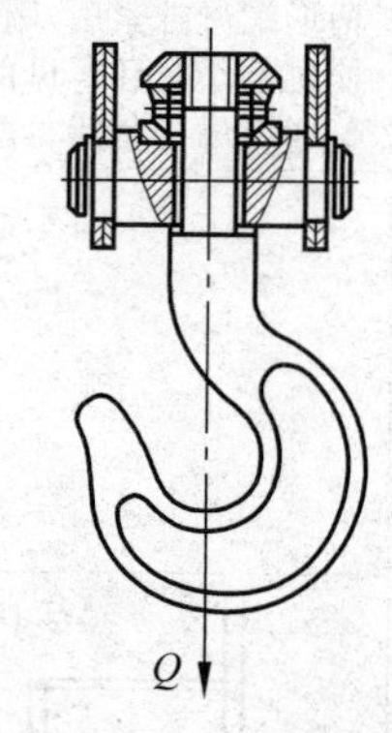

图10.11 吊钩的螺栓连接

式中，Q_0 为螺栓所受的预紧力，N；d_1 为螺纹小径，$\mathrm{mm^2}$；$[\sigma]$为紧螺栓连接的许用应力，$\mathrm{N/mm^2}$。

2）受预紧力和横向工作载荷的紧螺栓连接

如图10.12所示，紧螺栓连接受横向工作载荷。普通螺栓与螺栓孔之间有间隙，它是靠接合面间的摩擦力来承受工作载荷的，工作时，只有当接合面间的摩擦力足够大时，才能保证被连接件不会发生相对滑动。因此，螺栓的预紧力 Q_0 应为

$$Q_0\geqslant\frac{K_f F}{zfm},\mathrm{N} \tag{10.12}$$

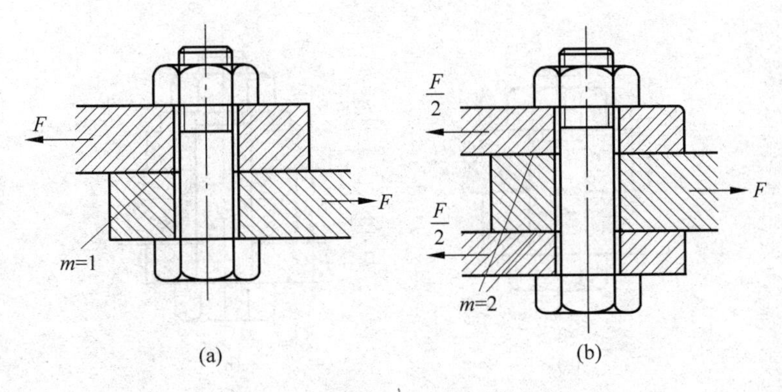

图 10.12　紧螺栓连接承受横向载荷

式中，z 为连接螺栓数目；f 为接合面间的摩擦因数，如表 10.5 所示；m 为摩擦接合面数目；F 为横向载荷，N；K_f 为可靠性系数或称防滑系数，通常 $K_f=1.1\sim1.3$。

表 10.5　连接接合面间的摩擦因数 f

被连接件	接合面表面状态	摩擦因数
钢或铸铁零件	无油机加工表面	0.10～0.16
	有油机加工表面	0.06～0.16
钢结构零件	喷砂处理表面	0.45～0.55
	涂覆锌漆表面	0.35～0.40
	轧制、经钢丝刷清理浮锈	0.30～0.35
铸铁对砖料、混凝土或木材	干燥表面	0.40～0.45

按式(10.12)求出预紧力 Q_0 后，再按式(10.11)计算螺栓强度。

普通螺栓靠摩擦力来承受横向工作载荷需要很大的预紧力，为了防止螺栓被拉断，需要较大的螺栓直径，这将增大连接的结构尺寸。因此，对横向工作载荷较大的螺栓连接，要采用一些辅助结构，如图 10.13 所示，用键、套筒和销等抗剪切件来承受横向载荷，这时，螺栓仅起一般连接作用，不受横向载荷，连接的强度应按键、套筒和销的强度条件进行计算。

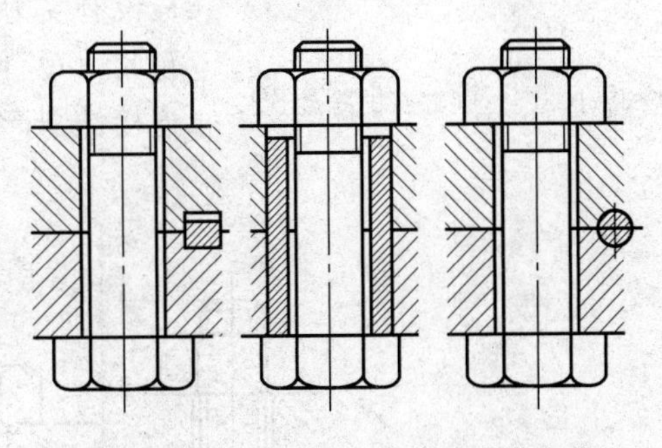

图 10.13　用键、套筒和销等承受横向载荷

3）受剪螺栓连接

如图 10.14 所示，受剪螺栓通常是六角头铰制孔用螺栓，螺栓与螺栓孔多采用过盈配合或过渡配合。当连接承受横向载荷时，在连接的结合处螺栓横截面受剪切，螺栓杆和被连接件孔壁接触表面受挤压，螺栓的剪切强度条件和螺杆与孔壁接触表面的挤压强度条件分别为

$$\sigma_p=\frac{F}{zd_0\delta}\leqslant[\sigma_p],\text{N/mm}^2 \tag{10.13}$$

$$\tau=\frac{F}{zm\pi d_0^2/4}\leqslant[\tau],\text{N/mm}^2 \tag{10.14}$$

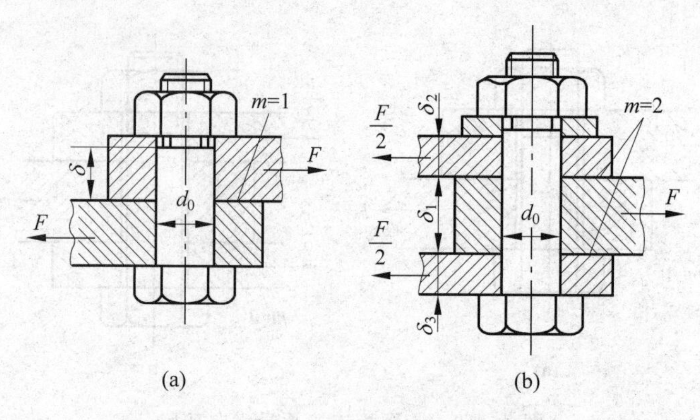

图 10.14 铰制孔用螺栓受横向载荷

式中,F 为横向载荷,N; z 为螺栓数目; m 为螺栓受剪面数目; d_0 为螺栓杆在剪切面处的直径,mm; δ 为螺栓杆与孔壁间接触受压的最小轴向长度,mm; $[\tau]$为螺栓材料许用剪应力,N/mm^2; $[\sigma_p]$为螺杆或者被连接件材料的许用挤压应力,N/mm^2,计算时取两者中的较小值。

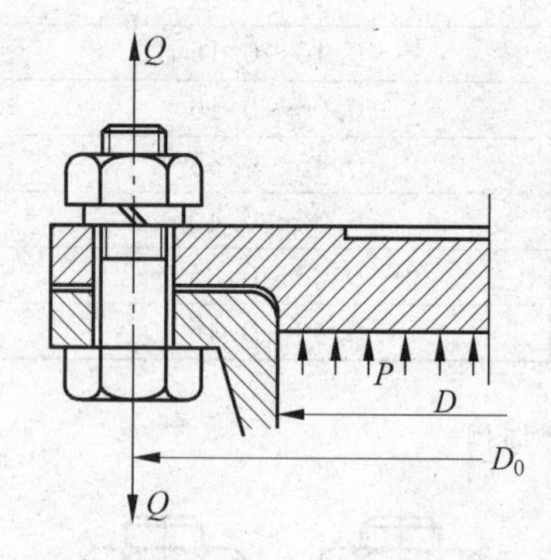

图 10.15 气缸盖的螺栓连接

4) 受预紧力和轴向载荷作用的紧螺栓连接

图 10.15 所示为气缸盖的螺栓连接,设 z 个螺栓沿圆周均布,气缸内的气体压强为 p,则每个螺栓的工作载荷为

$$Q_F = \frac{\pi p D^2}{4z}, \mathrm{N} \tag{10.15}$$

以下取其中的一个螺栓进行受力和变形分析。

如图 10.16(a)所示为螺栓没有拧紧时的情况,此时螺栓没有受力和变形。如图 10.16(b)所示为螺栓拧紧后只受预紧力 Q_0 作用时的情况,此时螺栓产生拉伸变形量 δ_1,而被连接件则产生压缩变形量 δ_2。如图 10.16(c)所示为螺栓受

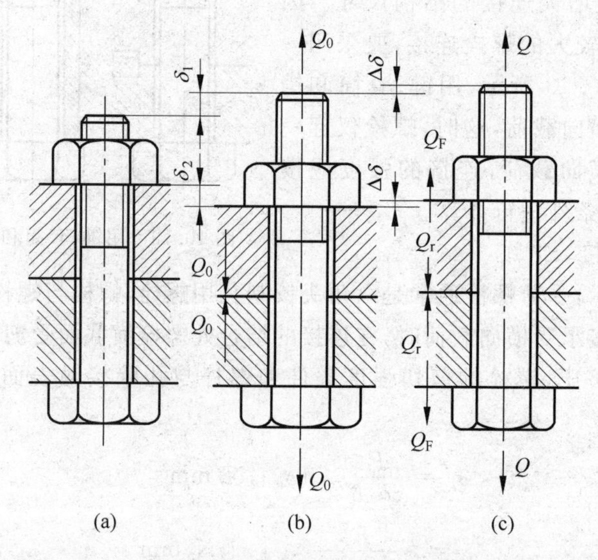

图 10.16 紧螺栓连接受轴向载荷时的受力和变形分析

工作载荷作用后的情况，此时螺栓继续受拉伸，其拉伸变形量增大 $\Delta\delta$，即螺栓的总拉伸变形量达到 $\delta_1+\Delta\delta$，这时，螺栓所受的总拉力为 Q；同时，根据变形协调条件，被连接件则因螺栓的伸长而回弹，即被压连接件的压缩变形量减少了 $\Delta\delta$，被连接件的残余压缩变形量为 $\delta_2-\Delta\delta$，相对应的压力称为残余预紧力 Q_r。此时，螺栓受工作载荷和残余预紧力的共同作用，所以，螺栓的总拉伸载荷为

$$Q=Q_F+Q_r \tag{10.16}$$

为了保证连接的紧密性，防止连接受工作载荷后接合面间出现缝隙，应使 $Q_r>0$，如表 10.6 所示。

表 10.6　剩余预紧力与工作载荷比值

连接情况	载荷情况	Q_r/Q_F
一般连接	稳定工作载荷	0.2～0.6
	变动工作载荷	0.6～1.0
有紧密性要求的连接		1.5～1.8
地脚螺栓连接		≥1

设计时，可先求出工作载荷 Q_F，再根据连接的工作要求确定残余预紧力 Q_r，然后由式(10.16)计算出总拉伸载荷 Q。同时考虑扭矩产生的剪应力的影响，故螺栓的强度条件为

$$\frac{1.3Q}{\pi d_1^2/4}\leqslant[\sigma],\mathrm{N/mm^2} \tag{10.17}$$

式中，Q 为螺栓总拉伸载荷，N；其他符号的含义与式(10.1)相同。

3. 螺栓的材料和许用应力

螺栓材料一般采用碳素钢；对于承受冲击、振动或者变载荷的螺纹连接，可采用合金钢；对于特殊用途(如防锈、导电或耐高温)的螺栓连接，应采用特种钢或者铜合金、铝合金等。

如表 10.7 所示，国家标准规定螺纹连接件按材料的机械性能分级。螺母的材料一般与相配合的螺栓相近而硬度略低。

表 10.7　螺栓、螺钉和双头螺柱的机械性能等级(GB/T 3098.1—2010)

性能等级	3.6	4.6	4.8	5.6	5.8	6.8	8.8	9.8	10.9	12.9
抗拉强度极限 σ_{Bmin}/(N/mm²)	330	400	420	500	520	600	800	900	1040	1220
屈服极限 σ_{smin} 或 $\sigma_{0.2min}$/(N/mm²)	190	240	300	340	420	480	640	720	940	1100
最小硬度/HBS	90	109	113	134	140	181	232	269	312	365
推荐材料	低碳钢	低碳或中碳钢					中碳钢，淬火钢		中碳钢，低、中碳合金钢，淬火并回火	合金钢，淬火并回火

注：紧定螺钉的性能等级与螺钉不同，此表未列入。

螺栓连接的许用应力与材料、制造、结构尺寸及载荷性质等因素有关。普通螺栓连接的许用拉应力按表 10.8 选取，许用剪应力和许用挤压应力按表 10.9 选取。

表 10.8 螺栓连接的许用拉应力[σ] N/mm²

松连接,$0.6\sigma_s$		严格控制预紧力的紧连接,$(0.6\sim0.8)\sigma_s$				
无严格控制预紧力的紧连接	载荷性质	静载荷			变载荷	
	材料	M6~M16	M16~M30	M30~M60	M6~M16	M16~M30
	碳钢	$(0.25\sim0.33)\sigma_s$	$(0.33\sim0.50)\sigma_s$	$(0.50\sim0.77)\sigma_s$	$(0.10\sim0.15)\sigma_s$	$0.15\sigma_s$
	合金钢	$(0.20\sim0.25)\sigma_s$	$(0.25\sim0.40)\sigma_s$	$0.4\sigma_s$	$(0.13\sim0.20)\sigma_s$	$0.20\sigma_s$

注:σ_s 为螺栓材料的屈服极限,N/mm²;[σ]等于 σ_s 除以安全系数。

表 10.9 螺栓连接的许用剪应力[τ]和许用挤压应力[σ_p] N/mm²

载荷性质	许用剪应力[τ]	许用挤压应力[σ_p]	
		被连接件为钢	被连接件为铸铁
静载荷	$0.4\sigma_s$	$0.8\sigma_s$	$(0.4\sim0.5)\sigma_B$
变载荷	$(0.2\sim0.3)\sigma_s$	$(0.5\sim0.6)\sigma_s$	$(0.3\sim0.4)\sigma_B$

注:σ_s 为钢材的屈服极限,N/mm²;σ_B 为铸铁的抗拉强度极限,N/mm²,所乘系数值为安全系数倒数。

由表 10.8 可知,无严格控制预紧力的紧螺栓连接的许用拉应力与螺栓直径有关。在设计时,通常螺栓直径是未知的,因此要用试算法:先假定一个公称直径 d,根据此直径查出螺栓连接的许用拉应力,按式(10.11)或式(10.17)计算出螺栓小径 d_1,由 d_1 查取公称直径 d,若该公称直径与原先假定的公称直径相差较大时,应进行重算,直到两者相近。

例 10.1 如图 10.15 所示,一钢制气缸,已知气压 $p=1.8\ \mathrm{N/mm^2}$,$D=200\ \mathrm{mm}$,采用 8 个 6.8 级螺栓,试计算其缸盖连接螺栓的直径和螺栓分布圆直径 D_0。

解:(1) 确定螺栓工作载荷 Q_F

每个螺栓承受的平均轴向工作载荷 Q_F 为

$$Q_F=\frac{p\cdot\pi D^2/4}{z}=1.8\times\frac{\pi\times200^2}{4\times8}\ \mathrm{kN}=7.07\ \mathrm{kN}$$

(2) 确定螺栓总拉伸载荷 Q

根据压力容器的密封性要求,由表 10.6,取 $Q_r=1.8Q_F$,由式(10.16)可得

$$Q=Q_F+Q_r=2.8Q_F=2.8\times7.07\ \mathrm{kN}=19.79\ \mathrm{kN}$$

(3) 求螺栓直径

由表 10.7,选取螺栓材料为 45 钢,则 $\sigma_s=480\ \mathrm{N/mm^2}$,装配时无严格控制预紧力,由表 10.8,螺栓许用应力为

$$[\sigma]=0.33\times480\ \mathrm{N/mm^2}=158.4\ \mathrm{N/mm^2}$$

由式(10.17)得螺纹的小径为

$$d_1\geqslant\sqrt{\frac{4\times1.3Q}{\pi[\sigma]}}=\sqrt{\frac{4\times1.3\times19.79\times10^3}{\pi\times158.4}}\ \mathrm{mm}=14.38\ \mathrm{mm}$$

查 GB/T 196—2003,取 M20 螺栓。

(4) 确定螺栓分布圆直径

设油缸壁厚为 10 mm,查表 10.2 可得螺栓分布圆直径 D_0 为

$$D_0=D+2e+2\times10=200\ \mathrm{mm}+2\times[20+(3\sim6)]\ \mathrm{mm}+2\times10\ \mathrm{mm}=266\sim272\ \mathrm{mm}$$

取 $D_0=270\ \mathrm{mm}$。

解毕。

10.5.3 提高螺栓连接强度的途径

1. 改善螺纹牙间的载荷分布

受拉的普通螺栓连接，其螺栓所受的总拉力是通过螺纹牙面间相接触来传递的。如图 10.17 所示，当连接受载时，螺栓受拉，螺距增大，而螺母受压，螺距减小。因此，靠近支撑面的第一圈螺纹受到的载荷最大，到第 8～10 圈以后，螺纹几乎不受载荷，各圈螺纹的载荷分布见图 10.18(a)，因此采用圈数过多的厚螺母并不能提高螺栓连接强度。为改善旋合螺纹上的载荷分布不均匀程度，可采用悬置螺母(见图 10.18(b))或环槽螺母(见图 10.18(c))。

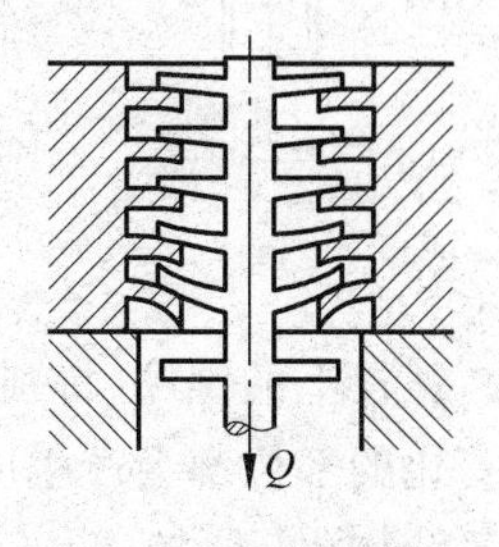

图 10.17 受拉的普通螺栓变形

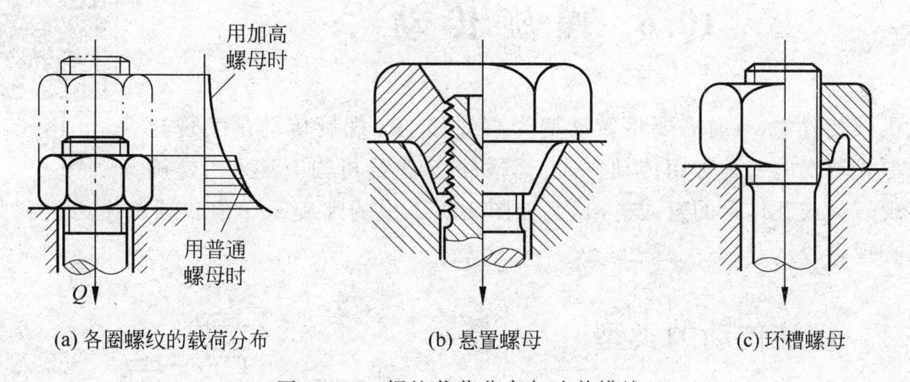

(a) 各圈螺纹的载荷分布 (b) 悬置螺母 (c) 环槽螺母

图 10.18 螺纹载荷分布与改善措施

2. 减少或避免附加应力、减少应力集中

当被连接件、螺母或螺栓头部的支撑面粗糙(见图 10.19(a))、被连接件因刚度不够而弯曲(见图 10.19(b))、采用钩头螺栓(见图 10.19(c))以及装配不良等都会使螺栓中产生附加弯曲应力。

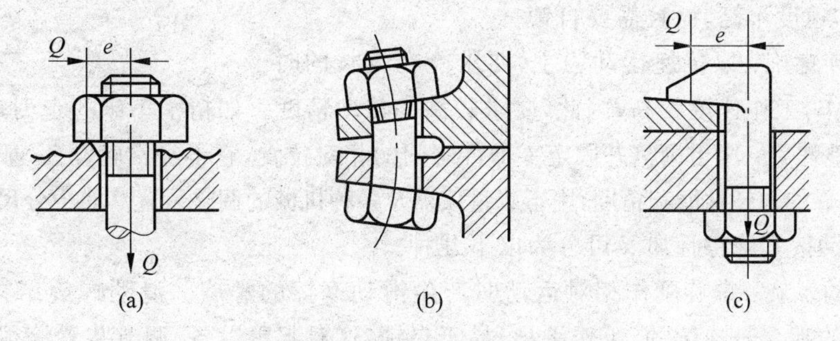

(a) (b) (c)

图 10.19 螺栓受附加应力情况

对此，应从结构或工艺上采取措施，如规定螺纹紧固件与连接件支撑面的加工精度和要求；在粗糙表面上采用需经切削加工的凸台(见图 10.20(a))或沉头座(见图 10.20(b))；采

用球面垫圈(见图 10.20(c))或斜垫圈(见图 10.20(d))等。

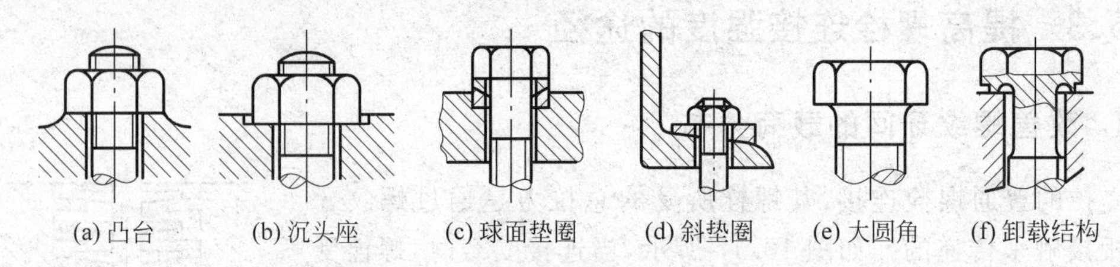

(a) 凸台　(b) 沉头座　(c) 球面垫圈　(d) 斜垫圈　(e) 大圆角　(f) 卸载结构

图 10.20　改善螺栓受附加应力措施

螺栓上的螺纹(特别是螺纹的收尾)、螺栓头和螺栓杆的过渡处以及螺栓横截面面积发生变化的部位都会产生应力集中。为减少应力集中,可采用较大的圆角(见图 10.20(e))和卸载结构(见图 10.20(f))等措施。

*10.6　螺旋传动

MOOC

在机械装置中,有时需要将转动变为直线移动。螺旋传动是实现这种运动形式转变的一种常用传动方式。例如机床进给机构中常采用螺旋传动实现刀具或工作台的直线进给,又如图 10.21 中的螺旋千斤顶和螺旋压力机利用螺旋传动来实现直线运动。

10.6.1　螺旋传动的类型

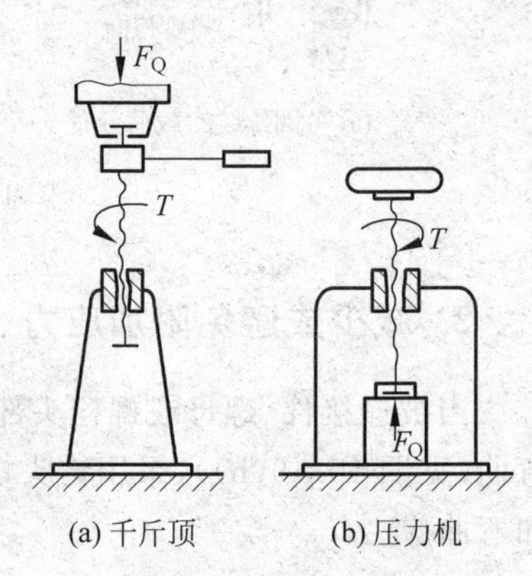

(a) 千斤顶　(b) 压力机

图 10.21　螺旋传动机械

螺旋传动由螺杆、螺母组成。按其用途可分为以下几种。

(1) 传力螺旋:以传递动力为主,一般要求用较小的转矩转动螺杆(或螺母)而使螺母(或螺杆)产生轴向运动和较大的轴向推力。例如螺旋千斤顶等。这种传力螺旋主要承受很大的轴向力,通常为间歇性工作,每次工作时间较短,工作速度不高,而且需要自锁。

(2) 传导螺旋:以传递运动为主,要求能在较长的时间内连续工作,工作速度较高,因此,要求较高的传动精度。如精密车床的走刀螺杆。

(3) 调整螺旋:用于调整并固定零部件之间的相对位置,它不经常转动,一般在空载下调整,要求有可靠的自锁性能和精度,用于测量仪器及各种机械的调整装置。如千分尺中的螺旋。

螺旋传动按其摩擦性质又可分为以下几种。

(1) 滑动螺旋:螺旋副作相对运动时产生滑动摩擦的螺旋。滑动螺旋结构比较简单,螺母和螺杆的啮合是连续的,工作平稳,易于自锁,这对起重设备、调节装置等很有意义。但螺纹之间摩擦阻力大、磨损大、效率低(一般在 0.25～0.70 之间,自锁时效率小于 50%);滑动螺旋不适用于高速和大功率传动。

(2) 滚动螺旋:螺旋副作相对运动时产生滚动摩擦的螺旋。滚动螺旋的摩擦阻力小,传动效率高(90%以上),磨损小,精度易保持,但结构复杂,成本高,不能自锁。滚动螺旋主要用于对传动精度要求较高的场合。

(3) 静压螺旋:将静压原理应用于螺旋传动中。静压螺旋摩擦阻力小,传动效率高(可达 90%以上),但结构复杂,需要供油系统。它适用于要求高精度、高效率的重要传动中,如精密数控机床、测试装置或自动控制系统的螺旋传动中。

10.6.2 滑动螺旋传动

图 10.22 所示为最简单的滑动螺旋传动。其中螺母 3 相对支架 1 可作轴向移动。设螺杆的导程为 S,螺距为 P,螺纹线数为 n,则螺母的位移 L 和螺杆的转角 φ(单位: rad)之间有如下关系:

$$L=\frac{S}{2\pi}\varphi=\frac{nP}{2\pi}\varphi \tag{10.18}$$

图 10.23 所示为一种差动滑动螺旋传动,螺杆 2 分别与支架 1、螺母 3 组成螺旋副 A 和 B,其导程分别为 S_A 和 S_B,螺母 3 只能移动不能转动。如果左、右两段螺纹的螺旋方向相同,则螺母 3 的位移 L 与螺杆 2 的转角 φ(单位: rad)之间有如下关系:

$$L=(S_A-S_B)\ \frac{\varphi}{2\pi} \tag{10.19}$$

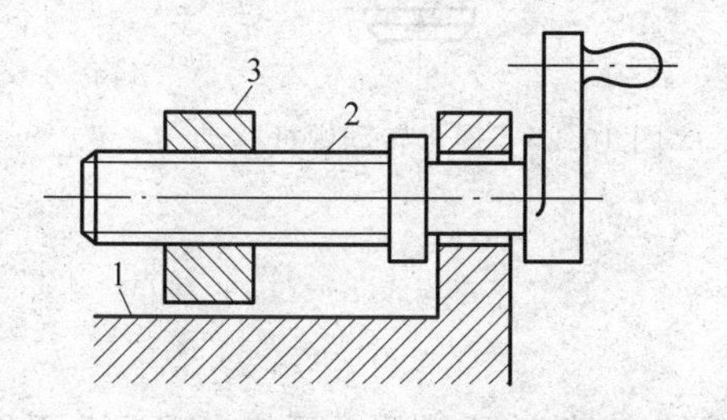

图 10.22　简单的滑动螺旋传动

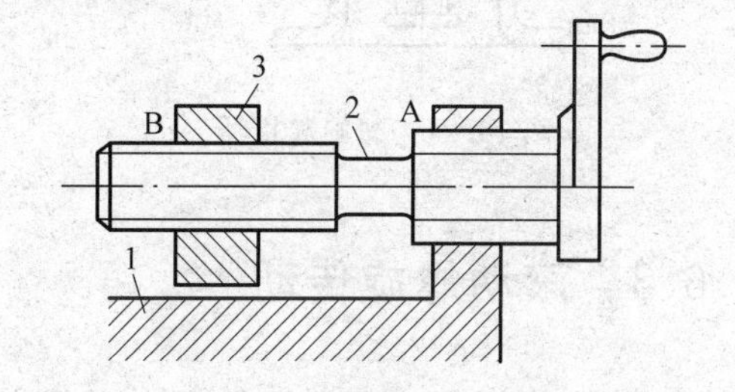

图 10.23　差动滑动螺旋传动

由式(10.19)可知,若 A、B 两螺旋副的导程 S_A 和 S_B 相差极小,则位移 L 也很小,这种差动滑动螺旋传动广泛应用于各种微动装置中。

若图 10.23 中两段螺纹的螺旋方向相反,则螺杆 2 的转角 φ 与螺母 3 的位移 L 之间的关系为

$$L=(S_A+S_B)\cdot\frac{\varphi}{2\pi} \tag{10.20}$$

这时,螺母 3 将获得较大的位移,它使被连接的两构件快速接近或分开。这种差动滑动螺旋传动常用于要求快速夹紧的夹具或锁紧装置中,例如钢索的拉紧装置、某些螺旋式夹具等。

为了减轻滑动螺旋的摩擦和磨损,螺杆和螺母的材料除应具有足够的强度外,还应具有较好的减摩、耐磨性;由于螺母的加工成本比螺杆低,且更换较容易,因此选用螺母的材料比螺杆的材料软,使工作时主要在螺母上发生磨损。对于硬度不高的螺杆,通常采用 45 钢、50 钢;对于硬度较高的重要传动,可选用 T12、65Mn、40Cr、40WMn、18CrMnTi 等,并经热处理以获得较高硬度;对于精密螺杆,要求热处理后有较好的尺寸稳定性,可选用 $9Mn_2V$、CrWMn、38CrMoAlA 等。螺母常用材料为青铜和铸铁。要求较高的情况下,可采用

ZCuSn10P1 和 ZCuSn5Pb5Zn5；重载低速的情况下，可用无锡青铜 ZCuAl9Mn2；轻载低速的情况下，可用耐磨铸铁或铸铁。

滑动螺旋传动的结构，主要是指螺杆和螺母的固定与支承的结构形式。图 10.24 所示为螺旋起重器（千斤顶）的结构，螺母与机架一起静止不动，而螺杆则既转动又移动，单向传力（外载荷 Q 向下作用）。图 10.25 所示的结构，螺母转动，螺杆移动，单向传力（外载荷 Q 向上作用）。

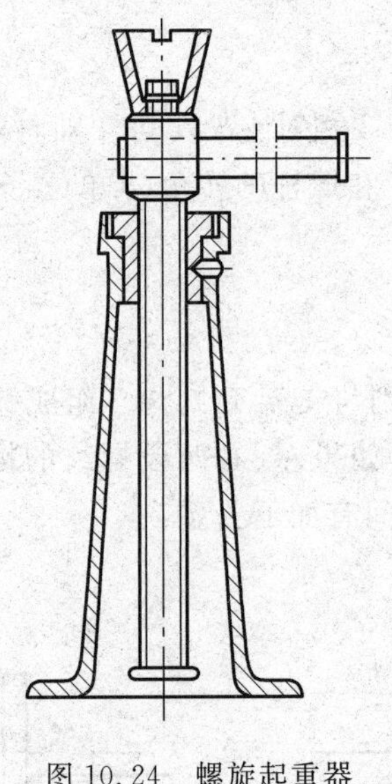

图 10.24 螺旋起重器

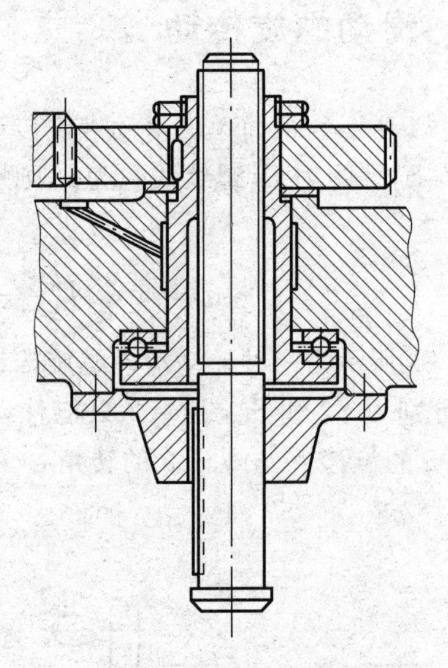

图 10.25 螺母转动螺杆移动

10.6.3 滚动螺旋传动

滑动螺旋传动虽有很多优点，但传动精度还不够高，低速或微调时可能出现运动不稳定现象，不能满足某些机械的工作要求。为此可采用滚动螺旋传动。如图 10.26 所示，滚动螺旋传动是在螺杆和螺母的螺纹滚道内连续填装滚珠作为滚动体，使螺杆和螺母间的滑动摩擦变成滚动摩擦。螺母上有导管或反向器，使滚珠能循环滚动。滚珠的循环方式分为外循环和内循环两种，滚珠在回路过程中离开螺旋表面的称为外循环，如图 10.26(a)所示。外循环加工方便，但径向尺寸较大。滚珠在整个循环过程中始终不脱离螺旋表面的称为内循环，如图 10.26(b)所示。

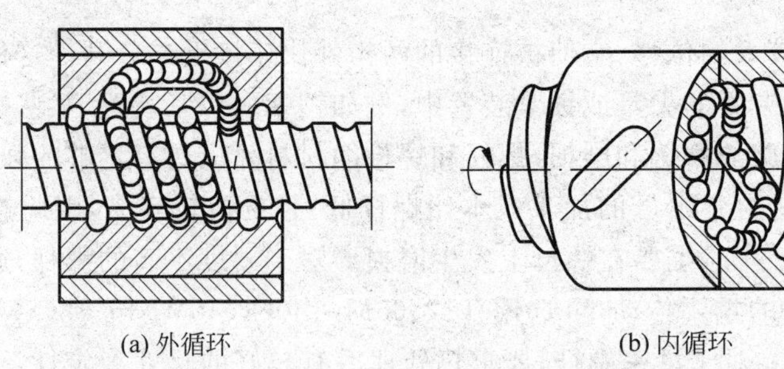

(a) 外循环　　(b) 内循环

图 10.26 滚动螺旋传动

滚动螺旋传动的特点是：效率高，一般在 90%以上；利用预紧可消除螺杆与螺母之间的轴向间隙，可得到较高的传动精度和轴向刚度；静、动摩擦力相差极小，起动时无颤动，低速时运动仍很稳定；工作寿命长；具有运动可逆性，即在轴向力作用下可由直线移动变为转动；为了防止机构逆转，需有防逆装置；滚珠与滚道理论上为点接触，不宜传递大载荷，抗冲击性能较差；结构较复杂；材料要求较高；制造较困难。滚动螺旋传动主要用于对传动精度要求高的场合，如精密机床中的进给机构等。

10.6.4 静压螺旋传动简介

静压螺旋传动的工作原理如图 10.27 所示，压力油通过节流阀由内螺纹牙侧面的油腔进入螺纹副的间隙，然后经回油孔（虚线所示）返回油箱。当螺杆不受力时，螺杆的螺纹牙位于螺母螺纹牙的中间位置，处于平衡状态。此时，螺杆螺纹牙的两侧间隙相等，经螺纹牙两侧流出的油的流量相等。因此油腔压力也相等。

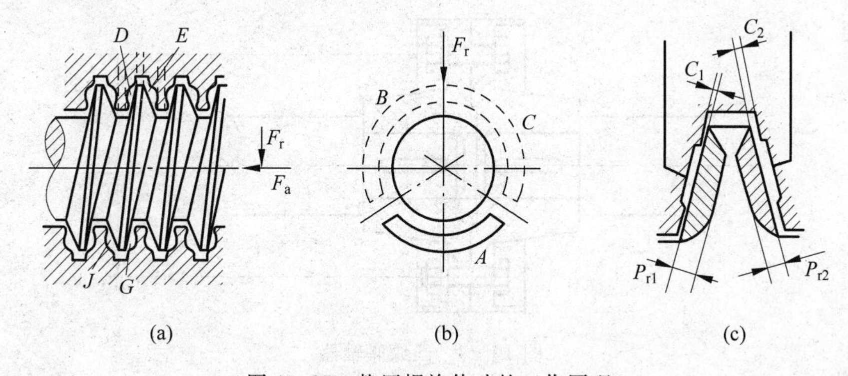

图 10.27 静压螺旋传动的工作原理

当螺杆受轴向力 F_a 作用而向左移动时，如图 10.27(a)所示，间隙 C_1 减小、C_2 增大，如图 10.27(c)所示，由于节流阀的作用使牙左侧的压力大于右侧，则产生一个与 F_a 大小相等、方向相反的平衡反力，从而使螺杆重新处于平衡状态。

当螺杆受径向力 F_r 作用而下移时，油腔 A 侧隙减小，B、C 侧隙增大，如图 10.27(b)所示，由于节流阀作用使 A 侧油压增高，B、C 侧油压降低，则产生一个与 F_r 大小相等、方向相反的平衡反力，从而使螺杆重新处于平衡状态。

当螺杆一端受一径向力 F_r 的作用形成一倾覆力矩时，如图 10.27(a)所示，螺纹副的 E 和 J 侧隙减小，D 和 C 侧隙增大，同理，由于两处油压的变化产生一个平衡力矩，使螺杆处于平衡状态。因此螺旋副能承受轴向力、径向力以及径向力所产生的力矩。

习 题

10.1 螺纹的主要参数有哪些？螺距和导程有什么区别？如何判断螺纹的线数和旋向？

10.2 试述螺旋传动的主要特点及应用,比较滑动螺旋传动和滚动螺旋传动的优缺点。

10.3 试比较螺旋传动和齿轮齿条传动的特点与应用。

10.4 螺纹主要有哪几种类型?根据什么选用螺纹类型?

10.5 螺栓、双头螺柱、螺钉、紧定螺钉分别应用于什么场合?

10.6 螺纹连接防松的本质是什么?螺纹连接防松主要有哪几种方法?

10.7 受拉螺栓的松连接和紧连接有何区别?它们的设计计算公式是否相同?

10.8 什么情况下使用铰制孔用螺栓?

10.9 在受拉螺栓连接强度计算中,总载荷是否等于预紧力与拉伸工作载荷之和?

10.10 影响螺栓连接强度的主要因素有哪些?可以采用哪些措施提高螺栓连接强度?

10.11 已知一普通粗牙螺纹,大径 $d=24$ mm,中径 $d_2=22.051$ mm,螺纹副间的摩擦因数 $f=0.17$。(1)试求螺纹升角 λ;(2)该螺纹副能否自锁?若用于起重,其效率为多少?

10.12 如图 10.28 所示,带式运输机的凸缘联轴器用 4 个普通螺栓连接,$D_0=120$ mm,传递扭矩 $T=180$ N·m,接合面摩擦因数为 $f=0.16$,试计算螺栓的直径。

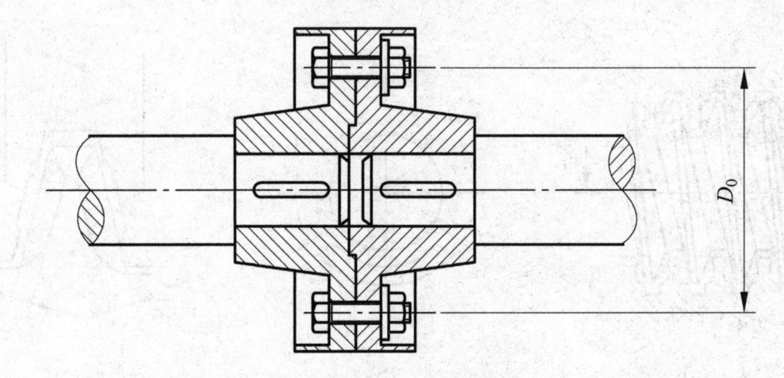

图 10.28 凸缘联轴器

10.13 如图 10.29 所示,液压油缸的缸体与缸盖用 8 个双头螺栓连接,油缸内径 $D=260$ mm,缸体内部的油压为 $p=1.2$ MPa,螺栓材料为 45 钢,采用石棉铜皮垫,试计算螺栓的直径。

10.14 如图 10.30 所示的差动螺旋传动,机架 1 与螺杆 2 在 A 处用右旋螺纹连接,导程 $S_A=4$ mm,螺母 3 相对机架 1 只能移动,不能转动;摇柄 4 沿箭头方向转动 5 圈时,螺母 3 向左移动 5 mm,试计算螺旋副 B 的导程 S_B,并判断螺纹的旋向。

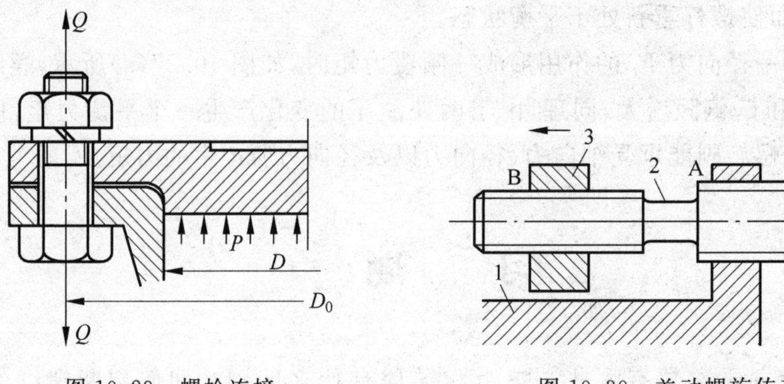

图 10.29 螺栓连接　　图 10.30 差动螺旋传动

第 11 章

键连接、销连接及其他常用连接

11.1 键 连 接

键连接由键、轴和轮毂组成，它主要用以实现轴和轮毂的周向固定和传递转矩。键连接的主要类型有平键连接、半圆键连接、楔键连接和切向键连接，它们均已标准化。

MOOC

11.1.1 平键连接

如图 11.1(a)所示，平键的两侧面是工作面，平键的上表面与轮毂槽底之间留有间隙。这种键的定心性好，装拆方便，应用广泛。常用的平键有普通平键和导向平键。

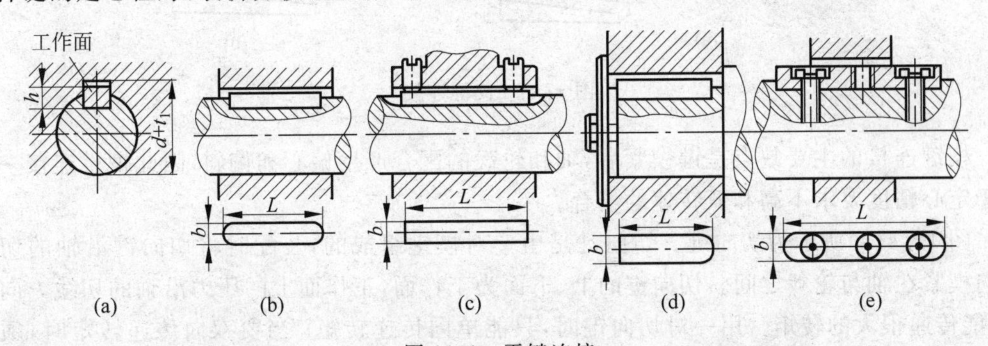

图 11.1 平键连接

普通平键按其结构可分为圆头（称为 A 型）、方头（称为 B 型）和单圆头（称为 C 型）三种。图 11.1(b)所示为 A 型键，A 型键在键槽中固定良好，但轴上键槽引起的应力集中较大。图 11.1(c)所示为 B 型键，B 型键克服了 A 型键的缺点，当键尺寸较大时，宜用紧定螺钉将键固定在键槽中，以防松动。图 11.1(d)所示为 C 型键，C 型键主要用于轴端与轮毂的连接。

图 11.1(e)所示为导向平键，该键较长，键用螺钉固定在键槽中，键与轮毂之间采用间隙配合，轴上零件可沿键作轴向滑移。

11.1.2 半圆键连接

图 11.2 所示为半圆键，半圆键的工作面也是键的两个侧面。轴上键槽用与半圆键尺寸

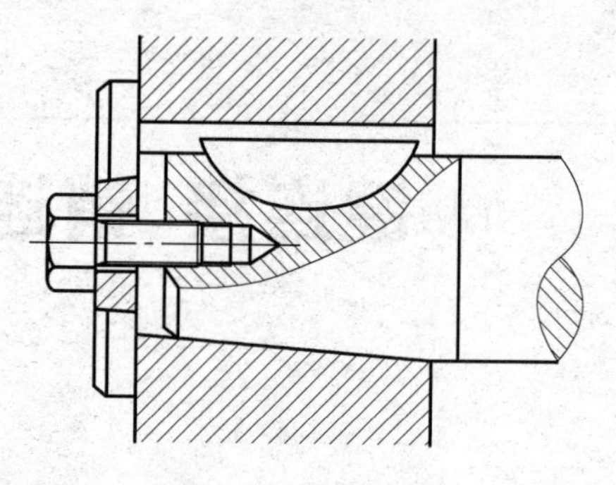

图 11.2 半圆键连接

相同的键槽铣刀铣出，半圆键可在槽中绕其几何中心摆动以适应毂槽底面的倾斜。这种键连接的特点是工艺性好，装配方便，尤其适用于锥形轴端与轮毂的连接；但键槽较深，对轴的强度削弱较大，一般用于轻载静连接。

11.1.3 楔键连接和切向键连接

图 11.3 所示为楔键连接，楔键的上、下两面为工作面。楔键的上表面和与它相配合的轮毂键槽底面均有 1∶100 的斜度。装配时将楔键打入，使楔键楔紧在轴和轮毂的键槽中，楔键的上、下表面受挤压，工作时靠这个挤压作用产生的摩擦力传递转矩。如图 11.3 所示，楔键分为普通楔键和钩头楔键两种，钩头楔键的钩头是为了方便拆卸而设计的。

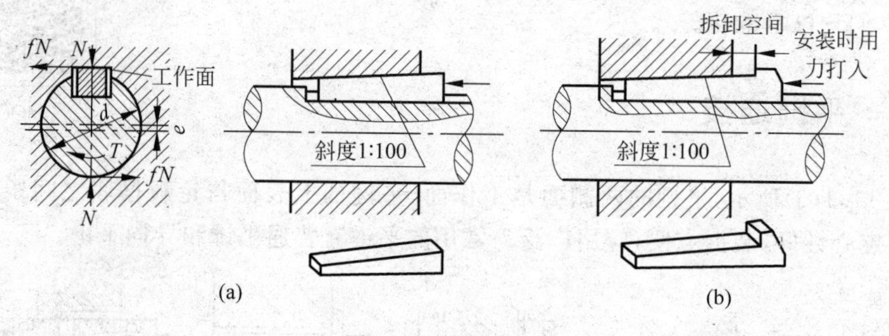

图 11.3 楔键连接

楔键连接的主要缺点是键楔紧后，轴和轮毂的配合产生偏心和偏斜，因此楔键连接一般用于定心精度要求不高和低转速的场合。

图 11.4(a)所示为切向键。切向键是由一对楔键组成的，装配时将切向键沿轴的切线方向楔紧在轴与轮毂之间。切向键的上、下面为工作面，工作面上的压力沿轴的切线方向作用，能传递很大的转矩。用一对切向键时，只能单向传递转矩；当要双向传递转矩时，须采用两对互成 120°分布的切向键(见图 11.4(b))。由于切向键对轴的强度削弱较大，因此常用于直径大于 100 mm 的轴上。

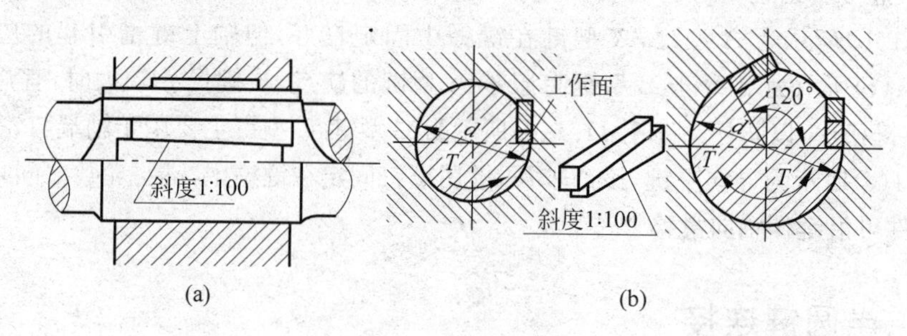

图 11.4 切向键连接

11.1.4 花键连接

如图 11.5 所示，花键连接是由周向均布多个键齿的花键轴与带有相应键齿槽的轮毂孔相配而成。花键齿的侧面为工作面，工作时有多个键齿同时传递转矩，所以花键连接的承载能力比平键连接高得多。花键连接的导向性好，齿根处的应力集中较小，适用于传递载荷大、定心精度要求高或者经常需要滑移的连接。

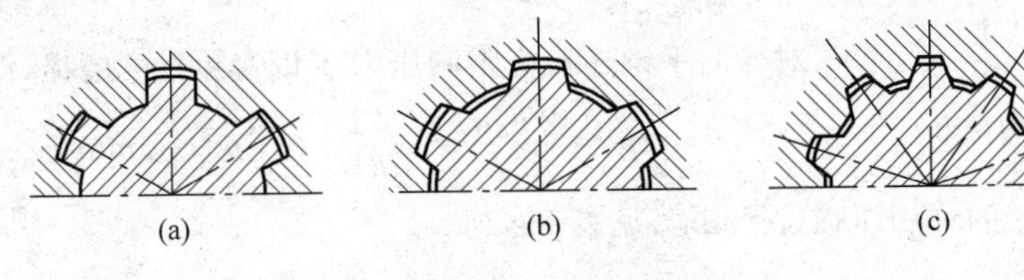

图 11.5　花键连接

花键按齿形可分为矩形花键(见图 11.5(a))、渐开线花键(见图 11.5(b))以及三角形花键(见图 11.5(c))。花键可用于静连接和动连接。花键已经标准化，例如矩形花键的齿数 z、小径 d、大径 D、键宽 B 等可以根据轴径查标准选定，其强度计算方法与平键相似。花键的加工需要专用设备。

11.1.5 平键连接的选择与计算

设计键连接时，先根据工作要求选择键的类型，再根据装键处的轴径 d 查取键的宽度 b 和高度 h，如表 11.1 所示，并参照轮毂长度选取键的长度 L，最后进行键连接的强度校核。

表 11.1　普通平键和键槽的尺寸(摘自 GB/T 1095—2003、GB/T 1096—2003)　mm

轴的直径 d	键的尺寸			键槽		轴的直径 d	键的尺寸			键槽	
	b	h	L	t	t_1		b	h	L	t	t_1
＞8～10	3	3	6～36	1.8	1.4	＞38～44	12	8	28～140	5.0	3.3
＞10～12	4	4	8～45	2.5	1.8	＞44～50	14	9	36～160	5.5	3.8
＞12～17	5	5	10～56	3.0	2.3	＞50～58	16	10	45～180	6.0	4.3
＞17～22	6	6	14～70	3.5	2.8	＞58～65	18	11	50～200	7.0	4.4
＞22～30	8	7	18～90	4.0	3.3	＞65～75	20	12	56～220	7.5	4.9
＞30～38	10	8	22～110	5.0	3.3	＞75～85	22	14	63～250	9.0	5.4
L 系列：6、8、10、12、14、16、18、20、22、25、28、32、36、40、45、50、56、63、70、80、90、100、110、125、140、160、180、200、250、…											

注：在工作图中，轴槽深用 $d-t$ 或 t 标注，毂槽深用 $d+t_1$ 或 t_1 标注。

键的材料一般采用抗拉强度不低于 600 N/mm^2 的碳素钢。平键连接的主要失效形式是工作面的压溃，除非有严重的过载，一般不会出现键的剪断。因此，通常只按工作面上挤压应力进行强度校核计算。导向平键连接的主要失效形式是过度磨损，因此，一般按工作面上的压强进行条件性强度校核计算。

如图11.6所示，假定载荷在键的工作面上均匀分布，并假设 $k \approx h/2$，则普通平键连接的挤压强度条件为

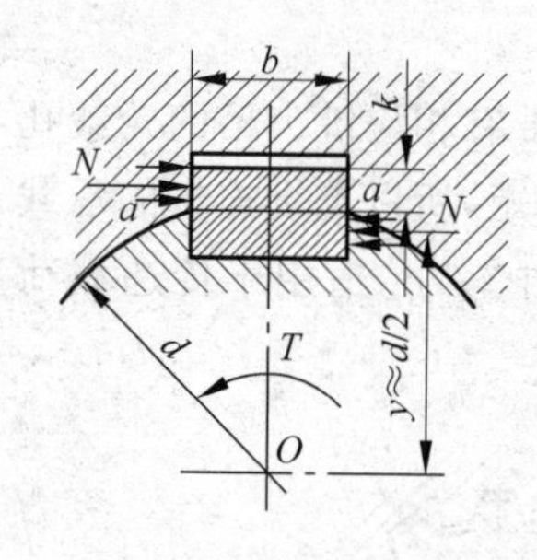

图11.6 平键上的受力

$$\sigma_p = \frac{2T/d}{L_c k} = \frac{4T}{dhL_c} \leqslant [\sigma_p], \text{N/mm}^2 \tag{11.1}$$

式中，T 为传递的转矩，N·mm；d 为轴径，mm；h 为键的高度，mm；L_c 为键的计算长度（对A型键，$L_c = L - b$；对B型键，$L_c = L$；对C型键，$L_c = L - b/2$），mm；$[\sigma_p]$为键连接的许用挤压应力，N/mm^2，见表11.2。

对导向平键连接应限制压强 p 以避免过度磨损，即

$$p = \frac{2T/d}{L_c k} = \frac{4T}{dhL_c} \leqslant [p], \text{N/mm}^2 \tag{11.2}$$

式中，$[p]$为键连接的许用压强，N/mm^2，见表11.2。

表11.2 键连接的许用挤压应力和许用压强 MPa

许用值	轮毂材料	载荷性质		
		静载荷	轻微冲击	冲击
$[\sigma_p]$	钢	125～150	100～120	60～90
	铸铁	70～80	50～60	30～45
$[p]$	钢	50	40	30

在设计计算中若单个键的强度不够，可采用双键按180°对称布置。考虑载荷分布不均匀性，在键强度校核计算中应按1.5个键进行计算。

例11.1 根据例6.1设计的大齿轮结构、例8.1设计的大带轮结构，分别选择这些轮毂与轴连接的键，并进行强度校核。

解：(1) 齿轮与轴的键连接

① 选用圆头普通平键(A型)

按齿轮孔径 $d = 55$ mm，齿宽 $B_2 = 66$ mm，查表11.1可得键的尺寸：$b = 16$ mm，$h = 10$ mm，$L = 63$ mm。

键的标记为：键 16×10×63 (GB/T 1096—2003)

② 强度校核

键的材料选用45钢，例6.1齿轮材料为45钢，查表11.2可得许用挤压应力$[\sigma_p] = 100 \sim 120$ MPa。键的工作长度 $L_c = L - b = 63 - 16$ mm $= 47$ mm，$h = 10$ mm，键所受的挤压应力为

$$\sigma_p = \frac{4T}{dhL_c} = \frac{4 \times 374.6 \times 10^3}{55 \times 10 \times 47} \text{ MPa} = 58 \text{ MPa} < [\sigma_p]$$

安全。

(2) V带轮与轴的键连接

① 选用单圆头普通平键(C型)

按带轮孔径 $d = 30$ mm，带轮宽 $B = 65$ mm，查表11.1可得键的尺寸：$b = 8$ mm，$h = 7$ mm，$L = 63$ mm。

键的标记为：键 C8×7×63 (GB/T 1096—2003)

② 强度校核

键的材料选用45钢，V带轮材料为铸铁，查表11.2可得许用挤压应力$[\sigma_p] = 50 \sim 60$ MPa。键的工作长度 $L_c = L - b/2 = (63 - 8/2)$ mm $= 59$ mm，$h = 7$ mm，键所受的挤压应力为

$$\sigma_{\mathrm{p}}=\frac{4T}{dhL_{\mathrm{c}}}=\frac{4\times 78.1\times 10^{3}}{30\times 7\times 59}\ \mathrm{MPa}=25\ \mathrm{MPa}<[\sigma_{\mathrm{p}}]$$

安全。解毕。

11.2　销连接及其他常用连接

11.2.1　销连接

Video

销连接主要用于固定零件之间的相对位置，并能传递较小的载荷，它还可以用于过载保护。按形状的不同，销可分为圆柱销、圆锥销和槽销等。

圆柱销如图 11.7(a)所示，靠过盈配合固定在销孔中，如果多次装拆，其定位精度会降低。圆锥销和销孔均有 1∶50 的锥度，如图 11.7(b)所示，因此安装方便，定位精度高，多次装拆不影响定位精度。如图 11.7(c)所示为端部带螺纹的圆锥销，它可用于盲孔或装拆困难的场合。如图 11.7(d)所示为开尾圆锥销，它适用于有冲击、振动的场合。如图 11.7(e)所示为槽销，槽销上有三条纵向沟槽，槽销压入销孔后，它的凹槽即产生收缩变形，借助材料的弹性而固定在销孔中。它多用于传递载荷，也适用于受振动载荷的连接。销孔无须铰制，加工方便，可多次装拆。如图 11.7(f)所示为圆管形弹簧圆柱销，在销打入销孔后，销由于弹性变形而挤紧在销孔中，可以承受冲击和变载荷。

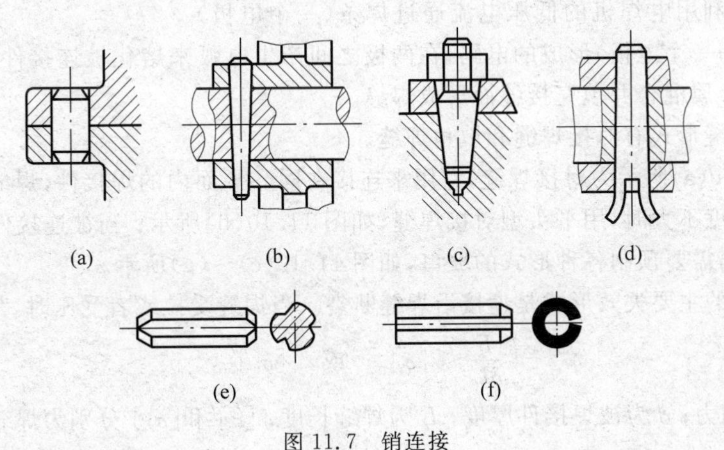

图 11.7　销连接

11.2.2　成型连接

Video

如图 11.8 所示，成型连接是由非圆剖面的轴与相应的轮毂孔构成的可拆连接。成型连接应力集中小，能传递大扭矩，装拆方便，但是加工工艺复杂，需要专用设备。

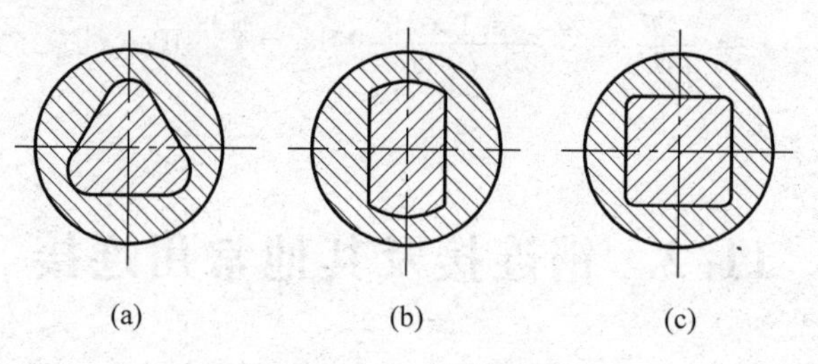

图 11.8 成型连接

11.2.3 铆接

如图 11.9 所示，铆钉连接(简称铆接)是将铆钉穿过被连接件的预制孔经铆合后形成的不可拆连接。铆接的工艺简单、耐冲击、连接牢固可靠，但结构较笨重，被连接件上有钉孔使其强度削弱，铆接时噪声很大。目前，铆接主要用于桥梁、造船、重型机械及飞机制造等部门。

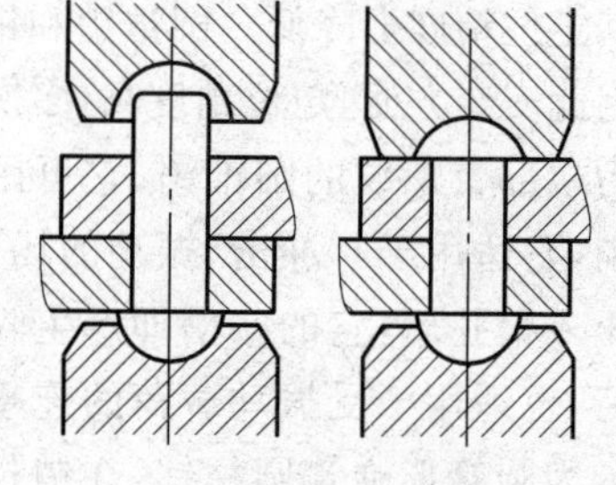

图 11.9 铆钉连接

11.2.4 焊接

焊接是利用局部加热方法使两个金属元件在连接处熔融而构成的不可拆连接。常用的焊接方法有电弧焊、气焊和电渣焊等，其中电弧焊应用最为广泛。

电弧焊是利用电焊机的低压电流通过焊条(一个电极)与被焊接件(另一个电极)形成的电路，在两极之间产生电弧来熔化被连接件的部分金属和焊条，使熔化金属混合并填充接缝而形成焊缝。

常用的焊缝形式有对接焊缝和填角焊缝。

如图 11.10(a)所示为对接焊缝，它用来连接在同一平面内的焊接件，焊缝传力较均匀。当被焊接件厚度不大时，用平头型对接焊缝，如图 11.10(b)所示；当被连接件厚度较大时，为了保证焊透，需要预制各种形式的坡口，如图 11.10(c)～(g)所示。

对接焊缝的主要失效形式是连接沿焊缝断裂。当焊缝受拉或者受压时，其强度条件为

$$\frac{F}{\delta L} \leqslant [\sigma]' \quad 或 \quad [\sigma_{y}]' \tag{11.3}$$

式中，F 为作用力；δ 为被焊接件厚度；L 为焊缝长度；$[\sigma]'$ 和 $[\sigma_{y}]'$ 分别为焊缝的抗拉、抗压许用应力。

如图 11.11 所示，填角焊缝主要用来连接不在同一平面上的被焊接件，焊缝剖面通常是等腰直角三角形。垂直于载荷方向的焊缝称为横向焊缝，如图 11.11(a)所示；平行于载荷方向的焊缝称为纵向焊缝，如图 11.11(b)所示；兼有横向、纵向或者斜向的焊缝称为混合焊缝，如图 11.11(c)所示。

填角焊缝的应力情况复杂，其主要失效形式是焊缝沿计算截面 a—a 被剪断。因此，通常按焊缝危险截面高度 $h=K\cos45°=0.7K$ 来计算焊缝总截面积 S，即 $S=0.7K\sum L$，对焊缝强度作抗剪切条件性计算。受拉力或者压力时填角焊缝的强度条件为

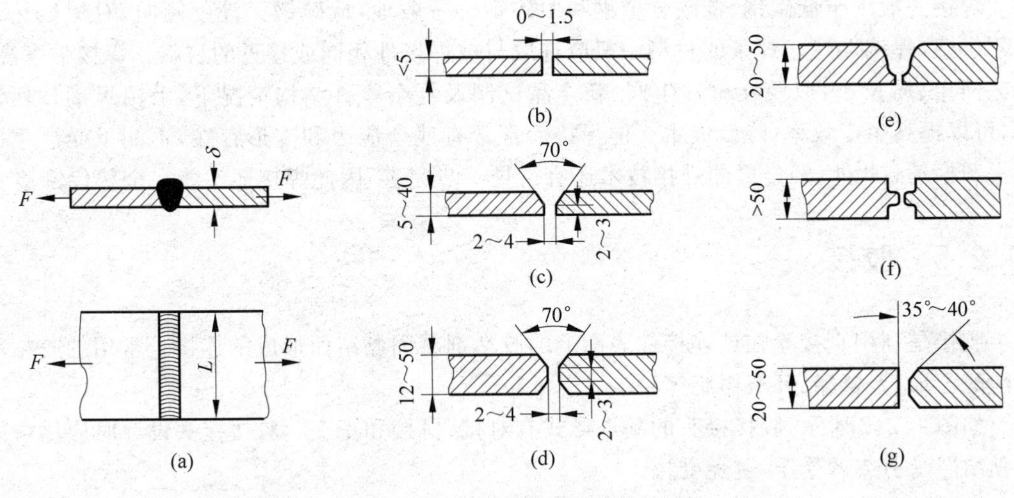

图 11.10　焊缝与各种形式的坡口

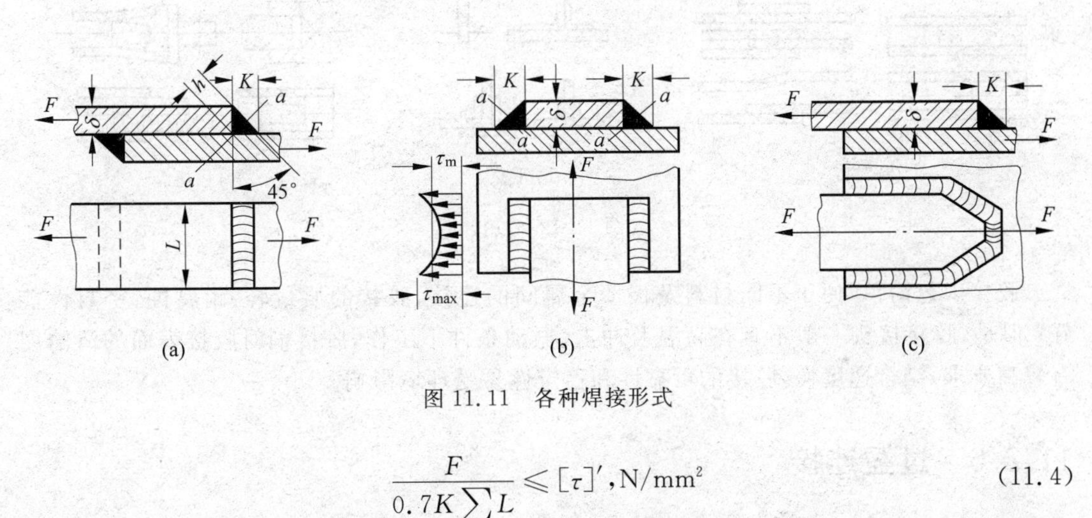

图 11.11　各种焊接形式

$$\frac{F}{0.7K\sum L}\leqslant[\tau]',\mathrm{N/mm^2} \tag{11.4}$$

式中，F 为拉力或压力，N；K 为焊缝腰长，mm；$\sum L$ 为焊缝总长度，mm；$[\tau]'$为焊缝的许用剪切应力，$\mathrm{N/mm^2}$。

焊接的许用应力取决于焊接工艺、焊条、被焊接件的材料、载荷性质和焊接品质。承受静载荷时，焊缝的许用应力如表 11.3 所示。特别地，对建筑结构、船舶和压力容器制造等行业，应按专门的行业性焊接设计规范选取焊缝的许用应力。

表 11.3　焊缝的许用应力　　MPa

应力种类	被焊接材料	
	Q215	Q235、Q255
压应力$[\sigma_y]'$	200	210
拉应力$[\sigma]'$	180(200)	180(210)
切应力$[\tau]'$	140	140

注：1. 本表适用于常用的手工电弧焊条 T42，也适用于熔剂层下表面材料的自动焊接。
2. 括号中数值用于精确方法检查焊接质量。
3. 对于单面焊接的角钢元件，上述许用值均降低 25%。

焊接一般用于低碳钢、低碳合金钢和中碳钢。一般地，低碳钢无淬硬倾向，对焊接热过程不敏感，焊接性好。焊条的材料一般应选取与被焊接件相同或接近的材料。焊接强度高、工艺简单、质量小，以及在单件生产、新产品试制及复杂零件结构情况下，采用焊接替代铸造，可以提高生产效率，降低成本。但焊接后常常有残余应力和变形存在，不能承受严重的冲击和振动；此外，轻金属的焊接技术还有待进一步完善，因此焊接还不能完全替代铆接。

11.2.5 胶接

胶接是利用直接涂在被连接件表面上的胶粘剂凝固黏结而形成的连接。常用的胶粘剂有酚醛乙烯、聚氨酯、环氧树脂等。

如图11.12所示，胶接接头的基本形式有对接、搭接和正交。胶接接头设计时应尽可能使黏结层受剪或者受压，避免受拉。

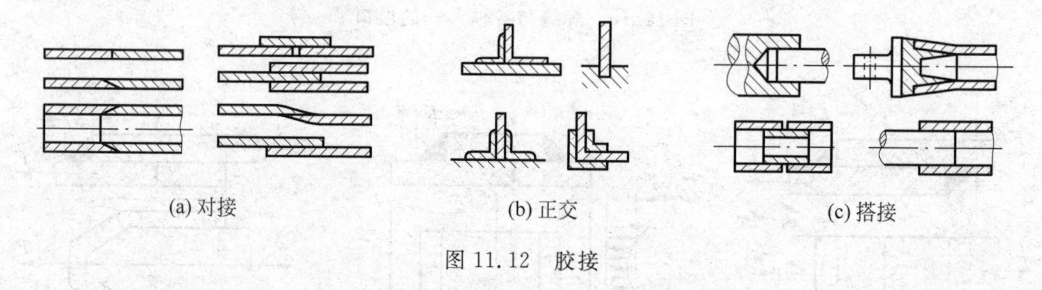

图11.12 胶接

胶接工艺简单，便于不同材料及极薄金属间的连接，胶接的质量轻、耐腐蚀、密封性能好；但是，胶接接头一般不宜在高温及冲击、振动条件下工作，胶接剂对胶接表面的清洁度有较高要求，结合速度慢，胶接的可靠性和稳定性易受环境影响。

11.2.6 过盈连接

过盈连接利用零件间的过盈配合实现连接。如图11.13(a)所示，过盈配合连接件装配后，包容件和被包容件的径向变形使配合面间产生压力；工作时靠此压紧力产生的摩擦力(也称固持力)来传递载荷，如图11.13(b)所示；为了便于压入，毂孔和轴端的倒角尺寸均有一定要求，如图11.13(c)所示。

过盈连接的装配方法有压入法和温差法两种。压入法是在常温下用

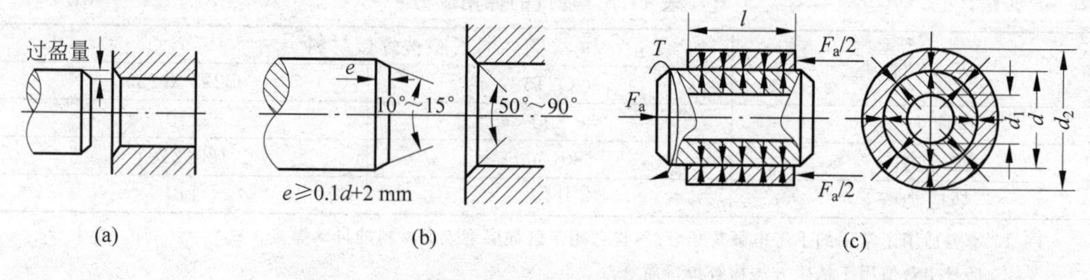

图11.13 过盈连接

压力机等将被包容件直接压入包容件中。压入过程中，配合表面易被擦伤，从而降低连接的可靠性。过盈量不大时，一般采用压入法装配。温差法就是加热包容件或者冷却被包容件，以形成装配间隙来进行装配。采用温差法，不易擦伤配合表面，连接可靠。过盈量较大或者对连接质量要求较高时，宜采用温差法装配。

过盈连接的过盈量不大时，允许拆卸，但多次拆卸会影响连接的质量；过盈量很大时，一般不能拆卸，否则会损坏配合表面或者整个零件。过盈连接结构简单，同轴性好，对轴的削弱小，抗冲击、振动性能好，但对装配面的加工精度要求高。其承载能力主要取决于过盈量的大小。必要时，可以同时采用过盈连接和键连接，以保证连接的可靠性。

习　题

11.1　单键连接时如果强度不够应采取什么措施？若采用双键，对平键和楔键而言，分别应该如何布置？

11.2　平键和楔键的工作原理有何不同？

11.3　机械制造中常见的焊接方式有哪几种？都有哪些焊缝形式？焊接接头有哪些形式？

11.4　胶接接头主要有哪几种形式？常用的胶黏剂有哪些？

11.5　什么是过盈连接？

11.6　铆接、焊接和胶接各有什么特点？分别适用于什么场合？

11.7　设计套筒联轴器与轴连接用的平键。已知轴径 $d=36$ mm，联轴器为铸铁材料，承受静载荷，套筒外径 $D=100$ mm。要求画出连接的结构图，并计算连接所能传递的最大转矩。

11.8　已知轴和带轮的材料分别为钢和铸铁，带轮与轴配合直径 $d=40$ mm，轮毂长度 $l=80$ mm，传递的功率为 $p=10$ kW，转速 $n=1000$ r/min，载荷性质为轻微冲击。(1)试选择带轮与轴连接用的 A 型普通平键；(2)按 1∶1 比例绘制连接剖视图，并注出键的规格和键槽尺寸。

第12章

滑动轴承

轴承用来支承轴及轴上零件、保持轴的旋转精度和减少转轴与支承之间的摩擦和磨损。轴承一般分为两大类：滚动轴承和滑动轴承。滚动轴承有一系列优点，在一般机器中获得了广泛应用。但是在高速、高精度、重载、结构上要求剖分等场合下，滑动轴承就体现出它的优异性能。因而在汽轮机、离心式压缩机、内燃机、大型电机中多采用滑动轴承。此外，在低速而带有冲击的机器中，如水泥搅拌机、滚筒清砂机、破碎机等也采用滑动轴承。

12.1 滑动轴承的类型与结构

12.1.1 滑动轴承的类型

MOOC

1. 按工作表面的摩擦状态分

1）液体摩擦滑动轴承

在液体摩擦滑动轴承（见图 12.1(a)）中，轴颈和轴承的工作表面被一层润滑油膜隔开。由于两零件表面没有直接接触，轴承的阻力只是润滑油分子间的内摩擦，所以摩擦因数很小，一般仅为 0.001～0.008。这种轴承的寿命长、效率高，但要求制造精度高，并需在一定条件下才能实现液体摩擦。

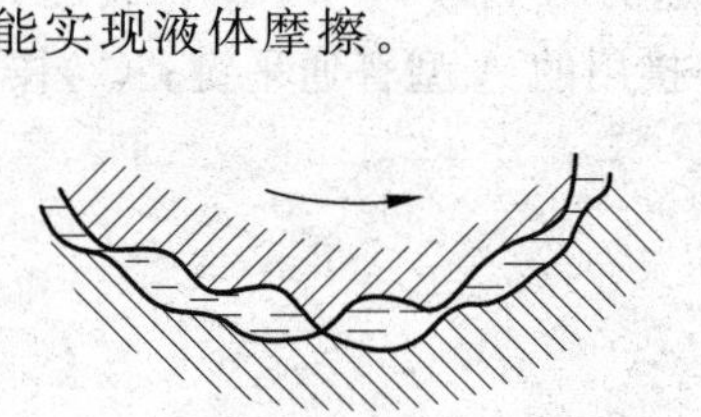

(a) 液体摩擦　　(b) 非液体摩擦

图 12.1　滑动轴承的摩擦状态

2）非液体摩擦滑动轴承

非液体摩擦滑动轴承（见图 12.1(b)）的轴颈和轴承的工作表面之间虽有润滑油存在，但在表面局部凸起部分还有金属的直接接触，因此摩擦因数较大，一般为 0.1～0.3，容易磨损，但由于其结构简单，对制造精度和工作条件要求不高，故在机械中应用较广。本章主要介绍非液体摩擦滑动轴承。

2. 按承受载荷的方向分

(1) 径向滑动轴承(见图 12.2(a)),这种轴承又称向心滑动轴承,主要承受径向载荷。

(2) 止推滑动轴承(见图 12.2(b)),这种轴承只能承受轴向载荷。

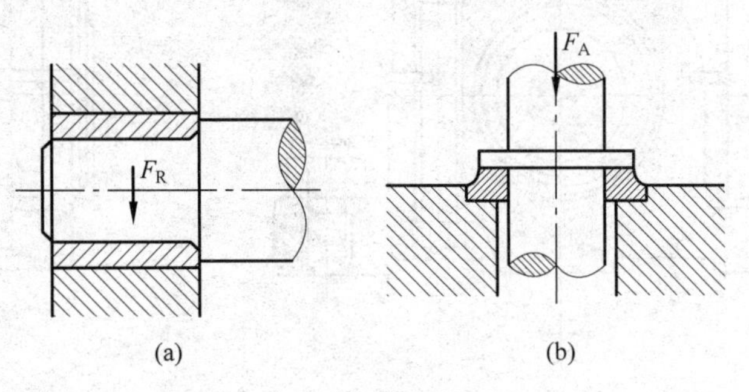

图 12.2　滑动轴承

12.1.2　滑动轴承的结构

1. 径向滑动轴承

1) 整体式径向滑动轴承

图 12.3 所示为整体式径向滑动轴承。它由轴承座、整体轴瓦和紧定螺钉组成。轴承座上面有安装润滑油杯的螺纹孔。在轴瓦上有油孔,为了使润滑油能均匀分布在整个轴颈上,在轴瓦的内表面上开有油沟。

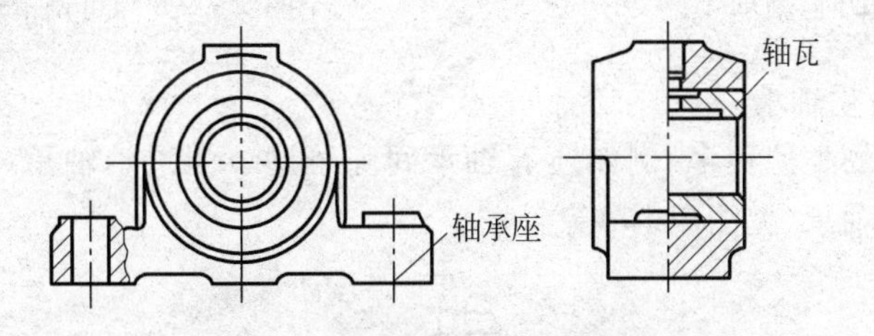

图 12.3　整体式径向滑动轴承

整体式滑动轴承的优点是结构简单、成本低廉。缺点是轴瓦磨损后,轴承间隙过大时无法调整;另外,只能从轴颈端部进行装拆。整体式滑动轴承多用在低速、轻载的机械设备中。

2) 对开式径向滑动轴承

图 12.4 所示为对开式径向滑动轴承,因为装拆方便而应用广泛。它由轴承座、轴承盖、剖分轴瓦和连接螺栓组成。为了安装时容易对中和防止横向错动,在轴承盖和轴承座的剖分面上做成阶梯形,在剖分面间配置调整垫片,当轴瓦磨损后可减少垫片厚度以调整间隙。轴承盖应适当压紧轴瓦,使轴瓦不能在轴承孔中转动。轴承盖上制有螺纹孔,以便安装油杯或油管。剖分轴瓦由上、下轴瓦组成。上轴瓦顶部开有油孔,以便进入润滑油。

当载荷垂直向下或略有偏斜时,轴承剖分面常为水平方向。若载荷方向有较大偏斜时,则轴承的剖分面也可斜着布置(通常倾斜 45°),使剖分平面垂直于或接近垂直于载荷方向(见图 12.5)。

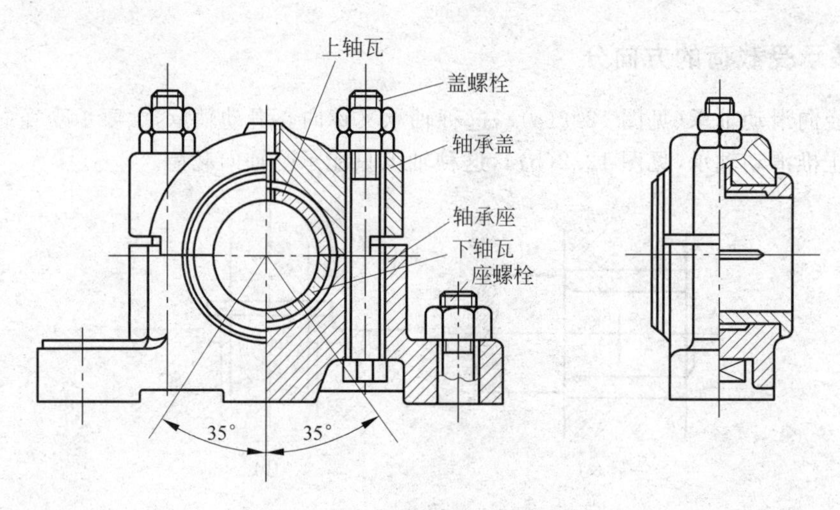

图 12.4 对开式径向滑动轴承

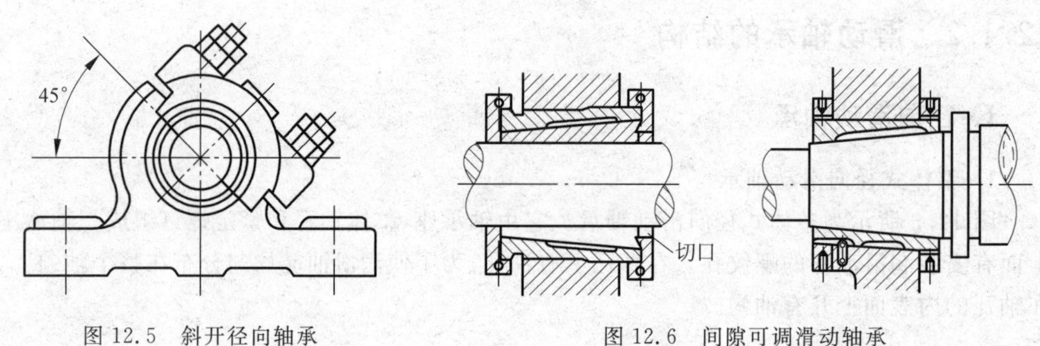

图 12.5 斜开径向轴承

图 12.6 间隙可调滑动轴承

3）其他径向滑动轴承

径向滑动轴承的类型很多，例如还有轴承间隙可调节的滑动轴承(见图 12.6)、轴瓦外表面为球面的自位轴承(见图 12.7)等。

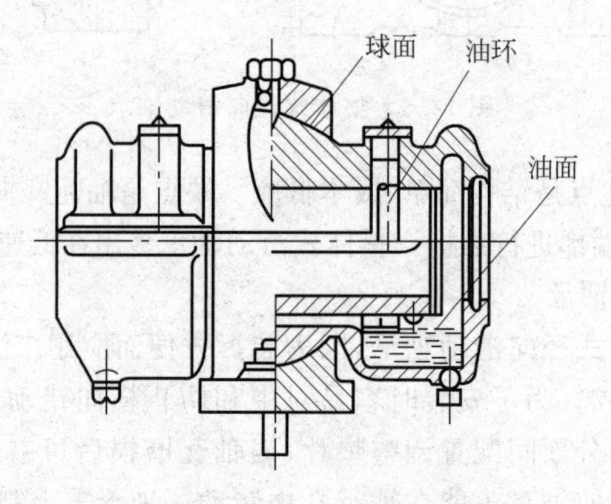

图 12.7 自位轴承

轴瓦是滑动轴承中的重要零件。径向滑动轴承的轴瓦内孔为圆柱形。若载荷方向向下，则下轴瓦为承载区，上轴瓦为非承载区。润滑油应由非承载区引入，所以在顶部开进油孔。在轴瓦内表面，以进油口为中心沿纵向、斜向或横向开有油沟，以利于润滑油均布在整个轴颈上。油沟的形式很多，如图 12.8 所示。一般油沟与端面保持一定距离，以防止润滑油从端部大量流失。

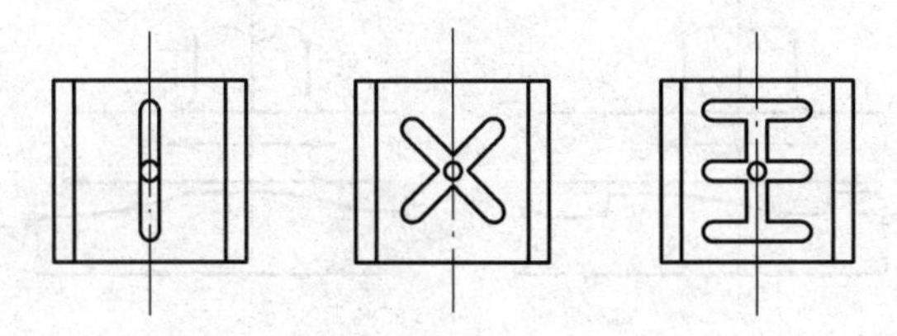

图 12.8　轴瓦上的油沟

图 12.9 所示为润滑油从两侧导入的结构，常用于大型的液体润滑滑动轴承中。一侧油进入后被旋转着的轴颈带入楔形间隙中形成动压油膜，另一侧油进入后覆盖在轴颈上半部，起冷却作用，最后油从轴承的两端泄出。图 12.10 所示的轴瓦两侧面镗有油槽，这种结构可以使润滑油能顺利地进入轴瓦轴颈的间隙。

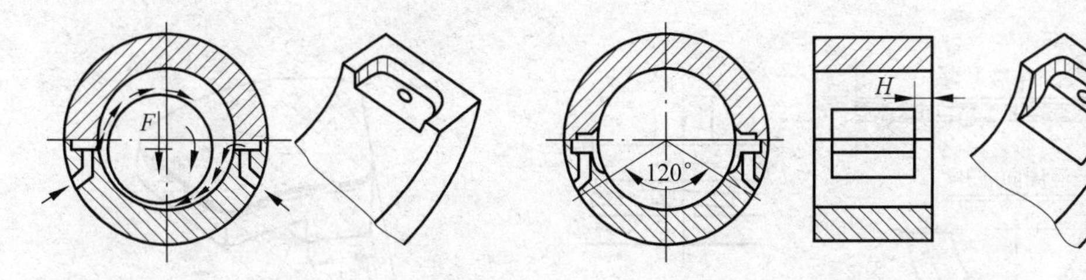

图 12.9　轴瓦上的润滑油导入结构　　图 12.10　轴瓦上的油槽

轴瓦宽度与轴颈直径之比 B/d 称为宽径比，它是径向滑动轴承中的重要参数之一。对于液体摩擦的滑动轴承，常取 $B/d=0.5\sim1$，对于非液体摩擦的滑动轴承，常取 $B/d=0.8\sim1.5$，有时可以更大些。

2. 止推滑动轴承

轴上的轴向力应采用止推轴承来承受。止推面可以利用轴的端面，或在轴的中段做出凸肩或装上止推圆盘，如图 12.11 所示。

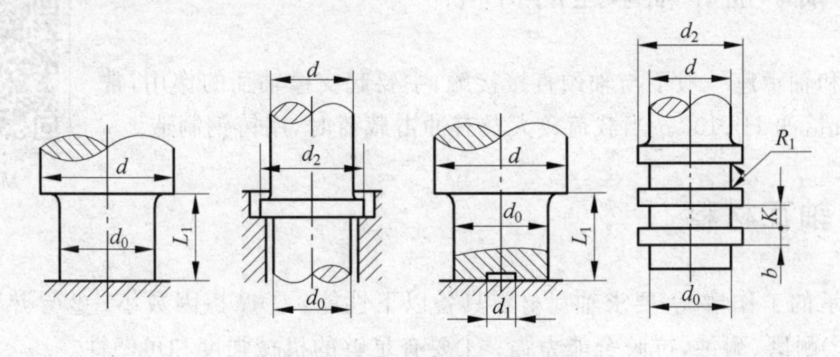

图 12.11　固定瓦止推轴承

一般需沿轴承止推面开出多块扇形面积楔形间隙。如图 12.12 所示的固定瓦动压止推轴承，其楔形的倾斜角固定不变，在楔形顶部留出平台，用来承受停车后的轴向载荷。

图12.12(a)的轴瓦只能用于单向旋转；图12.12(b)的轴瓦可用于双向旋转。

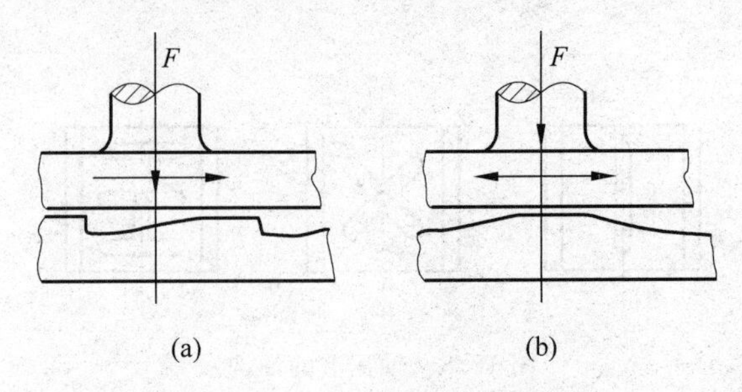

图12.12 固定瓦动压止推轴承

图12.13所示为可倾式止推轴承，其扇形瓦块的倾斜角能随载荷的改变而自行调整，因此性能较为优越。其中，图12.13(a)中由铰支调节瓦块倾角，图12.13(b)中则靠瓦块的弹性变形来调节。可倾瓦的块数一般为6～12。图12.14所示为扇形块的放大图。

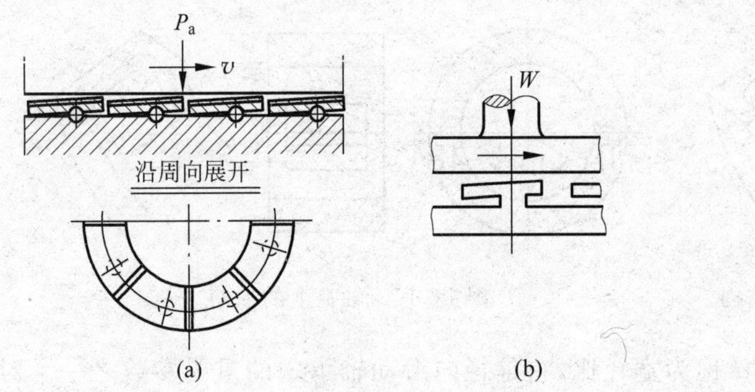

图12.13 可倾瓦止推轴承

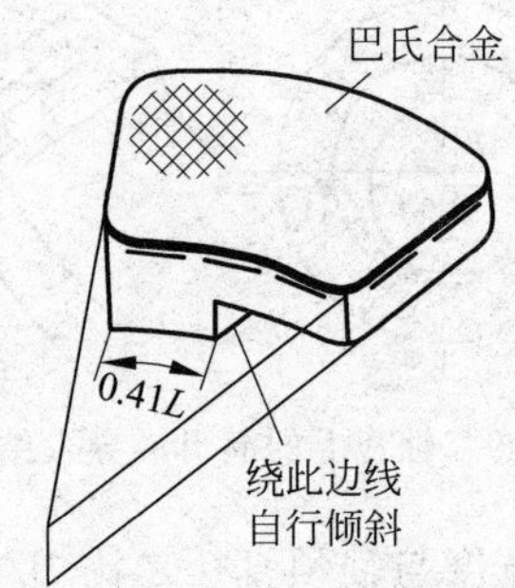

图12.14 可倾瓦止推轴承扇形瓦块结构

12.2 滑动轴承材料及润滑

12.2.1 轴承盖和轴承座的材料

轴承盖和轴承座一般不与轴颈直接接触，主要起支撑轴瓦的作用，常用灰铸铁制造，如HT150。当载荷较大及有冲击载荷时，用铸钢制造。

12.2.2 轴瓦材料

根据轴承的工作情况，要求轴瓦材料具备以下性能：①摩擦因数小；②导热性好，热膨胀系数小；③耐磨、耐蚀、抗胶合能力强；④要有足够的机械强度和可塑性。

能同时满足上述要求的材料是很难找的，但应根据具体情况满足主要使用要求。较常见的是做成双层金属的轴瓦，以便性能上取长补短。在工艺上可以用浇铸或压合方法，将薄层材料黏附在轴瓦基体上。黏附上去的薄层材料通常称为轴承衬。常用的轴瓦和轴承衬材料有下列几种。

1. 轴承合金

轴承合金(又称白合金、巴氏合金)有锡锑轴承合金和铅锑轴承合金两大类。锡锑轴承合金的摩擦因数小,抗胶合性能良好,对油的吸附性强,耐蚀性好,易跑合,是优良的轴承材料,常用于高速、重载的轴承。但其价格贵且机械强度较差,因此只能作为轴承衬材料而浇铸在钢、铸铁(见图 12.15(a)、(b))或青铜轴瓦上(见图 12.15(c))。用青铜作为轴瓦基体是因其导热性良好。这种轴承合金在 110℃时开始软化,为了安全,在设计运行时常将温度控制得比 110℃低 30～40℃。

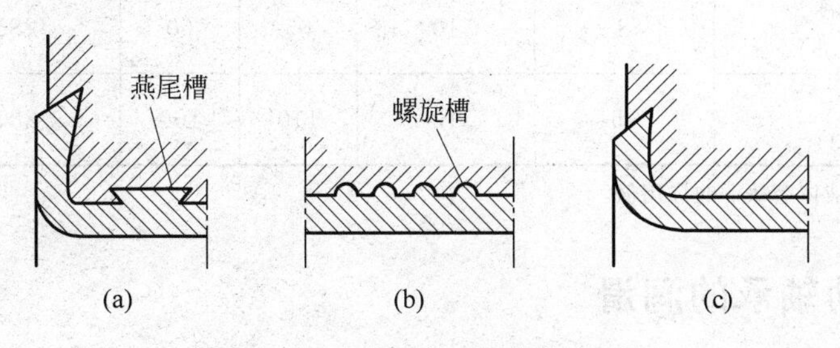

图 12.15　轴承合金的浇铸方法

铅锑轴承合金的各方面性能与锡锑轴承合金相近,但这种材料较脆,不宜承受较大的冲击载荷,一般用于中速、中载的轴承。

2. 青铜

青铜的强度高,承载能力大,耐磨性与导热性都优于轴承合金。它可以在较高的温度(250℃)下工作。但它的可塑性差,不易跑合,与之相配的轴颈必须淬硬。青铜可以单独做成轴瓦。为了节省有色金属,也可将青铜浇铸在钢或铸铁轴瓦内壁上。用作轴瓦材料的青铜,主要有锡磷青铜、锡锌铅青铜和铝铁青铜。在一般情况下,它们分别用于中速重载、中速中载和低速重载的轴承上。

3. 具有特殊性能的轴承材料

用粉末冶金法(经制粉、成型、烧结等工艺)做成的轴承,具有多孔性组织,孔隙内可以储存润滑油,常称为含油轴承。运转时,轴瓦温度升高,由于油的膨胀系数比金属大,因而自动进入滑动表面以润滑轴承。含油轴承加一次油可以使用较长时间,常用于加油不方便的场合。

在不重要或低速轻载的轴承中,也常采用灰铸铁或耐磨铸铁作为轴瓦材料。

橡胶轴承具有较大的弹性,能减轻振动使运转平稳,可以用水润滑,常用于潜水泵、砂石清洗机、钻机等有泥沙的场合。

塑料轴承具有摩擦因数小,可塑性、跑合性良好,耐磨、耐蚀,可以用水、油及化学溶液润滑等优点。但它的导热性差,膨胀系数较大,容易变形。为改善此缺陷,可将薄层塑料作为轴承衬材料黏附在金属轴瓦上使用。

表 12.1 中给出常用轴瓦及轴承衬材料的[p]、[pv]等数据。

表 12.1 常用轴瓦及轴承衬材料的性能

<table>
<tr><th rowspan="2">材料及其代号</th><th rowspan="2" colspan="2">[p]
/MPa</th><th rowspan="2">[pv]
/(MPa · m/s)</th><th colspan="2">硬度/HBS</th><th rowspan="2">最高工作
温度/℃</th><th rowspan="2">轴颈硬度</th></tr>
<tr><th>金属型</th><th>砂型</th></tr>
<tr><td rowspan="2">铸锡锑轴承合金
(ZSnSb11Cu6)</td><td>平稳</td><td>25</td><td>20</td><td rowspan="2" colspan="2">27</td><td rowspan="2">150</td><td rowspan="2">150HBS</td></tr>
<tr><td>冲击</td><td>20</td><td>15</td></tr>
<tr><td>铸铅锑轴承合金
(ZPbSb16Sn16Cu2)</td><td colspan="2">15</td><td>10</td><td colspan="2">30</td><td>150</td><td>150HBS</td></tr>
<tr><td>铸锡磷青铜
(ZCuSn10P1)</td><td colspan="2">15</td><td>15</td><td>90</td><td>80</td><td>280</td><td>45HRC</td></tr>
<tr><td>铸锡锌铅青铜
(ZCuSn5Pb5Zn5)</td><td colspan="2">8</td><td>10</td><td>65</td><td>60</td><td>280</td><td>45HRC</td></tr>
<tr><td>铸铝青铜
(ZCuAl10Fe3)</td><td colspan="2">15</td><td>12</td><td>110</td><td>100</td><td>280</td><td>45HRC</td></tr>
</table>

注:[pv]值为非液体摩擦下的许用值。

12.2.3 滑动轴承的润滑

滑动轴承润滑的目的在于降低摩擦功耗,减少磨损,同时还起到冷却、吸振、防锈等作用。轴承能否正常工作和选用润滑剂正确与否有很大关系。

1. 润滑剂

润滑剂分为润滑油、润滑脂和固体润滑剂三种。在润滑性能上润滑油一般比润滑脂好,应用最广。但润滑脂具有不易流失等优点,也广泛使用。固体润滑剂只在特殊场合下使用,目前正在逐步扩大使用范围。

1) 润滑油

润滑油是滑动轴承中应用最广的润滑剂,目前使用的润滑油大部分为矿物油。润滑油最重要的物理性能是黏度,用以描述润滑油流动时的内摩擦性能,它是选择润滑油的主要依据。

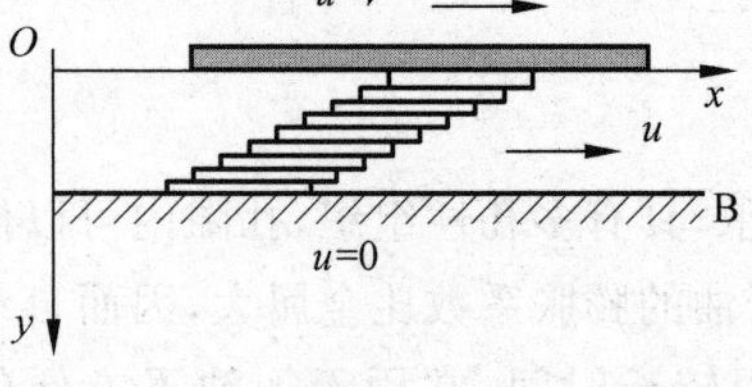

图 12.16 牛顿流体流动示意图

如图 12.16 所示,在 A、B 两块平板间充满着润滑油,板 B 静止不动,而板 A 以速度 V 沿 x 轴运动,由于润滑油与金属表面的吸附作用(润滑油的油性),板 A 表层的润滑油随板 A 以同样的速度 V 运动,而板 B 表层的润滑油速度为零,即两板间的液体逐层发生了错动,润滑油内存在着层与层间的摩擦切应力 τ。根据实验结果,得到下面的关系式:

$$\tau = \eta \frac{\mathrm{d}u}{\mathrm{d}y} \tag{12.1}$$

此式称为牛顿黏性定律。式中,u 为油层中任一点的速度;$\frac{\mathrm{d}u}{\mathrm{d}y}$是该点的速度梯度;比例常数 η 定义为流体的黏度(常简称为动力黏度)。

黏度是单位面积上的剪应力与单位速度梯度之比,在国际单位制(SI)中,它的单位

为 $N \cdot s/m^2$ 或写作 $Pa \cdot s$。但在工程应用中目前仍有部分采用 CGS 制，动力黏度的单位用 Poise，简称泊(P)，或泊的百分之一，即厘泊(cP)。

$$1\ P = 1\ dyn \cdot s/cm^2 = 0.1\ N \cdot s/m^2 = 0.1\ Pa \cdot s$$

各种不同流体的动力黏度数值范围很宽。空气的动力黏度为 0.02 mPa·s，而水的黏度为 1 mPa·s。润滑油的黏度范围为 2～400 mPa·s，熔化的沥青其黏度可达 700 mPa·s。

在工程中，常常将流体的动力黏度 η 与其密度 ρ 的比值作为流体的黏度，这一黏度称为运动黏度，常用 ν 表示。运动黏度的表达式为

$$\nu = \frac{\eta}{\rho} \tag{12.2}$$

运动黏度的单位在国际单位制中用 m^2/s。在工程中目前仍有部分用 CGS 单位制，运动黏度的单位为 Stoke，简称 St(斯)，$1\ St = 10^2\ mm^2/s = 10^{-4}\ m^2/s$。实际上常用 St 的 1% cSt 作为单位，称为厘斯，因而 $1\ cSt = 1\ mm^2/s$。

通常润滑油的密度 $\rho = 0.7 \sim 1.2\ g/cm^3$，而矿物油密度的典型值为 $0.85\ g/cm^3$，因此工程运动黏度与动力黏度的近似转换式可采用

$$1\ cP = 0.85\ cSt \tag{12.3}$$

选用润滑油时，要考虑速度、载荷和工作情况。对于载荷大、温度高的轴承宜选黏度大的油，载荷小、速度高的轴承宜选黏度较小的油。

2) 润滑脂

润滑脂是由润滑油和各种稠化剂(如钙、钠、铝、锂等金属皂)混合稠化而成。润滑脂密封简单，不须经常加添，不易流失，所以在垂直的摩擦表面上可以使用。润滑脂对载荷和速度的变化有较大的适应范围，受温度的影响不大，但摩擦损耗较大，机械效率低，故不宜用于高速。且润滑脂易变质，不如油稳定。总的来说，一般参数的机器，特别是低速而带有冲击性的机器，都可以使用润滑脂润滑。

目前使用最多的是钙基润滑脂，它有耐水性，常用于 60℃以下的各种机械设备中的轴承润滑。钠基润滑脂可用于 115～145℃以下的温度，但不耐水。锂基润滑脂性能优良，耐水，在 −20～150℃范围内广泛适用，可以代替钙基、钠基润滑脂。

3) 固体润滑剂

固体润滑剂有石墨、二硫化钼(MoS_2)、聚氟乙烯树脂等多个品种。一般在超出润滑油使用范围之外才考虑使用，例如在高温介质中，或在低速重载条件下。目前其应用已逐渐广泛，例如可将固体润滑剂调和在润滑油中使用，也可以涂覆、烧结在摩擦表面形成覆盖膜，或者用固结成型的固体润滑剂嵌装在轴承中使用，或者混入金属或塑料粉末中然后一并烧结成型。

石墨性能稳定，在 350℃以上才开始氧化，并可在水中工作。聚氟乙烯树脂摩擦因数小，只有石墨的一半。二硫化钼与金属表面吸附性强，摩擦因数小，使用温度范围也较广(−60～300℃)，但遇水则性能下降。

2. 润滑装置

为了获得良好的润滑效果，需要正确选择润滑方法和相应的润滑装置。利用油泵供应压力油进行强制润滑是重要机械的主要润滑方式。此外，还有不少装置可以实现简易润滑。

图 12.17(a)、(b)表示人工向轴承加油的油孔和注油杯，是小型、低速或间歇润滑机器部件的一种常见的润滑方式。注油杯中的弹簧和钢球可防止灰尘等进入轴承。

图 12.18 所示为应用最广的润滑脂杯，润滑脂储存在杯体内，杯盖用螺纹与杯体连接，旋转杯盖可将润滑脂压注入轴承孔内。润滑脂杯只能间歇润滑。

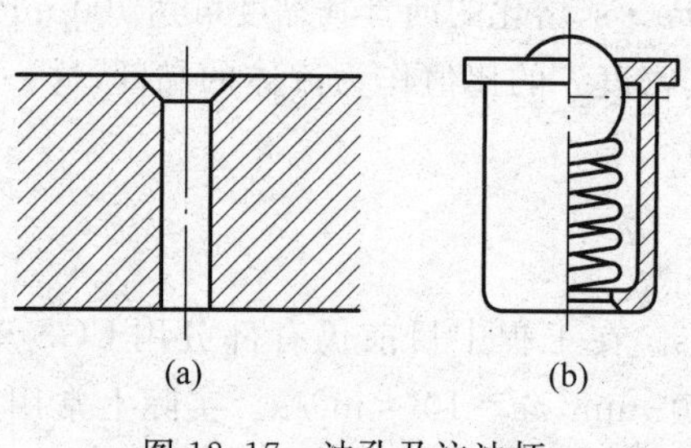

图 12.17 油孔及注油杯

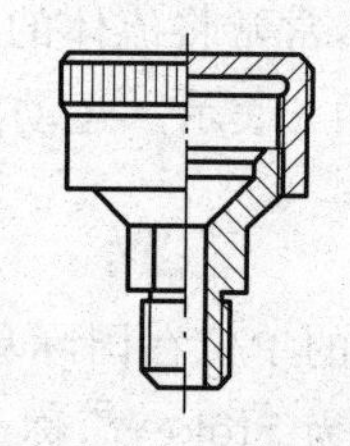
图 12.18 润滑脂杯

图 12.19 所示为针阀式油杯。油杯接头与轴承进油孔相连。手柄平放时，阻塞针杆因弹簧的推压而堵住底部油孔。直立手柄时(见图 12.19(c))，针杆被提起，油孔敞开，于是润滑油自动滴到轴颈上。在针阀油杯的上端面开有小孔，供补充润滑油用，平时由片弹簧遮盖。由观察孔可以查看供油状况。调节螺母用来调节针杆下端油口大小以控制供油量。

图 12.20 所示为油芯式油杯。它依靠毛线或棉纱的毛细管作用，将油杯中的润滑油滴入轴承。供油是自动且连续的，但不能调节给油量，油杯中油面高时给油多，油面低时供油少，停车时仍在继续给油，直到流完为止。

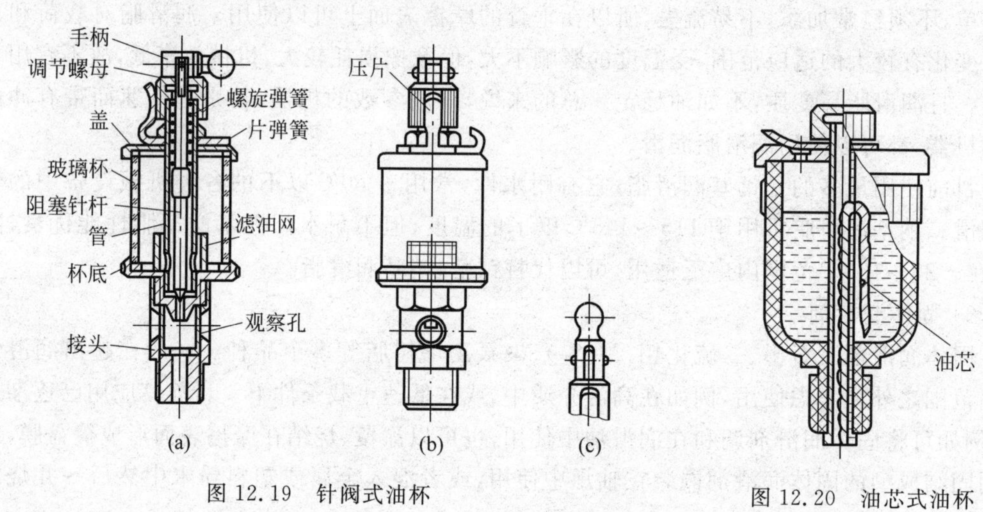

图 12.19 针阀式油杯

图 12.20 油芯式油杯

图 12.21 中对轴承采用了飞溅润滑方式。它是利用齿轮、曲轴等转动零件，将润滑油由油池泼溅到轴承中进行润滑。采用飞溅润滑时，转动零件的圆周速度应在 5～13 m/s 范围内。它常用于减速器和内燃机曲轴箱中的轴承润滑。

图 12.22 所示的轴承采用的是油环润滑。在轴颈上套一油环，油环下部浸入油池中，当轴颈旋转时，摩擦力带动油环旋转，把油引入轴承。当油环浸在油池内的深度约为直径的 1/4 时，供油量已足以维持液体润滑状态的需要。此法常用于大型电机的滑动轴承中。

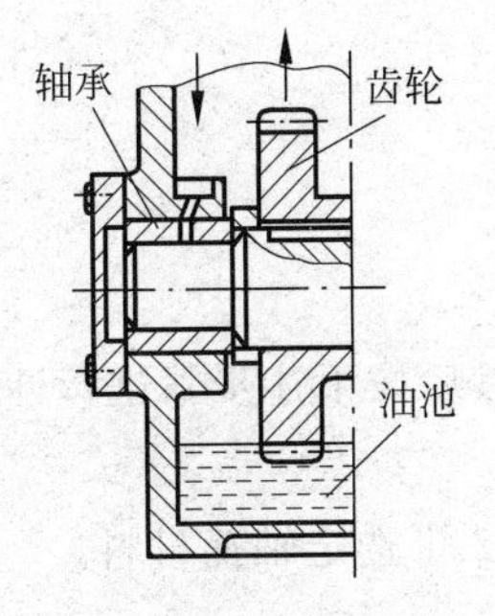

图 12.21　飞溅润滑

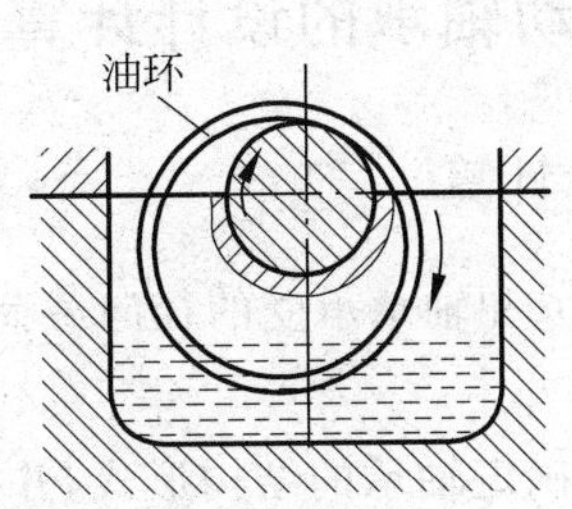

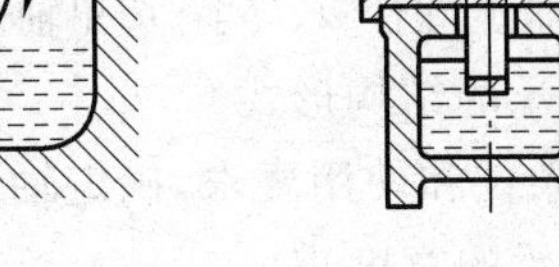

图 12.22　油环润滑

最完善的供油方法是利用油泵循环给油，给油量充足，供油压力只需 5×10^4 N/m^2，在油的循环系统中常配置过滤器、冷却器。还可以设置油压控制开关，当管路内油压下降时可以报警，或启动辅助油泵，或指令主机停车。所以这种供油方法安全可靠，但设备费用较高，常用于高速且精密的重要机器中。

12.3　非液体摩擦滑动轴承的计算

12.3.1　非液体摩擦滑动轴承的失效形式及计算准则

滑动轴承工作时不能获得液体摩擦，或无须保证液体摩擦的不重要轴承，通常均按非液体摩擦滑动轴承进行设计。

MOOC

1. 主要失效形式

(1) 磨损：非液体摩擦滑动轴承的工作表面，在工作时可能有局部的金属接触，会产生不同程度的摩擦和磨损，从而导致轴承配合间隙的增大，影响轴承的旋转精度，甚至使轴承不能正常工作。

(2) 胶合：当轴承在高速、重载情况下工作，且润滑不良时，摩擦加剧，发热过多，使较软的金属粘焊在轴颈表面而出现胶合。严重时，甚至使轴承与轴颈焊死在一起，发生所谓“抱轴”的重大事故。

2. 计算准则

设计时，理应针对非液体摩擦滑动轴承的主要失效形式(磨损与胶合)进行设计计算，但目前对磨损与胶合尚没有完善的设计计算方法，一般仅从限制轴承的压强 p 以及压强和轴颈圆周速度的乘积 pv 值进行条件性计算。用限制 p 值来保证摩擦表面之间保留一定的润滑剂(p 大，润滑剂易被挤掉)，避免轴承过度磨损而缩短寿命；限制 pv 值来防止轴承过热而发生胶合(pv 值大，轴承单位面积上的摩擦功也大)。对于压强小的轴承，还应限制轴颈圆周速度 v 值。实践证明，按这种方法进行设计，基本上能保证轴承的工作能力。

12.3.2 非液体摩擦滑动轴承的设计计算

1. 径向滑动轴承的设计计算

一般已知轴颈直径 d、转速 n 和轴承承受的径向载荷 F_R，然后按下述步骤进行计算。

1）确定轴承的结构形式

根据工作条件和使用要求，确定轴承的结构形式，并按表 12.1 选定轴瓦材料。

2）确定轴承的宽度 B

一般按宽径比 B/d 来确定 B。B/d 越大，轴承的承载能力越大，但油不易从两端流失，散热性差，油温升高；B/d 越小，则端泄流量大，摩擦功耗小，轴承温升低，但轴承的承载能力也低。通常取 $B/d=0.5\sim1.5$。如要求 $B/d\geqslant1.5\sim1.75$ 时，应改善润滑条件，并采用自位滑动轴承。

3）验算轴承的工作能力

(1) 轴承的压强 p

限制轴承压强 p，以保证润滑油不被过大的压力所挤出，因而轴瓦不致产生过度的磨损，即

$$p=\frac{F_R}{Bd}\leqslant[p],\text{MPa} \tag{12.4}$$

式中，F_R 为轴承径向载荷，N；B 为轴瓦宽度，mm；d 为轴颈直径，mm；$[p]$为轴瓦材料的许用压强，MPa(见表 12.1)。

(2) 轴承的 pv 值

pv 值简略地表征轴承的发热因素，它与摩擦功率损耗成正比。pv 值越高，轴承温升越高，容易引起边界油膜的破裂。pv 值的验算式为

$$pv=\frac{F_R}{Bd}\frac{\pi dn}{60\times1000}=\frac{F_R n}{19\,100B}\leqslant[pv],\text{MPa}\cdot\text{m/s} \tag{12.5}$$

式中，n 为轴的转速，r/min；$[pv]$为轴瓦材料的许用值，MPa・m/s(见表 12.1)。

2. 止推滑动轴承的设计计算

止推滑动轴承的设计计算步骤与径向滑动轴承相同。如图 12.23 所示，在载荷 F_A 作用下，该止推轴承的平均压力为

$$p=\frac{F_A}{\frac{\pi}{4}(d_2^2-d_1^2)}\leqslant[p],\text{MPa} \tag{12.6}$$

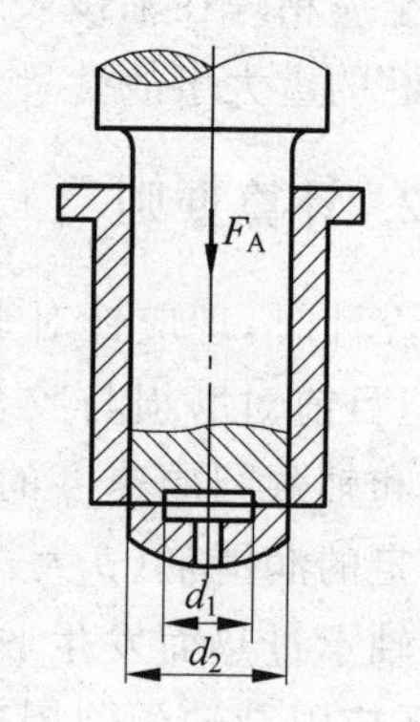

图 12.23 止推滑动轴承的设计

式中，F_A 为轴承轴向载荷，N；d_1、d_2 为轴环的内、外径，mm，一般取 $d_1=(0.4\sim0.6)d_2$；$[p]$为 p 的许用值，MPa，见表 12.2。

同理可得

$$pv_m\leqslant[pv],\text{MPa}\cdot\text{m/s} \tag{12.7}$$

式中，止推环的平均速度 $v_m=\frac{\pi d_m n}{60\times1000}$，平均直径 $d_m=$

$\dfrac{d_1+d_2}{2}$。

表 12.2 止推轴承的材料和许用值

轴环材料	未淬火钢			淬火钢		
轴瓦材料	铸铁	青铜	巴氏合金	青铜	巴氏合金	淬火钢
$[p]$/MPa	2～2.5	4～6	5～6	7.5～8	8～9	12～15
$[pv]$/(MPa·m/s)	1～2.5					

例 12.1 试按非液体摩擦状态设计图 12.24 所示的滑动轴承。已知 $W=20$ kN，轴颈转速 $n=20$ r/min，轴颈直径 $d=60$ mm。

解：(1) 选取轴承材料

选用铸锡锌铅青铜(ZCuSn5Pb5Zn5)，查表 12.1 得

$$[p]=8\ \text{MPa}$$

$$[pv]=10\ \text{MPa}\cdot\text{m/s}$$

(2) 取宽径比 $B/d=1$，则

$$B=1\times 60\ \text{mm}=60\ \text{mm}$$

(3) 计算压强 p

$$p=\frac{W}{Bd}=\frac{20\,000}{60\times 60}\ \text{MPa}=5.55\ \text{MPa}$$

(4) 计算速度 v

$$v=\frac{\pi dn}{60\,000}=\frac{3.14\times 60\times 20}{60\,000}\ \text{m/s}=0.0628\ \text{m/s}$$

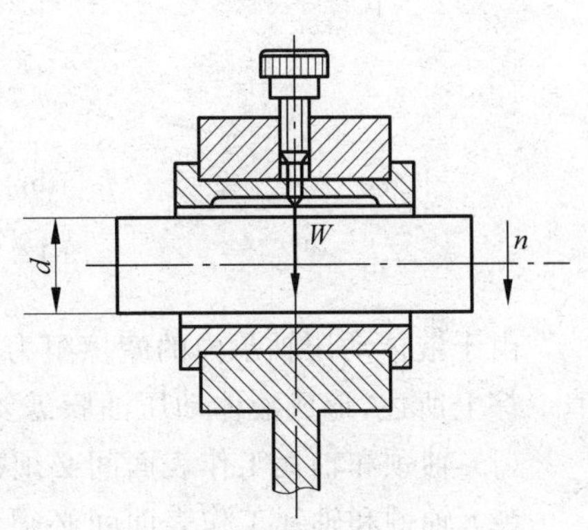

图 12.24 例 12.1 图

(5) 计算 pv 值

$$pv=5.55\times 0.0628\ \text{MPa}\cdot\text{m/s}=0.35\ \text{MPa}\cdot\text{m/s}$$

(6) 验算并选取润滑剂

因为 $p\leqslant[p]$，$pv\leqslant[pv]$，因此该轴承满足强度和功率损耗条件。由于速度很低，因此采用脂润滑，用油杯加脂，见图 12.24。

12.4 液体摩擦滑动轴承简介

液体摩擦是滑动轴承中的理想摩擦状态，根据摩擦面油膜的形成原理，可把液体摩擦滑动轴承分为动压轴承和静压轴承。

MOOC

12.4.1 液体动压轴承

两个作相对运动物体的摩擦表面，可借助于相对速度而产生的黏性流体膜完全隔开，由液体膜产生的压力来平衡外载荷，称为液体动力润滑。

动压油膜的形成过程可以通过图 12.25 描述。图 12.25(a)表示轴处于静止状态，轴颈位于轴承孔最下方的位置，两表面形成楔形间隙；图 12.25(b)是当轴开始转动时，由于油的黏性而被带进楔形间隙。随着转速的增大、轴颈表面的圆周速度增大，带入楔形间隙内的

油量也逐渐增多,由于油具有一定的黏度和不可压缩性,从而在楔形间隙内产生一定的压力,形成一个压力区(见图12.25(c))。随着压力的继续增高,楔形间隙中压力逐渐加大,当压力能够克服外载荷 F 时,就会将轴浮起,这时轴承处于流体动力润滑状态,油膜产生的压力与外载荷 F 平衡(见图12.25(d))。

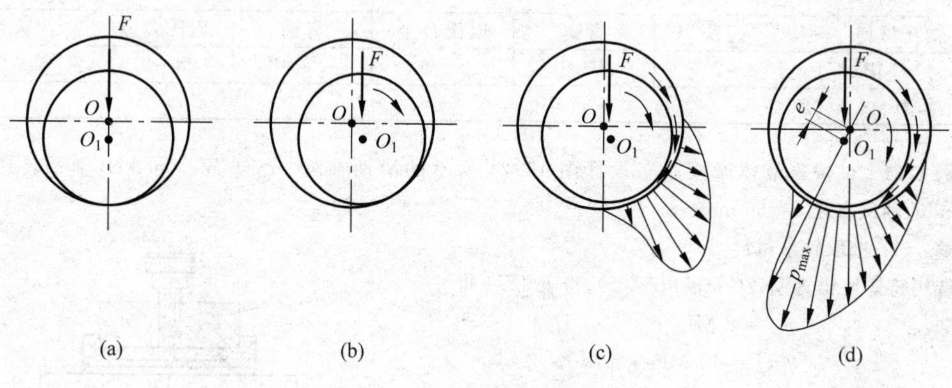

图12.25 动压油膜的形成过程

由于液体动压轴承内的摩擦阻力仅为液体的内部摩擦阻力,所以其摩擦因数达到最小值。综上所述,形成液体动压油膜需要具备以下条件:

(1) 轴颈和轴瓦工作表面间必须是一个楔形间隙;

(2) 轴颈和轴瓦工作表面间必须有一定的相对速度,且它们的运动方向必须使润滑剂从大口流入,从小口流出;

(3) 要有一定黏度和充足的润滑剂。

12.4.2 液体静压轴承

静压轴承是依靠一套给油装置,将高压油压入轴承的间隙中,强制形成油膜,保证轴承在液体摩擦状态下工作。油膜的形成与相对滑动速度无关,承载能力主要取决于油泵的给油压力,因此静压轴承在高速、低速、轻载、重载下都能胜任工作。在起动、停止和正常运转时期内,轴与轴承之间均无直接接触,理论上轴瓦没有磨损,寿命长,可以长时期保持精度。而且正由于任何时期内轴承间隙中均有一层压力油膜,故对轴和轴瓦的制造精度可适当降低,对轴瓦的材料要求也较低。如果设计良好,可以达到很高的旋转精度。但静压轴承需要附加一套繁杂的给油装置,所以应用不如动压轴承普遍。一般用于低速、重载或要求高精度的机械装备中,如精密机床、重型机器等。

静压轴承在轴瓦内表面上开有几个(通常是4个)对称的油腔,各油腔的尺寸一般是相同的。每个油腔四周都有适当宽度的封油面,称为油台,而油腔之间用回油槽隔开,如图12.26所示。应当注意,在外油路中必须配有节流器。工作时,若无外载荷(不计轴的自重)作用,轴颈浮在轴承的中心位置,各油腔内压力相等,亦即油泵压力 p_s 通过节流器降压变为 p,且 $p=p_1=p_3$。当轴颈受载荷 W 后,轴颈向下产生位移,此时下油腔四周油台与轴颈之间的间隙减小,流出的油量亦随之减少,根据管道内各截面上流量相等的连续性原理,流经节流器的流量亦减少,在节流器中产生的压降亦减小,而供油压力 p_s 是不变的,因而

p_3 必然增大。在上油腔处则反之，间隙增大，回油畅通而 p_1 降低，上下油腔产生的压力差与外载荷平衡。

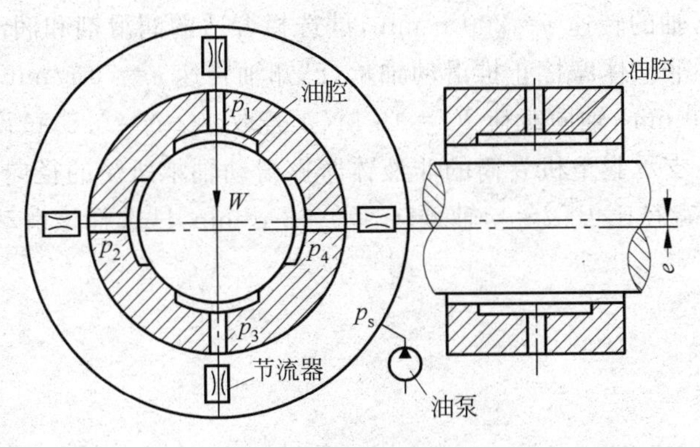

图 12.26　静压轴承

习　题

12.1　滑动轴承的摩擦状况有哪几种？它们有何本质差别？

12.2　径向滑动轴承的主要结构形式有哪几种？各有何特点？

12.3　常用轴瓦材料有哪些，适用于何处？为什么有的轴瓦上浇铸一层减磨金属作轴承衬使用？

12.4　形成滑动轴承动压油膜润滑要具备什么条件？

12.5　非液体摩擦滑动轴承的主要失效形式是什么？试从下面选择正确答案。

(a) 点蚀　(b) 胶合　(c) 磨损　(d) 塑性变形

12.6　从下面各项中选择正确答案。液体滑动轴承的动压油膜是轴瓦和轴颈在一个收敛间楔、充分供油和一定(　　)条件下形成的。

(a) 相对速度　(b) 外载　(c) 外界油压　(d) 温度

12.7　液体滑动轴承的摩擦副的不同状态如图 12.27 所示。试判断这些状态中，哪些符合形成动压润滑条件，哪些不符合。并分别说明你所得出的结论的根据。

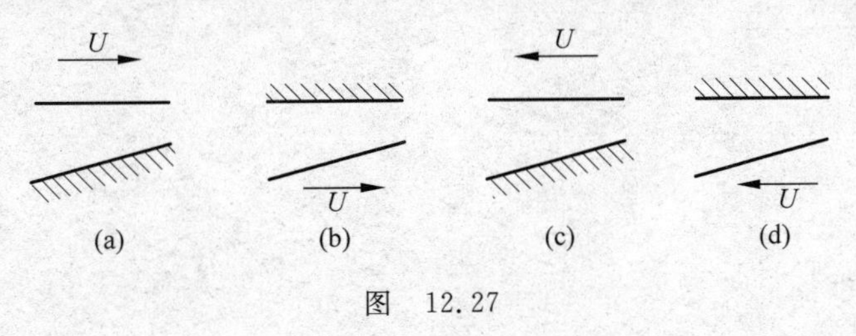

图　12.27

12.8　校核铸件清理滚筒上的一对滑动轴承，已知装载量加自重为 18 000 N，转速为 40 r/min，两端轴颈的直径为 120 mm，轴承宽 60 mm，轴瓦材料为锡青铜(ZCuSn10P1)，用润滑脂润滑。

12.9　验算一非液体摩擦的滑动轴承，已知轴转速 $n=65$ r/min，轴直径 $d=85$ mm，轴

承宽度 $B=85$ mm，径向载荷 $F_R=70$ kN，轴的材料为45钢。

12.10 一起重用的滑动轴承，已知轴颈直径 $d=70$ mm，轴瓦工作宽度 $B=70$ mm，径向载荷 $F_R=30$ kN，轴的转速 $n=200$ r/min，试选择合适的润滑剂和润滑方法。

12.11 一空心非液体摩擦止推滑动轴承，已知轴转速 $n=70$ r/min，轴环材料为未淬火钢，轴环外径 $d_2=80$ mm，轴向载荷 $F_A=15$ kN。若取 $d_1/d_2=0.5$，试设计该轴承。

12.12 已知一支承起重机卷筒的非液体摩擦滑动轴承所受的径向载荷 $F_R=25$ kN，轴颈直径 $d=90$ mm，宽径比 $B/d=1$，轴颈转速 $n=8$ r/min，试选择该滑动轴承的材料。

第13章

滚动轴承

13.1 滚动轴承的结构、类型及代号

13.1.1 滚动轴承的结构

MOOC

滚动轴承一般由内圈、外圈、滚动体和保持架组成(图 13.1)。通常内圈随轴颈转动,外圈装在机座或零件的轴承孔内固定不动。内外圈都制有滚道,当内外圈相对旋转时,滚动体将沿滚道滚动。保持架的作用是把滚动体沿滚道均匀地隔开,如图 13.2 所示。

滚动体与内外圈的材料应具有高的硬度和接触疲劳强度、良好的耐磨性和冲击韧性。一般用含铬合金钢制造,经热处理后硬度可达 61~65HRC,工作表面须经磨削和抛光。保持架一般用低碳钢板冲压制成,高速轴承多采用有色金属或塑料保持架。

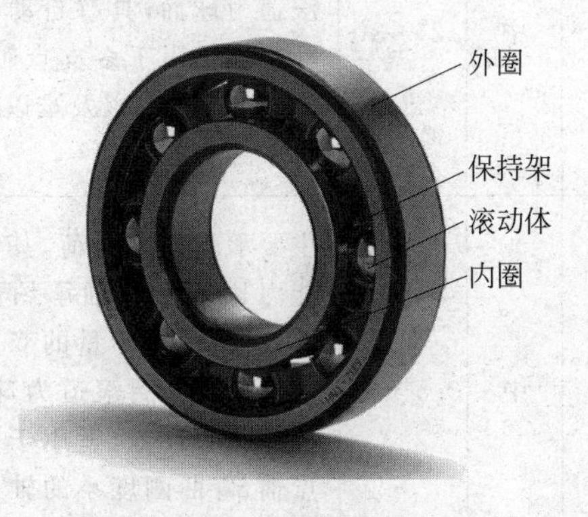

图 13.1　滚动轴承结构

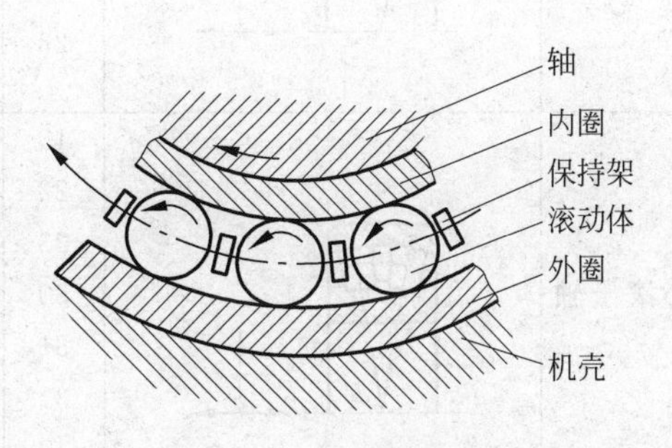

图 13.2　滚动轴承运动

与滑动轴承相比,滚动轴承具有摩擦阻力小、起动灵敏、效率高、润滑简便和易于互换等优点,所以获得广泛应用。滚动轴承的缺点是抗冲击能力较差,高速时出现噪声,工作寿命也不及液体摩擦的滑动轴承长。由于滚动轴承已经标准化,并由轴承厂大批生产,所以,设计人员的任务主要是熟悉标准、正确选用。

图 13.3 给出了不同形状的滚动体,按滚动体形状来分,滚动轴承可分为球轴承和滚子轴承。滚子又分为长圆柱滚子、短圆柱滚子、螺旋滚子、圆锥滚子、球面滚子和滚针等。

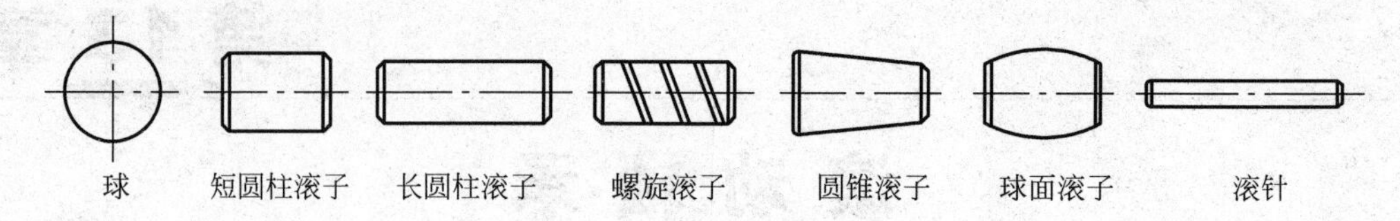

图 13.3 滚动体的形状

13.1.2 滚动轴承的类型

滚动轴承的类型很多,现将常用的滚动轴承的类型和特性简要列于表 13.1 中。

表 13.1 常用滚动轴承的类型和特性

轴承名称、类型及代号	结构简图及承载方向	尺寸系列代号	组合代号	极限转速 n_c	允许角偏差 θ	特性与应用
双列角接触球轴承(0)		32 33	32 33	中		同时能承受径向负荷和双向的轴向负荷,比角接触球轴承具有更大的承载能力,与双联角接触球轴承比较,在同样负荷作用下能使轴在轴向更紧密地固定
调心球轴承 1 或(1)		(0)2 22 (0)3 23	12 22 13 23	中	2°～3°	主要承受径向负荷,可承受少量的双向轴向负荷。外圈滚道为球面,具有自动调心性能。适用于多支点轴、弯曲刚度小的轴以及难以精确对中的支承
调心滚子轴承 2		13 22 23 30 31 32 40 41	213 222 223 230 231 232 240 241	中	0.5°～2°	主要承受径向负荷,其承载能力比调心球轴承约大一倍,也能承受少量的双向轴向负荷。外圈滚道为球面,具有调心性能,适用于多支点轴、弯曲刚度小的轴及难以精确对中的支承
推力调心滚子轴承 2		92 93 94	292 293 294		2°～3°	可承受很大的轴向负荷和一定的径向负荷,滚子为鼓形,外圈滚道为球面,能自动调心。转速可比推力球轴承高。为保证正常工作,需施加一定轴向预载荷

续表

轴承名称、类型及代号	结构简图及承载方向	尺寸系列代号	组合代号	极限转速 n_c	允许角偏差 θ	特性与应用
圆锥滚子轴承 3		02 03 13 20 22 23 29 30 31 32	302 303 313 320 322 323 329 330 331 332	中	$2'$	能承受较大的径向负荷和单向的轴向负荷，极限转速较低。内外圈可分离，轴承游隙可在安装时调整。通常成对使用。适用于转速不太高，轴的刚性较好的场合
双列深沟球轴承 4		(2)2 (2)3	42 43	中	$2\sim5'$	主要承受径向负荷，也能承受一定的双向轴向负荷。比深沟球轴承具有更大的承载能力
推力球轴承 5		11 12 13 14	511 512 513 514	低	不允许	推力球轴承的套圈与滚动体可分离，单向推力球轴承只能承受单向轴向负荷，两个圈的内孔不一样大，内孔尺寸较小的与轴配合，称为松圈；内孔尺寸较大的与机座配合，称为紧圈。双向推力球轴承可以承受双向轴向负荷，中间圈与轴配合，另两个圈与轴承配合 高速时，由于离心力大，寿命较低。常用于轴向负荷大、转速不高的场合
		22 23 24	522 523 524	低	不允许	
深沟球轴承 6 或(16)		17 37 18 19 (0)0 (1)0 (0)2 (0)3 (0)4	617 637 618 619 160 60 62 63 64	高	$8'\sim16'$	主要承受径向负荷，也可同时承受少量双向轴向负荷，工作时内外圈轴线允许偏斜。摩擦阻力小，极限转速高，结构简单，价格便宜，应用最广泛。但承受冲击载荷能力较差，适用于高速场合。在高速时可代替推力球轴承

续表

轴承名称、类型及代号	结构简图及承载方向	尺寸系列代号	组合代号	极限转速 n_c	允许角偏差 θ	特性与应用
角接触球轴承 7		19 (1)0 (0)2 (0)3 (0)4	719 70 72 73 74	较高	$2'\sim3'$	能同时承受径向负荷与单向的轴向负荷，公称接触角 α 有 15°、25°、40°三种，α 越大，轴向承载能力也越大。通常成对使用，极限转速较高。适用于转速较高，同时承受径向和轴向负荷场合
推力圆柱滚子轴承 8		11 12	811 812	低	不允许	能承受很大的单向轴向负荷，但不能承受径向负荷。比推力球轴承承载能力要大，套圈也分紧圈与松圈。极限转速很低，适用于低速重载场合
圆柱滚子轴承 N		10 (0)2 22 (0)3 23 (0)4	N10 N2 N22 N3 N23 N4	较高	$2'\sim4'$	只能承受径向负荷。承载能力比同尺寸的球轴承大，承受冲击载荷能力大，极限转速高。对轴的偏斜敏感，允许偏斜较小，用于刚性较大的轴上，要求支承座的孔能很好地对中
滚针轴承 NA		48 49 69	NA48 NA49 NA69	低	不允许	滚动体数量较多，一般没有保持架。径向尺寸紧凑且承载能力很大，价格低。不能承受轴向负荷，摩擦因数较大，不允许有偏斜。常用于径向尺寸受限制而径向负荷又较大的装置中

各类轴承的使用性能如下所述。

Video

1. 承载能力

在同样外形尺寸下，滚子轴承的承载能力为球轴承的 1.5～3 倍，故在载荷较大或有冲击载荷时宜采用滚子轴承。当轴承内径 $d\leqslant20$ mm 时，滚子轴承和球轴承的承载能力相差无几，而球轴承的价格一般低于滚子轴承，故可优先选用球轴承。

2. 接触角 α

滚动体与外圈滚道接触点(线)处的法线与半径方向的夹角称为轴承的接触角。接触角是滚动轴承的一个主要参数,接触角越大,轴承承受轴向载荷的能力也越大。

滚动轴承按其承受的外载荷或接触角不同,可分为以下几种。

(1) 向心轴承　主要承受径向载荷,有几种类型还可以承受不大的轴向载荷。

(2) 推力轴承　只能承受轴向载荷。

(3) 向心推力轴承　能同时承受径向载荷和轴向载荷。

3. 极限转速 n_c

滚动轴承转速过高会使摩擦面间产生高温,润滑失效,从而导致滚动体回火或胶合破坏。轴承在一定载荷和润滑条件下,允许的最高转速称为极限转速,其具体数值见有关手册。各类轴承极限转速的比较见表 13.1。如果轴承极限转速不能满足要求,可采取提高轴承精度、适当加大间隙、改善润滑和冷却条件、选用青铜保持架等措施。

4. 角偏差 θ

Video

轴承由于安装误差或轴的变形等都会引起内外圈中心线发生相对倾斜,其倾斜角称为角偏差。各类轴承的允许角偏差见表 13.1。

13.1.3　滚动轴承的代号

MOOC

滚动轴承的类型很多,而各类轴承又有不同的结构、尺寸、精度和技术要求,为便于组织生产和选用,应规定滚动轴承的代号。滚动轴承的代号表示方法如下:

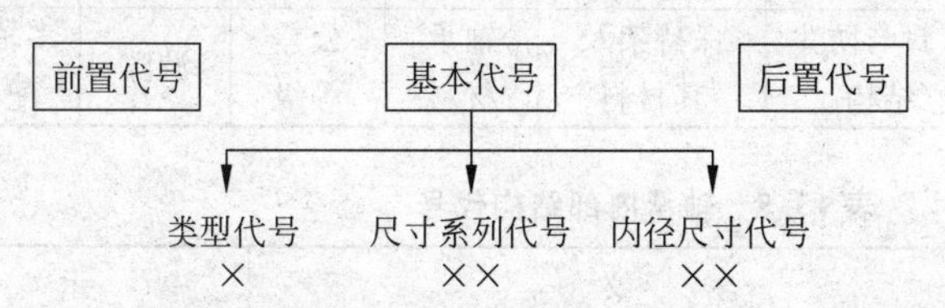

(1) 内径尺寸代号。右起第一、二位数字表示内径尺寸,表示方法见表 13.2。

表 13.2　轴承内径尺寸代号

内径尺寸/mm	代 号 表 示
10	00
12	01
15	02
17	03
20～480(5 的倍数)	04～96(内径/5 的商数)

(2) 尺寸系列代号。右起第三、四位表示尺寸系列(当第四位宽度系列代号为窄 0 时,多数轴承在代号中不标出; 但对于调心滚子轴承和圆锥滚子轴承,代号窄 0 应标出)。为了适应不同承载能力的需要,同一内径尺寸的轴承可使用不同大小的滚动体,因而使轴承的外径和宽度也随着改变。这种内径相同而外径或宽度不同的变化称为尺寸系列,见表 13.3。

表 13.3 向心轴承、推力轴承尺寸系列代号表示法

直径系列代号	向心轴承							推力轴承			
	宽度系列代号							高度系列代号			
	窄 0	正常 1	宽 2	特宽 3	特宽 4	特宽 5	特宽 6	特低 7	低 9	正常 1	正常 2
	尺寸系列代号										
超特轻 7	—	17	—	37	—	—	—	—	—	—	—
超轻 8	08	18	28	38	48	58	68	—	—	—	—
超轻 9	09	19	29	39	49	59	69	—	—	—	—
特轻 0	00	10	20	30	40	50	60	70	90	10	—
特轻 1	01	11	21	31	41	51	61	71	91	11	—
轻 2	02	12	22	32	42	52	62	72	92	12	22
中 3	03	13	23	33	—	—	63	73	93	13	23
重 4	04	—	24	—	—	—	—	74	94	14	24

(3) 类型代号。右起第五位表示轴承类型，其代号见表 13.1。代号为 0 时不标出。

(4) 前置代号。用于表示轴承的分部件。

(5) 后置代号。用字母和数字等表示轴承的内部结构、公差及材料的特殊要求等，其顺序见表 13.4，常见的轴承内部结构代号和公差等级代号见表 13.5 和表 13.6。

表 13.4 轴承代号排列

轴承代号									
前置代号	基本代号	后置代号							
		1	2	3	4	5	6	7	8
轴承的分部件		内部结构	密封与防尘结构	保持架及其材料	轴承材料	公差等级	游隙	多轴承配置	其他

表 13.5 轴承内部结构代号

代　　号	含　　义	示　　例
C	角接触球轴承公称接触角 $\alpha=15°$ 调心滚子轴承 C 型	7005C 23122C
AC	角接触球轴承的接触角 $\alpha=25°$	7210AC
B	角接触球轴承的接触角 $\alpha=40°$ 圆锥滚子轴承接触角加大	7210B 32310B
E	加强型	N207E

表 13.6 轴承公差等级代号

代　　号	含　　义	示　　例
/P0	公差等级符合标准规定的 0 级(可省略不标注)	6205
/P6X	公差等级符合标准规定的 6X 级	6205/P6X
/P6	公差等级符合标准规定的 6 级	6205/P6
/P5	公差等级符合标准规定的 5 级	6205/P5
/P4	公差等级符合标准规定的 4 级	6205/P4
/P2	公差等级符合标准规定的 2 级	6205/P2

Video

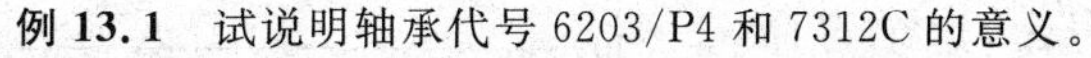

例 13.1　试说明轴承代号 6203/P4 和 7312C 的意义。

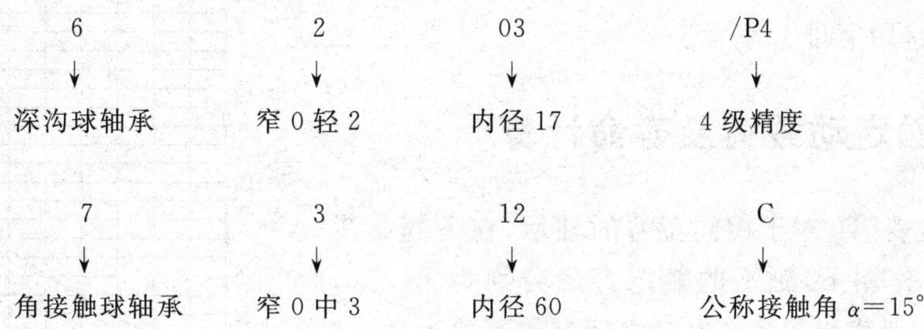

13.2　滚动轴承的失效形式及寿命计算

13.2.1　失效形式

1. 疲劳点蚀

轴承工作时，滚动体和内外圈不断地接触，滚动体与滚道产生的变应力可近似地看作是脉动循环变应力。在变应力反复作用下，滚动体或内外圈滚道上产生疲劳点蚀，使轴承在运转时通常会出现较强烈的振动、噪声和发热现象。通常，疲劳点蚀是滚动轴承的主要失效形式。

MOOC

2. 塑性变形

当轴承转速很低或间歇摆动时，一般不会产生疲劳点蚀。在这些情况下，较大的静载荷或冲击载荷会使轴承滚道和滚动体接触处的接触应力过大，将产生永久性的过大的凹坑，发生塑性变形，从而使轴承在运转中产生剧烈振动和噪声，无法正常工作。

此外，轴承还可能发生其他失效形式，如润滑油不足使轴承烧伤；润滑油不清洁而使滚动体和滚道过度磨损；装配不当而使轴承卡死、内外圈和保持架破损等。这些失效形式一般是可以避免的。

13.2.2　轴承寿命与额定寿命

轴承的套圈或滚动体材料首次出现疲劳点蚀前，一个套圈相对于另一个套圈的转数称为轴承寿命。轴承寿命还可以用在恒定转速下的运转小时数来表示。

一组同一型号的轴承，由于材料、热处理和工艺等很多随机因素的影响，即使在相同条件下运转，其寿命也不一样，有的甚至相差几十倍。因此对一个具体轴承，很难预知其确切的寿命。但大量的轴承寿命试验表明，轴承的可靠性与寿命之间有如图 13.4 所示的关系。可靠性常用可靠度 R 度量。一组相同轴承能达到或超过规定寿命的百分率，称为轴承寿命的可靠度。如图 13.4 所示，当寿命 L 为 $1(10^6\ \mathrm{r})$时，可靠度 R 为 90%。

一组同一型号轴承在相同条件下运转，其可靠度为 90%时的寿命作为标准寿命，即一组同一型号轴承中 10%的轴承发生疲劳点蚀，而 90%的轴承不发生疲劳点蚀前的转数(以

10^6 r 为单位)或工作小时数作为轴承的寿命，这个寿命称为额定寿命，用字母 L 表示。

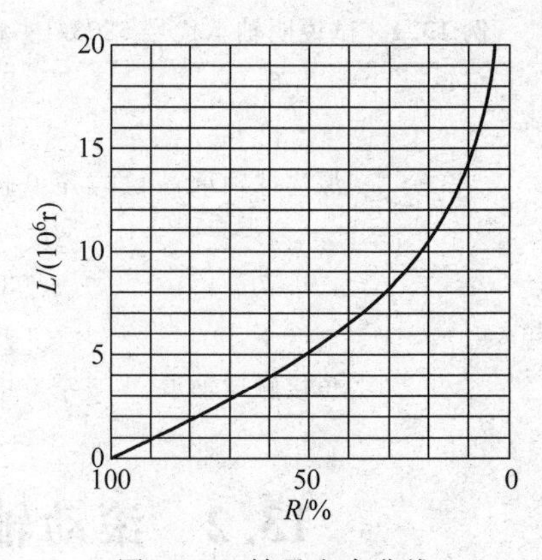

图 13.4 轴承寿命曲线

13.2.3 额定动载荷及寿命计算

大量试验表明：对于相同型号的轴承，在不同载荷 $F_1, F_2, F_3, \cdots$ 作用下，轴承的额定寿命分别为 $L_1, L_2, L_3, \cdots (10^6\ \mathrm{r})$，则载荷和额定寿命之间有如下关系：

$$L_1 F_1^{\varepsilon} = L_2 F_2^{\varepsilon} = L_3 F_3^{\varepsilon} = \cdots = 常数$$

当轴承的额定寿命 L 为 10^6 r 时，轴承所能承受的载荷值称为额定动载荷，用字母 C 表示。根据额定动载荷的定义，上式可写为

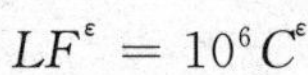

$$LF^{\varepsilon} = 10^6 C^{\varepsilon}$$

或

$$L = 10^6 \times \left(\frac{C}{F}\right)^{\varepsilon}, \mathrm{r} \tag{13.1}$$

式中，ε 为寿命指数，对于球轴承 $\varepsilon=3$；对于滚子轴承 $\varepsilon=\frac{10}{3}$。

实际计算时，用小时表示轴承寿命，上式可改写为

$$L_{\mathrm{h}} = \frac{10^6}{60n}\left(\frac{C}{F}\right)^{\varepsilon}, \mathrm{h} \tag{13.2}$$

式中，n 为轴承的转速，r/min。

考虑到轴承工作温度高于 100℃时，轴承的额定动载荷 C 有所降低，故引入温度系数 f_{T}，对 C 值进行修正，f_{T} 可查表 13.7；考虑到很多机械在工作中有冲击和振动，使轴承寿命降低，为此引入载荷系数 f_{F}，对载荷 F 值进行修正，f_{F} 可查表 13.8。

表 13.7 温度系数 f_{T}

轴承工作温度/℃	≤100	125	150	200	250	300
温度系数 f_{T}	1	0.95	0.90	0.80	0.70	0.60

表 13.8 载荷系数 f_{F}

载荷性质	无冲击或轻微冲击	中等冲击	强烈冲击
f_{F}	1.0～1.2	1.2～1.8	1.8～3.0

修正后的寿命计算式可写为

$$L_{\mathrm{h}} = \frac{10^6}{60n}\left(\frac{f_{\mathrm{T}} C}{f_{\mathrm{F}} F}\right)^{\varepsilon}, \mathrm{h} \tag{13.3}$$

如载荷 F 和转速 n 已知，预期寿命又已取定，则轴承额定动载荷可按下式计算：

$$C = \frac{f_{\mathrm{F}} F}{f_{\mathrm{T}}}\left(\frac{60n}{10^6} L_{\mathrm{h}}\right)^{1/\varepsilon}, \mathrm{N} \tag{13.4}$$

以上两式是滚动轴承设计计算时经常用到的轴承寿命计算式，由此可求出轴承的寿命或轴承型号。各类机器推荐的轴承预期寿命 L_{h} 可参考表 13.9 选取。

表 13.9　轴承预期寿命 L_h 参考值

使用场合	L_h/h
不经常使用的仪器和设备	500～4000
短时间或间断使用,中断时不致引起严重后果	4000～8000
间断使用,中断引起严重后果	8000～12 000
每天 8 h 工作的机械	12 000～20 000
24 h 连续工作的机械	40 000～60 000

例 13.2　试求 N207 轴承允许的最大径向载荷。已知工作转速 $n=200$ r/min,工作温度 $t<100$℃,载荷平稳,寿命 $L_h=10\,000$ h。

解:对向心轴承,由式(13.3)可得载荷为

$$F=\frac{f_T}{f_F}C\left(\frac{10^6}{60nL_h}\right)^{1/\varepsilon}$$

由轴承手册查得圆柱滚子轴承 N207 的径向额定动载荷 $C=27\,200$ N; 因 $t<100$℃,由表 13.7 查得 $f_T=1$,因载荷平稳,由表 13.8 查得 $f_F=1$,对滚子轴承取 $\varepsilon=10/3$。将以上有关数据代入上式,得

$$F=27\,200\times\left(\frac{10^6}{60\times200\times10^4}\right)^{3/10}\ \text{N}=6469\ \text{N}$$

故在规定的条件下,N207 轴承可承受的载荷为 6469 N。

13.2.4　当量动载荷的计算

滚动轴承的额定动载荷是在一定运转条件下确定的。向心轴承仅承受纯径向载荷 R,推力轴承仅承受纯轴向载荷 A。实际上,轴承在许多应用场合,常常同时承受径向载荷和轴向载荷。因此在进行轴承寿命计算时,必须将实际载荷换算为与确定额定动载荷的载荷条件相一致的当量动载荷,用字母 P 表示。当量动载荷 P 的一般计算公式为

$$P=XR+YA \tag{13.5}$$

式中,X 为径向动载荷系数,Y 为轴向动载荷系数,可分别按 $A/R>e$ 或 $A/R\leqslant e$ 两种情况,由表 13.10 查出。参数 e 反映了轴向载荷对轴承承载能力的影响,其值与轴承类型和 A/C_0 有关,其中 C_0 是轴承的额定静载荷。

表 13.10　径向动载荷系数 X 和轴向动载荷系数 Y

<table>
<tr><th colspan="2" rowspan="2">轴承类型</th><th rowspan="2">A/C₀</th><th rowspan="2">e</th><th colspan="2">A/R>e</th><th colspan="2">A/R≤e</th></tr>
<tr><th>X</th><th>Y</th><th>X</th><th>Y</th></tr>
<tr><td rowspan="9">深沟球轴承</td><td rowspan="9">60000</td><td>0.014</td><td>0.19</td><td rowspan="9">0.56</td><td>2.30</td><td rowspan="9">1</td><td rowspan="9">0</td></tr>
<tr><td>0.028</td><td>0.22</td><td>1.99</td></tr>
<tr><td>0.056</td><td>0.26</td><td>1.71</td></tr>
<tr><td>0.084</td><td>0.28</td><td>1.55</td></tr>
<tr><td>0.11</td><td>0.30</td><td>1.45</td></tr>
<tr><td>0.17</td><td>0.34</td><td>1.31</td></tr>
<tr><td>0.28</td><td>0.38</td><td>1.15</td></tr>
<tr><td>0.42</td><td>0.42</td><td>1.04</td></tr>
<tr><td>0.56</td><td>0.44</td><td>1.00</td></tr>
</table>

续表

<table>
<tr><th colspan="2" rowspan="2">轴承类型</th><th rowspan="2">A/C_0</th><th rowspan="2">e</th><th colspan="2">$A/R>e$</th><th colspan="2">$A/R\leqslant e$</th></tr>
<tr><th>X</th><th>Y</th><th>X</th><th>Y</th></tr>
<tr><td rowspan="3">角接触球轴承</td><td>70000C
($\alpha=15°$)</td><td>0.015
0.029
0.058
0.087
0.12
0.17
0.29
0.44
0.58</td><td>0.38
0.40
0.43
0.46
0.47
0.50
0.55
0.56
0.56</td><td>0.44</td><td>1.47
1.40
1.30
1.23
1.19
1.12
1.02
1.00
1.00</td><td>1</td><td>0</td></tr>
<tr><td>70000AC
($\alpha=25°$)</td><td>—</td><td>0.68</td><td>0.41</td><td>0.87</td><td>1</td><td>0</td></tr>
<tr><td>70000B
($\alpha=40°$)</td><td>—</td><td>1.14</td><td>0.35</td><td>0.57</td><td>1</td><td>0</td></tr>
<tr><td colspan="2">圆锥滚子轴承 30000</td><td>—</td><td>查轴承手册</td><td>0.4</td><td>查轴承手册</td><td>1</td><td>0</td></tr>
<tr><td colspan="2">调心球轴承 10000</td><td>—</td><td>查轴承手册</td><td>0.65</td><td>查轴承手册</td><td>1</td><td>0</td></tr>
</table>

对于只能承受纯径向载荷 R 的轴承，其当量动载荷为

$$P = R \tag{13.6}$$

对于只能承受纯轴向载荷 A 的轴承，其当量动载荷为

$$P = A \tag{13.7}$$

13.2.5 角接触球轴承和圆锥滚子轴承的轴向载荷计算

MOOC

角接触球轴承和圆锥滚子轴承的结构特点是在滚动体和滚道接触处存在着接触角 α。当这些轴承承受径向载荷 R 时，作用在承载区内第 i 个滚动体上的法向反力 Q_i 可分解为径向分力 R_i 和轴向分力 S_i。各滚动体上所受轴向分力之和就是轴承的内部轴向力 S（见图 13.5(a)中的 S_1 和 S_2），从图 13.5(a)中可以看出，内部轴向力 S 指向轴承开口端。轴承的内部轴向力可按表 13.11 计算。

表 13.11 角接触球轴承和圆锥滚子轴承内部轴向力的计算公式

<table>
<tr><th rowspan="2">轴承类型</th><th colspan="3">角接触球轴承</th><th rowspan="2">圆锥滚子轴承</th></tr>
<tr><th>70000C($\alpha=15°$)</th><th>70000AC($\alpha=25°$)</th><th>70000B($\alpha=40°$)</th></tr>
<tr><td>内部轴向力 S</td><td>eR</td><td>$0.68R$</td><td>$1.14R$</td><td>$\frac{R}{2Y}$</td></tr>
</table>

注：Y 是 $A/R>e$ 时的轴向系数，参见表 13.10。

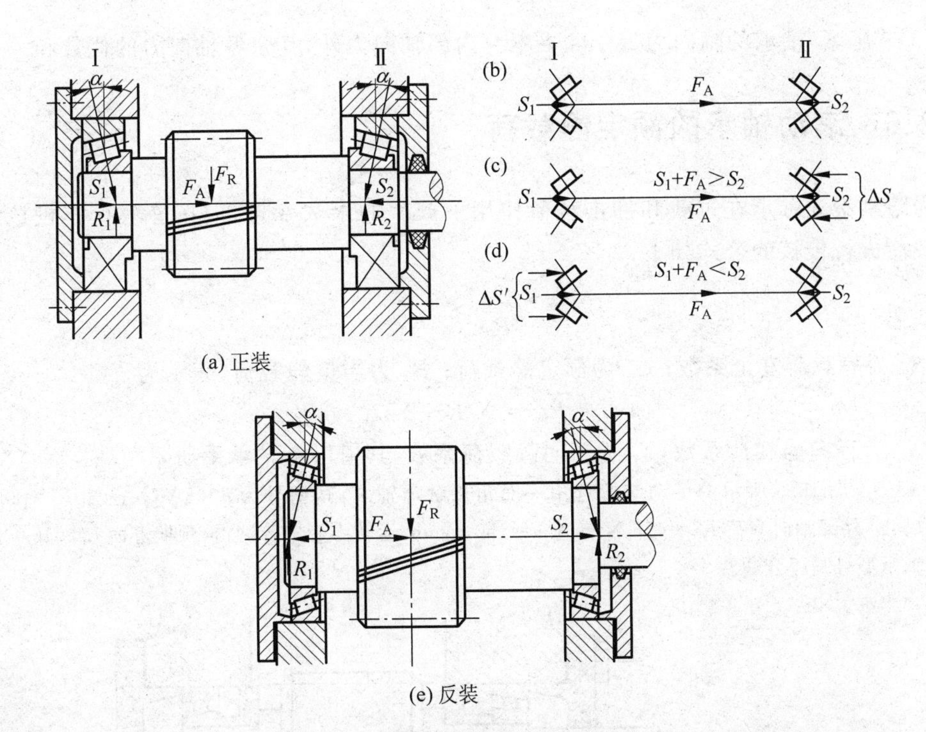

图 13.5　圆锥滚子轴承轴向载荷的分析

轴承有两种安装方式：正装(面对面安装)和反装(背靠背安装)。图 13.5(a)所示为正装，图 13.5(e)所示为反装。

角接触球轴承和圆锥滚子轴承承受径向载荷时，要产生内部轴向力，为了保证这类轴承正常工作，通常将其成对使用。在计算轴承所受轴向力 A 时，除了考虑外部轴向力 F_A 外，还应将由径向载荷 R 产生的内部轴向力 S_1 和 S_2 考虑进去，如图 13.5(b)所示。

如图 13.5(c)所示，当 $F_A+S_1>S_2$ 时，轴有向右移动的趋势，相当于轴承Ⅱ被“压紧”，轴承Ⅰ被“放松”，实际上轴必须处于平衡位置，不能向右移动，轴承座Ⅱ必然要施加一个附加的轴向力 ΔS 来阻止轴的移动，所以被“压紧”的轴承Ⅱ所受的轴向力为

$$A_2=\Delta S+S_2=F_A+S_1 \tag{13.8a}$$

而被“放松”的轴承Ⅰ只受其本身的内部轴向力，则

$$A_1=S_1 \tag{13.8b}$$

如图 13.5(d)所示，当 $F_A+S_1<S_2$ 时，同理，被“压紧”的轴承Ⅰ所受的轴向力为

$$A_1=S_2-F_A \tag{13.9a}$$

而被“放松”的轴承Ⅱ只受其本身的内部轴向力，即

$$A_2=S_2 \tag{13.9b}$$

综上可知，计算角接触球轴承和圆锥滚子轴承所受轴向力的方法可以归结为：

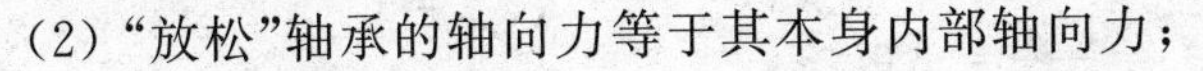

(1) 通过内部轴向力 S_1 和 S_2 及外部轴向力 F_A 的计算与分析，判断“放松”轴承或“压紧”轴承；

(2) “放松”轴承的轴向力等于其本身内部轴向力；

(3)“压紧”轴承的轴向力等于除去本身内部轴向力外,其余各轴向力的代数和。

13.2.6 滚动轴承的额定静载荷

为限制滚动轴承在过载和冲击载荷作用下产生的永久变形,应按静载荷作校核计算。按静载荷进行校核的公式如下:

$$\frac{C_0}{P_0} \geqslant S_0 \tag{13.10}$$

式中,S_0 为静载荷安全系数;C_0 为额定静载荷;P_0 为当量静载荷,表示为

$$P_0 = X_0 R + Y_0 A \tag{13.11}$$

式中,X_0 为径向静载荷系数,Y_0 为轴向静载荷系数,其值可查轴承手册。

例 13.3 图 13.6 所示的传动装置选用一对角接触球轴承,其型号为 7308AC。已知 $R_1=2891$ N,$R_2=1409$ N,外部轴向载荷 $F_A=458$ N,转速 $n=450$ r/min,运转中受中等冲击,预期寿命 $L_h=10\,000$ h,试问所选轴承型号是否合适?

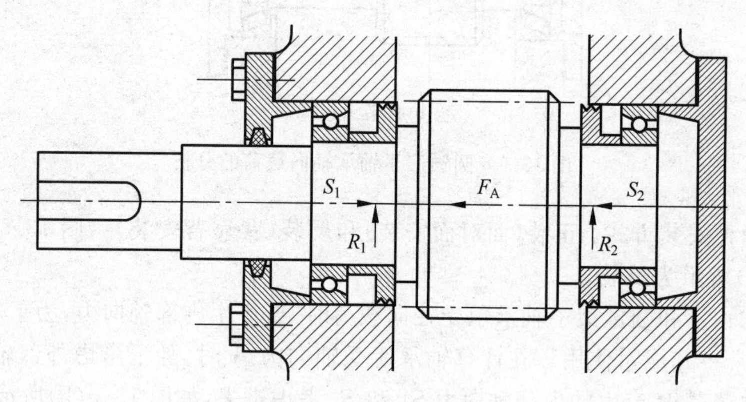

图 13.6 传动装置简图

解:(1) 计算轴承 1、2 的轴向力 A_1、A_2

由表 13.11 可知 70000AC 型轴承的内部轴向力 S_1、S_2 为

$$S_1 = 0.68R_1 = 0.68 \times 2891 \text{ N} = 1966 \text{ N}$$

$$S_2 = 0.68R_2 = 0.68 \times 1409 \text{ N} = 958 \text{ N}$$

因为

$$S_2 + F_A = 1416 \text{ N} < S_1$$

所以轴承 2 被“压紧”,则

$$A_2 = S_1 - F_A = 1508 \text{ N}$$

而轴承 1 被“放松”,则

$$A_1 = S_1 = 1966 \text{ N}$$

(2) 计算轴承 1、2 的当量动载荷

由表 13.10 查得 70000AC 型轴承的 $e=0.68$,而

$$\frac{A_1}{R_1} = \frac{0.68R_1}{R_1} = 0.68 = e$$

$$\frac{A_2}{R_2} = \frac{1508}{1409} = 1.07 > e$$

查表 13.10 可得 $X_1=1, Y_1=0, X_2=0.41, Y_2=0.87$。故径向当量动载荷为

$$P_1 = 1\times 2891\ \mathrm{N} + 0\times 1966\ \mathrm{N} = 2891\ \mathrm{N}$$

$$P_2 = 0.41\times 1409\ \mathrm{N} + 0.87\times 1508\ \mathrm{N} = 1890\ \mathrm{N}$$

(3) 计算所需的径向额定动载荷 C

因两端选择同样尺寸的轴承，而 $P_1>P_2$，故应以轴承 1 的径向当量动载荷 P_1 为计算依据。因 $t<100℃$，由表 13.7 查得 $f_T=1$；因受中等冲击载荷，查表 13.8 得 $f_F=1.3$。则有

$$C_1=\frac{f_F P_1}{f_T}\left(\frac{60n}{10^6}L_h\right)^{1/3}=\frac{1.3\times 2891}{1}\left(\frac{60\times 450}{10^6}\times 10\,000\right)^{1/3}\ \mathrm{N}=24\,291\ \mathrm{N}$$

(4) 由附表 H.3 查得 7308AC 轴承的径向额定动载荷 $C=38\,500$ N。因为 $C_1<C$，故所选 7308AC 轴承合适。

13.3　滚动轴承的组合设计

为保证轴承在机器中能正常工作，除合理选择轴承类型、尺寸外，还应正确进行滚动轴承的组合设计。滚动轴承的组合设计主要是正确解决轴承的固定、调整、预紧、配合、装拆、润滑、密封等一系列问题。

1. 滚动轴承的固定

1) 双支点各单向固定

如图 13.7(a)所示，轴的两个支点中每一个支点都能限制轴的单向移动，两个支点合起来就限制了轴的双向移动。该固定适用于工作温度变化不大的短轴，考虑到轴会因受热而伸长，在轴承盖与外圈端面之间应留出热补偿间隙，如图 13.7(b)所示。

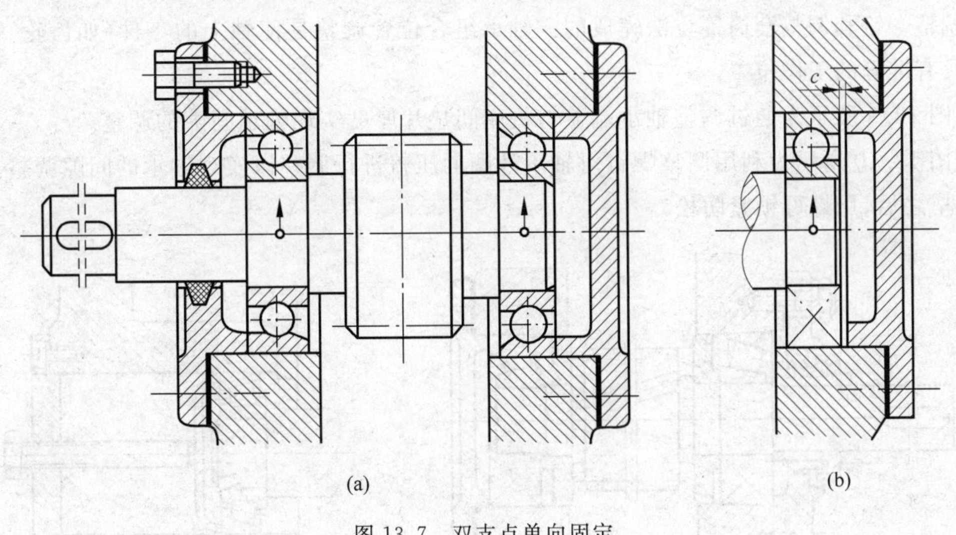

图 13.7　双支点单向固定

2) 一端支点双向固定，另一端支点游动

这种布置适用于温度变化较大的长轴，如图 13.8 所示，在两个支点中使一端支点能限制轴的双向移动，另一个支点则可作轴向游动。可作轴向游动的支承称为游动支承。如

图 13.8(a)所示,右轴承外圈未完全固定,可以有一定的游动量;图 13.8(b)中采用的圆柱滚子轴承,其滚子和轴承的外圈之间可以发生轴向游动。

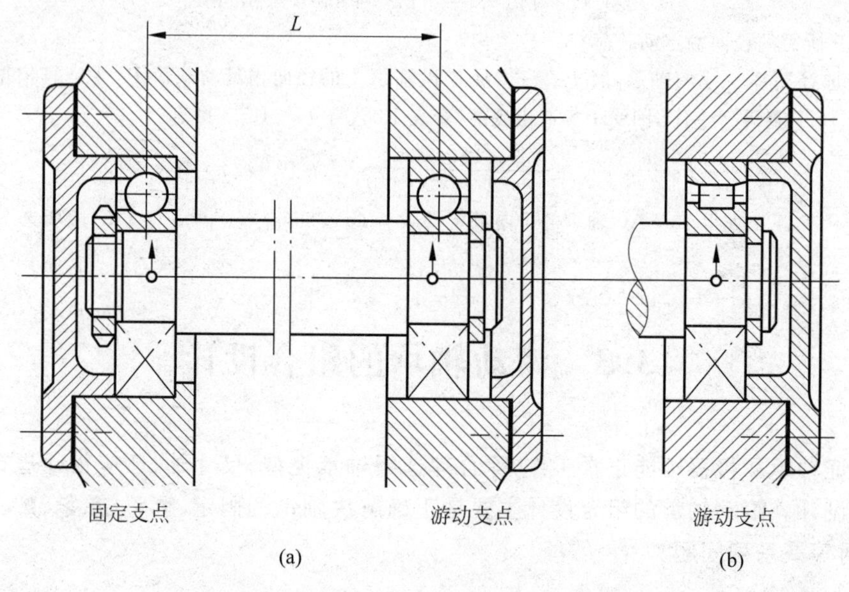

图 13.8 一端支点双向固定,另一端支点游动

2. 滚动轴承组合的调整

1) 轴承的调整

轴承的调整包括轴承间隙调整和轴承位置调整。轴承间隙的调整是通过调整垫片厚度、调整螺钉和调整套筒等方法完成的。轴承组合位置调整是使轴上的零件(如齿轮、带轮等)具有准确的工作位置。

图 13.9 所示为通过调整轴承端盖与机座间垫片厚度实现轴承间隙的调整。

图 13.10 所示为利用调整螺钉对轴承外圈的压盖进行调整以实现轴承的间隙调整。调整完毕之后,用螺母锁紧防松。

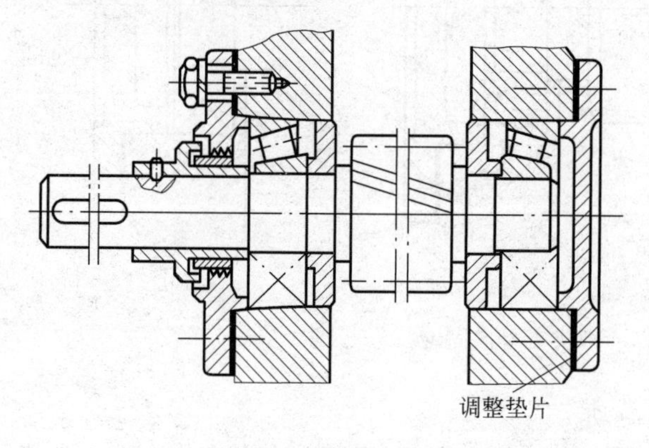

图 13.9 调整垫片

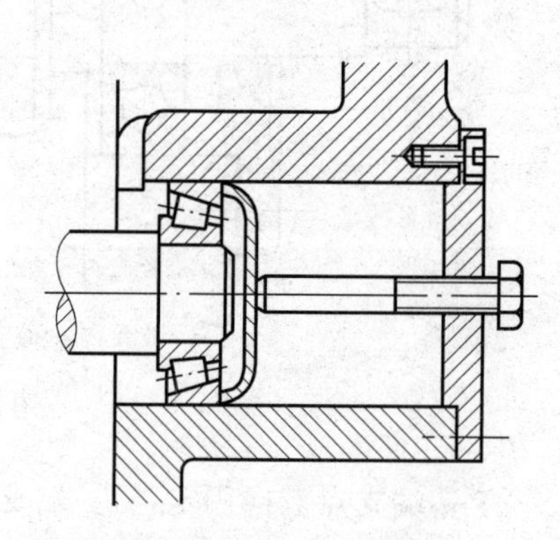

图 13.10 调整螺钉

图13.11所示把整个圆锥齿轮轴系安装在调整套筒中,然后再安装在机座上。通过垫片1调整套筒与机座的相对位置,实现对锥齿轮轴轴向位置的调整。通过垫片2调整轴承的间隙。

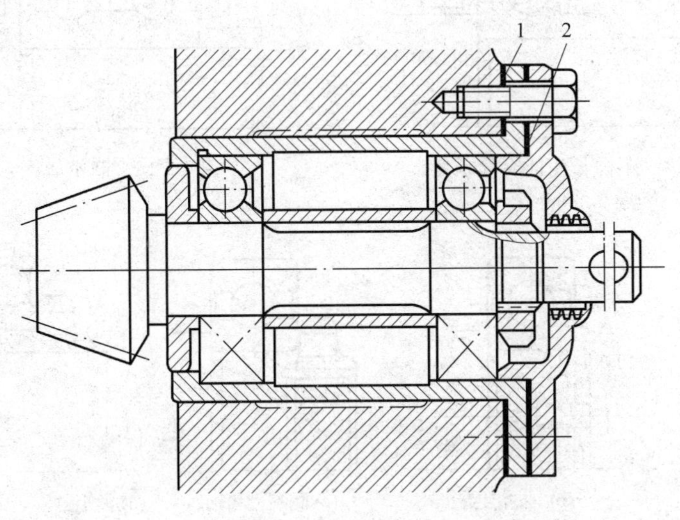

图13.11 调整套筒

2）轴承的预紧

对某些可调游隙式轴承,在安装时给予一定的轴向预紧力,使内外圈产生相对位移,因而消除了游隙,并在套圈和滚动体接触处产生了弹性预变形,借此提高轴的旋转精度和刚度,这称为轴承的预紧。

图13.12所示是通过外圈压紧进行预紧,利用夹紧一对圆锥滚子轴承的外圈而将轴承预紧。

图13.13所示是通过弹簧进行预紧,在一对轴承间加入弹簧,可以得到稳定的预紧力。

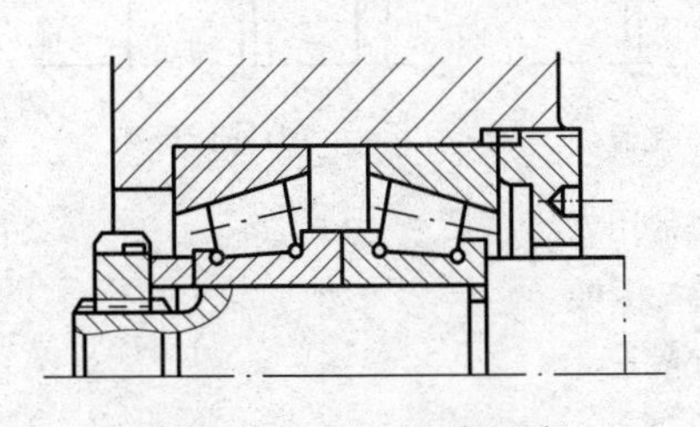

图13.12 外圈压紧预紧

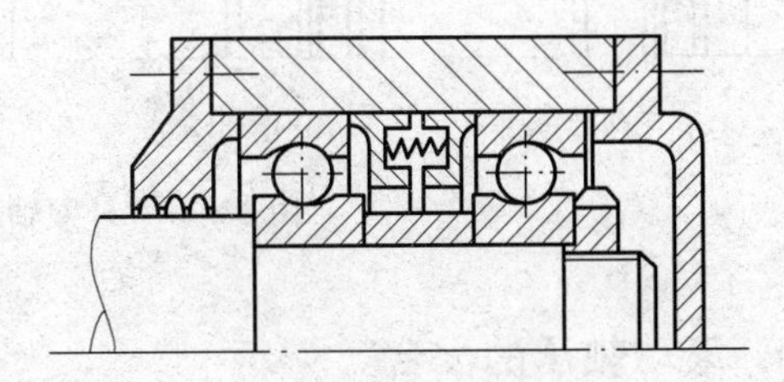

图13.13 弹簧预紧

图13.14所示为利用不同长度的套筒进行预紧。两轴承之间加入不同长度的套筒实现预紧,预紧力可以由两个套筒长度的差来控制。

图13.15所示为利用磨窄套圈进行预紧,夹紧一对磨窄了外圈的轴承实现预紧;反装时可磨窄轴承的内圈。这种特制的成对安装的角接触球轴承可由生产厂选配组合成套提供,可在滚动轴承样本中查到不同型号成对安装的角接触球轴承的轻、中、重三个系列预紧载荷值及相应的内外圈磨窄量。

3. 滚动轴承的轴向紧固

图13.16给出滚动轴承内圈轴向紧固常用方法,内圈的另一端常以轴肩作为定位面。

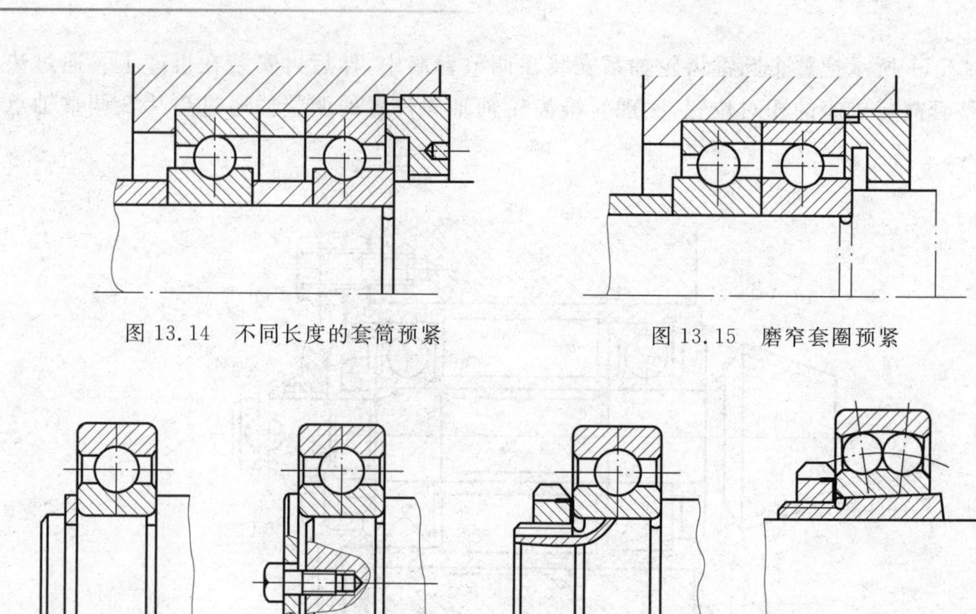

图 13.14　不同长度的套筒预紧

图 13.15　磨窄套圈预紧

(a) 轴用弹性挡圈　(b) 轴端挡圈　(c) 圆螺母和轴肩　(d) 紧定衬套、止动垫圈和圆螺母

图 13.16　内圈轴向紧固常用方法

图 13.17 给出了滚动轴承外圈轴向紧固常用方法。

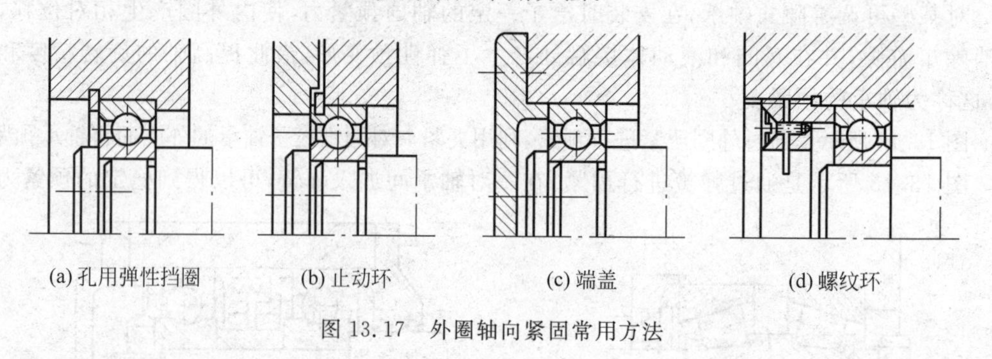

(a) 孔用弹性挡圈　(b) 止动环　(c) 端盖　(d) 螺纹环

图 13.17　外圈轴向紧固常用方法

4. 滚动轴承的配合

由于滚动轴承是标准件，选择配合时就把滚动轴承作为基准件。因此，轴承内径与轴的配合采用基孔制，轴承外径与轴承座孔的配合则采用基轴制。

选择配合时，应考虑载荷的方向、大小和性质，以及轴承类型、转速和使用条件等因素。当外载荷方向不变时，转动套圈应比固定套圈的配合紧一些。一般情况下是滚动轴承内圈随轴转动，而滚动轴承外圈固定不动，故内圈常取具有较紧的过盈配合，外圈常取较松的过渡配合。当轴承作游动支承时，外圈应取间隙配合。

5. 轴承的装拆

设计轴承组合时，应考虑怎样有利于轴承装拆，以便在装拆过程中不致损坏轴承和其他零件。滚动轴承的装拆以压力法最常用，此外还有温差法、液压配合法等。温差法是将轴承放进烘箱或热油中，使轴承的内圈受热膨胀，然后即可将轴承顺利装在轴上；液压配合法是通过将压力油打入环形油槽拆卸轴承。

图 13.18 和图 13.19 分别所示轴承内圈和外圈的压装，通过压轴承内圈或外圈，将轴承压装到轴上或轮毂孔中。

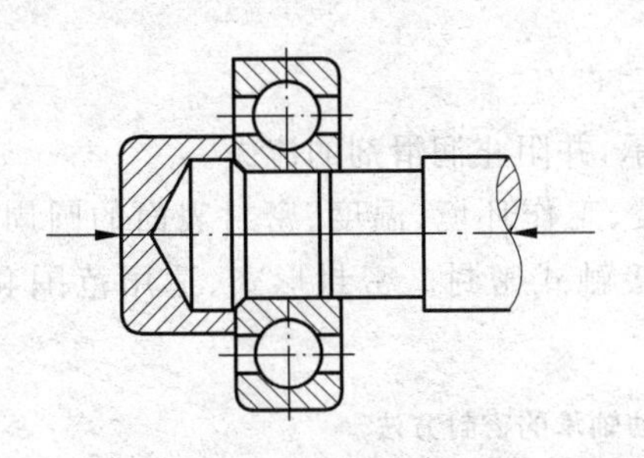
图 13.18　轴承内圈压装

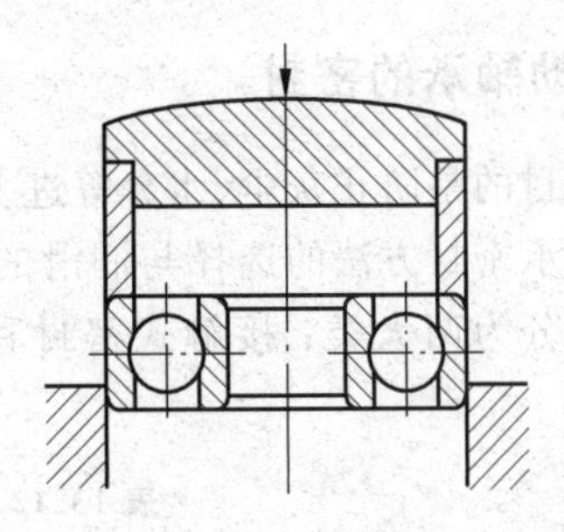
图 13.19　轴承外圈压装

图 13.20 所示为用轴承拆卸器拆卸轴承。在设计中应预留拆卸空间，从轴上拆卸时，应卡住轴承的内圈。

当轴不太重时，可以用压力法拆卸轴承，如图 13.21 所示。应注意的是，采用该方法时，不可只垫轴承的外圈，以免损坏轴承。

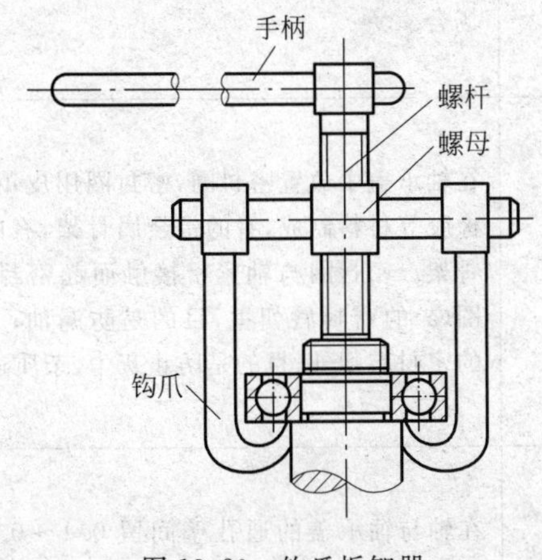

图 13.20　钩爪拆卸器

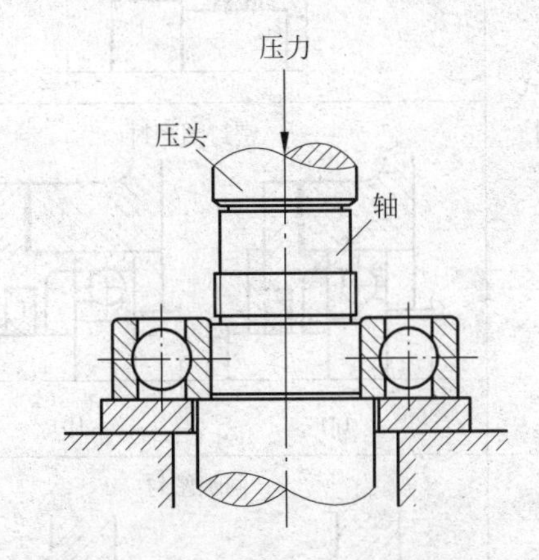

图 13.21　压力法拆卸轴承

6. 滚动轴承的润滑

润滑的主要目的是减小摩擦与磨损，滚动接触部位形成油膜时，还有吸收振动、降低工作温度等作用。

滚动轴承的润滑剂可以是润滑脂、润滑油或固体润滑剂。一般情况下，轴承采用润滑脂润滑，但在轴承附近已经具有润滑油源时（如变速箱内本来就有润滑齿轮的油），也可采用润滑油润滑。润滑剂的选择可根据速度因数 dn 值（d 代表轴承内径，单位为 mm；n 代表轴承转速，单位为 r/min）来定，dn 值间接地反映了轴颈的圆周速度，当 $dn<(1.5\sim2)\times10^5$ mm·r/min 时，一般滚动轴承可采用润滑脂润滑，超过这一范围宜采用润滑油润滑。

润滑脂的润滑膜强度高，能承受较大的载荷，不易流失，容易密封，一次充填润滑脂可运转较长时间。油润滑相比脂润滑摩擦阻力小，并能散热，主要用于高速或高温的条件下。

润滑油的主要性能指标是黏度，黏度可按轴承的速度因数 dn 和工作温度 t 来确定(参考机械设计手册)。油润滑时，常用的润滑方法有油浴润滑、滴油润滑、飞溅润滑、喷油润滑和油雾润滑。

7. 滚动轴承的密封

密封的目的是防止灰尘、水分等进入轴承，并阻止润滑剂的流失。

滚动轴承密封方法的选择与润滑的种类、工作环境、温度、密封表面的圆周速度有关。密封方法可分为两大类：接触式密封和非接触式密封。密封形式、适用范围和性能可查表 13.12。

表 13.12 滚动轴承的密封方法

密封方法	图例	说明
接触式密封	毛毡圈密封	在轴承盖上开出梯形槽，将矩形剖面的毛毡圈放置在梯形槽中与轴接触，对轴产生一定的压力进行密封。这种密封结构简单，但摩擦较严重，主要用于 $v<4\sim5$ m/s 的脂润滑场合
	密封圈密封 (a) (b)	在轴承盖中放置密封圈，密封圈用皮革、耐油橡胶等材料制成，有的带金属骨架，有的没有骨架。密封圈与轴紧密接触而起密封作用。图(a)的密封唇朝里，目的是防漏油；图(b)的密封唇朝外，目的是防止灰尘、杂质进入
非接触式密封	间隙密封 δ	在轴与轴承盖的通孔壁间留 0.1～0.3 mm 的极窄缝隙，并在轴承盖上车出沟槽，在槽内填满油脂，以起密封作用。这种形式结构简单，多用于 $v<5\sim6$ m/s 的场合
	迷宫式密封 δ δ (a) (b)	将旋转的和固定的密封零件间的间隙制成迷宫(曲路)形式，缝隙间填入润滑脂以加强密封效果。这种方法对脂润滑和油润滑都很有效，尤其适用于环境较脏的场合。图(a)为径向曲路，径向间隙 δ 不大于 0.1～0.2 mm；图(b)为轴向曲路，因考虑到轴受热后会伸长，间隙应取大些，$\delta=1.5\sim2$ mm

续表

密封方法	图　　例	说　　明
组合密封	毛毡加迷宫密封	把毛毡和迷宫组合在一起密封，可充分发挥各自优点，提高密封效果，多用于密封要求较高的场合

习　　题

13.1　滚动轴承主要有哪几种类型？各有何特点？试画出这些轴承的结构简图。

13.2　说明下列型号轴承的类型、尺寸、系列、结构特点及精度等级：

(1) 32210E；　(2) 52411/P5；　(3) 61805；　(4) 7312AC

13.3　选择滚动轴承应考虑哪些因素？试举出 1～2 个实例说明之。

13.4　滚动轴承的主要失效形式是什么？相应的设计准则是什么？

13.5　试按滚动轴承寿命计算公式分析：

(1) 转速一定的 7207C 轴承，其额定动载荷从 C 增为 $2C$ 时，寿命是否增加一倍？

(2) 转速一定的 7207C 轴承，其当量动载荷从 P 增为 $2P$ 时，寿命是否由 L_h 下降为 $L_h/2$？

(3) 当量动载荷一定的 7207C 轴承，当工作转速由 n 增为 $2n$ 时，其寿命有何变化？

13.6　选择正确答案。滚动轴承的额定寿命是指一批相同的轴承，在相同的条件下运转，当其中________的轴承发生疲劳点蚀时所达到的寿命。

(a) 1%　(b) 5%　(c) 10%　(d) 50%

13.7　一矿山机械的转轴，两端用 6313 轴承，每个轴承受径向载荷 $R=5400$ N，轴的轴向载荷 $A=2650$ N，轴的转速 $n=1250$ r/min，运转中有轻微冲击，预期寿命 $L_h=5000$ h，6313 轴承是否适用？

13.8　根据工作条件，某机械传动装置中轴的两端各采用一深沟球轴承，轴颈直径 $d=35$ mm，转速 $n=1460$ r/min，每个轴承受径向载荷 $R=2500$ N，常温下工作，负荷平稳，预期寿命 $L_h=8000$ h，试设计轴承的型号。

13.9　一深沟球轴承 6304 承受径向力 $R=4$ kN，载荷平稳；转速 $n=960$ r/min，室温下工作，试求该轴承的额定寿命，并说明能达到或超过此寿命的概率。若载荷改为 $R=2$ kN 时，试计算轴承的额定寿命。

13.10　图 13.22 所示为一对 7209C 轴承，承受径向负荷 $R_1=8$ kN，$R_2=5$ kN，试求当轴上作用的轴向载荷为 $F_A=2$ kN 时，轴承所受的轴向载荷 A_1 与 A_2。

13.11　如图 13.23 中一对 30307 圆锥滚子轴承，已知轴承 1 和轴承 2 的径向载荷分别为 $R_1=584$ N，$R_2=1776$ N，轴上作用的轴向载荷 $F_A=146$ N。轴承载荷有中等冲击，工作温度不大于 100℃，试求轴承 1 和轴承 2 的当量动载荷 P。

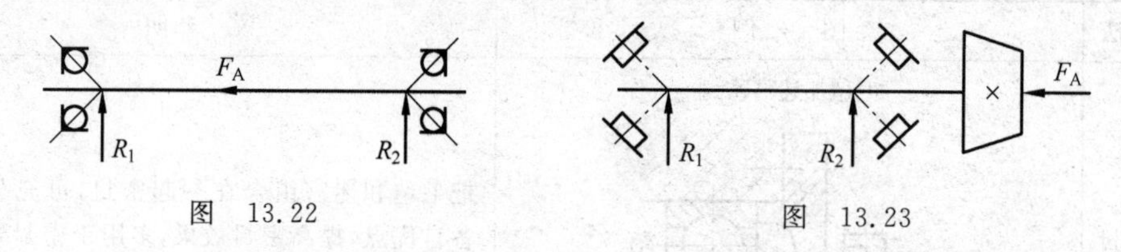

图 13.22　　　　图 13.23

13.12　一对双向推力球轴承 52310，受轴向负荷 $A=4800$ N，轴的转速 $n=1450$ r/min，负荷有中等冲击，试计算其额定寿命。

13.13　某机械的转轴，两端各用一个径向轴承支承。已知轴颈直径 $d=40$ mm，转速 $n=1000$ r/min，每个轴承的径向载荷 $R=5880$ N，载荷平稳，工作温度 $t=125$℃，预期寿命 $L_h=5000$ h，试分别按深沟球轴承和圆柱滚子轴承选择型号，并比较之。

13.14　根据工作要求选用内径 $d=50$ mm 的圆柱滚子轴承。轴承的径向载荷 $R=39.2$ kN，轴的转速 $n=85$ r/min，运转条件正常，预期寿命 $L_h=1250$ h，试选择轴承型号。

13.15　一齿轮轴由一对 30206 轴承支承，支点间的跨距为 200 mm，齿轮位于两支点的中间。已知齿轮模数 $m_n=2.5$ mm，齿数 $z_1=17$，螺旋角 $\beta=16.5°$，传递功率 $P=2.6$ kW，齿轮轴的转速 $n=384$ r/min，试求轴承的额定寿命。

13.16　指出图 13.24 中各图的错误，说明其错误原因，并加以改正。

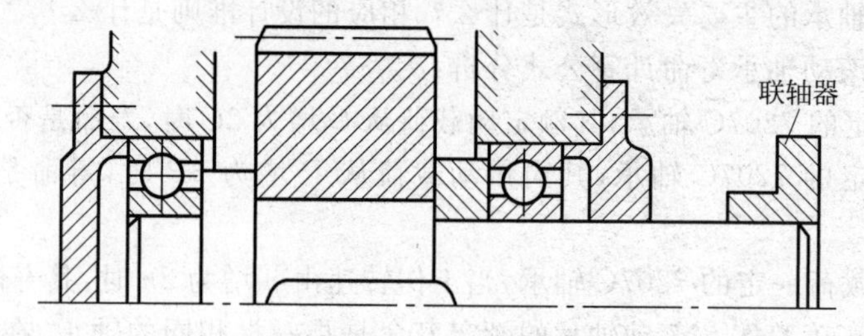

(a) 齿轮用油润滑，轴承用脂润滑

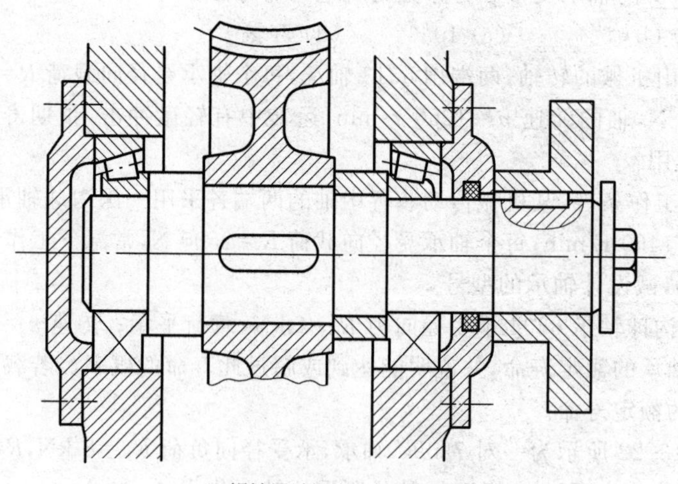

(b) 蜗轮用油润滑，轴承用脂润滑

图 13.24

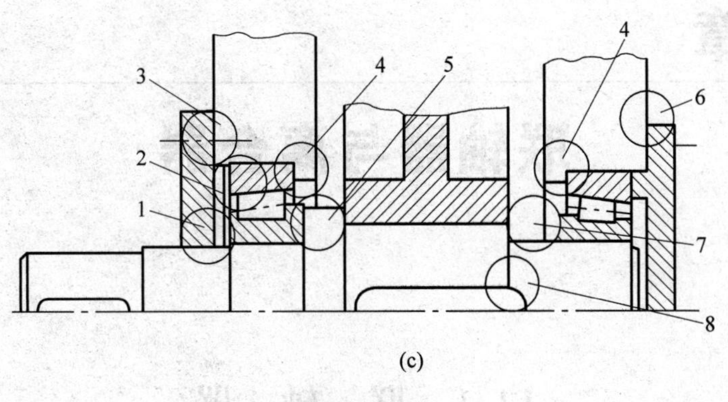

图 13.24(续)

第 14 章

联轴器与离合器

14.1 联 轴 器

14.1.1 联轴器的功用与分类

联轴器主要用于共轴线的轴与轴之间的连接，使两轴可以同时转动，以传递运动和转矩。用联轴器连接的两根轴，只有在机器停车后，经过拆卸才能把它们分离。

MOOC

由于制造、安装误差或工作时零件的变形等原因，一般无法保证被连接的两轴精确同心，通常会出现两轴间的轴向位移 x（见图 14.1(a)）、径向位移 y（见图 14.1(b)）、角位移 α（见图 14.1(c)）或这些位移组合的综合位移（见图 14.1(d)）。如果联轴器不具有补偿这些相对位移的能力，就会产生附加动载荷，甚至引起强烈振动。

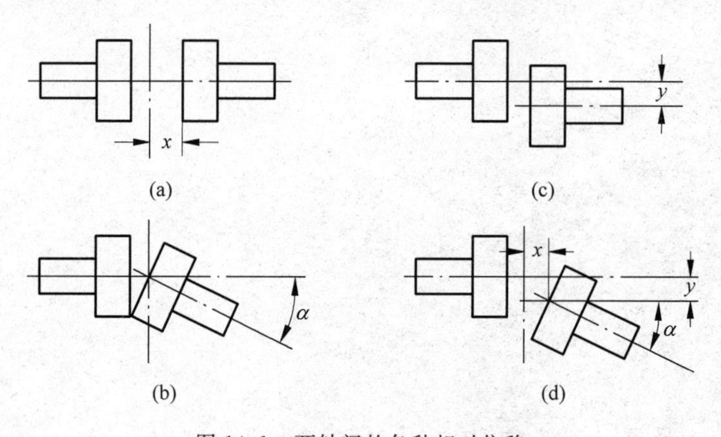

图 14.1 两轴间的各种相对位移

根据联轴器补偿位移的能力，联轴器可分为刚性和弹性两大类。刚性联轴器由刚性传力件组成，它又可分为固定式和可移式两种类型。固定式刚性联轴器不能补偿两轴间的相对位移，可移式刚性联轴器能补偿两轴间的相对位移。弹性联轴器包含有弹性元件，除了能补偿两轴间的相对位移外，还具有吸收振动和缓和冲击的能力。

联轴器已标准化。一般可先依据机器的工作条件选定合适的类型，然后按照计算转矩 T_c、轴的转速 n 和轴径 d 从标准中选择所需的型号和尺寸。必要时还应对其中的某些零件进行验算。

计算转矩 T_c 应考虑机器起动时的惯性力、机器在工作中承受过载和受到可能的冲击等因素，按下式确定：

$$T_c = K_A T \tag{14.1}$$

式中，T 为名义转矩；K_A 为工作情况系数，其值见表 14.1。

表 14.1　工作情况系数 K_A

原　动　机	工　作　机			
	电动机、汽轮机	单缸内燃机	双缸内燃机	四缸内燃机
转矩变化很小的机械：如发电机、小型通风机、小型离心泵	1.3	2.2	1.8	1.5
转矩变化较小的机械：如透平压缩机、木工机械、运输机	1.5	2.4	2.0	1.7
转矩变化中等的机械：如搅拌机、增压机、有飞轮的压缩机	1.7	2.6	2.2	1.9
转矩变化和冲击载荷中等的机械：如织布机、水泥搅拌机、拖拉机	1.9	2.8	2.4	2.1
转矩变化和冲击载荷较大的机械：如挖掘机、碎石机、造纸机械	2.3	3.2	2.8	2.5
转矩变化和冲击载荷大的机械：如压延机、起重机、重型轧机	3.1	4.0	3.6	3.3

例 14.1　试根据例 1.1 中计算得到的低速轴转矩 $T_{\text{II}} = 374.6\ \text{N}\cdot\text{m}$，选择低速轴与工作机间的联轴器。

解：

联轴器的计算转矩为

$$T_{ca} = K_A T_{\text{II}}$$

查表 14.1 取工作情况系数 $K_A = 1.5$，因前面计算得到的低速轴转矩在计算电动机功率时已考虑功率备用系数 1.3，故计算转矩为

$$T_{ca} = \frac{1.5}{1.3} \times 374.6\ \text{N}\cdot\text{m} = 432.2\ \text{N}\cdot\text{m}$$

根据工作条件，选用十字滑块联轴器，查附录 G 中的附表 G.4 得十字滑块联轴器的许用转矩 $[T] = 500\ \text{N}\cdot\text{m}$，许用转速 $[n] = 250\ \text{r/min}$，配合轴径 $d = 40\ \text{mm}$，配合长度 $L_1 = 70\ \text{mm}$。

14.1.2　常用的联轴器及其特点

联轴器的种类很多，这里仅介绍有代表性的几种结构。

1. 固定式刚性联轴器

1）凸缘联轴器

凸缘联轴器是应用最广的固定式刚性联轴器。如图 14.2 所示，它用螺栓将两个半联轴器的凸缘连接起来，以实现两轴连接。联轴器中的螺栓可以用普通螺栓（见图 14.2(a)），也

可以用铰制孔螺栓(见图 14.2(b))。这种联轴器有两种主要的结构形式：图 14.2(a)所示为有对中榫的Ⅰ型凸缘联轴器，靠凸肩和凹槽(即对中榫)定位来保证两轴同心。图 14.2(b)所示为Ⅱ型凸缘联轴器，靠铰制孔用螺栓定位来保证两轴同心。为安全起见，凸缘联轴器的外圈还应加上防护罩或将凸缘制成轮缘形式(见图 14.2(b))。制造凸缘联轴器时，应确保半联轴器的凸缘端面与孔的轴线垂直，安装时应使两轴精确同心。

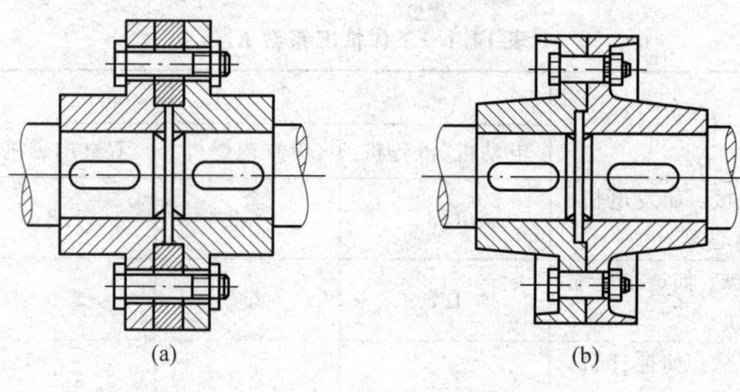

图 14.2 凸缘联轴器

半联轴器的材料通常为铸铁，当受重载或圆周速度 $v \geqslant 30$ m/s 时，可采用铸钢或锻钢。凸缘联轴器的结构简单、使用方便、可传递的转矩较大，但不能缓冲减振，常用于载荷较平稳的两轴连接。它的基本参数和主要尺寸见有关参考文献或设计手册。

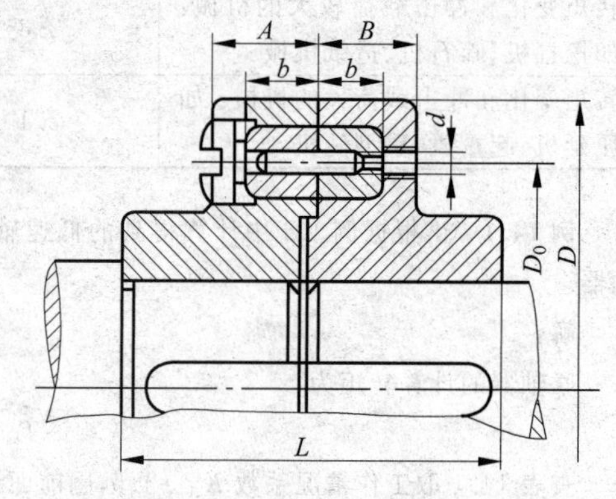

图 14.3 凸缘安全联轴器

另外，凸缘联轴器还有一种安全销方式，如图 14.3 所示。销由较低强度的材料制造，过载时，销被剪断，以确保机器中其他零件的安全，故又称为凸缘安全联轴器。

2) 套筒联轴器

这是一种结构最简单的固定式联轴器(见图 14.4)，这种联轴器是一个圆柱形套筒，用两个圆锥销来传递转矩。当然也可以用两个平键代替圆锥销。其优点是径向尺寸小，结构简单。结构尺寸推荐：$D=(1.5\sim2)d$；$L=(2.8\sim4)d$。此种联轴器尚无标准，需要自行设计，如机床上就经常采用这种联轴器。

图 14.5 所示为套筒安全联轴器。其中 1 为销，2 和 3 为套筒，联轴器过载时，销被剪断，以确保机器中其他零件的安全。

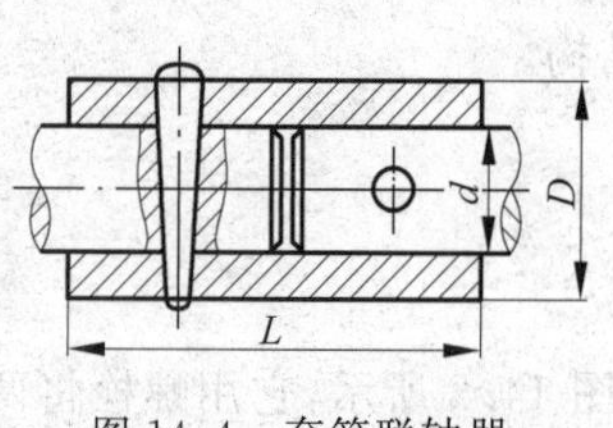

图 14.4 套筒联轴器

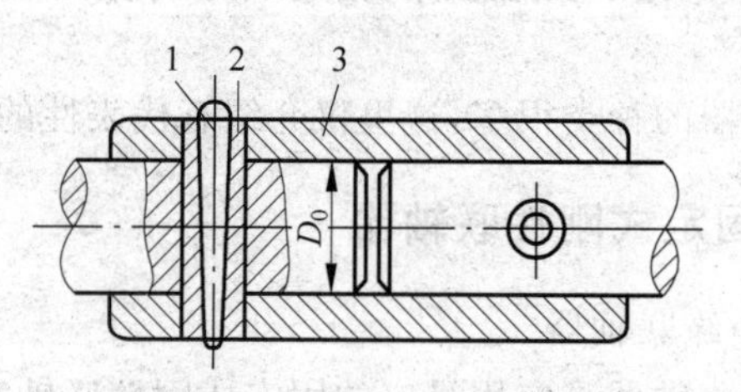

图 14.5 套筒安全联轴器

2. 可移式刚性联轴器

可移式刚性联轴器的组成元件间构成的动连接，具有某一方向或几个方向的活动度，因此能补偿两轴的相对位移。常用的可移式刚性联轴器有以下几种。

1）齿式联轴器

齿式联轴器是由两个带内齿的外套筒 3 和两个带外齿的内套筒 1 组成(见图 14.6(a))。内套筒与轴靠键相联结，两个外套筒用螺栓 5 联结成一体。工作时靠啮合的轮齿传递扭矩。为了减少轮齿的磨损和相对移动时的摩擦阻力，在壳内储有润滑油，为防止润滑油泄漏，内外套筒之间设有密封圈 6。齿轮联轴器能补偿综合位移，如图 14.6(b)所示。由于轮齿间留有较大的间隙和外齿轮的齿顶制成椭球形，因此能补偿两轴的不同心和偏斜。允许角位移在 30′以下，若将外齿做成鼓形齿，角位移可达 3°。通常，轮齿采用压力角为 20°的渐开线齿廓。

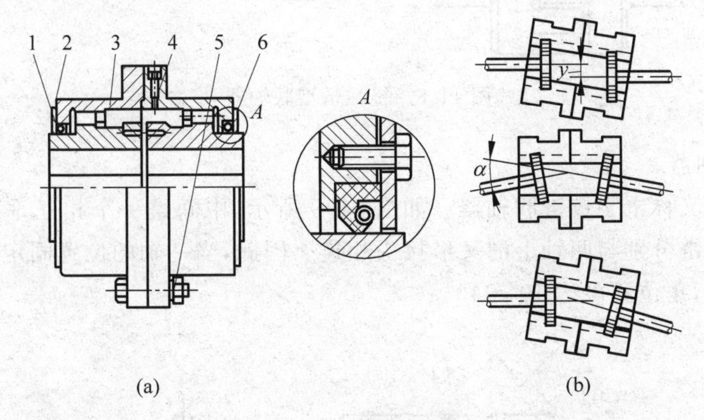

图 14.6　齿式联轴器

1—带外齿的内套筒；2—端盖；3—带内齿的外套筒；4—油孔；5—螺栓；6—密封圈

齿式联轴器的优点是能传递很大的转矩和补偿适量的综合位移，因此常用于重型机械中。但是，当传递巨大转矩时，齿间的压力也随着增大，使联轴器的灵活性降低，而且其结构笨重、造价较高。

2）滑块联轴器

滑块联轴器亦称浮动盘联轴器，如图 14.7 所示。它是由端面开有凹槽的两套筒 1、3 和两侧各具有凸块(作为滑块)的中间圆盘 2 所组成(见图 14.7(a))。中间圆盘两侧的凸块相互垂直，分别嵌装在两个套筒的凹槽中。如果两轴线不同心或偏斜，滑块将在凹槽内滑动。凹槽和滑块的工作面间要加润滑剂。

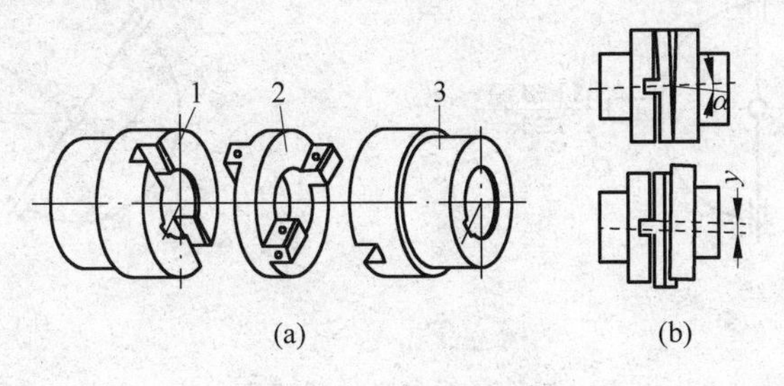

图 14.7　滑块联轴器

滑块联轴器允许的径向位移 $y<0.04d$（d 为轴的直径），允许的角位移 $\alpha\leqslant30'$（见图 14.7(b)）。当两轴不同心，且转速较高时，滑块的偏心会产生较大的离心力，给轴和轴承带来附加动载荷，并引起磨损，因此只适用于低速，一般不超过 300 r/min。

3）挠性爪型联轴器

如图 14.8 所示，挠性爪型联轴器的两半联轴器上的沟槽很宽，中间装有夹布胶木或尼龙制成的方形滑块。由于滑块质量小且有弹性，可允许较高的极限转速。

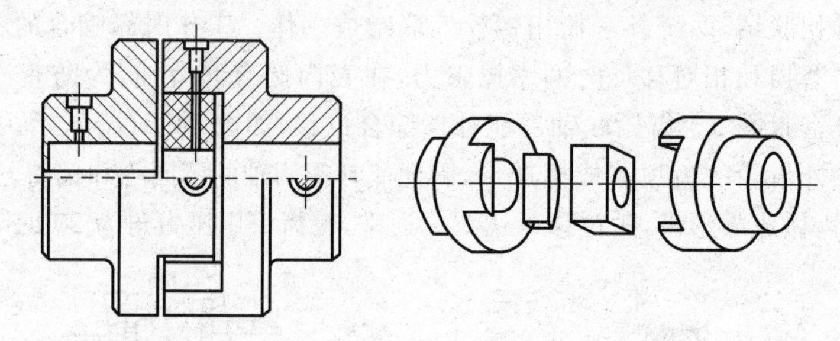

图 14.8 挠性爪型联轴器

4）万向联轴器

万向联轴器又称十字铰链联轴器。如图 14.9 所示，中间是一个相互垂直的十字头，十字头的四端用铰链分别与两轴上的叉形接头相连。因此，当一轴的位置固定后，另一轴可以在任意方向偏斜，角位移可达 40°～45°。

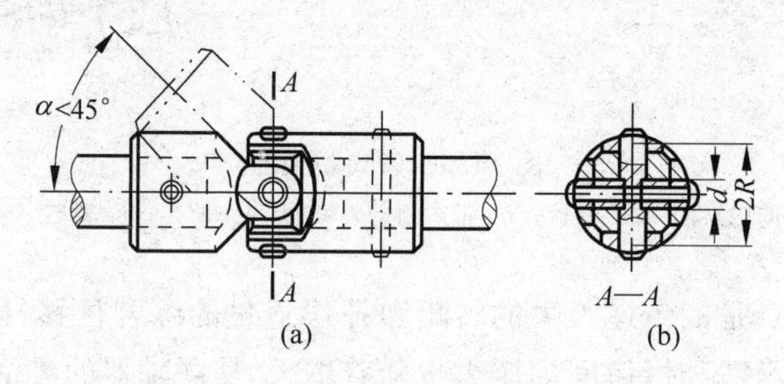

图 14.9 万向联轴器

但是，单个万向联轴器两轴的瞬时角速度并不是时时相等，即当轴 1 以等角速度回转时，轴 2 作变角速转动（见图 14.10），从而引起动载荷，对使用不利，所以在机器中很少单个使用。实际中，常采用双万向联轴器，即由两个单万向联轴器串接而成，如图 14.11 所示。当主动轴 1 等角速度旋转时，带动十字轴式的中间件作变角速度旋转，利用对应关系，再由

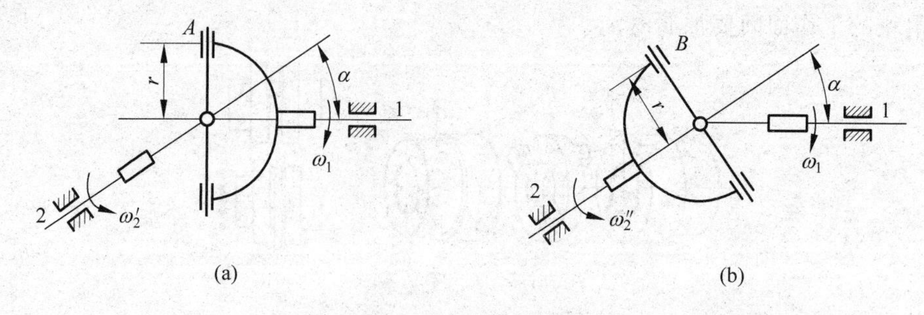

图 14.10 万向联轴器速度分析

中间件带动从动轴 2 以与轴 1 相等的等角速度旋转。因此安装双万向联轴器时，如要使主、从动轴的角速度相等，必须满足两个条件：①主动轴、从动轴与中间件的夹角必须相等，即 $\alpha_1=\alpha_2$；②中间件两端的叉面必须位于同一平面内。

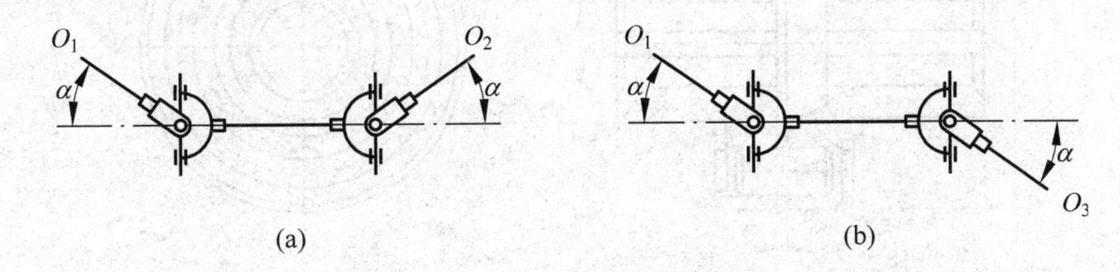

图 14.11　双万向联轴器示意图

显然，中间件本身的转速是不均匀的。但因它的惯性小，由它产生的动载荷、振动等一般不致引起显著危害。

3. 弹性联轴器

1）弹性套柱销联轴器

弹性套柱销联轴器的结构和凸缘联轴器很近似，但是两个半联轴器的连接不用螺栓而用带橡胶或皮革套的柱销，如图 14.12 所示。为了使更换橡胶套时简便而不必拆移机器，设计中应注意留出距离 B；为了补偿轴向位移，安装时应注意留出相应大小的间隙 c。弹性套柱销联轴器在高速轴上应用十分广泛，它的基本参数和主要尺寸请参阅有关设计资料。

Video

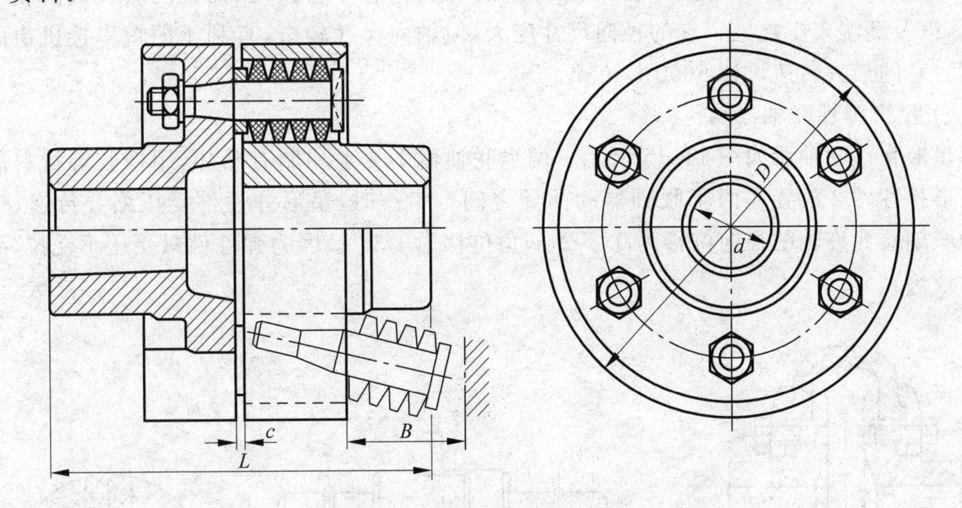

图 14.12　弹性套柱销联轴器

2）弹性柱销联轴器

如图 14.13 所示，弹性柱销联轴器是将若干由非金属材料制成的柱销置于两个半联轴器凸缘的孔中，以实现两轴的连接。柱销通常用尼龙制成，而尼龙具有一定的弹性。弹性柱销联轴器的结构简单，更换柱销方便。为了防止柱销脱出，在柱销两端配置挡圈。装配时应注意留出间隙 c。

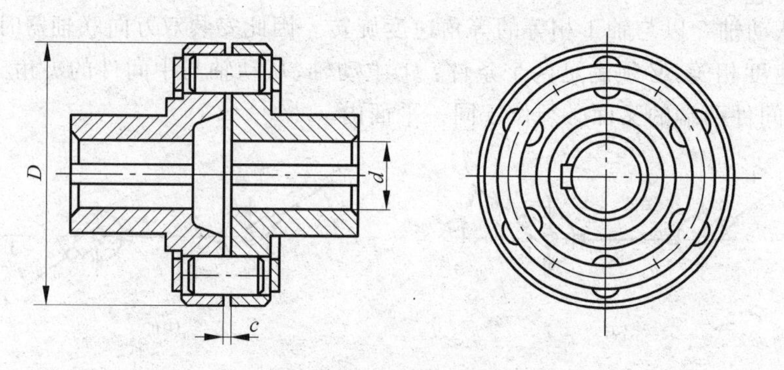

图 14.13 弹性柱销联轴器

上述两种联轴器中，动力从主动轴通过弹性件传递到从动轴。因此，它能缓和冲击、吸收振动，适用于正反向变化多、起动频繁的高速轴。最大转速可达 8000 r/min，使用温度范围为－20～60℃。

这两种联轴器能补偿大的轴向位移。依靠弹性柱销的变形，允许有微量的径向位移和角位移，但若径向位移或角位移较大时，将会引起弹性柱销的迅速磨损，因此采用这两种联轴器时，仍须较仔细地进行安装。

3）轮胎式联轴器

轮胎式联轴器的结构如图 14.14 所示，中间为橡胶制成的轮胎，用夹紧板与轴套连接。它的结构简单、工作可靠，由于轮胎易变形，因此它允许的相对位移较大，角位移可达 5°～12°，轴向位移可达 0.02D，径向位移可达 0.01D，其中 D 为联轴器外径。

轮胎式联轴器适用于起动频繁、经常正反向运转、有冲击振动、两轴间有较大的相对位移量，以及潮湿多尘之处。它的径向尺寸庞大，但轴向尺寸较窄，有利于缩短串接机组的总长度。它的最大转速可达 5000 r/min。

4）星形弹性联轴器

星形弹性联轴器如图 14.15 所示。两半联轴器 1、3 上均制有凸牙，用橡胶等材料制成的星形弹性件 2 放置在两半联轴器的凸牙之间。工作时，星形弹性件受压缩并传递扭矩。这种联轴器允许轴的径向位移为 0.2 mm，角位移为 1°30′。因为弹性件只受压不受拉，故其寿命较长。

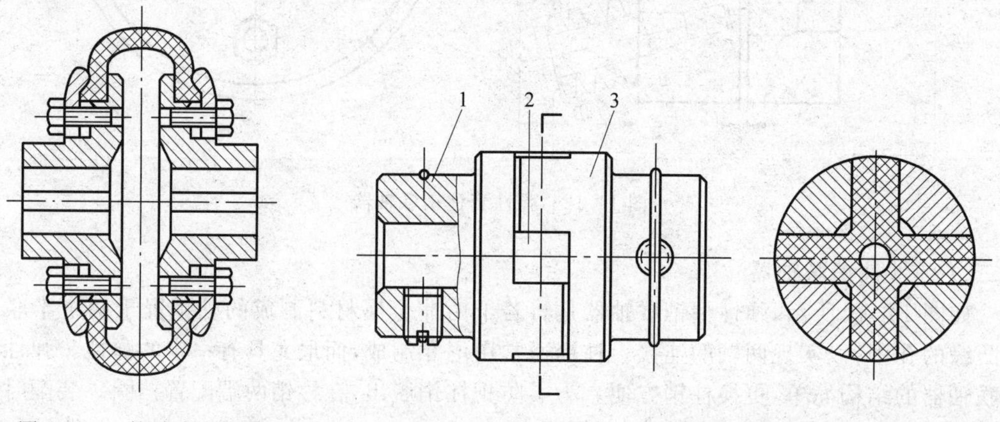

图 14.14 轮胎式联轴器

图 14.15 星形弹性联轴器

例 14.2　电动机经减速器拖动水泥搅拌机工作。已知电动机的功率 $P=11$ kW，转速 $n=970$ r/min，电动机轴的直径和减速器输入轴的直径均为 $\phi42$ mm，试选择电动机与减速器之间的联轴器。

解：(1) 选择类型

Video

为了缓和冲击和减轻振动，选用弹性套柱销联轴器。

(2) 求计算转矩

$$T=9550\frac{P}{n}=9550\times\frac{11}{970}\ \mathrm{N\cdot m}=108\ \mathrm{N\cdot m}$$

由表 14.1 查得，工作机为水泥搅拌机时工作情况系数 $K_A=1.9$，故计算转矩

$$T_c=K_AT=1.9\times108\ \mathrm{N\cdot m}=205\ \mathrm{N\cdot m}$$

(3) 确定型号

由设计手册，选取弹性套柱销联轴器 LT6。它的公称扭矩(即许用转矩)为 250 N·m，半联轴器材料为钢时，许用转速为 3800 r/min，允许的轴孔直径在 $\phi32\sim42$ mm 之间。以上数据均能满足本题的要求，故合用。

14.2　离　合　器

14.2.1　概述

MOOC

离合器也用于轴与轴之间的连接，与联轴器不同的是，用离合器连接的两根轴，在机器运转时(不需停机)能方便地使它们分离或接合。离合器大部分已标准化，可依据机器的工作条件选定合适的类型。

离合器主要分为啮合式和摩擦式两类。另外，还有电磁离合器和自动离合器。电磁离合器在自动化机械中作为控制转动的元件而被广泛应用。自动离合器能够在特定的工作条件下(如某转矩、转速或回转方向)自动接合或分离。

14.2.2　常用离合器的特点及选用

1. 啮合式离合器

1) 牙嵌离合器

牙嵌离合器是由两个端面带牙的套筒所组成，如图 14.16 所示。图中，半离合器Ⅰ紧配在一轴上，半离合器Ⅱ可以沿导向平键在另一轴上轴向移动。利用操纵杆移动拨叉推动半离合器可使两个半离合器接合或分离。为便于对中，装有对中环。牙嵌离合器结构简单，外廓尺寸小，连接后两轴不会发生相对滑转。

离合器的牙形有三角形、梯形、锯齿形和矩形，如图 14.17 所示。三角形牙传递扭矩小，牙数为 15～60。三角形和梯形牙都可双向或单向工作。梯形、锯齿形牙用于传递较大的转矩，牙数为 5～11。梯形牙可以补偿磨损后的牙侧间隙，锯齿形牙只能单向工作，反转时由于有较大的轴向分力，会迫使离合器自行分离。矩形牙无轴向分力，但不能补偿牙侧间隙磨损。牙嵌离合器的各牙应精确等分，以使载荷均布。

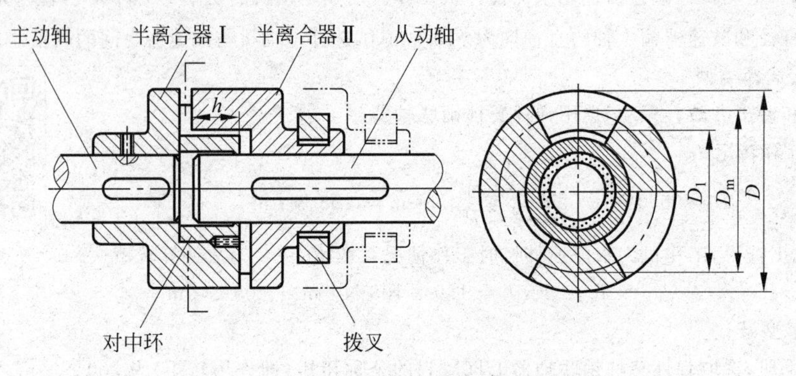

图 14.16 牙嵌离合器

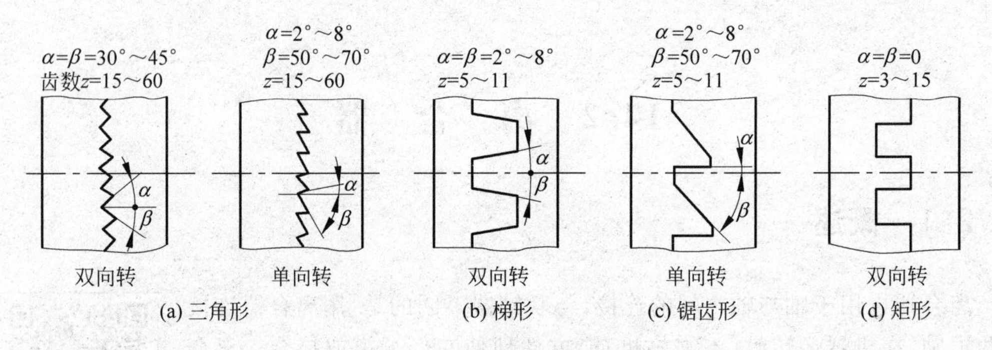

图 14.17 牙嵌离合器的牙形

牙嵌离合器结构简单，外廓尺寸小，能传递较大的转矩，故应用较多。但牙嵌离合器只宜在两轴不回转或转速差很小时进行接合，否则牙齿可能因受撞击而折断。

牙嵌离合器的常用材料为低碳合金钢(如 20Cr、20MnB)，经渗碳淬火等处理后使牙面硬度达到 56～62HRC。有时也采用中碳合金钢(如 40Cr、45MnB)，经表面淬火等处理后硬度达 48～58HRC。

牙嵌离合器可以借助电磁线圈的吸力来操纵，称为电磁牙嵌离合器。电磁牙嵌离合器通常采用嵌入方便的三角形细牙。它依据信息而动作，所以便于遥控和程序控制。

2）弹簧式牙嵌安全离合器

弹簧式牙嵌安全离合器如图 14.18 所示。当由齿轮 1 输入的动力不能满足输出轴 2 输出的动力要求时，两个半牙嵌离合器 3、4 会由于较大的轴向分力压缩弹簧 5 而滑脱，使齿轮在轴上空转，从而保护了机器。当外载恢复正常后弹簧会使离合器复位照常运转。螺母 6 可以调整弹簧的压缩量以便达到要求的输出扭矩。

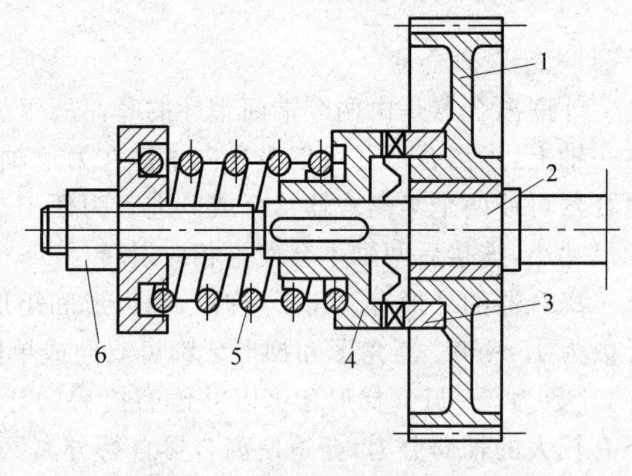

图 14.18 弹簧式牙嵌安全离合器

2. 摩擦式离合器

1）圆盘摩擦离合器

圆盘摩擦离合器如图 14.19 所示。半离合器 3 固接在轴 1 上，另一半离合器 4 可沿轴 2 上的导向平键滑动，拨叉 5 用以使半离合器 4 实现结合、分离动作。工作时正压力 Q 在两个半离合器表面产生摩擦力。设摩擦力的合力作用在摩擦半径 R_f 的圆周上，则可传递的最大转矩为

$$T_{max} = QfR_f$$

式中，f 为摩擦因数。

2）锥面摩擦离合器

锥面摩擦离合器是由具有内、外锥面的两个半离合器组成，如图 14.20 所示。其锥角 α 越小，同样的轴向载荷下摩擦力就越大，所能传递扭矩也就越大。

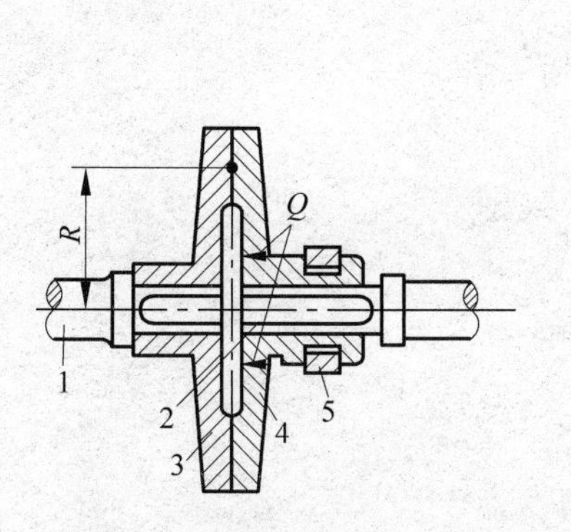

图 14.19　圆盘摩擦离合器

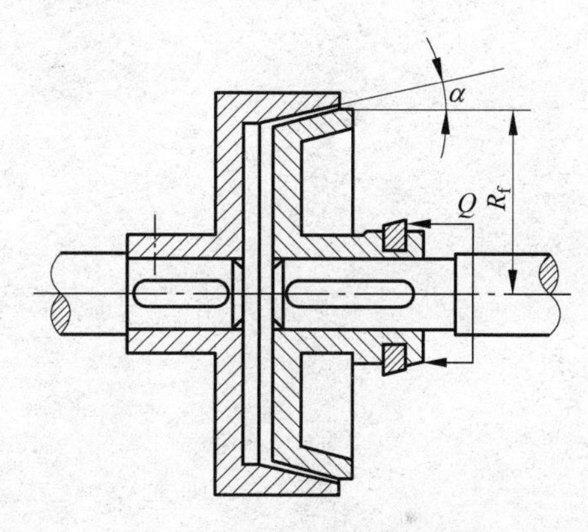

图 14.20　锥面摩擦离合器

与牙嵌离合器比较，摩擦离合器具有下列优点：①在任何不同转速条件下两轴都可以进行接合；②过载时摩擦面间将发生打滑，可以防止损坏其他零件；③接合较平稳，冲击和振动较小。

习　　题

14.1　联轴器和离合器的功用有何异同？各用在机械的什么场合？

14.2　为什么有的联轴器要求严格对中，而有的联轴器则可以允许有较大的综合位移？

14.3　刚性联轴器和弹性联轴器有何差别？举例说明它们的适用场合。

14.4　万向联轴器有何特点？如何使轴线间有较大偏斜角 α 的两轴保持瞬时角速度不变？

14.5　选择联轴器的类型时要考虑哪些因素？确定联轴器的型号应根据什么原则？

14.6　试比较牙嵌离合器和摩擦离合器的特点和应用。

14.7　由交流电动机直接带动直流发电机供应直流电。已知所需最大功率为 18～20 kW，转速为 3000 r/min，外伸轴径 d=45 mm。

(1) 试为电动机与发电机之间选择一种合适的联轴器,并陈述理由。

(2) 根据已知条件,定出型号。

14.8 在发电厂中,由高温高压蒸汽驱动汽轮机旋转,并带动发电机供电。在汽轮机与发电机之间用什么类型的联轴器为宜?试为300 kW的汽轮发电机机组选择联轴器的具体型号,设轴颈 $d=120$ mm,转速为3000 r/min。

第15章

轴

15.1 轴的类型与材料

15.1.1 轴的功用和类型

MOOC

轴是机器中的重要零件之一，用于安装传动零件（如齿轮、带轮、链轮等）并使其有确定的工作位置，实现运动和动力的传递。

根据所承受载荷的不同，可以将轴分为转轴、传动轴和心轴。转轴既承受转矩又承受弯矩，如减速箱转轴（见图15.1）；传动轴主要承受转矩，不承受或承受很小的弯矩，如汽车的传动轴（见图15.2）通过两个万向联轴器与发动机转轴和汽车后桥相连，传递转矩；心轴只承受弯矩而不承受转矩，它又可分为固定心轴（见图15.3）和转动心轴（见图15.4）。

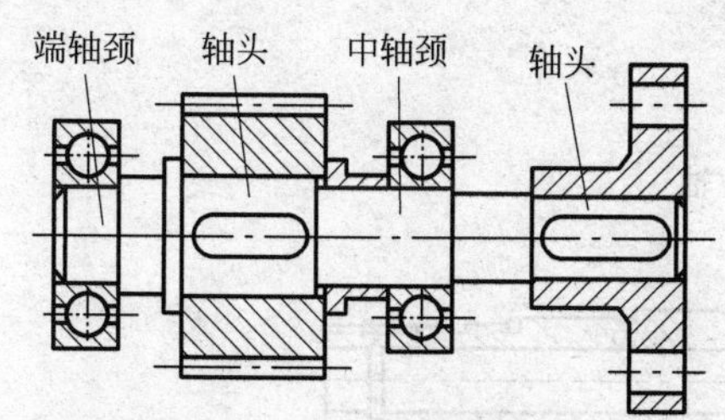

图15.1 减速箱转轴

轴颈——与轴承配合的轴段；

轴头—与齿轮、带轮、联轴器等回转零件配合的轴段

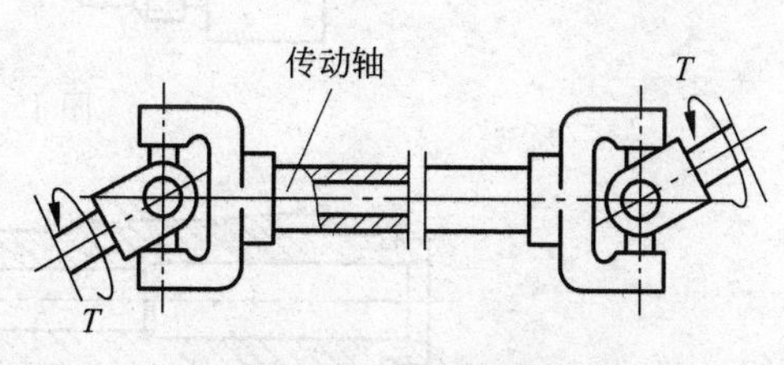

图15.2 汽车传动轴

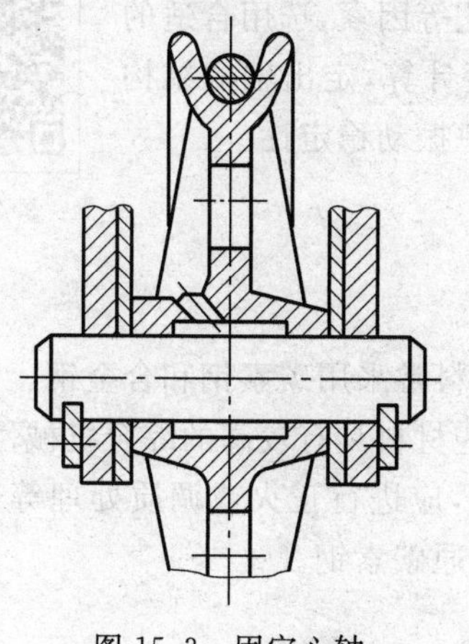

图15.3 固定心轴

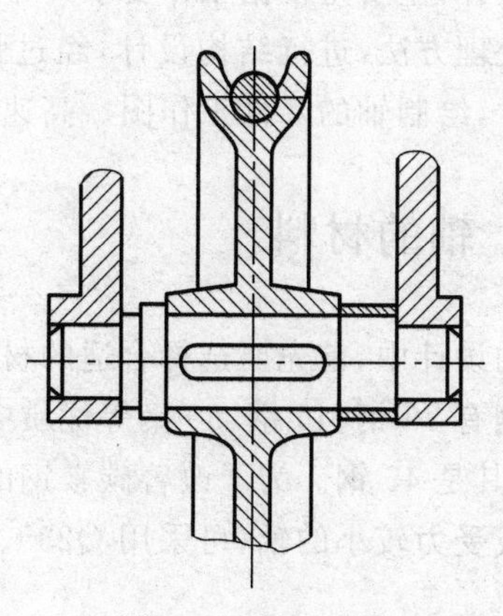

图15.4 转动心轴

按轴线的形状，可以将轴分为直轴(见图15.1～图15.4)、曲轴(见图15.5)和挠性轴(见图15.6)。曲轴常用于往复式机械中，如内燃机、曲柄压力机等；挠性轴通常是由几层紧贴在一起的钢丝层构成的，可以把转矩和运动灵活地传到任何位置，挠性轴常用于振捣器和医疗设备中。另外，为减轻轴的质量，还可以将轴制成空心的形式，如图15.7所示。

图15.5 曲轴

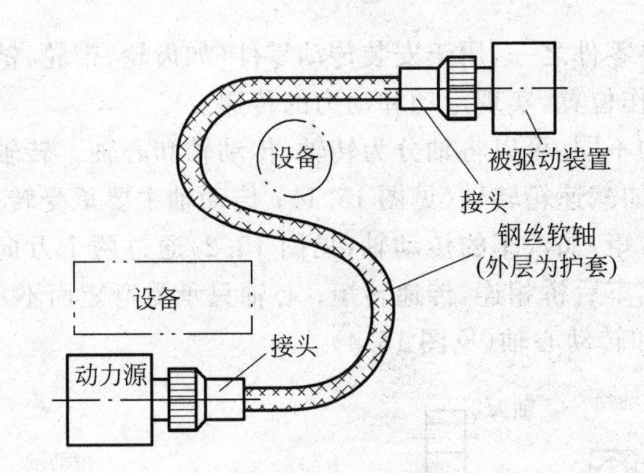

图15.6 挠性轴

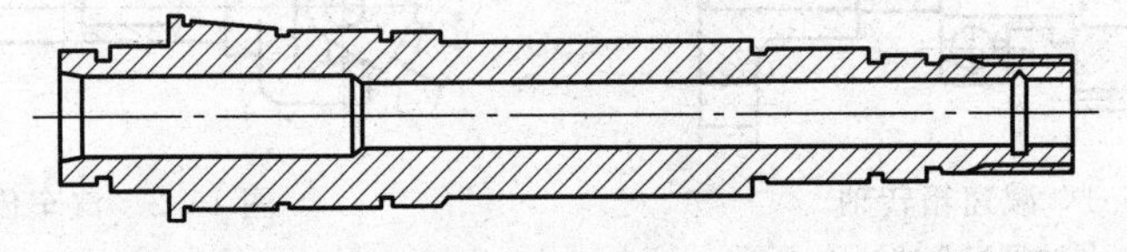

图15.7 空心轴

轴的设计，主要是根据工作要求并考虑制造工艺等因素，选用合适的材料和热处理方法，进行结构设计，经过强度和刚度计算，定出轴的结构形状和尺寸，绘制轴的零件工作图。高速时还要考虑振动稳定性。

Video

15.1.2 轴的材料

在轴的设计中，首先要选择合适的材料，轴的材料常采用碳素钢和合金钢。

碳素钢有35钢、45钢、50钢等优质中碳钢，这些材料具有较高的综合机械性能，因此应用广泛，尤其是45钢。为了改善碳素钢的机械性能，应进行正火或调质处理等热处理。对于不重要或受力较小的轴，可采用Q235、Q275等普通碳素钢。

合金钢具有较高的机械性能，但价格较贵，多用于有特殊要求的轴。应注意的是，钢材的种类和热处理对其弹性模量的影响甚小，因此采用合金钢或通过热处理来提高轴的刚度，并无实效。此外，合金钢对应力集中的敏感性较高，因此设计合金钢轴时，更应从结构上避免或减小应力集中，并减小其表面粗糙度。

轴的毛坯一般用圆钢或锻件，有时也可采用铸钢或球墨铸铁，例如用球墨铸铁制造曲轴、凸轮轴，具有成本低、吸振较好、对应力集中的敏感性较低、强度较高等优点，适合制造结构形状复杂的轴。表 15.1 示出轴的常用材料及其主要机械性能。

表 15.1　轴的常用材料及其主要机械性能

材料及热处理	毛坯直径/mm	硬度/HB	强度极限 σ_B/MPa	屈服极限 σ_s/MPa	弯曲疲劳极限 σ_{-1}/MPa	应用说明
Q235	≤40		440	240	200	用于不重要或载荷不大的轴
35 钢正火	≤100	149～187	520	270	250	塑性好和强度适中，可做一般曲轴、转轴等
45 钢正火	≤100	170～217	600	300	275	用于较重要的轴，应用最为广泛
45 钢调质	≤200	217～255	650	360	300	
40Cr 调质	25		1000	800	500	用于载荷较大而无很大冲击的重要的轴
	≤100	241～286	750	550	350	
	＞100～300	241～266	700	550	340	
40MnB 调质	25		1000	800	485	性能接近于 40Cr，用于重要的轴
	≤200	241～286	750	500	335	
35CrMo 调质	≤100	207～269	750	550	390	用于受重载荷的轴
20Cr 渗碳淬火回火	15	表面 56～62HRC	850	550	375	用于要求强度、韧性及耐磨性均较高的轴
	—		650	400	280	
QT400-100	—	156～197	400	300	145	用于结构复杂的轴
QT600-2	—	197～269	600	200	215	

15.2　轴的结构设计

轴的结构设计包括定出轴的合理外形和全部结构尺寸，其主要要求为：

MOOC

① 满足制造安装要求，轴应便于加工，轴上零件要便于装拆和调整；

② 满足零件定位要求，轴和轴上零件要有准确的工作位置，各零件要牢固而可靠地相对固定；

③ 满足结构工艺性要求，保证加工方便和节省材料；

④ 满足强度要求，尽量减少应力集中等。

下面结合图15.8所示的单级齿轮减速器的高速轴，逐项讨论这些要求。

15.2.1 制造安装要求

为了方便轴上零件的装拆，常将轴做成阶梯形。对于一般剖分式箱体中的轴，轴的直径从两端逐渐向中间增大，如图15.8所示：可依次将齿轮、套筒、左端滚动轴承、左轴承盖、带轮依次从轴的左端装入，拆卸时则按零件后装入先拆卸顺序进行；右端滚动轴承、右轴承盖从轴的右端装拆。为使轴上零件易于安装，轴端、各段轴的端部都应有倒角。

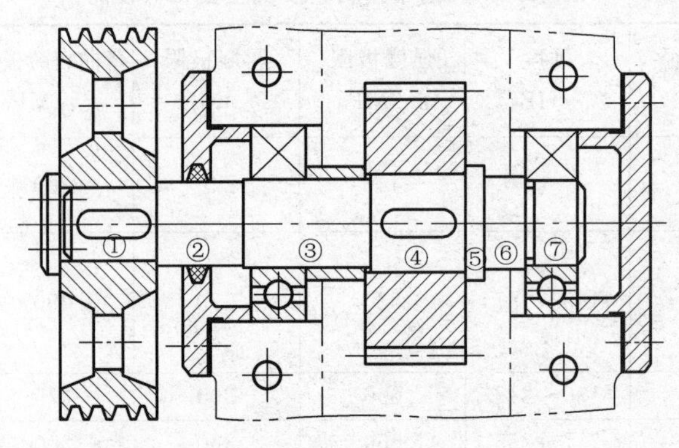

图15.8 轴的结构

轴上磨削的轴段，应有砂轮越程槽(图15.8中⑥与⑦的交界处)；车制螺纹的轴段，应有螺纹退刀槽。在满足使用要求的条件下，轴的形状和尺寸应力求简单，以便于加工。

15.2.2 轴上零件的定位

为了防止轴上零件受力时发生沿轴向或周向的相对运动，轴上零件除了有游动或空转的要求外，都必须进行轴向和周向定位，以保证其具有准确的工作位置。

1. 零件的轴向定位

阶梯轴上截面变化处称为轴肩，利用轴肩和轴环进行轴向定位，其结构简单、可靠，并能承受较大轴向力，但采用轴肩，导致轴的直径加大，轴肩也因截面变化而产生应力集中。在图15.8中，带轮依靠①、②间的轴肩定位；齿轮依靠轴环⑤定位；右端滚动轴承依靠⑥、⑦间的轴肩定位。

有些零件依靠套筒定位，套筒定位结构简单、可靠，一般用于轴上两个零件之间的定位。当两个零件之间的间距较大时，不宜采用套筒定位，以免增大套筒的质量；由于套筒与轴的配合是间隙配合，所以当轴的转速很高时，也不宜采用套筒定位。在图15.8中，齿轮和左端滚动轴承之间采用套筒定位。

无法采用套筒或套筒太长时，可采用圆螺母定位。圆螺母定位可靠，并能承受较大轴向力，但轴上螺纹处有较大的应力集中，会降低轴的疲劳强度，故通常用于固定轴端的零件。在图15.9中，是采用双圆螺母和圆螺母与止动垫圈两种方式。

在轴的端部可以用圆锥面定位(见图15.10)，圆锥面定位的轴和轮毂之间无径向间隙、装拆方便，能承受冲击，但锥面加工较为麻烦。

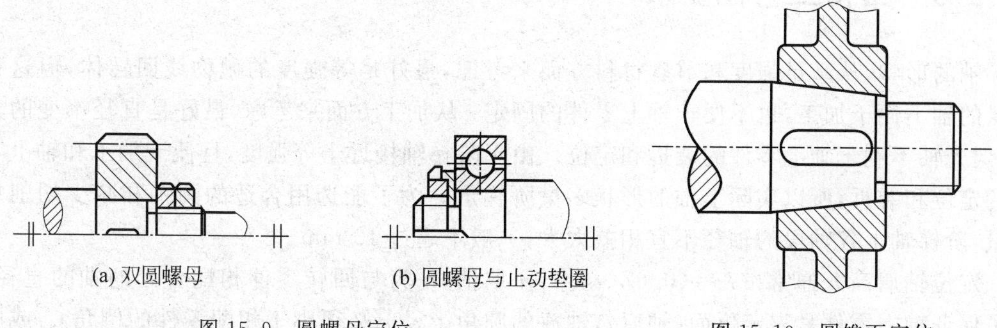

图 15.9　圆螺母定位　　图 15.10　圆锥面定位

图 15.11 和图 15.12 中的挡圈和弹性挡圈定位结构简单、紧凑，只能承受较小的轴向力，可靠性差，可在不太重要的场合使用。

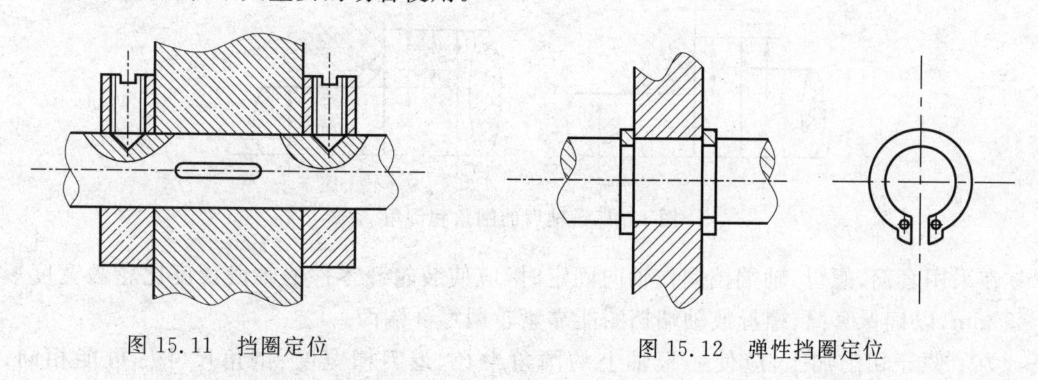

图 15.11　挡圈定位　　图 15.12　弹性挡圈定位

图 15.13 所示为轴端挡圈定位，其适用于轴端，可承受剧烈的振动和冲击载荷。在图 15.8 中，带轮的轴向固定是靠轴端挡圈。

圆锥销也可以用作轴向定位，其结构简单，用于受力不大且同时需要轴向定位和固定的场合，如图 15.14 所示。

图 15.13　轴端挡圈定位　　图 15.14　圆锥销定位

2. 零件的周向定位

零件周向定位的目的是限制轴上零件与轴发生相对转动。轴上零件的周向定位，大多采用键、花键、销、紧定螺钉以及过盈配合等，具体可参考第 11 章内容。

15.2.3 结构工艺性要求

轴的形状，从满足强度和节省材料方面来考虑，最好是等强度的抛物线回转体，但这种形状的轴不便于加工，也不便于轴上零件的固定；从加工方面来考虑，最好是直径不变的光轴，但光轴不利于轴上零件的装拆和定位。由于阶梯轴接近于等强度，且便于加工和轴上零件的定位和装拆，所以实际上轴的形状多呈阶梯形。为了能选用合适的圆钢和减少切削加工量，阶梯轴上各轴段的轴径不宜相差太大，一般不超过10 mm。

定位轴肩高 h 通常按 $h=(0.07\sim0.1)d$ 取值，d 为与回转零件相配合处的轴的直径。为了保证轴上零件紧靠定位面(轴肩)，轴肩的圆角半径 r 必须小于相配零件的倒角 C_1 或圆角半径 R，轴肩高 h 必须大于 C_1 或 R(见图15.15)。为了便于拆卸滚动轴承，轴承的定位轴肩高必须低于轴承内圈端面的高度，可从手册中查轴承内圈安装尺寸。

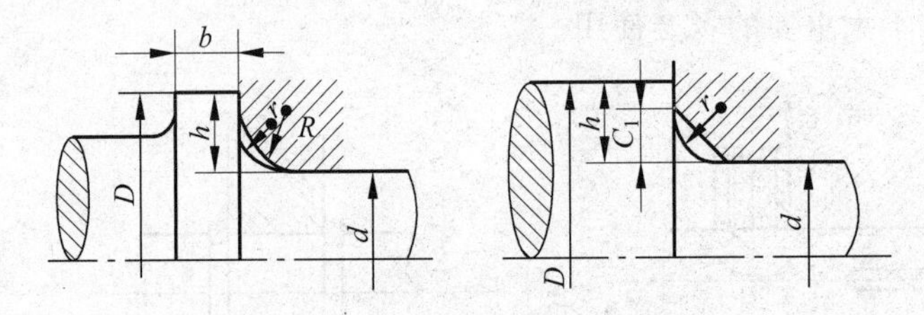

图15.15 轴肩的圆角和倒角

在采用套筒、螺母、轴端挡圈作轴向固定时，应使装轮毂零件的轴段长度比轮毂宽度短2～3 mm，以确保套筒、螺母或轴端挡圈能靠紧轮毂零件端面。

为了便于切削加工，应使一根轴上的圆角半径、退刀槽宽度、倒角尺寸尽可能相同；一根轴上各键槽应开在轴的同一母线上，开有键槽的轴段，若各段直径相差不大时，尽可能采用相同宽度的键槽(见图15.16)，以减少换刀的次数；需要磨削的轴段，应留有砂轮越程槽(见图15.17(a))，以便磨削时砂轮可以磨到轴肩的端部；需切削螺纹的轴段，应留有退刀槽，以保证螺纹牙均能达到预期的高度(见图15.17(b))。

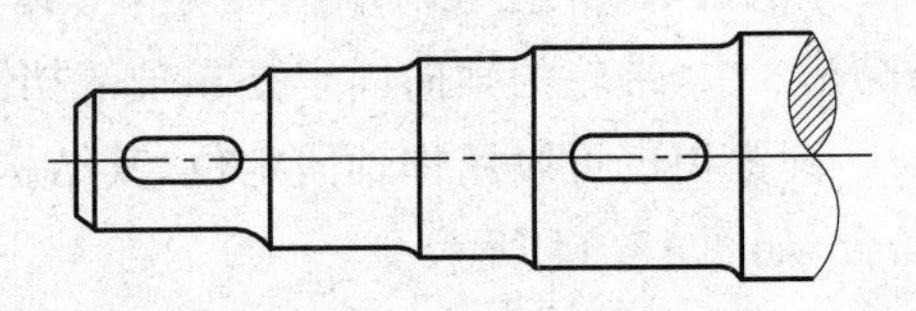

图15.16 键槽应在同一母线上

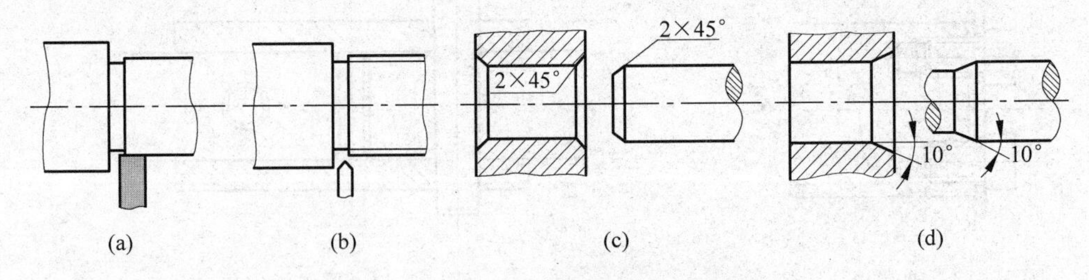

图15.17 越程槽、退刀槽、倒角和锥面

为了便于加工和检验，轴的直径应取圆整值；与滚动轴承相配合的轴颈直径应符合滚动轴承内径标准；有螺纹的轴段，其直径应符合螺纹标准直径。

为了去掉毛刺和便于装配，轴的端部加工出倒角(一般为45°)，以免装配时把轴上零件的孔壁擦伤(见图15.17(c))；过盈配合零件的装入端，常加工出导向锥面(见图15.17(d))，以使零件能较顺利地压入。

15.2.4　强度要求

在零件截面发生变化处会产生应力集中，从而削弱轴的强度，因此进行结构设计时，应尽量减小应力集中，特别是合金钢材料对应力集中比较敏感，应当特别注意。在阶梯轴的截面尺寸变化处应采用圆角过渡，且圆角半径不宜过小，另外，设计时尽量不要在轴上开孔、切口或凹槽，必须开孔时需要将边倒圆。在重要的轴的结构设计中，可在轴上采用卸载槽 B（见图 15.18(a)）、过渡肩环（见图 15.18(b)）或凹切圆角（见图 15.18(c)）增大轴肩圆角半径，以减小局部应力；在轮毂上做出卸载槽 B（见图 15.18(d)），也能减小过盈配合处的局部应力。

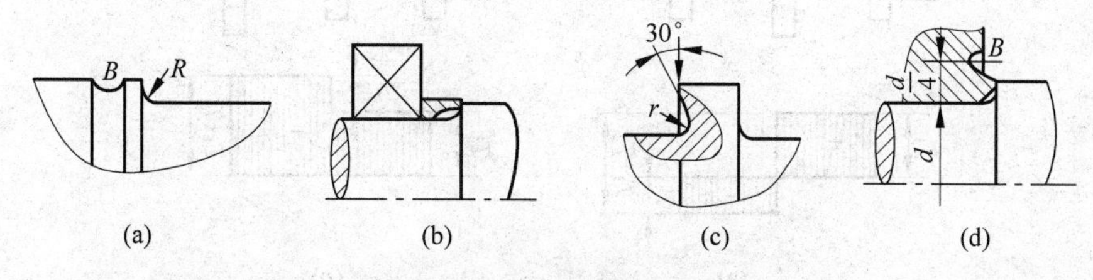

图 15.18　减小应力集中的措施

当轴与轮毂零件为过盈配合时，配合边缘处会产生较大的应力集中，可采用如图 15.19 所示的各种结构来减轻轴在零件配合处的应力集中。

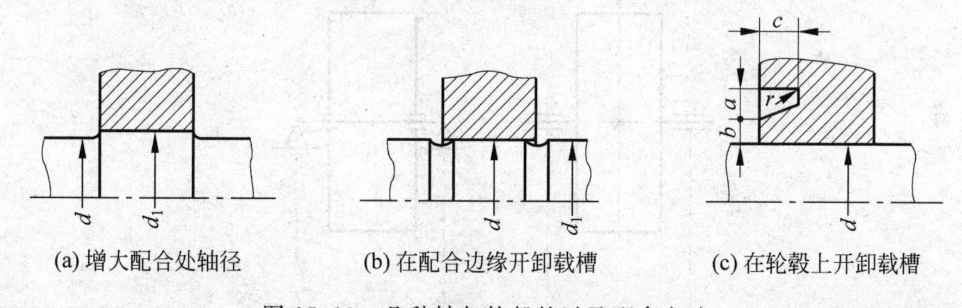

图 15.19　几种轴与轮毂的过盈配合方法

此外，结构设计时还可以用改善受力情况、改变轴上零件位置等措施来提高轴的强度。如图 15.20 所示的起重机卷筒的两种方案中，图 15.20(a)的方案是大齿轮和卷筒联成一体，转矩经大齿轮直接传给卷筒，卷筒轴只受弯矩而不受转矩；图 15.20(b)的方案是大齿轮将转矩通过轴传给卷筒，卷筒轴既受弯矩又受转矩，起重同样重物 Q 时，图 15.20(a)中轴的直径显然小于图 15.20(b)中轴的直径。

如图 15.21 所示，当动力需从两个轮输出时，为了减小轴上的转矩，应将输入轮放在中间，而不要置于一端。输入转矩为 $T=T_1+T_2$，且 $T_1>T_2$，按图 15.21(a)的布置方式，轴所受的最大转矩为 T_1；而按图 15.21(b)的布置方式，轴所受的最大转矩增大为 T_1+T_2。

如图 15.22 所示的车轮轴，如把轴毂配合面分为两段（见图 15.22(b)），可以减小轴的弯矩，从而提高其强度和刚度。

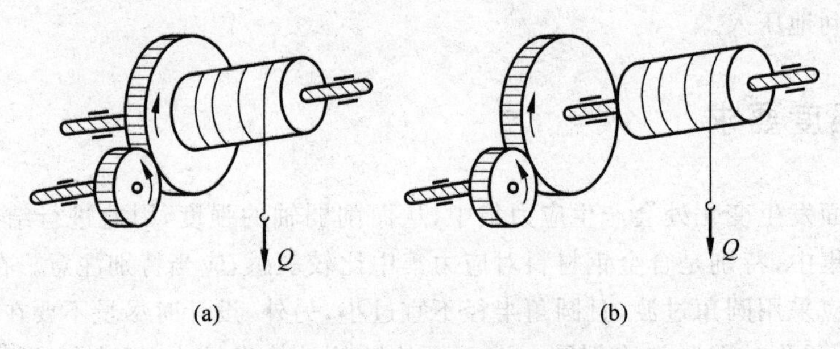

图 15.20 起重机卷筒的两种安装方案

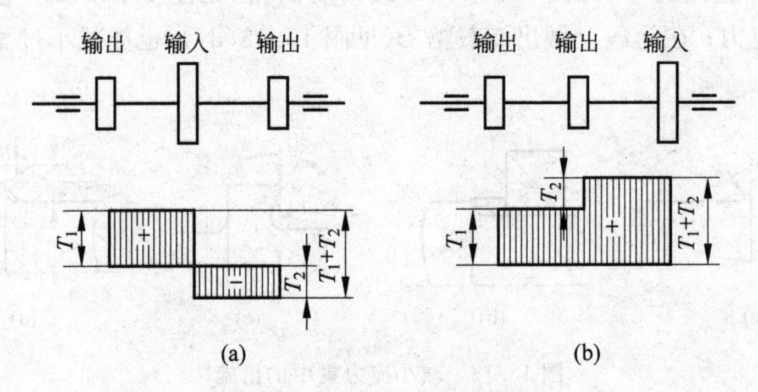

图 15.21 轴上零件的布置

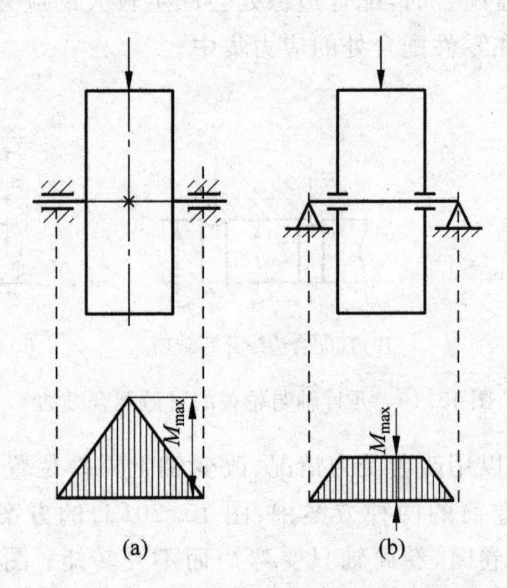

图 15.22 两种不同结构产生的轴弯矩

15.3 轴的强度计算

轴的强度计算应根据轴承受的载荷和应力情况，采用相应的计算方法。常见的轴的强度计算方法有以下两种。

15.3.1　按扭转强度估算最小轴径

对于传递转矩的圆截面轴，其强度条件为

$$\tau = \frac{T}{W_T} = \frac{9.55 \times 10^6 P}{0.2d^3 n} \leqslant [\tau], \text{MPa} \tag{15.1}$$

式中，τ 为扭转剪应力，MPa；T 为轴所受的转矩，N・mm；W_T 为轴抗扭截面系数，mm^3，对圆截面轴 $W_T = \frac{\pi d^3}{16} \approx 0.2d^3$；$P$ 为轴传递的功率，kW；n 为轴的转速，r/min；d 为计算截面处轴的直径，mm；$[\tau]$为材料的许用扭转切应力，MPa，见表 15.2。

表 15.2　常用材料的[τ]值和 C 值

轴的材料	Q235,20 钢	Q275,35 钢	45 钢	40Cr,35SiMn
$[\tau]$/MPa	12～20	20～30	30～40	40～52
C	160～135	135～118	118～107	107～98

注：当作用在轴上的弯矩比传递的转矩小或只传递转矩时，C 取较小值，否则取较大值。

对于既受转矩又承受弯矩的轴，也可用式(15.1)初步估算轴的直径，不过应适当降低轴的许用扭转切应力$[\tau]$(见表 15.2)，以补偿弯矩对轴的影响。将降低后的许用扭转切应力代入上式，并改写为设计公式

$$d \geqslant \sqrt[3]{\frac{9.55 \times 10^6}{0.2[\tau]}} \sqrt[3]{\frac{P}{n}} \geqslant C\sqrt[3]{\frac{P}{n}}, \text{mm} \tag{15.2}$$

式中，C 是根据轴的材料和受载情况确定的常数，见表 15.2。

将根据式(15.2)求出的直径 d 作为轴的最小直径。

此外，也可采用经验公式来估算轴的直径。例如在一般减速器中，高速输入轴的直径可按与其相连的电动机轴的直径 D 估算，$d=(0.8\sim1.2)D$；其他轴的直径可按同级齿轮中心距 a 估算，$d=(0.3\sim0.4)a$。

15.3.2　按弯扭合成强度计算

图 15.23 所示为一单级圆柱齿轮减速器设计草图，图中各符号表示有关的长度尺寸。显然当零件在草图上布置确定后，外载荷和支反力的作用位置即可确定，由此可进行轴的受力分析，绘制弯矩图和转矩图，按弯扭合成强度计算轴径。

对于一般钢制的轴，可用第三强度理论求出危险截面的当量应力 σ_e，其强度条件为

$$\sigma_e = \sqrt{\sigma_b^2 + 4\tau^2} \leqslant [\sigma_b] \tag{15.3}$$

式中，σ_b 为危险截面上弯矩 M 产生的弯曲应力。

对于危险截面直径为 d 的圆轴，有

$$\sigma_b = \frac{M}{W} = \frac{M}{\pi d^3/32} \approx \frac{M}{0.1d^3}$$

$$\tau = \frac{T}{W_T} = \frac{T}{2W}$$

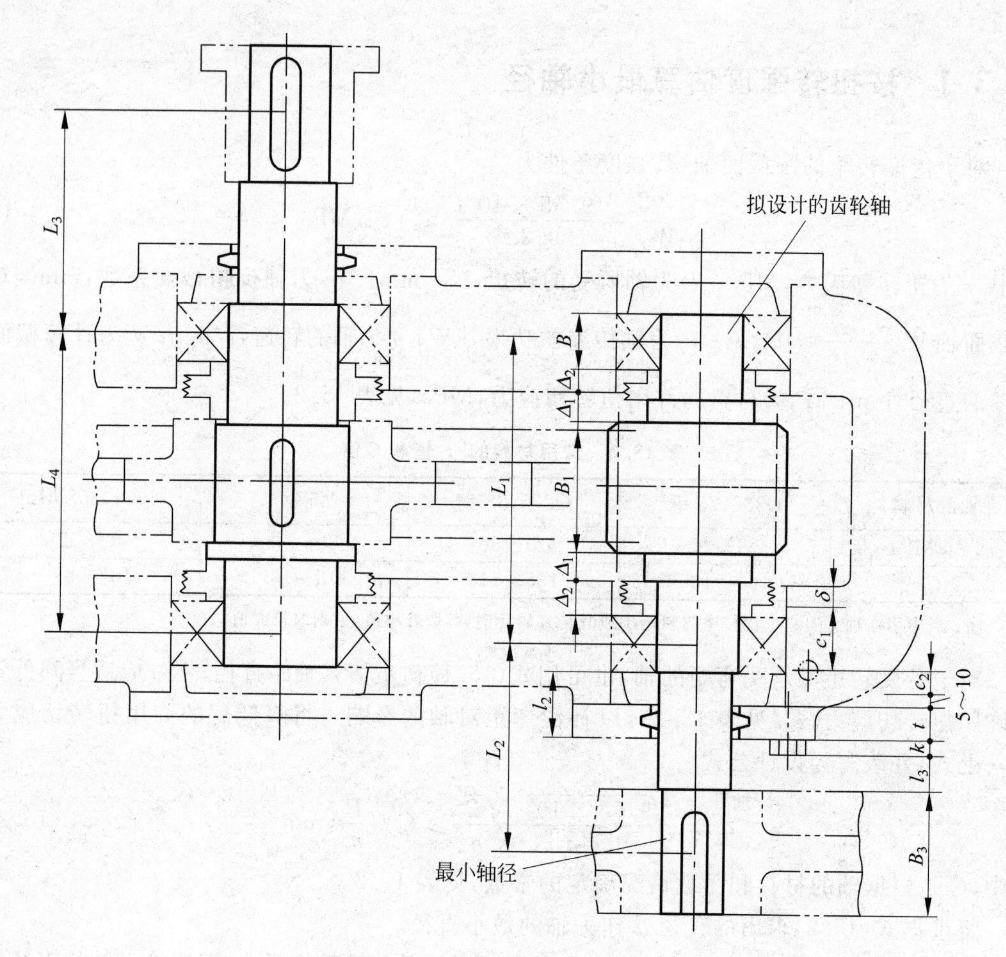

图 15.23 单级齿轮减速器设计草图

其中，W、W_T为轴的抗弯和抗扭截面系数。

将 σ_b和 τ 值代入式(15.3)，得

$$\sigma_e = \sqrt{\left(\frac{M}{W}\right)^2 + 4\left(\frac{T}{2W}\right)^2} = \frac{1}{W}\sqrt{M^2 + T^2} \leqslant [\sigma_b] \tag{15.4}$$

通常由弯矩所产生的弯曲应力 σ_b是对称循环变应力，而转矩所产生的扭转切应力 τ 则常常不是对称循环变应力，为了考虑两者循环特性不同的影响，将上式中的转矩 T 乘以校正系数 α，可得

$$\sigma_e = \frac{M_e}{W} = \frac{1}{0.1d^3}\sqrt{M^2 + (\alpha T)^2} \leqslant [\sigma_{-1b}] \tag{15.5}$$

式中，M_e为计算弯矩，$M_e = \sqrt{M^2 + (\alpha T)^2}$；$\alpha$ 为根据转矩性质而定的校正系数。当扭转切应力为静应力时，取 $\alpha \approx 0.3$；扭转切应力为脉动循环变应力时，取 $\alpha \approx 0.6$；扭转切应力为对称循环变应力时，则取 $\alpha = 1$。若转矩的变化规律不清楚，一般也按脉动循环处理。$[\sigma_{-1b}]$、$[\sigma_{0b}]$和$[\sigma_{+1b}]$分别为对称循环、脉动循环及静应力状态下的许用弯曲应力，如表 15.3 所示。

表 15.3 轴的许用弯曲应力 MPa

材料	σ_B	$[\sigma_{+1b}]$	$[\sigma_{0b}]$	$[\sigma_{-1b}]$
碳素钢	400	130	70	40
	500	170	75	45
	600	200	95	55
	700	230	110	65
合金钢	800	270	130	75
	900	300	140	80
	1000	330	150	90
铸钢	400	100	50	30
	500	120	70	40

通常外载荷不是作用在同一平面内，这时应先将这些力分解到水平面和垂直面内，并分别求出各面的支反力，然后绘出水平面弯矩图 M_H、垂直面弯矩图 M_V、合成弯矩图 M ($M=\sqrt{M_H^2+M_V^2}$)和转矩图 T，最后由公式 $M_e=\sqrt{M^2+(\alpha T)^2}$ 绘出计算弯矩图。

计算轴的直径时，式(15.5)可写成

$$d \geqslant \sqrt[3]{\frac{M_e}{0.1[\sigma_{-1b}]}}, \mathrm{mm} \tag{15.6}$$

式中，M_e的单位为 N·mm；$[\sigma_{-1b}]$的单位为 MPa。

若该截面有键槽，可将计算出的轴径加大 4%。计算出的轴径还应与结构设计中初步确定的轴径进行比较，如初步确定的轴径较小，说明强度不够，结构设计要进行修改；若计算出的轴径较小，除非相差很大，一般就以结构设计的轴径为准。

对于一般用途的轴，按上述方法设计计算即可。对于重要的轴，尚须作进一步的强度校核，其计算方法可查阅有关参考书。

例 15.1 按例 1.2 计算得到的高速齿轮轴传递功率为 $P_I=3.68$ kW，转速 $n_I=450$ r/min；按例 6.1 计算得到的小齿轮分度圆直径 d_1 为 58.333 mm，小齿轮宽度 $b_1=65$ mm；按例 8.1 计算得到安装轴端部的带轮宽 $B_3=65$ mm。试设计减速器高速轴的每段轴径尺寸和每段轴的长度。

解：(1) 初步估算轴的最小直径

根据式(15.2)，取 $C=110$，得

$$d \geqslant C\sqrt[3]{\frac{P_I}{n_I}} = 110\times\sqrt[3]{\frac{3.68}{450}}\ \mathrm{mm} = 22.16\ \mathrm{mm}$$

(2) 轴的结构设计

① 初定轴径

根据 $d\geqslant 22.16$ mm，考虑安装带轮时需要加装键及轴的刚度要求，取装带轮处轴径 $d_{min}=30$ mm，按轴的结构要求，取密封处轴径 $d=38$ mm，取轴承处轴径 $d=40$ mm，取轴肩直径 $d=49$ mm，取齿轮处轴径 $d=d_{f1}=d_1-2.5m=52.083$ mm，轴的装配草图如图 15.23 所示。

② 轴向尺寸

轴的各参数初步选取如下：B_3为带轮宽度，$B_3=65$ mm；l_3为螺栓头端面至带轮端面的距离，取 $l_3=15$ mm；k 为轴承盖 M8 螺栓头的高度，查附表 C.3 得 $k=5.3$ mm；t 为轴承盖凸缘厚度，$t=1.2d_4=1.2\times 8$ mm$\approx$10 mm；δ 为箱体壁厚，取 $\delta=8$ mm；c_1、c_2为螺栓孔凸缘的配置尺寸，分别取值为 22 mm、20 mm；

B为轴承宽度，初选角接触球轴承 7308AC，查附表 H.3 可得该轴承内径为 40 mm，轴承宽 $B=23$ mm；Δ_2为箱体内壁至轴承端面的距离，取 $\Delta_2=10$ mm；Δ_1为箱体内壁与小齿轮端面的间隙，取 $\Delta_1=12$ mm；B_1为小齿轮齿宽，mm；l_2为轴承盖的高度，$l_2=\delta+c_1+c_2+5+t-\Delta_2-B=(8+22+20+5+10-10-23)\text{mm}=32$ mm。这些参数列于表 15.4 中。

表 15.4 结构参数

mm

B_3	l_3	k	t	δ	c_1	c_2	Δ_2	B	Δ_1	B_1
65	15	5.3	10	8	22	20	10	23	12	65

各轴段的直径与长度计算依据见表 15.5。

表 15.5 轴段直径与长度

轴段	名称	代号	单位：mm	计算公式
1. 带轮轴段	直径	$d_{\min}$	30	式(15.2)计算后取值
	长度	b_1	65	$b_1=B_3$
2. 密封处轴段	轴径	d_s	38	$d_s=d_{\min}+8$
	轴长	b_2	53	$b_2=l_3+k+l_2$
3. 轴承处轴段	轴承宽	B	23	查附表 H.3，选用 7308AC 轴承
	轴径	d_b	40	查附表 H.3，选用 7308AC 轴承
	轴长	b_3	35	$b_3=B+\Delta_2+(1\sim2)$
4. 左轴承定位轴肩轴段	轴径	d_{bs}	49	查附表 H.3，选用 7308AC 轴承
	轴长	b_4	10	$b_4=\Delta_1-2$
5. 齿轮轴段	齿根圆直径	d_{f1}	52.083	
	齿轮宽	b_5	65	$b_5=B_1$
6. 右轴承定位轴肩轴段	轴径	d_{bs}	49	查附表 H.3，选用 7308AC 轴承
	轴长	b_6	10	$b_6=\Delta_1-2$
7. 轴承处轴段	轴径	d_b	40	查附表 H.3，选用 7308AC 轴承
	轴长	b_7	35	$b_7=B+\Delta_2+(1\sim2)$
8. 轴总长		L	273	$L=b_1+b_2+b_3+b_4+b_5+b_6+b_7$

所设计的轴的结构图如图 15.24 所示。

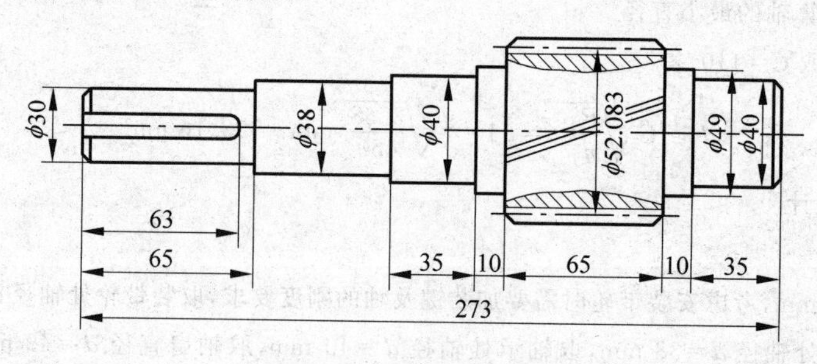

图 15.24 轴的结构尺寸

例 15.2 对例 15.1 设计的轴，按弯扭合成强度进行强度校核，轴的材料选 45 钢，调质处理，220～240HBS。

解：(1) 绘出轴的计算简图

按图 15.23 计算力作用点的间距如下：

$$L_1 = B_1 + 2\Delta_1 + 2\Delta_2 + B = (65 + 2 \times 12 + 2 \times 10 + 23)\ \text{mm} = 132\ \text{mm}$$

$$L_2 = B/2 + l_2 + k + l_3 + B_3/2 = (23/2 + 32 + 5.6 + 15 + 65/2)\ \text{mm} \approx 97\ \text{mm}$$

式中，L_1为两轴承中点间距离；L_2为悬臂长度。

轴的计算简图如图 15.25(a)所示。

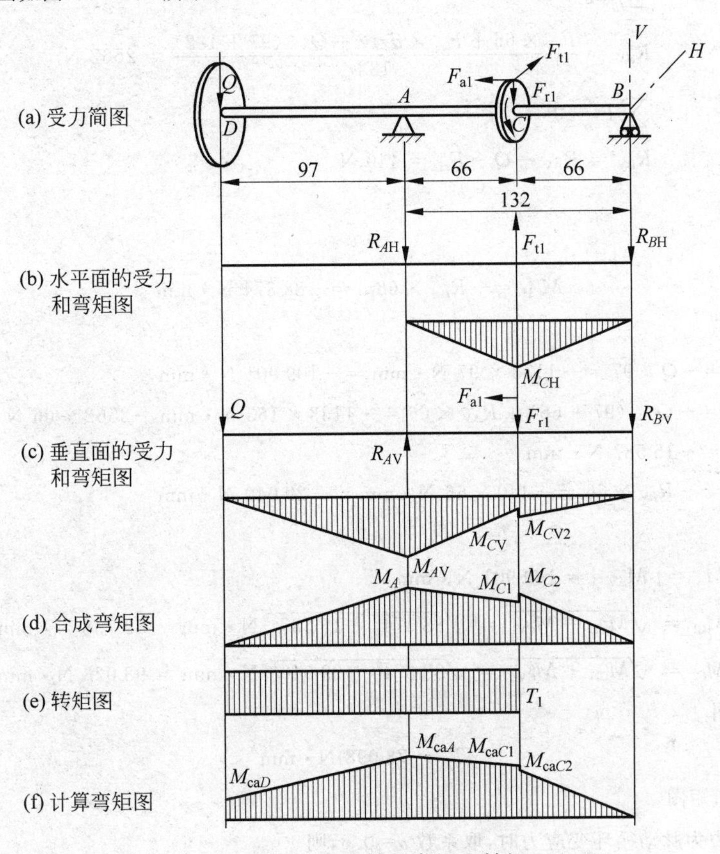

图 15.25　高速轴的弯矩和转矩

(2) 计算作用在轴上的力

轴转矩

$$T_1 = 9550\frac{P_1}{n_1} = 9550 \times \frac{3.68}{450}\ \text{N} \cdot \text{m} \approx 78\,098\ \text{N} \cdot \text{mm}$$

圆周力

$$F_{t1} = \frac{2T_1}{d_1} = \frac{2 \times 78\,098}{58.33}\ \text{N} = 2678\ \text{N}$$

径向力

$$F_{r1} = \frac{F_{t1}\tan\alpha_n}{\cos\beta} = \frac{2678 \times \tan 20°}{\cos 9°41'46''}\ \text{N} = 989\ \text{N}$$

轴向力

$$F_{a1} = F_{t1}\tan\beta = 2678 \times \tan 9°41'46''\ \text{N} = 458\ \text{N}$$

带传动作用在轴上的压力(见例 8.1)

$$Q = 1133\ \text{N}$$

(3) 计算支反力

水平面

$$R_{AH}=R_{BH}=\frac{F_{t1}}{2}=1339\ \text{N}$$

垂直面

$$\sum M_B=0$$

$$R_{AV}=\frac{F_{r1}\times 66+F_{a1}\times d_1/2+Q\times(97+132)}{132}=2562\ \text{N}$$

$$\sum F=0$$

$$R_{BV}=R_{AV}-Q-F_{r1}=440\ \text{N}$$

(4) 作弯矩图

水平面弯矩

$$M_{CH}=-R_{BH}\times 66\text{m}=-88\ 374\ \text{N}\cdot\text{mm}$$

垂直面弯矩

$$M_{AV}=-Q\times 97=-1133\times 97\ \text{N}\cdot\text{mm}=-109\ 901\ \text{N}\cdot\text{mm}$$

$$M_{CV1}=-Q\times(97+66)+R_{AV}\times 66=-1133\times 163\ \text{N}\cdot\text{mm}+2562\times 66\ \text{N}\cdot\text{mm}=-15\ 587\ \text{N}\cdot\text{mm}$$

$$M_{CV2}=-R_{BV}\times 66=-440\times 66\ \text{N}\cdot\text{mm}=-29\ 040\ \text{N}\cdot\text{mm}$$

合成弯矩

$$M_A=|M_{AV}|=109\ 901\ \text{N}\cdot\text{mm}$$

$$M_{C1}=\sqrt{M_{CH}^2+M_{CV1}^2}=\sqrt{88\ 374^2+15\ 587^2}\ \text{N}\cdot\text{mm}=89\ 738\ \text{N}\cdot\text{mm}$$

$$M_{C2}=\sqrt{M_{CH}^2+M_{CV2}^2}=\sqrt{88\ 374^2+29\ 040^2}\ \text{N}\cdot\text{mm}=93\ 023\ \text{N}\cdot\text{mm}$$

(5) 作转矩图

$$T_{\text{I}}=78\ 098\ \text{N}\cdot\text{mm}$$

(6) 作计算弯矩图

当扭转剪应力为脉动循环变应力时,取系数 $\alpha=0.6$,则

$$M_{caD}=\sqrt{M_D^2+(\alpha T_1)^2}=\sqrt{0^2+(0.6\times 78\ 098)^2}\ \text{N}\cdot\text{mm}=46\ 859\ \text{N}\cdot\text{mm}$$

$$M_{caA}=\sqrt{M_A^2+(\alpha T_1)^2}=\sqrt{109\ 901^2+(0.6\times 78\ 098)^2}\ \text{N}\cdot\text{mm}=119\ 474\ \text{N}\cdot\text{mm}$$

$$M_{caC1}=\sqrt{M_{C1}^2+(\alpha T_1)^2}=\sqrt{89\ 738^2+(0.6\times 78\ 098)^2}\ \text{N}\cdot\text{mm}=101\ 236\ \text{N}\cdot\text{mm}$$

$$M_{caC2}=\sqrt{M_{C2}^2+(\alpha T_1)^2}=\sqrt{93\ 023^2+0}\ \text{N}\cdot\text{mm}=93\ 023\ \text{N}\cdot\text{mm}$$

(7) 按弯扭合成应力校核轴的强度

轴的材料为45钢,调质,按硬度230HBS查机械设计手册可得拉伸强度极限 $\sigma_B=600$ MPa,对称循环变应力时的许用应力$[\sigma_{-1}]=60$ MPa。

由计算弯矩图可见,A 剖面的计算弯矩最大,该处轴径为 $d_A=40$ mm(见例15.1的轴承处直径),计算应力为

$$\sigma_{caA}=\frac{M_{caA}}{W_A}\approx\frac{M_{caA}}{0.1d_A^3}=\frac{119\ 474}{0.1\times 40^3}\ \text{MPa}=18.67\ \text{MPa}<[\sigma_{-1b}]\text{(安全)}$$

D 剖面轴径最小,$d_D=30$ mm,该处的计算应力为

$$\sigma_{caD}=\frac{M_{caD}}{W_D}\approx\frac{M_{caD}}{0.1d_D^3}=\frac{46\ 859}{0.1\times 30^3}\ \text{MPa}=17.36\ \text{MPa}<[\sigma_{-1b}]\text{(安全)}$$

(8) 精确校核轴的疲劳强度(略)。

15.4　轴的刚度计算

MOOC

轴受弯矩作用会产生弯曲变形(见图 15.26)，受转矩作用会产生扭转变形(见图 15.27)，如果轴的刚度不够，就会影响轴的正常工作。如电机转子轴的挠度过大，会改变转子与定子的间隙而影响电机的性能；机床主轴的刚度不够，将影响加工精度。

因此，为了避免轴的刚度不够而失效，设计时必须根据轴的工作条件限制其变形量，即

$$\begin{cases}\text{挠度 } y \leqslant [y] \\ \text{偏转角 } \theta \leqslant [\theta] \\ \text{扭转角 } \varphi \leqslant [\varphi]\end{cases} \tag{15.7}$$

式中，$[y]$、$[\theta]$和$[\varphi]$分别为许用挠度、许用偏转角和许用扭转角，其值可查表 15.6。

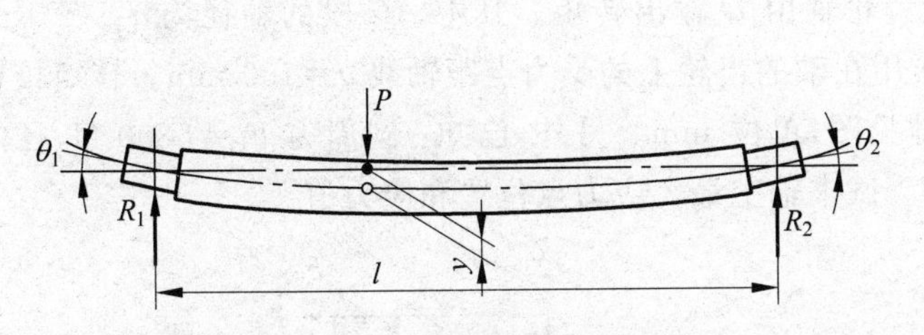

图 15.26　轴的挠度和偏转角 θ

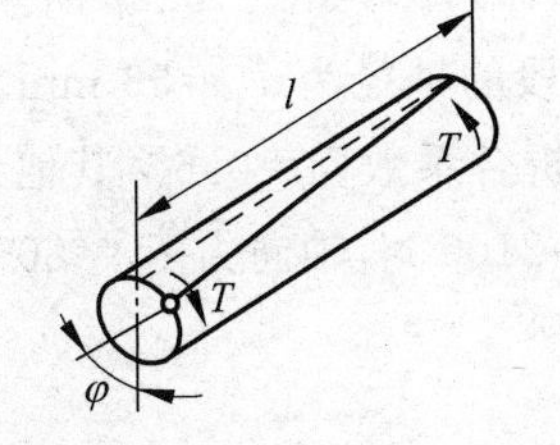

图 15.27　轴的扭转角 φ

表 15.6　轴的许用挠度$[y]$、许用偏转角$[\theta]$和许用扭转角$[\varphi]$

变形种类	适用场合	许用值	变形种类	适用场合	许用值
挠度 y/mm	一般用途的轴	$(0.0003 \sim 0.0005)l$	偏转角 θ/rad	滑动轴承	$\leqslant 0.001$
	刚度要求较高的轴	$\leqslant 0.0002l$		径向球轴承	$\leqslant 0.05$
	感应电机轴	$\leqslant 0.1\Delta$		调心球轴承	$\leqslant 0.05$
	安装齿轮的轴	$(0.01 \sim 0.05)m_n$		圆柱滚子轴承	$\leqslant 0.0025$
	安装蜗轮的轴	$(0.02 \sim 0.05)m_t$		圆锥滚子轴承	$\leqslant 0.0016$
	l—支承间跨距； Δ—电机定子与转子间的气隙； m_n—齿轮法面模数； m_t—蜗轮端面模数			安装齿轮处的截面	$\leqslant 0.001 \sim 0.002$
			扭转角 φ /[(°)/m]	一般传动	$0.5 \sim 1$
				较精密的传动	$0.25 \sim 0.5$
				重要传动	< 0.25

轴挠度 y、偏转角 θ、扭转角 φ 的计算可参考材料力学有关公式。

习　题

15.1　按承受载荷的不同，轴分为哪几类？各有何特点？各举 2～3 个实例。

15.2　转轴所受弯曲应力的性质如何？其所受扭转应力的性质又怎样考虑？

15.3 轴的常用材料有哪些？应如何选用？

15.4 在齿轮减速器中，为什么低速轴轴径要比高速轴轴径大很多？

15.5 转轴设计时为什么不能先按弯扭合成强度计算，然后再进行结构设计，而必须按初估直径、结构设计、弯扭合成强度验算三个步骤来进行？

15.6 轴的结构设计任务是什么？轴的结构设计应满足哪些要求？

15.7 轴上零件的周向和轴向固定方式有哪些？各适用什么场合？

15.8 已知某传动轴传递的功率为40 kW，转速 $n=1000$ r/min，如果轴上的剪切应力不许超过40 MPa，求该传动轴的直径。

15.9 已知某传动轴直径 $d=35$ mm，转速 $n=1450$ r/min，如果轴上的剪切应力不许超过55 MPa，问该传动轴能传递多少功率？

15.10 已知某转轴在直径 $d=55$ mm处受不变的转矩 $T=15\times10^3$ N·m和弯矩 $M=7\times10^3$ N·m，轴的材料为45钢，调质处理，问该转轴能否满足强度要求？

15.11 如图15.28所示的转轴，直径 $d=60$ mm，传递不变的转矩 $T=2300$ N·m，$F=9000$ N，$a=300$ mm。若轴的许用弯曲应力 $[\sigma_{-1b}]=80$ MPa，求 x。

15.12 如图15.29所示的齿轮轴由 D 输出转矩。其中 AC 段的轴径为 $d_1=70$ mm，CD 段的轴径为 $d_2=55$ mm。作用在轴的齿轮上的受力点距轴线 $a=160$ mm。转矩校正系数(折合系数) $\alpha=0.6$。其他尺寸见图，单位mm。另外，已知：圆周力 $F_t=5800$ N，径向力 $F_r=2100$ N，轴向力 $F_a=800$ N。试求轴上最大应力点位置和应力值。

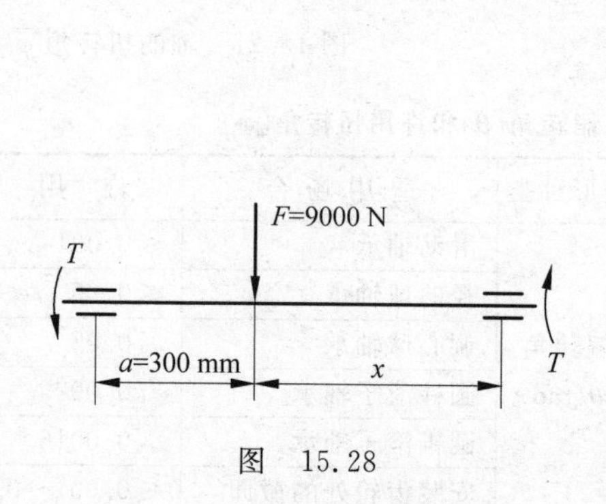

图 15.28

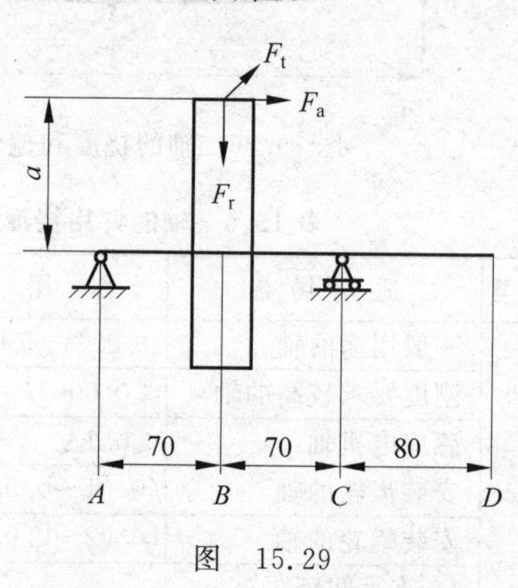

图 15.29

15.13 已知一单级直齿圆柱齿轮减速器，用电动机直接拖动，电动机功率 $P=22$ kW，转速 $n_1=1470$ r/min，齿轮的模数 $m=4$ mm，齿数 $z_1=18$，$z_2=82$，若支承间跨距 $l=180$ mm(齿轮位于跨距中央)，轴的材料用45钢调质，试计算输出轴危险截面处的直径 d。

课程设计题

S.5 按第1章中课程设计系列题计算得到的功率、转速和扭矩，结合第6章齿轮设计结果，分别设计高速轴(可以是齿轮轴)和低速轴的结构。

S.6 按第1章中课程设计系列题计算得到的功率、转速和扭矩，以及上题设计得到的轴的结构，分别对高速轴(可以是齿轮轴)和低速轴进行强度计算，若不满足强度条件，修改 S.5 中的轴的结构设计。

S.7　结合 S.5 中计算得到的高速轴和低速轴的结构设计，按第 1 章给出的设计寿命和计算结果，设计安装在两轴上的滚动轴承，必要时修改 S.5 中的轴的结构设计。

S.8　结合第 6 章的齿轮、第 8 章的 V 带轮和第 15 章的轴设计结果，对相应的键连接进行选择和强度校核。在必要时对第 13 章滚动轴承和第 15 章轴结构设计选择结果进行修改。

*第 16 章 弹 簧

16.1 概 述

MOOC

弹簧是一种弹性元件，可以在载荷作用下产生较大的弹性变形。弹簧在各类机械中应用十分广泛，主要用于：

(1) 控制机构的运动，如制动器、离合器中的控制弹簧，内燃机气缸中的阀门弹簧等。

(2) 减振和缓冲，如汽车、火车车厢下的减振弹簧，以及各种缓冲器用的弹簧等。

(3) 储存及输出能量，如钟表弹簧、枪栓弹簧等。

(4) 测量力的大小，如测力器和弹簧秤中的弹簧等。

按照所承受的载荷不同，弹簧可以分为拉伸弹簧、压缩弹簧、扭转弹簧和弯曲弹簧等四种。而按照弹簧的形状不同，又可分为螺旋弹簧、环形弹簧、碟形弹簧、板簧和盘簧等。表 16.1 中列出了弹簧的基本类型。

表 16.1 弹簧的基本类型

按形状分	按载荷分				
	拉伸	压缩		扭转	弯曲
螺旋形状	圆柱螺旋拉伸弹簧	圆柱螺旋压缩弹簧	圆锥螺旋压缩弹簧	圆柱螺旋扭转弹簧	P
其他形状	—	环形弹簧	碟形弹簧	蜗卷形盘簧	板簧

16.2　圆柱螺旋弹簧

在一般机械中,最常用的是圆柱螺旋弹簧。

16.2.1　圆柱拉、压螺旋弹簧的结构

圆柱螺旋弹簧分压缩弹簧和拉伸弹簧。压缩弹簧如图 16.1 所示,通常其两端的端面圈并紧并磨平(代号: YⅠ),还有一种两个端面圈并紧但不磨平(代号: YⅢ)。磨平部分不少于圆周长的 3/4,端头厚度一般不少于 $d/8$。

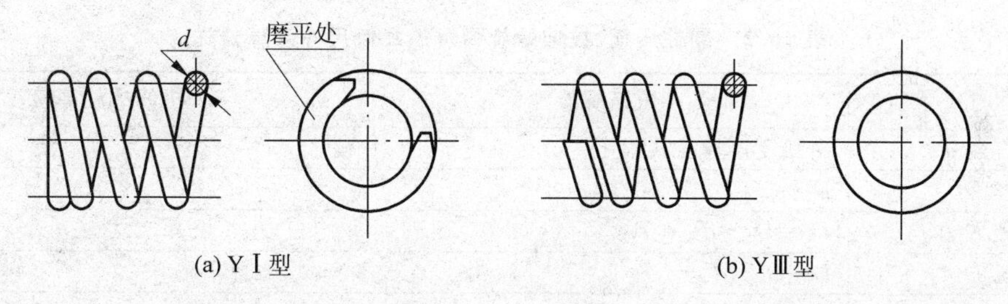

图 16.1　压缩弹簧

拉伸弹簧如图 16.2 所示,其中图 16.2(a)和(b)为半圆形钩和圆环钩; 图 16.2(c)为可调式挂钩,用于受力较大时。

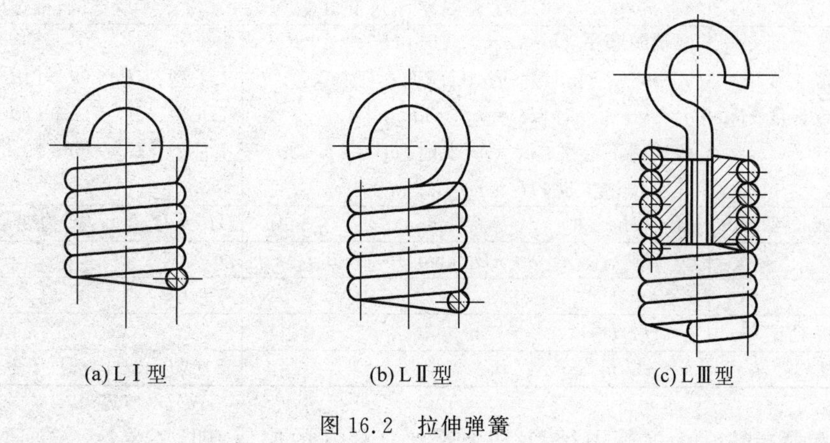

图 16.2　拉伸弹簧

16.2.2　圆柱螺旋弹簧的几何尺寸

圆柱螺旋弹簧的主要几何尺寸有: 弹簧丝直径 d、外径 D、内径 D_1、中径 D_2、节距 p、螺旋升角 α、自由高度(压缩弹簧)或长度(拉伸弹簧) H_0,如图 16.3 所示,此外还有有限圈数 n,总圈数 n_1。几何尺寸计算公式见表 16.2。

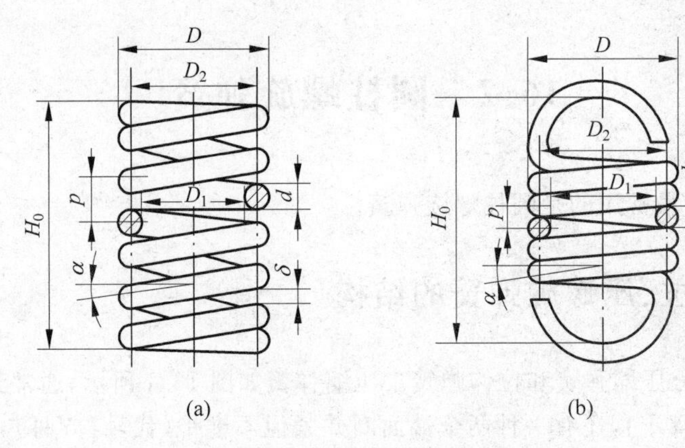

图 16.3　圆柱拉压螺旋弹簧

表 16.2　圆柱压缩、拉伸螺旋弹簧的几何尺寸计算公式

名称与代号	压缩螺旋弹簧	拉伸螺旋弹簧
弹簧丝直径 d	由强度计算公式确定	
弹簧中径 D_2	$D_2=Cd$	
弹簧内径 D_1	$D_1=D_2-d$	
弹簧外径 D	$D=D_2+d$	
弹簧指数 C	$C=D_2/d$，一般 $4\leqslant C\leqslant 16$	
螺旋升角 α	$\alpha=\arctan p/\pi D_2$，对压缩弹簧，推荐 $\alpha=5°\sim9°$	
有效圈数 n	由变形条件计算确定，一般 $n>2$	
总圈数 n_1	压缩：$n_1=n+(2\sim2.5)$（冷卷）；拉伸：$n_1=n$ $n_1=n+(1.5\sim2)$（YⅡ型热卷）；n_1 的尾数为 1/4、1/2、3/4 或整圈，推荐用 1/2 圈	
自由高度或长度 H_0	两端圈磨平：$n_1=n+1.5$ 时，$H_0=np+d$ $n_1=n+2$ 时，$H_0=np+1.5d$ $n_1=n+2.5$ 时，$H_0=np+2d$ 两端圈不磨平：$n_1=n+2$ 时，$H_0=np+2d$ $n_1=n+2.5$ 时，$H_0=np+3.5d$	LⅠ型：$H_0=(n+1)d+D_1$ LⅡ型：$H_0=(n+1)d+2D_1$ LⅢ型：$H_0=(n+1.5)d+2D_1$
工作高度或长度 H_n	$H_n=H_0-\lambda_n$	$H_n=H_0+\lambda_n$，λ_n 为变形量
节距 p	$p=d+\lambda_{max}/n+\delta=\pi D_2\tan\alpha(\alpha=5°\sim9°)$	$p=d$
间距 δ	$\delta=p-d$	$\delta=0$
压缩弹簧高径比 b	$b=H_0/D_2$	
展开长度 L	$L=\pi D_2 n_1/\cos\alpha$	$L=\pi D_2 n+$钩部展开长度

定义弹簧指数 C 为弹簧中径 D_2 和弹簧丝直径 d 的比值，即：$C=D_2/d$。通常 C 值在 4～16 范围内，可按表 16.3 选取。弹簧丝直径 d 相同时，C 值小则弹簧中径 D_2 也小，其刚度较大；反之，则刚度较小。

表 16.3　圆柱螺旋弹簧常用弹簧指数 C

弹簧丝直径 d/mm	0.2～0.4	0.5～1	1.1～2.2	2.5～6	7～16	18～42
C	7～14	5～12	5～10	4～10	4～8	4～6

16.2.3　圆柱螺旋弹簧的特性曲线

弹簧应在弹性极限内工作，不允许有塑性变形。弹簧所受载荷与其变形之间的关系曲线称为弹簧的特性曲线。

压缩螺旋弹簧的特性曲线如图 16.4 所示。图中，H_0为弹簧未受载时的自由高度，F_{min}为最小工作载荷，是使弹簧处于安装位置的初始载荷。在 F_{min}的作用下，弹簧从自由高度 H_0被压缩到 H_1，相应的弹簧压缩变形量为 λ_{min}；在弹簧的最大工作载荷 F_{max}作用下，弹簧的压缩变形量增至 λ_{max}。图中 F_{lim}为弹簧的极限载荷，在其作用下，弹簧高度为 H_{lim}，变形量为 λ_{lim}，弹簧丝应力达到了材料的弹性极限。此处，图中的 $h=\lambda_{max}-\lambda_{min}$，称为弹簧的工作行程。

拉伸螺旋弹簧的特性曲线如图 16.5 所示。按卷绕方法的不同，拉伸弹簧分为无初应力和有初应力两种。无初应力的拉伸弹簧其特性曲线与压缩弹簧的特性曲线相同。有初应力的拉伸弹簧的特性曲线如图 16.5(c)所示，有一段假想的变形量 x，相应的初拉力 F_0，为克服这段假想变形量使弹簧开始变形所需的初拉力，当工作载荷大于 F_0时，弹簧才开始伸长。

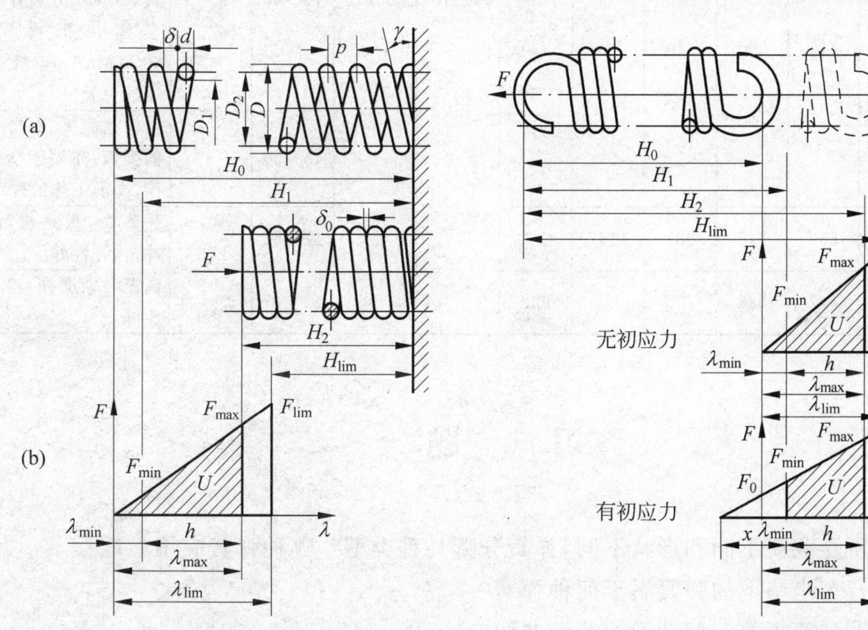

图 16.4　圆柱螺旋压缩弹簧的特性曲线　　　图 16.5　圆柱螺旋拉伸弹簧的特性曲线

对于一般拉、压螺旋弹簧，其最小工作载荷通常取为 $F_{min}\geqslant 0.2F_{lim}$，对于有初拉力的拉伸弹簧 $F_{min}>F_0$；弹簧的工作载荷应小于极限载荷，通常取 $F_{max}\leqslant 0.8F_{lim}$。因此，为保持弹簧的线性特性，弹簧的工作变形量应取在$(0.2\sim0.8)\lambda_{lim}$范围。

16.3　弹簧常用材料

常用的弹簧材料有碳素弹簧钢、合金弹簧钢、不锈钢、铜合金材料和非金属材料。选用材料时，应根据弹簧的功用、载荷大小、载荷性质及循环特性、工作强度、周围介质以及重要程度来进行选择。弹簧常用材料的性能和许用应力见表16.4。

表16.4 弹簧常用材料的性能和许用应力

<table>
<tr><th rowspan="2">类别</th><th rowspan="2">牌号</th><th colspan="3">压缩弹簧许用剪切应力[τ]/MPa</th><th colspan="2">许用弯曲应力[σ_B]/MPa</th><th rowspan="2">切变模量 G/MPa</th><th rowspan="2">弹性模量 E/MPa</th><th rowspan="2">推荐硬度 /HRC</th><th rowspan="2">推荐使用温度/℃</th><th rowspan="2">特性及用途</th></tr>
<tr><th>Ⅰ类</th><th>Ⅱ类</th><th>Ⅲ类</th><th>Ⅰ类</th><th>Ⅱ类</th></tr>
<tr><td rowspan="7">钢丝</td><td>碳素弹簧钢丝、琴钢丝</td><td>$(0.3\sim0.38)\sigma_B$</td><td>$(0.38\sim0.45)\sigma_B$</td><td>$0.5\sigma_B$</td><td>$(0.6\sim0.68)\sigma_B$</td><td>$0.8\sigma_B$</td><td rowspan="7">79×10^3</td><td rowspan="7">206×10^3</td><td rowspan="3">—</td><td rowspan="3">−40~120</td><td rowspan="3">强度高，性能好，适于做小弹簧，如安全阀弹簧，或要求不高的大弹簧</td></tr>
<tr><td>油淬火-回火碳素弹簧钢丝</td><td>$(0.35\sim0.4)\sigma_B$</td><td>$(0.4\sim0.47)\sigma_B$</td><td>$0.55\sigma_B$</td><td>$(0.6\sim0.68)\sigma_B$</td><td>$0.8\sigma_B$</td></tr>
<tr><td>65Mn</td><td>340</td><td>455</td><td>570</td><td>570</td><td>710</td></tr>
<tr><td>60Si2Mn
60Si2MnA</td><td rowspan="2">445</td><td rowspan="2">590</td><td rowspan="2">740</td><td rowspan="2">740</td><td rowspan="2">925</td><td>45~50</td><td>−40~200</td><td>弹性好，回火稳定性好。易脱碳、用于受大载荷的弹簧，60Si2Mn可作汽车拖拉机弹簧，60Si2MnA作机车缓冲弹簧</td></tr>
<tr><td>50CrVA</td><td>45~50</td><td>−40~210</td><td>用作截面大、高应力的弹簧，亦用于变载荷、高温工作的弹簧</td></tr>
<tr><td>65Si2MnWA
60Si2CrVA</td><td>560</td><td>745</td><td>931</td><td>1167</td><td></td><td>47~52</td><td>−40~250</td><td>强度高，耐高温，耐冲击，弹性好</td></tr>
<tr><td>30W4Cr2VA</td><td>442</td><td>588</td><td>735</td><td>735</td><td>920</td><td>43~47</td><td>−40~350</td><td>高温时强度高，淬透性好</td></tr>
</table>

习　题

16.1　按所受载荷不同和形状不同，弹簧分哪几种类型？哪种弹簧应用最广？

16.2　自行车坐垫下的弹簧属于何种弹簧？

16.3　何谓弹簧指数？何谓弹簧特性曲线？

16.4　试设计一个能承受冲击载荷的圆柱螺旋压缩弹簧，已知：$F_{min}=40$ N，$F_{max}=240$ N，工作行程 $R=40$ mm，中间有 $\phi30$ mm 的心轴，弹簧外径不大于 45 mm，用碳素弹簧钢丝Ⅱ类制造。

第2篇　设计方法篇

本篇介绍如何综合运用前面学到的机械设计基础理论，来解决工程实际中的具体设计问题，即设计一个传动装置。本篇内容就是常说的机械设计课程设计，是机械设计基础教学中的重要环节，也是对学生进行一次较全面的机械设计训练。其目的是：①通过设计实践，掌握机械设计的一般规律，培养分析和解决实际问题的能力；②通过传动方案的拟定、零件设计、结构设计、查阅有关标准和规范以及编写设计计算说明书等环节，让学生掌握一般机械传动装置的设计内容、步骤和方法，并在设计构思和设计技能等方面得到相应的锻炼。

为了进行较全面的机械设计训练，设计的题目是选择内容和分量都比较适当的机械传动装置或简单机械，如连杆齿轮组合机构、减速器等。减速器的设计需要完成的设计内容包括：

(1) 确定机械系统总体传动方案；

(2) 选择电动机；

(3) 传动装置运动和动力参数的计算；

(4) 传动件(如齿轮、带及带轮、链及链轮等)的设计；

(5) 轴的设计；

(6) 轴承组合部件设计；

(7) 键的选择和校核；

(8) 联轴器的选择；

(9) 机架或箱体等零件的设计；

(10) 润滑设计；

(11) 装配图与零件图设计与绘制。

学生在规定的时间内应完成的内容包括：装配图1张(A0或A1图纸)；零件图2～3张；设计计算说明书1份。

为保证设计顺利进行，首先要认真阅读设计任务书，明确设计要求和工作条件。通过观察模型、实物，观看录像，做减速器拆装实验，查阅相关资料等了解设计对象，并拟定工作计划。设计过程中，需要综合考虑多种因素，采取各种方案进行分析、比较和选择，从而确定最优方案、尺寸和结构。计算和画图需要交叉进行，边画图、边计算，通过不断反复修改来完善设计，必须耐心、认真完成设计过程。绘制装配图、零件图和编写设计说明书，并在设计结束时做一次总结和答辩。

第17章

减速器设计

机械设计基础课程设计是对学生全面进行机械设计训练的重要环节，通过课程设计培养学生综合运用所学的机械设计基础知识解决工程实际问题的能力。其主要内容包括：设计前的实验、装配图绘制、零件图绘制和计算说明书的编制。下面主要以减速器设计为例，对机械设计基础课程设计的主要内容与步骤进行介绍。

17.1　减速器拆装实验

减速器是一种由封闭在箱体内的齿轮、蜗杆蜗轮等传动零件组成的传动装置，它装在原动机和工作机之间用来改变轴的转速和转矩，以适应工作机的需要。由于减速器结构紧凑、传动效率高、使用维护方便，因而在工业中应用广泛，它也是机械设计基础课程设计的一种重要装置。

减速器一般由齿轮、轴、轴承、箱体和附件等组成。箱体为剖分式结构，由箱盖和箱座组成，剖分面通过齿轮轴线平面。箱体应有足够的强度和刚度，除适当的壁厚外，还要在轴承座孔处设加强肋以增加支承刚度。图17.1所示为单级圆柱齿轮减速器结构示意图。

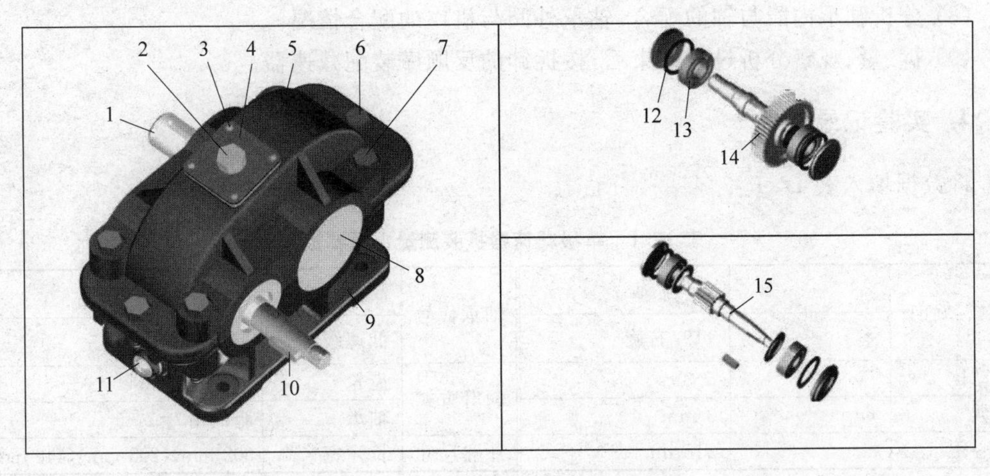

图17.1　单级圆柱齿轮减速器结构

1—低速轴；2—通气器；3—视孔盖连接螺钉；4—视孔盖；5—箱盖；6—箱盖和箱座连接螺栓；7—轴承座连接螺栓；8—轴承盖；9—箱座；10—键；11—油塞；12—调整垫片；13—滚动轴承；14—大齿轮；15—低速轴(齿轮轴)

1. 实验目的

通过对减速器的拆装与观察，了解减速器的整体结构、功能及设计布局；了解其如何满足功能要求和强度/刚度要求、工艺(加工与装配)要求及润滑与密封等要求；熟悉减速箱的轴及其零件在箱体内的定位方式和调整方法、密封与润滑方法。

2. 实验装置和工具

实验装置为单级圆柱齿轮减速器，实验工具为百分表、游标卡尺、钢直尺、扳手、手锤。

3. 实验步骤

(1) 观察减速器外部结构，判断传动级数、输入轴、输出轴及安装方式。

(2) 观察减速器的外形与箱体附件，了解附件的功能、结构特点和位置，测出外廓尺寸、中心距、中心高。

(3) 测定轴承的轴向间隙。固定好百分表，用手推动轴至一端，然后再推动轴至另一端，百分表所指示出的量值差即是轴承轴向间隙的大小。

(4) 拧下箱盖和箱座连接螺栓，拧下端盖螺钉(嵌入式端盖除外)，拔出定位销，借助起盖螺钉打开箱盖。

(5) 测定斜齿圆柱齿轮的齿数、模数、轴径。用游标卡尺测量其值。

(6) 仔细观察箱体剖分面及内部结构(润滑、密封、放油螺塞等)、箱体内轴系零部件间相互位置关系，确定传动方式。数出齿轮齿数并计算传动比，判定斜齿轮或蜗杆的旋向及轴向力、轴承型号及安装方式。

(7) 取出轴系部件，拆开零件并观察分析各零件的作用、结构、周向定位、轴向定位、间隙调整、润滑、密封等问题。把各零件编号并分类放置。

(8) 分析轴承内圈与轴的配合，轴承外圈与机座的配合情况。

(9) 拆、量、观察分析过程结束后，按拆卸的反顺序装配减速器。

4. 实验记录

将数据填入表17.1。

表17.1 单级减速器拆装测量主要参数

齿数/旋向	z_1	21/左旋	轴承代号	高速级	7309
	z_2	119/右旋		低速级	7313
传动比	i_{12}	5.89	润滑方式	齿轮	油润滑
模数	m_n	3 mm		轴承	脂润滑
中心距	a	215 mm	外廓尺寸	长×宽×高	602 mm×205 mm×448 mm

5. 注意事项

(1) 减速器拆装过程中，若需搬动，只准搬动模型，并注意人身安全。

(2) 拆卸箱盖时应先拆开连接螺钉与定位销，再用起盖螺钉将盖、座分离，然后利用盖上的吊耳或环首螺钉起吊。拆开的箱盖与箱座应注意保护其结合面,防止碰坏或擦伤。

(3) 拆装轴承时须用专用工具,不得用锤子乱敲。无论是拆卸还是装配,均不得将力施加于外圈上通过滚动体带动内圈,否则将损坏轴承滚道。

17.2　装　配　图

减速器装配图表达了减速器的工作原理和装配关系,也表示出各零件间的相互位置、尺寸及结构形状。它是绘制零件图、部件组装图及进行减速器的装配、调试及维护等的技术依据。设计减速器装配图时要综合考虑工作条件、材料、强度、磨损、加工、装拆、调整、润滑以及经济性等因素,并要用足够的视图表达清楚。

17.2.1　装配图设计的准备

(1) 阅读有关资料,拆装减速器,了解各零件的功能、类型和结构。

(2) 分析并初步考虑减速器的结构设计方案,其中包括考虑传动件结构、轴系结构、轴承类型、轴承组合结构、轴承端盖结构(嵌入式或凸缘式)、箱体结构(剖分式或整体式)及润滑和密封方案,并考虑各零件的材料加工和装配方法。

(3) 检查已确定的各传动零件及联轴器的规格、型号、尺寸及参数。

(4) 在绘制装配图前,必须选择图纸幅面、绘图比例及图面布置。由于条件限制,装配图一般用 A1 图纸,应符合机械制图标准,选用合适的比例绘图。装配图一般采用三个视图表示,考虑留出技术特性、技术要求、标题栏及明细栏等位置,图面布置要合理。

17.2.2　绘制装配图的草图

装配草图的设计包括绘图、结构设计和计算,通常需要采用边绘图、边计算、边修改的方法。在绘图时先画主要零件(传动零件、轴和轴承),后画次要零件。由箱内零件画起,逐步向外画,内外兼顾,而且先画零件的中心线和轮廓线,后画内部结构。画图时以一个视图为主(一般用俯视图),兼顾其他视图。

1. 画出齿轮轮廓和箱体内壁线

在主视图上画出齿轮中心线、齿顶圆和节圆。在俯视图上按齿宽和齿顶圆画出齿轮的轮廓。按小齿轮端画和箱体的内壁之间的距离 $\Delta_1 \geqslant \delta$(壁厚),画出沿箱体长度方向的两条内壁线;再按大齿轮齿顶圆与箱体内壁之间的距离 $\Delta \geqslant 1.2\delta$,画出沿箱体宽度方向大齿轮一侧的内壁线。而小齿轮一侧的内壁线暂不画,待完成装配草图设计时,再由主视图上箱体结构的投影画出(见图 17.2)。

2. 轴的结构设计

根据第 10 章给出的公式初步估算的轴径进行轴的结构设计。轴的结构设计方法已在

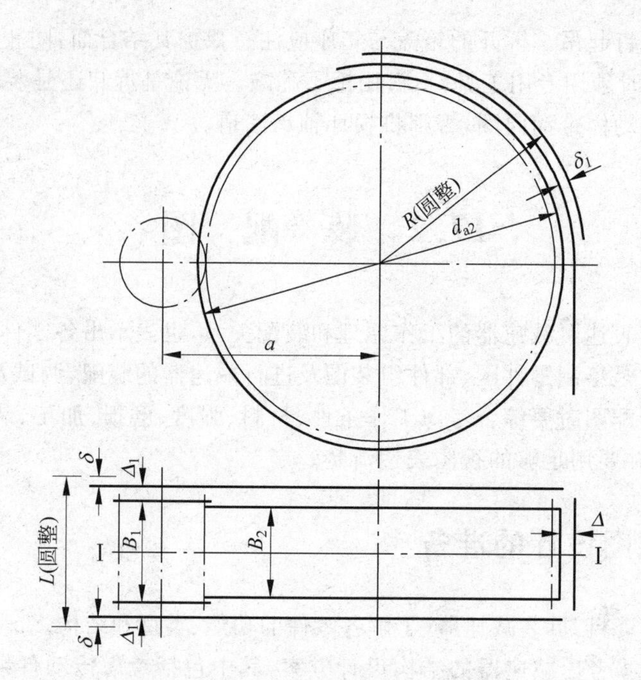

图 17.2 单级圆柱齿轮减速器装配草图(一)

教材中讲述,这里不再重复。

3. 确定轴承位置和轴承座端面位置

滚动轴承在轴承座孔中的位置与其润滑方式有关。当浸油齿轮圆周速度 $v\leqslant 2$ m/s 时,轴承采用润滑脂润滑; 当 $v\geqslant 2$ m/s 时,采用润滑油润滑,是利用齿轮传动进行飞溅式润滑,把箱内的润滑油直接溅入轴承或经箱体剖分面上的油沟流入轴承进行润滑的。如轴承采用脂润滑,则轴承内侧端面与箱体内壁线之间的距离 Δ_2 的取值大一些,一般可取 $\Delta_2=10\sim15$ mm,以便安装挡油环,防止润滑脂外流和箱内润滑油进入轴承而带走润滑脂; 如轴承用油润滑,则轴承内侧端面与箱体内壁线之间的距离小一些,一般可取 $\Delta_2=3\sim5$ mm(见图 17.3)。这样,就可画出轴承的外轮廓线。

轴承座孔的宽度是箱体内壁线至轴承座孔外端面之间的距离,它取决于轴承座连接螺栓所要求的扳手空间尺寸 c_1 和 c_2(见表 18.7),再考虑要外凸 5~10 mm,以便于轴承座孔外端面的切削加工,于是,轴承座孔的宽度 $l_2=\delta_1+c_1+c_2+(5\sim10)$ mm(δ_1 为箱盖壁厚),由此,可画出轴承座孔的端面轮廓线。再由表 18.11 算出凸缘式轴承盖的厚度 t,就可画出轴承盖的轮廓线(见图 17.4)。

4. 确定轴的轴向尺寸

阶梯轴各轴段的长度,由轴上安装零件的轮毂宽度、轴承的孔宽及其他结构要求来确定。在确定轴向长度时应考虑轴上零件在轴上的可靠定位及固定,如当零件一端已经定位,另一端用其他零件定位时,轴端面应缩进零件轮毂孔内 2~3 mm,使轴段长度稍短于轮毂长度。当用平键连接时,一般平键的长度比轮毂短 5~8 mm,键的位置应偏向轮毂装入侧一端,以使装配时轮毂键槽易于对准平键。当同一轴上有多个键时,应使键布置的方位一

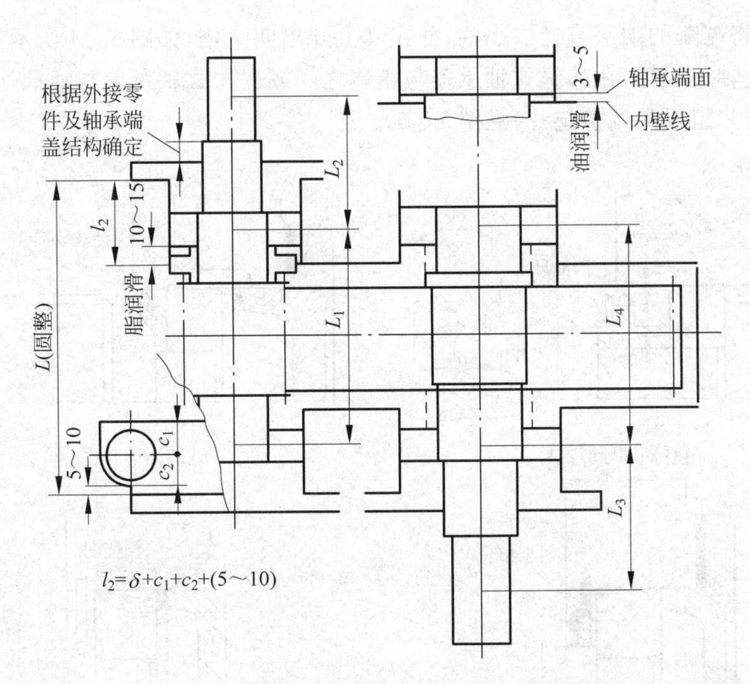

图 17.3 单级圆柱齿轮减速器装配草图(二)

致,以便于轴上键槽的加工。

轴的外伸段长度应考虑外接零件和轴承盖螺钉的装拆要求。当轴端装弹性套柱销联轴器时,必须留有装配尺寸 A(查附表 G.2)。当用凸缘式轴承盖时,轴的外伸长度须考虑装拆轴承盖螺钉的足够长度,以便拆卸轴承盖。一般情况可取外伸段长度为 15～20 mm。

按上述步骤绘出装配草图(见图 17.3),从图上可确定轴上零件受力点的位置和轴承支点间的距离 L_1、L_2、L_3、L_4。

图 17.4 轴承油润滑端盖

5. 轴、轴承和键连接的校核计算

轴、轴承和键连接的校核计算可参照教材相应的计算公式。

17.2.3 设计和绘制减速器轴承零部件

1. 设计轴承盖的结构

轴承盖有螺钉固定式(凸缘式)和嵌入式两种,选择其中一种,由表 18.11 或表 18.12 算出结构尺寸,并画出轴承盖(闷盖或透盖)的具体结构。

轴承采用油润滑时,可以靠箱体内油的飞溅直接润滑轴承,也可以通过箱体剖分面上的油沟将飞溅到箱体内壁上的油引导至轴承进行润滑。为了保证端盖在任何位置时油都能流入轴承中,应将端盖的端部直径取小些,并在其上开出四个槽,如图 17.4 所示。

为了调整轴承间隙,在凸缘式轴承盖与箱体之间或嵌入式轴承盖与轴承外圈端面之间,放置由几个薄片组成的调整垫片(见图 17.5)。

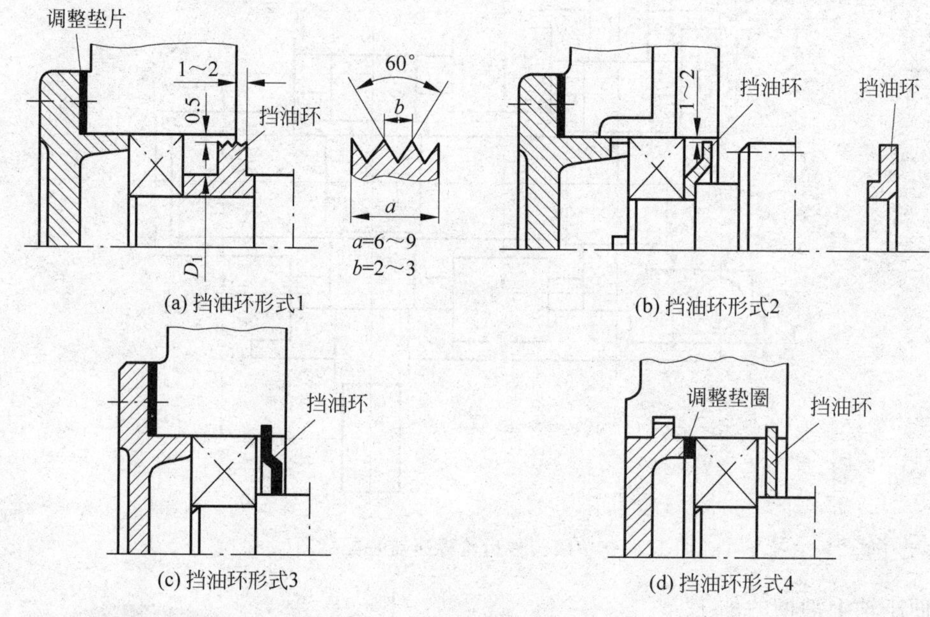

图 17.5 调整垫片和挡油环结构

2. 选择轴承的密封方式

为防止外界的灰尘、杂质渗入轴承内,并防止轴承内的润滑剂外漏,应在轴外伸端的轴承透盖内安装密封件。查阅附表 I.4,选择合适的结构形式,并画出具体结构。

3. 设计挡油环

挡油环有两种:一种是旋转式挡油环,装在轴上,具有离心甩油作用;另一种是固定式挡油环,装在箱体轴承座孔内,不可转动。挡油环可车削成型和钢板冲压成型,其结构见图 17.5。

4. 设计轴承的组合结构

关于轴承的组合结构设计在有关教材中已详细讲述,这里不再重复。

图 17.6 所示为完成这一阶段工作的装配草图。

17.2.4 设计和绘制减速器箱体及附件的结构

1. 设计箱体的结构

箱体的结构设计要注意以下几个问题。

1) 设计轴承座连接螺栓凸台

为了增大剖分式箱体轴承座的刚度,座孔两侧的连接螺栓距离应尽量靠近,但不能与轴

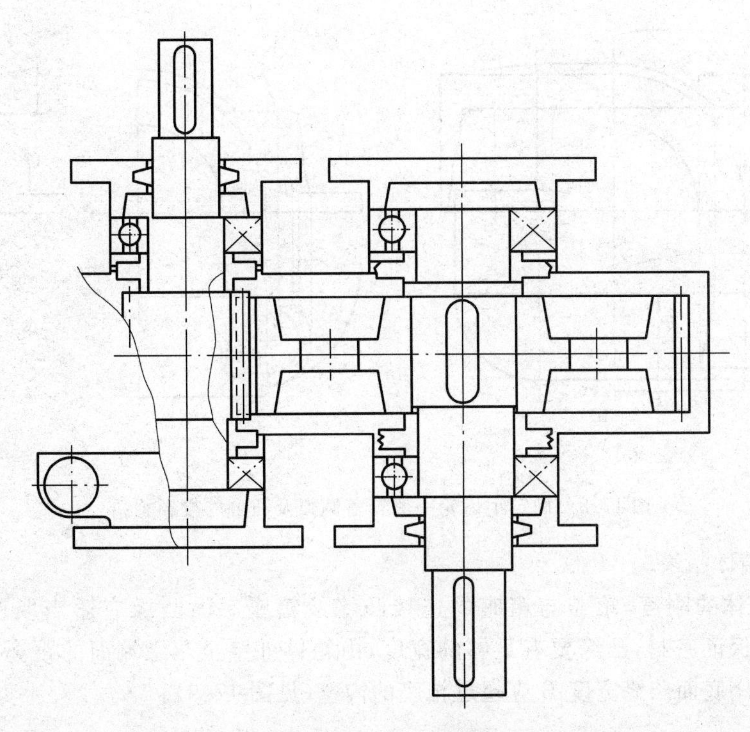

图 17.6　单级圆柱齿轮减速器装配草图(三)

承盖螺钉孔和油沟互相干涉。为此，轴承座孔附近应做出凸台，凸台高度 h 要保证有足够的扳手空间。如图 17.7 所示，设计凸台时，首先在主视图上画出轴承盖的外径 D_2，然后在最大轴承盖一侧取间距 $L\approx D_2/2$，从而确定轴承座连接螺栓的中心线位置，再由表 18.7 得出扳手空间尺寸 c_1 和 c_2，在满足 c_1 的条件下，用作图法确定凸台的高度 h，再由 c_2 确定凸台宽度。为便于加工，箱体上各轴承旁的凸台高度应相同。凸台侧面锥度一般取 1∶20。

画凸台结构时，应注意三个视图的投影关系，当凸台位于箱盖圆弧轮廓之内时，投影关系如图 17.8(a)所示；当凸台位于箱盖圆弧轮廓之外时，投影关系如图 17.8(b)所示。

2) 设计箱盖外表面轮廓

采用圆弧-直线造型的箱盖时，先画出大齿轮一侧的圆弧。以轴心为圆心，以 $R=\dfrac{d_{a2}}{2}+\Delta+\delta_1$ 为半径(式中 d_{a2} 为大齿轮的齿顶圆直径，其余符号的含义见表 18.6)，画出的圆弧为箱盖部分轮廓(见图 17.2)。一般轴承旁螺栓的凸台都在箱盖圆弧的内侧。小齿轮一侧的圆弧半径通常不能用公式计算，要根据具体结构由作图确定。当大、小齿轮各一侧的圆弧画出后，一般作直线与两圆弧相切(注意箱盖内壁线不得与齿顶圆干涉)，则得箱盖外表面轮廓。再把有关部分投影到俯视图，就可画出箱体的内壁线、外壁线和凸缘等结构(见图 17.5)。

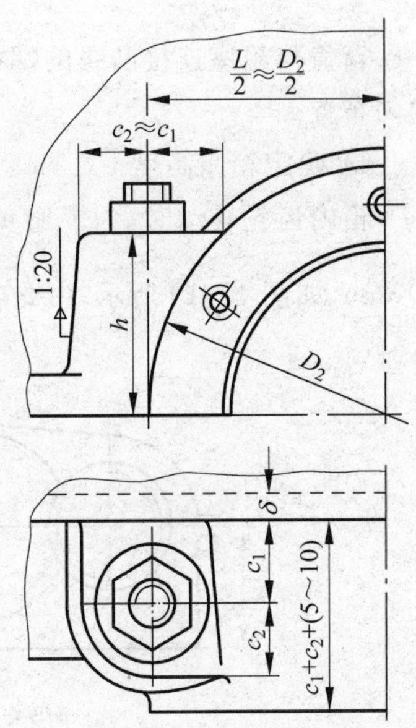

图 17.7　轴承座连接螺栓凸台

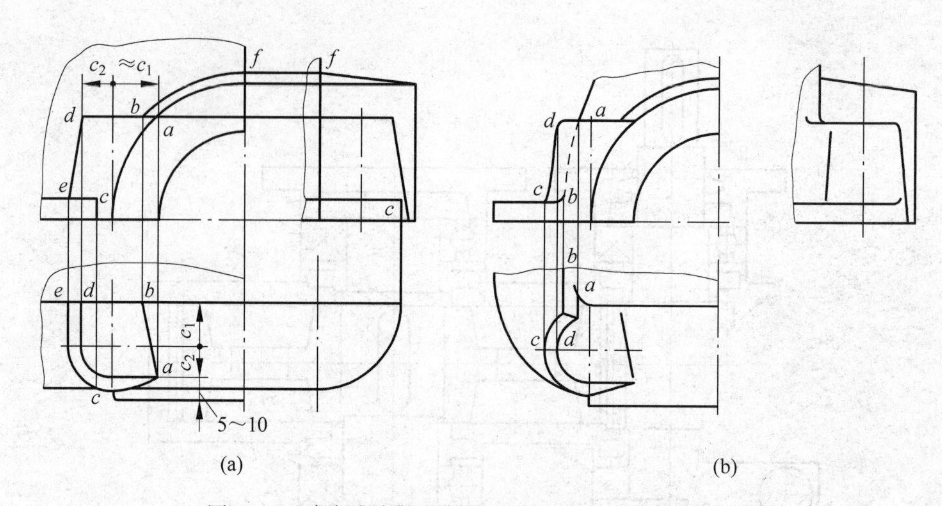

图 17.8 确定小齿轮一侧箱盖圆弧及凸台的投影关系

3）设计箱体凸缘

为保证箱体的刚度，箱盖与箱座的连接凸缘及箱座底面凸缘应适当取厚些（其值见表 18.6）。为保证密封，凸缘要有足够的宽度，由箱体外壁至凸缘端面的距离为 c_1+c_2（查表 18.7）。箱座底面凸缘宽度 B 应超过箱座的内壁（见图 17.9）。

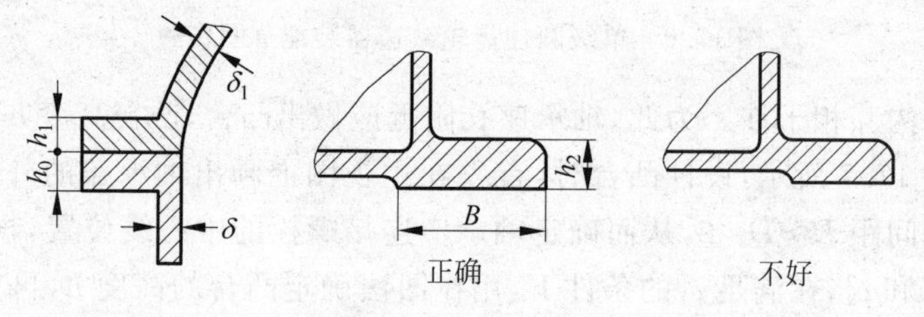

图 17.9 箱体连接凸缘及底座凸缘厚度

箱盖与箱座连接凸缘的螺栓组布置应使其间距不要过大，一般为 150～200 mm，并要均匀布置。

4）确定箱座高度

箱内齿轮转动时，为了避免油搅动时将沉渣搅起，齿顶到油池底面的距离 $H_2>30\sim50$ mm，如图 17.10 所示，由此确定箱座的高度 $H_1\geqslant\frac{d_{a2}}{2}+H_2+\delta+(5\sim10)$ mm（δ 为箱座壁厚）。

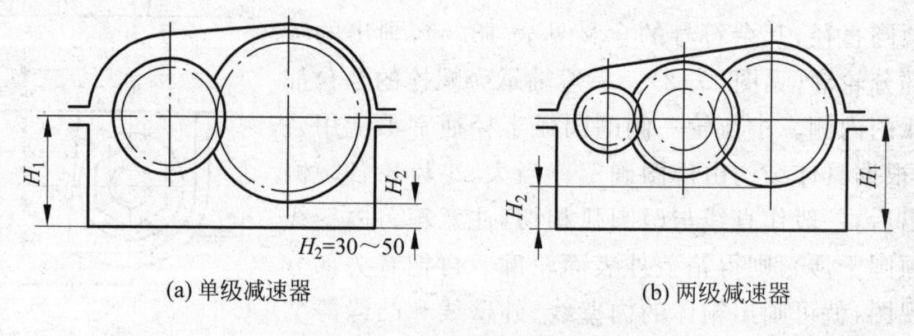

图 17.10 确定箱座高度

传动零件的浸油深度，对于圆柱齿轮，最低油面应浸到一个齿高 h（不得小于 10 mm），对于多级传动，高速级大齿轮浸油深度为 h 时，低速级大齿轮浸油深度会更深些，但不得超过 $\left(\frac{1}{3}\sim\frac{1}{6}\right)$ 分度圆半径，以免搅油损失过大。最高油面一般比最低油面高出约 10 mm。

5）设计输油沟

当轴承采用油润滑时，应在剖分面箱座的凸缘上开设输油沟，使飞溅到箱盖内壁上的油经油沟流入轴承。输油沟有铣制和铸造油沟的形式，设计时应使箱盖斜口处的油能顺利流入油沟，并经轴承盖的缺口流入轴承（见图 17.11）。

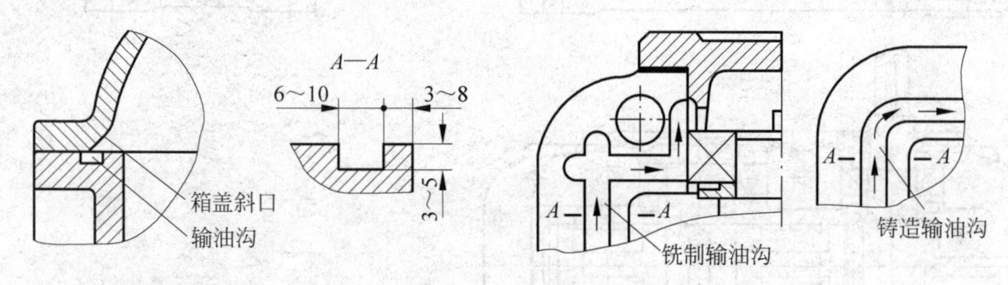

图 17.11　输油沟的形式和尺寸

6）箱体结构的加工工艺性

铸造工艺方面的要求是箱体形状力求简单，易于造型和拔模，壁厚均匀，过渡平缓，金属不要局部积聚等。

机械加工方面应尽量减少加工面积，以提高生产率和减少刀具的磨损；应尽量减少工件和刀具的调整次数，以提高加工精度，如同一轴上的两个轴承座孔应尽量直径相同，各轴承座端面都应在同一平面上；严格分开加工面和非加工面；螺栓头部和螺母的支承面要铣平或锪平，应设计出凸台或沉头座等。

2. 设计减速器附件的结构

箱体及其附件设计完成后，装配草图如图 17.12 所示。最后需要对装配草图进行仔细检查，检查的顺序是由主要零件到次要零件、先箱体内部后箱体外部，检查后修改草图中的设计错误。

17.2.5　标注主要尺寸与配合

1. 装配图上应标注的尺寸

1）特性尺寸

齿轮传动的特性尺寸为中心距及其偏差，中心距的偏差查附表 F.13。

2）配合尺寸

主要零件的配合处都应标出配合尺寸、配合性质和精度等级，如传动零件与轴的配合，轴与轴承的配合，轴承与轴承座孔的配合等。减速器主要零件的荐用配合见表 17.2。

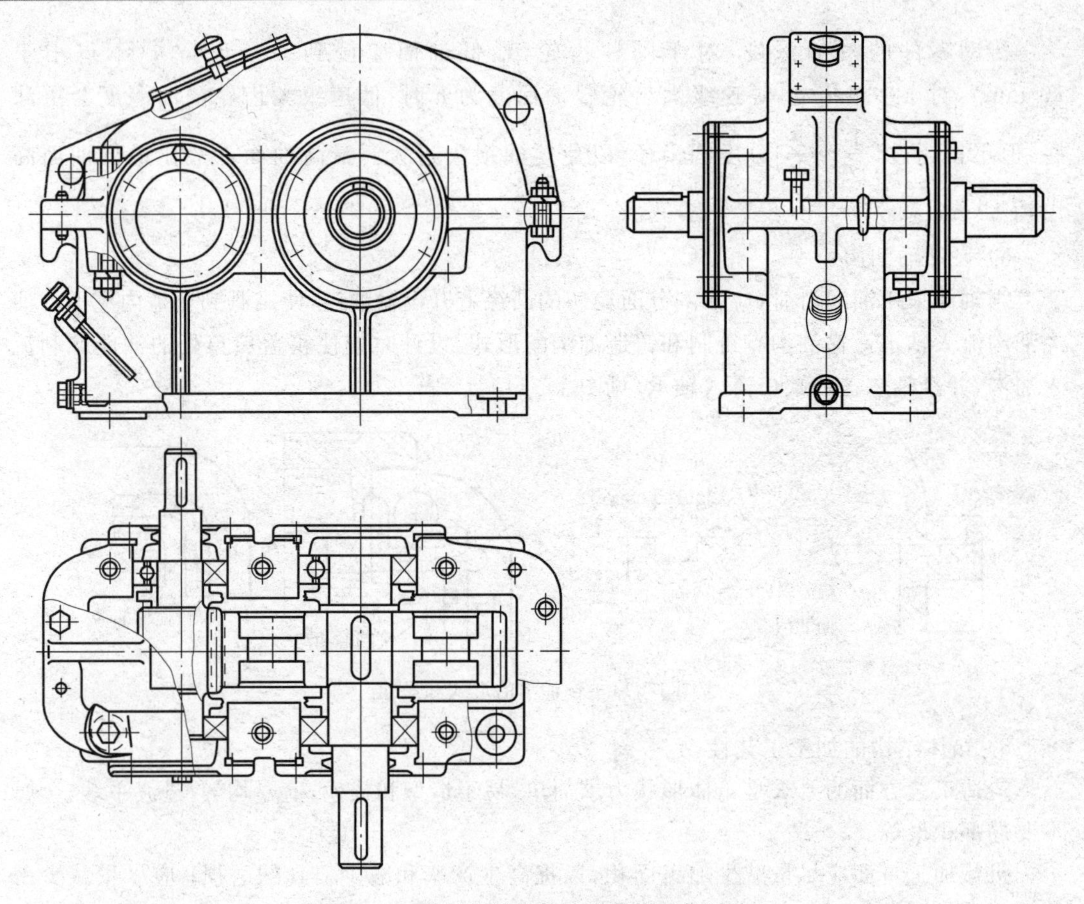

图 17.12 单级圆柱齿轮减速器装配草图(四)

表 17.2 减速器主要零件的荐用配合

配合零件	适用特性	荐用配合	装拆方法
传动零件与轴,联轴器与轴	重载、冲击、轴向力大	$\frac{H7}{s6}$,$\frac{H7}{r6}$	用压力机
	一般情况	$\frac{H7}{r6}$,$\frac{H7}{p6}$	
	要求对中性良好和很少装拆	$\frac{H7}{n6}$	
	较常装拆	$\frac{H7}{m6}$,$\frac{H7}{k6}$	用手锤打入
滚动轴承内圈与轴(内圈旋转)	轻负荷	j6,k6	用温差法或压力机
	中等负荷	k6,m6,n6	
	重负荷	n6,p6,r6	
滚动轴承外圈与轴承座孔(外圈不旋转)		H7,J7	用木锤或徒手装拆
轴承套圈与座孔		$\frac{H7}{h6}$,$\frac{H7}{js6}$	徒手装拆
轴承盖与座孔		$\frac{H7}{h8}$,$\frac{H7}{f8}$,$\frac{J7}{f7}$	
轴套、挡油环等与轴		$\frac{H7}{h6}$,$\frac{E8}{js6}$,$\frac{E8}{k6}$,$\frac{F6}{m6}$	

3）安装尺寸

如箱体底面尺寸(长和宽)，地脚螺栓孔的直径和定位尺寸，减速器的中心高，轴外伸端的配合长度、直径及端面定位尺寸等。

4）外形尺寸

减速器的总长、总宽和总高。

2. 写出减速器的技术特性

在装配图上适当位置写出减速器的技术特性，其内容及格式可参考表 17.3。

表 17.3　减速器的技术特性

输入功率/kW	输入转速/(r/min)	传动比 i	减速器效率 η	齿　　数		模数 m_n/mm	螺旋角 β/(°)	齿轮精度等级
				z_1	z_2			

注：单级齿轮减速器可删去相应的内容。

3. 编写技术要求

装配图上的技术要求是用文字说明在视图上无法表达的关于装配、调整、检验、润滑、维修等方面的内容，主要包括以下几个方面。

1）对零件的要求

装配前所有零件要用煤油或汽油清洗，箱体内壁涂上防浸蚀的涂料。

2）传动侧隙和接触斑点的检查

安装齿轮后，应保证需要的侧隙和齿面接触斑点，其具体数值由传动精度查附表 F.14 和附表 F.15。

传动侧隙的检查可用塞尺或铅丝放进啮合的两齿间隙中，然后测量塞尺或铅丝变形后的厚度。

接触斑点的检查是在主动轮齿面上涂色，将其转动 2～3 周后，观察从动轮齿面的着色情况，由此分析接触区位置及接触面积的大小。

3）滚动轴承的轴向间隙要求

当两端固定的轴承结构中采用不可调间隙的轴承(如深沟球轴承)时，在轴承端盖和轴承外圈端面间留有适当的轴向间隙，一般取 0.25～0.4 mm。

4）对润滑剂的要求

选择润滑剂时，应考虑传动的特点，载荷大小、性质及转速。一般对重载、低速、起动频繁等情况，应选用黏度高、油性和极性好的润滑油；对轻载、高速、间歇工作的传动件可选黏度较低的润滑油。

传动零件和轴承所用的润滑剂的选择方法参见附录 I。

5）对密封的要求

在箱体剖分面、各连接面和轴伸端密封处都不允许漏油。剖分面上允许涂密封胶或水玻璃，但不允许用垫片。轴伸处密封应涂上润滑脂。

6）对试验的要求

作空载试验正反转各一小时，要求运转平稳、噪声小、连接固定处不得松动。作负载试验时，油池温升不得超过35℃，轴承温升不得超过40℃。

7）对外观、包装和运输的要求

箱体表面应涂油漆，对外伸轴及零件应涂油并包装紧密，运输和装卸时不可倒置等。

4. 对零件编号

对零件进行编号可以不分标准件和非标准件，统一编号，也可以对标准件和非标准件分别编号。图上相同的零件或相同的独立组件（如滚动轴承、油标等）只用一个编号。零件编号的表示应符合国家制图标准的规定。

5. 编写零件明细栏和标题栏

明细栏是减速器所有零件的详细的目录，编写明细栏的过程也是最后确定零件材料及标准件的过程，应尽量减少材料和标准件的品种和规格。标题栏格式和明细栏格式分别如图17.13和图17.14所示。

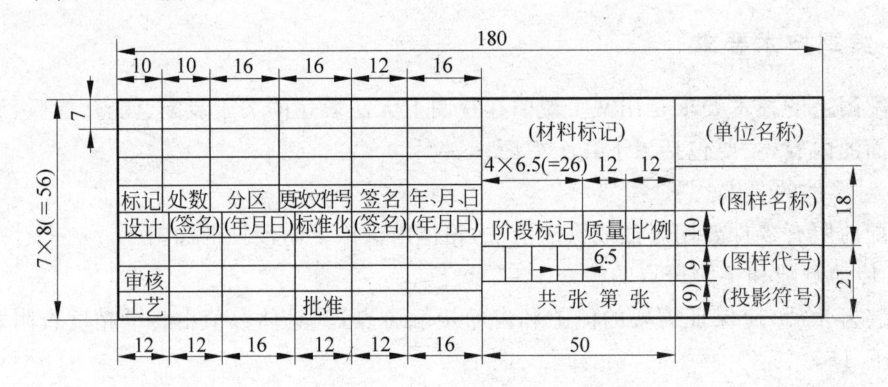

图17.13 标题栏格式

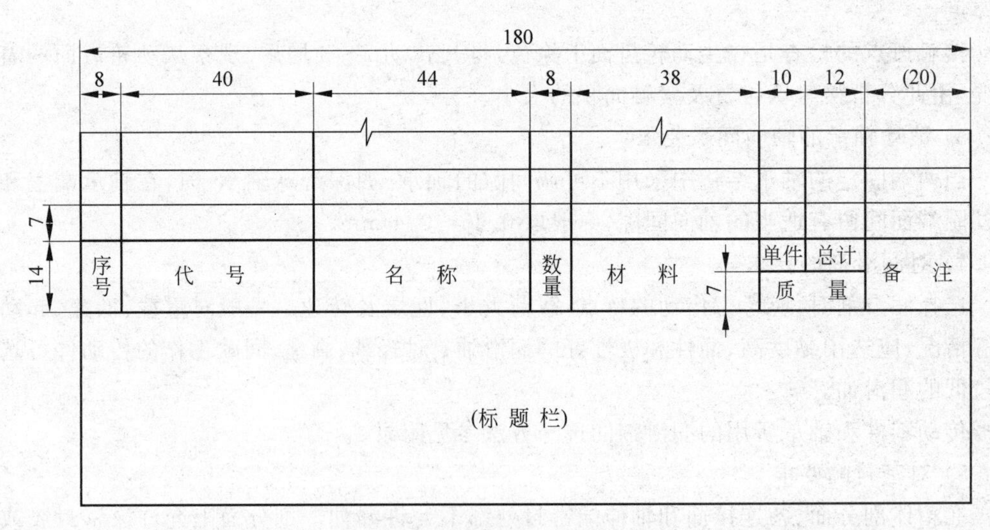

图17.14 明细栏格式

6. 检查装配图

装配图画好后，应仔细检查图纸，主要内容如下：

(1) 视图数量是否足够，能否表达减速器的工作原理和装配关系。

(2) 各零件的结构是否合理，其加工、装拆、调整、维护、润滑和密封是否可能及简便。

(3) 尺寸标注是否正确，配合和精度的选择是否适当。

(4) 技术特性和技术要求是否完善和正确。

(5) 零件编号是否齐全，有无重复或遗漏，标题栏和明细栏各项是否正确。

(6) 图纸大小、比例和格式是否符合国家标准。(图纸检查和修改后，待画完零件图再加深描粗。)

17.3　零　件　图

装配图设计完毕后，减速器中各零部件之间的相对位置关系、配合要求、总体尺寸和安装尺寸等就随之确定，而每个零件的结构形状和尺寸不能、也无法在装配图中得到详细反映。一般机械产品的设计过程首先是将装配图设计出来，然后在满足装配要求的前提下，根据各个零件(非标准件)的功能特点，设计并绘制其零件图。

17.3.1　零件图的要求

零件图是零件制造、检验和制定工艺规程的基本技术文件，在设计时既要考虑零件的功能要求，又要兼顾其制造工艺性。因此，零件图必须正确、规范，应能够完整、清晰地表达零件的结构、尺寸以及尺寸公差、几何公差、表面粗糙度、材料及其热处理、技术要求和标题栏等信息。

机械设计基础课程设计中，绘制零件图的目的主要是锻炼学生的设计及表达能力，使学生熟悉零件图的内容、要求和绘制方法。因受到设计时间限制，根据课程设计教学要求，学生可选择(或由教师指定)绘制 2～3 幅零件图。

1. 选择视图

零件图必须根据机械制图国家标准中规定的画法，用最少的视图以及合理的布局，清楚而正确地表达出零件各部分的结构形状和尺寸。

主视图是表达零件结构形状的一组图形中最主要的视图，主视图的选择是否合理，直接影响到其他视图的选择、配置和看图、画图是否方便。因此，应首先选好主视图。应将表示零件信息量最多的那个视图作为主视图，通常是零件的工作位置或加工位置或安装位置。零件主视图的安放方位可根据“加工位置原则”或“工作(安装)位置原则”确定。“加工位置原则”是指主视图方位与零件主要加工工序中的加工位置相一致，这样方便看图、加工和检测尺寸。“工作(安装)位置原则”是指主视图安放方位与零件的安装位置或工作位置相一致，有利于把零件图和装配图对照起来看图，也便于想象零件在部件中的位置和作用。

主视图确定后，应根据零件结构形状的复杂程度，由主视图是否已表达完整和清楚，来决定是否需要和需要多少其他视图以弥补表达的不足。零件的主体形状应采用基本视图表达；局部形状如不便在基本视图上兼顾表达时，可另选用其他视图（如向视图、局部视图、断面图等）。一个较好的表达方案往往需要试列多种可行的表达方案，经反复分析、论证，才能最后确定。若各视图表达方法匹配恰当，则可以在表达零件形状完整、清晰的前提下，使视图数量为最少。

2. 尺寸及其偏差的标注

要认真分析零件的设计要求、制造工艺和检验要求，零件图上的尺寸标注，除了要正确、完整、清晰外，还要考虑合理性，既要满足设计要求，又要便于加工和测量。

零件图中尺寸基准一般选择零件的底面、端面、对称面、零件的对称中心线、回转体的轴线等。设计基准是根据零件的结构和设计要求，以确定零件在机器中位置的一些面、线、点。工艺基准则是根据零件加工制造、测量和检验等工艺要求所选定的一些面、线、点。在标注尺寸时，最好能把设计基准和工艺基准统一起来，这样既能满足设计要求，又能满足工艺要求。

标注尺寸时要注意以下几点：

(1) 零件图上的功能尺寸要直接标注，不要经过换算；

(2) 避免将尺寸注成封闭环形式；

(3) 对零件图应注意将尺寸标注在表示该结构最清晰的图形上；

(4) 标注尺寸要考虑加工工序；

(5) 标注尺寸要考虑测量方便；

(6) 按加工要求标注尺寸。

此外，零件图中所表达的零件结构形状应与装配图一致，不可随意改动，如须改动的话，则装配图也应作相应更改。

3. 标注公差及表面粗糙度

对于有配合要求的尺寸和精度要求较高的尺寸，应根据装配图中已经确定了的配合代号和精度等级，标注出尺寸对应的极限偏差。自由尺寸公差一般不必标注。

零件工作图上还应标注必要的形状公差和位置公差。由于各零件的工作性质和性能指标要求不同，所标注的几何公差项目和精度等级也不相同。当被测要素为轮廓要素时，应将指引线箭头指向要素的轮廓线或轮廓线的延长线且必须与要素的尺寸线明显错开。当被测要素为中心要素时，箭头的指引线应与要素尺寸线对齐。当基准要素是轮廓要素时，基准代号应置于要素的外轮廓上或其延长线上，且应与尺寸线明显错开。当基准要素为中心要素时，则基准符号短线应与要素尺寸线对齐。对于多个被测要素有相同的几何公差要求时，可以从一个公差框格的同一端引出多个指示箭头；对于同一个被测要素有多项几何公差要求时，可在一个指引线上画出多个公差框格。两个或两个以上被测要素组成的基准称为组合基准，组合基准的名称应将各字母用横线连接起来，并书写在公差框格的同一个方格内。

零件的所有表面（包括非加工的毛坯表面）都应标注表面粗糙度参数值。在常用参数值范围内，推荐优先选用高度参数 Ra。表面粗糙度参数值的选择，应根据设计要求确定，在满足使用性能要求的前提下，尽量选取较大的参数，以利于加工，降低成本。

4. 设计零件的工艺结构

零件的结构形状是根据它在机器(部件)中的作用来决定的，不仅要满足设计要求，还要考虑到加工、测量、装配过程中的一系列工艺要求，使零件具有合理的工艺结构。

1) 铸造零件常见工艺要求

(1) 拔模斜度。在铸造零件毛坯时，为了便于在砂型中取出木模，一般沿着起模方向设有拔模斜度，通常为 1∶20。

(2) 铸造圆角。在铸件毛坯各表面的相交处都有铸造圆角，既方便起模，又防止浇铸时将砂型转角处冲坏，还可以避免铸件在冷却时产生裂纹或缩孔。

(3) 过渡线。铸件的两个相交表面处，为了便于看图仍要用细实线画出交线，但交线两端空出不与轮廓线的圆角相交，这种交线称为过渡线。

(4) 铸件壁厚。在浇铸零件时，为了避免各部分因冷却速度不同而产生缩孔或裂纹，铸件壁厚应保持大致相等或逐渐变化。

2) 零件机械加工面常见工艺要求

(1) 倒角和倒圆。为便于装配，且保护零件表面不受损伤，一般在轴端、孔口、轴肩和拐角处加工出倒角或倒圆。

(2) 凸台和凹坑。为了减少加工面积，并保证零件表面之间有良好的接触，常在铸件上设计出凸台或凹坑，并铣平或锪平。

(3) 螺纹退刀槽和砂轮越程槽。为了便于退刀或使砂轮可以将加工表面加工完整，常常在零件的待加工面末端先车出退刀槽和砂轮越程槽。

(4) 钻孔结构。为保证钻出的孔正确并避免钻头折断，应使钻头轴线垂直于被加工表面。

5. 编写技术要求

凡是用图形或符号不便于在图面上表达，但在制造或检验时又必须保证的条件和要求，均可用文字简明扼要地书写在技术要求中。它的内容根据零件以及加工方法的不同而有所不同，一般包括：

(1) 对材料的力学性能与化学成分的要求。

(2) 对铸造或锻造毛坯的要求。如毛坯表面不允许有氧化皮及毛刺，箱体铸件在机械加工前必须进行时效处理等。

(3) 对零件热处理的要求。如热处理方法及热处理后表面硬度、淬火深度及渗碳深度等。

(4) 对加工的要求。如是否与其他零件一起配合加工(如配钻或配铰)等。

(5) 其他要求。如对未注明的倒角、圆角尺寸的说明；对零件个别部位的修饰加工要求，如涂色、镀铬等；对于高速、大尺寸的回转零件的平衡试验要求等。

6. 绘制标题栏

标题栏位于图纸的右下角，说明零件的名称、材料、数量、日期、图号、比例以及设计、审核人员签字等。

17.3.2 轴类零件图

1. 视图

轴类零件为回转体，一般按轴线水平布置主视图。在有键槽和孔的地方，增加必要的剖视图或断面图。对于不易表达清楚的局部结构，如退刀槽、砂轮越程槽或中心孔等，必要时应加局部放大图。

2. 尺寸标注

轴类零件的尺寸标注包括径向、轴向及键槽等细部结构的尺寸标注。

各轴段的直径必须逐一标出，即使直径完全相同的不同轴段也不能省略。径向尺寸以轴线为基准，所有配合处的轴径尺寸都必须根据装配图中的配合要求标注相应的极限偏差。

轴向尺寸的基准面通常选用轴端基准面或者轴孔配合段的端面基准面，尽可能使轴向尺寸的标注符合加工工艺和测量的要求，不允许出现封闭尺寸链，通常将轴中最不重要的一段轴向尺寸作为尺寸的封闭环而不注出。

各轴段之间的过渡圆角或倒角等细部结构的尺寸也应标出，或者在技术要求中加以说明。在标注键槽尺寸时，除了标注定形尺寸之外，注意不要遗漏定位尺寸。

图17.15是轴的轴向长度尺寸标注示例，其主要基准面选择在轴肩 A—A 处。它是大齿轮轴向定位面，并影响其他零件的装配位置，图上通过尺寸 L_1 确定这个位置，然后按加工工艺要求标注其他尺寸。对精度要求较高的轴段，应直接标注长度尺寸；对精度要求不高的轴段，可不直接标注长度尺寸。

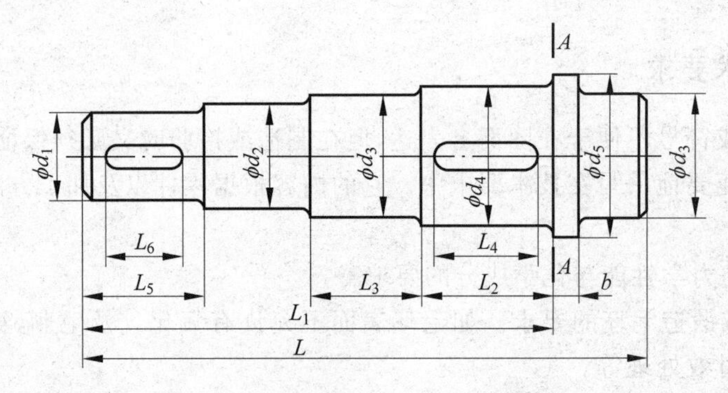

图17.15 轴的轴向长度尺寸标注示例

3. 公差及表面粗糙度

普通减速器中，轴向尺寸一般不必标注尺寸公差。安装齿轮、轴承、带轮、联轴器等处的轴径应根据装配图设计的配合代号标注相应的上、下偏差。如图17.16所示，轴键槽的标注主要包括槽深及公差、槽宽及公差和对称度，具体公差数值分别见附表D.1。

对轴的重要工作表面应合理设计几何公差，以保证加工质量，满足使用性能要求。普通

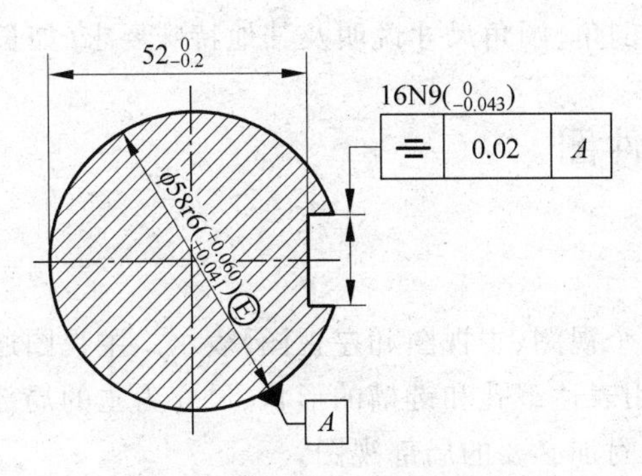

图 17.16　轴键槽标注示意图

减速器中,轴类零件推荐标注的形状公差和位置公差项目及等级如表 17.4 所示。

表 17.4　轴类零件的常见几何公差要求

类别	标注项目	等级	作　用
形状公差	与滚动轴承相配合轴段表面的圆度或圆柱度	6～7	影响轴与滚动轴承或传动件配合的松紧、对中性和回转精度
	与齿轮、带轮、联轴器等传动件相配合轴段表面的圆度或圆柱度	7～8	
位置公差	与滚动轴承相配合轴段表面相对轴线的径向圆跳动	5～6	影响滚动轴承及传动件的回转同轴度
	与齿轮、带轮、联轴器等传动件相配合轴段表面相对轴线的径向圆跳动	6～8	
	滚动轴承的定位端面相对轴线的端面圆跳动	6～8	影响滚动轴承及传动件的定位及受载均匀性
	齿轮、带轮等传动件的定位端面相对轴线的端面圆跳动	6～8	
	键槽中心平面相对轴线的对称度	7～9	影响键的受载均匀性及装拆难易程度

轴各部分的加工精度要求不同,加工方法则不同,各部分的表面粗糙度也不尽相同,设计时可参考表 17.5。

表 17.5　轴的表面粗糙度要求

加工表面	$Ra/\mu m$	加工表面	$Ra/\mu m$
与传动件及联轴器轮毂相配合的圆柱表面	3.2～0.8	与传动件及联轴器轮毂相配合的轴肩端面	6.3～3.2
与普通级滚动轴承相配合的圆柱表面	1.6～0.8	与普通级滚动轴承相配合的轴肩端面	3.2
平键键槽的工作表面	3.2～1.6	平键键槽的非工作表面	6.3

4. 技术要求

轴类零件的技术要求通常包括以下内容。

(1) 对材料及表面性能要求(如热处理方法、硬度、渗碳深度及淬火深度等)。

(2) 对轴的加工要求(如对中心孔的要求等)。

(3) 对图中未注明的倒角、圆角尺寸说明及其他特殊要求(如长轴应校直毛坯等要求)。

17.3.3 齿轮类零件图

1. 视图

齿轮类零件一般用两个视图(主视图和左视图)表示。主视图通常采用通过轴线的全剖或半剖视图,左视图可采用表达毂孔和键槽的形状、尺寸为主的局部视图。若齿轮是轮辐式结构,则应画出左视图,并附加必要的局部视图。

对于组合式结构,则应先画出组件图,再分别画出各零件的零件图。齿轮轴与蜗杆轴的视图与轴类零件图相似。

2. 尺寸标注

齿轮类零件的径向尺寸以轴线为基准标注,宽度方向尺寸则以加工端面为基准标注。齿轮分度圆直径虽然不能直接测量,但它是设计的基本尺寸,必须标出。齿顶圆直径、轮毂轴孔直径、轮毂、轮辐等结构参数都是齿轮加工不可缺少的参数。此外,标注圆角、倒角、锥度、键槽等尺寸时要做到既不重复标注,也不遗漏。

锥齿轮的锥距和锥角是保证啮合的重要尺寸,必须标注。组合式蜗轮结构,应标出轮缘与轮辐的配合尺寸和要求。

3. 几何公差及表面粗糙度

轮毂轴孔是加工和装配的重要基准,应按装配图的要求标注尺寸公差和形状公差。齿轮轮毂的两个端面应标注位置公差。圆柱齿轮常以齿顶圆作为齿面加工时定位找正的工艺基准或作为检验齿厚的测量基准,因此齿轮齿顶圆应标注尺寸公差和位置公差。此外,如图 17.17 所示,毂孔键槽的标注主要包括轮毂深及公差、槽宽及公差和对称度,具体公差数值分别见附表 D.1。齿轮常用的几何公差项目如表 17.6 所示。齿轮类零件各加工表面常用表面粗糙度可参考表 17.7。

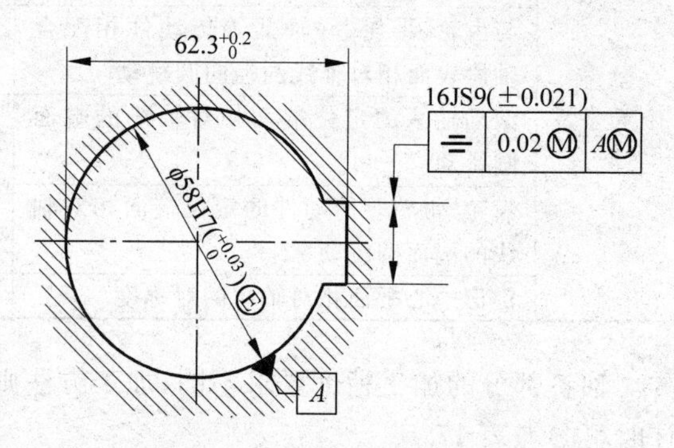

图 17.17 轮毂槽标注示意图

表 17.6 齿轮的几何公差要求

类　别	标注项目	等　级	作　用
形状公差	轮毂轴孔的圆柱度	7～8	影响齿轮与轴配合的松紧、对中性
位置公差	齿轮齿顶圆相对轮毂轴孔轴线的径向圆跳动	按齿轮精度等级及尺寸确定	齿轮加工时产生齿圈径向跳动误差,导致分齿不均,引起齿向误差。测量时影响齿厚的测量精度。工作时影响传动精度和载荷分布的均匀性
	齿轮端面相对轮毂轴孔轴线的端面圆跳动		
	键槽中心平面相对轮毂轴孔轴线的对称度	8～9	影响键的受载均匀性及装拆难易程度

表 17.7 齿轮各加工表面常用表面粗糙度

加工表面		表面粗糙度 Ra 推荐值/μm			
		齿轮精度等级			
		6	7	8	9
轮齿工作面	齿面加工方法	磨齿或珩齿	剃齿	精滚或精插齿	滚齿或铣齿
	Ra 推荐值	0.8～0.4	1.6～0.8	3.2～1.6	6.3～3.2
齿顶圆柱面	作基准	1.6	3.2～1.6	3.2～1.6	6.3～3.2
	不作基准	12.5～6.3			
齿轮基准孔 齿轮轴的轴颈		1.6～0.8	1.6～0.8	3.2～1.6	6.3～3.2
齿轮的基准端面		1.6～0.8	3.2～1.6	3.2～1.6	6.3～3.2
平键键槽	工作面	3.2 或 6.3			
	非工作面	6.3 或 12.5			
其他加工表面		6.3～12.5			

4. 技术要求

齿轮技术要求通常包括：

(1) 对齿轮的热处理方法和热处理后硬度的要求，如淬火及渗碳深度的要求。

(2) 对铸件、锻件或其他毛坯件的要求，如不允许有毛刺及氧化皮等。

(3) 对未注明的圆角、倒角尺寸的要求。

(4) 对于大型齿轮或高速齿轮，还应考虑平衡试验要求。

5. 啮合特性表

在齿轮类零件的工作图中应编写啮合特性表，布置在图纸的右上方(如图 17.18 所示)，以便于选择刀具和检验误差。啮合特性表的主要内容包括齿轮(蜗杆或蜗轮)的基本参数(齿数 z、模数 m_n、标准压力角 a_n、变位系数 x、螺旋角 β 及其旋向等)、齿轮的精度等级和误差检验项目及具体数值。齿轮的啮合精度等级要求应按照齿轮运动和受载情况，结合制造工艺水平综合确定，可参考附录 F。

17.3.4 箱体类零件图

1. 视图

减速器箱体类零件(箱盖和箱座)的结构比较复杂，一般需要三个视图表示。为了表达清楚其内部和外部结构，还需增加一些必要的局部视图、局部剖视图和局部放大图等。

2. 尺寸标注

与轴类及齿轮类零件相比，箱体类零件的尺寸标注复杂得多，在标注时要注意以下事项。

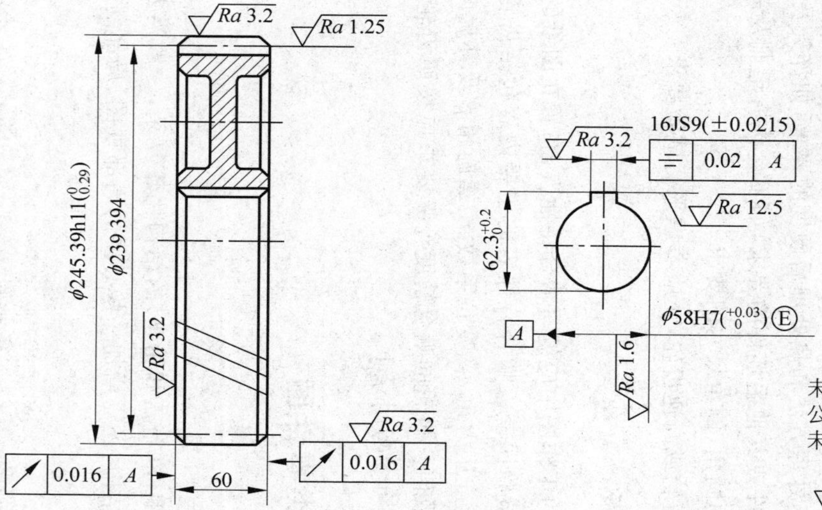

法向模数		m_0	3
齿数		z_2	79
标准压力角		GB/T 1356—2001, α_n=20°	
变位系数		x_2	0
螺旋角及方向		β	8°6′34″右旋
精度等级		8-8-7 GB/T 10095.1—2008	
齿距累积总偏差允许值		F_p	0.070
单个齿距偏差允许值		$\pm f_{pt}$	±0.018
齿廓总偏差允许值		F_α	0.025
螺旋线总偏差允许值		F_β	0.021
法向公法线长度	跨齿数	k	10
	公称值及极限偏差	$W_{+E_{wi}}^{+E_{wi}}$	$87.552_{-0.148}^{-0.069}$
配偶齿轮的齿数		z_a	20
中心距及其极限偏差		$a \pm f_a$	150±0.032

未注公差尺寸按GB/T 1804-m
公差原则按GB/T 4229
未注几何公差按GB/T 1184-K

$\sqrt{Ra\ 25}$ ($\sqrt{}$)

图 17.18 齿轮类零件示意图

(1) 要选好基准,最好采用加工基准作为标注尺寸的基准。如箱座和箱盖高度方向的尺寸最好以剖分面为基准,箱体宽度方向尺寸应以宽度的对称中心平面为基准,箱体长度方向尺寸一般以轴承座孔轴线为基准。

(2) 功能尺寸应直接标出,如轴承座孔中心距应按照齿轮中心距及极限偏差标出。

(3) 箱体的形状尺寸,如壁厚、各种孔径及深度、圆角半径、槽的深度、螺纹尺寸及箱体长、宽、高等应直接标出,而不需任何换算。箱体的定位尺寸用来确定各部分相对于基准的位置,如孔或曲线的中心位置、其他平面相对基准面的位置等尺寸都应从基准直接标注。

(4) 箱体为铸件,标注尺寸时要符合铸造工艺的要求,要便于木模制作。木模通常由许多基本形体拼接而成,在基本形体的定位尺寸标出后,其形状尺寸则应相对自身的基准标注。

(5) 有配合要求的尺寸都应根据装配图中的配合代号标出其极限偏差。

(6) 箱体尺寸繁多,应避免尺寸遗漏、重复或封闭。所有圆角、倒角尺寸及铸件拔模斜度等都应标出,或者在技术要求中加以说明。

3. 几何公差及表面粗糙度

箱体类零件的几何公差要求如表17.8所示。箱体类零件有关表面的表面粗糙度要求如表17.9所示。

表17.8 箱体类零件的几何公差要求

类别	项目	等级	作用
形状公差	轴承座孔的圆度或圆柱度	6～7	影响箱体与轴承的配合性能及对中性
	剖分面的平面度	7～8	
位置公差	轴承座孔轴线之间的平行度	6～7	影响传动的平稳性和载荷的均匀性
	轴承座孔轴线之间的垂直度	7～8	
	两轴承座孔轴线的同轴度	6～8	影响减速器轴系装配及载荷分布的均匀性
	轴承座孔轴线相对其端面的垂直度	7～8	影响轴承固定及轴向载荷的均匀性
	轴承座孔轴线相对箱体剖分面在垂直平面上的位置度	≤0.3 mm	影响孔系精度及轴系装配

表17.9 箱体类零件有关表面的表面粗糙度要求

加工表面	$Ra/\mu m$	加工表面	$Ra/\mu m$
减速器剖分面	3.2～1.6	减速器箱座底面	12.5～6.3
轴承座孔表面	3.2～1.6	轴承座孔外端面	6.3～3.2
圆锥销孔表面	3.2～1.6	螺栓孔表面	12.5～6.3
嵌入式端盖凸缘槽表面	6.3～3.2	油标尺孔座表面	12.5～6.3
视孔盖接触面	12.5	其他表面	>12.5

4. 技术要求

箱体类零件的技术要求通常包括以下内容。

(1) 将箱座和箱盖固定后配钻、配铰加工剖分面上的定位销孔。

(2) 剖分面上的螺栓孔可通过模板分别在箱座或箱盖上钻孔，也可以将箱座和箱盖固定一起后配钻。

(3) 在箱座和箱盖上装入定位销，并通过螺栓连接之后，再对轴承座孔进行镗孔加工。

(4) 铸件的清砂、去毛刺和时效处理要求。

(5) 箱体内表面用煤油清洗并涂防锈漆。

(6) 铸件拔模斜度和圆角的说明。

17.4 设计计算说明书

设计说明书是图纸设计的理论根据，也是审核设计的技术文件之一，故它是设计工作的一个组成部分。

1. 说明书包含的内容

编写说明书的主要内容如下：

(1) 目录(标题和页码)。

(2) 设计任务书，如表17.10所示。

表17.10 设计任务书

- 课程设计的目的

课程设计是机械设计基础课程中的最后一个教学环节，也是第一次对学生进行较全面的机械设计训练。其目的是：

➢ 通过课程设计，综合运用机械设计基础课程和其他先修课程的理论和实际知识，来解决工程实际中的具体设计问题。通过设计实践，掌握机械设计的一般规律，培养分析和解决实际问题的能力。

➢ 培养机械设计的能力，通过传动方案的拟定，设计计算，结构设计，查阅有关标准和规范及编写设计计算说明书等各个环节，要求学生掌握一般机械传动装置的设计内容、步骤和方法，并在设计构思、设计技能等方面得到相应的锻炼。

- 设计题目

设计运送原料的带式运输机用的单级圆柱齿轮减速器。

- 设计要求

根据给定的工况参数，选择适当的电动机、选取联轴器、设计V带传动、设计单级齿轮减速器(所有的轴、齿轮、轴承、减速箱体、箱盖以及其他附件)和与输送带连接的联轴器。滚筒及输送带效率(含滚动轴承)$\eta=0.96$。工作时，载荷有轻微冲击，产品生产批量为成批生产，允许总传动比误差$<\pm 4\%$，要求齿轮使用寿命为10年，二班工作制，轴承使用寿命不小于15 000 h。

- 原始数据

输送带拉力 $F=$ N

输送带速度 $v=$ m/s

输送带滚筒直径 $D=$ m

- 提交工作量

➢ 单级圆柱齿轮减速器装配图一张(A1)。

➢ 低速轴、大齿轮零件图各1张(建议A3)。

➢ 编写课程设计报告书一份。

(3) 传动装置的总体设计：

① 拟订传动方案；

② 选择电动机；

③ 确定传动装置的总传动比及其分配；

④ 计算传动装置的运动及动力参数。

(4) 设计计算传动零件。

(5) 设计计算箱体的结构尺寸。

(6) 设计计算轴。

(7) 选择滚动轴承及寿命计算。

(8) 选择和校核键连接。

(9) 选择联轴器。

(10) 选择润滑方式、润滑剂牌号及密封件。

(11) 设计小结(包括对课程设计的心得、体会、设计的优缺点及改进意见等)。

(12) 参考资料(包括资料编号、作者、书名、出版单位和出版年月)。

此外，如对制造和使用有一些必须加以说明的技术要求，例如装配、拆卸、安装和维护等，也可以写入。

2. 编写计算说明书时应注意的问题

(1) 计算说明书采用 A4 纸书写，并应加封面(见图 17.19)，然后装订成册。

(2) 要求用黑色字体打印。

(3) 计算内容要列出公式，代入数值，写下结果，标明单位。中间运算应省略。

机械设计基础
课程设计报告书

题目：单级圆柱齿轮减速器

学　　院________
专　　业________
学生姓名________
学生学号________
指导教师________
课程编号　130195
课程学分　2
起始日期________

图 17.19　说明书封面

(4) 应编写必要的大小标题，附加必需的插图(如轴的受力分析图等)和表格，写出简短结论(例如“满足强度要求”等)，注明重要公式或数据的来源(参考资料的编号和页次)。

全部设计完成后即可准备答辩。答辩前，应认真整理和检查全部图纸和计算说明书，并按格式(如图 17.20 所示)折叠图纸，将图纸与计算书装入文件袋。

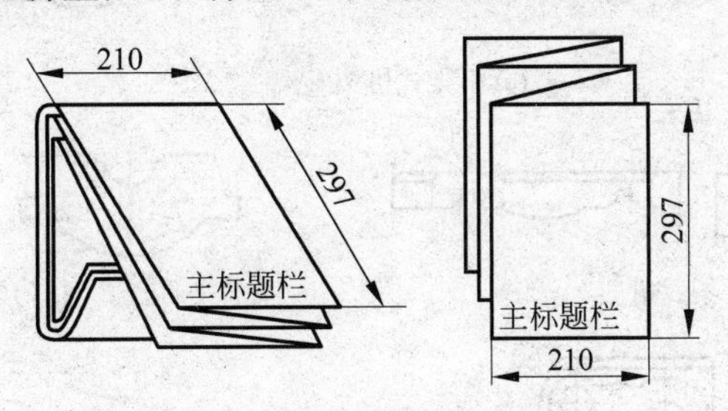

图 17.20　图纸折叠方法

答辩前应做好比较系统的、全面的回顾和总结，弄懂设计中的计算、结构等问题，以巩固和提高设计收获。

第18章

结构设计

18.1 机架类零件的结构设计

18.1.1 概述

机架类零件包括机器的底座、机架、箱体、底板等，主要用于容纳、约束、支承机器和各种零件。由于机架类零件体积较大而且形状复杂，常采用铸造或焊接结构。这些零件数量虽不多，但其质量在整个机器中占相当大的密度，因此它们的设计和制造质量对机器的质量有很大影响。

机架类零件按其构造形式大体上可分为4类：机座类(见图18.1(a)～(d))、机架类(见图18.1(e)～(g))、基板类(见图18.1(h))和箱壳类(见图18.1(i)、(j))。若按结构分，可分为整体式和剖分式；按其制造方法可分为铸造机架和焊接机架。

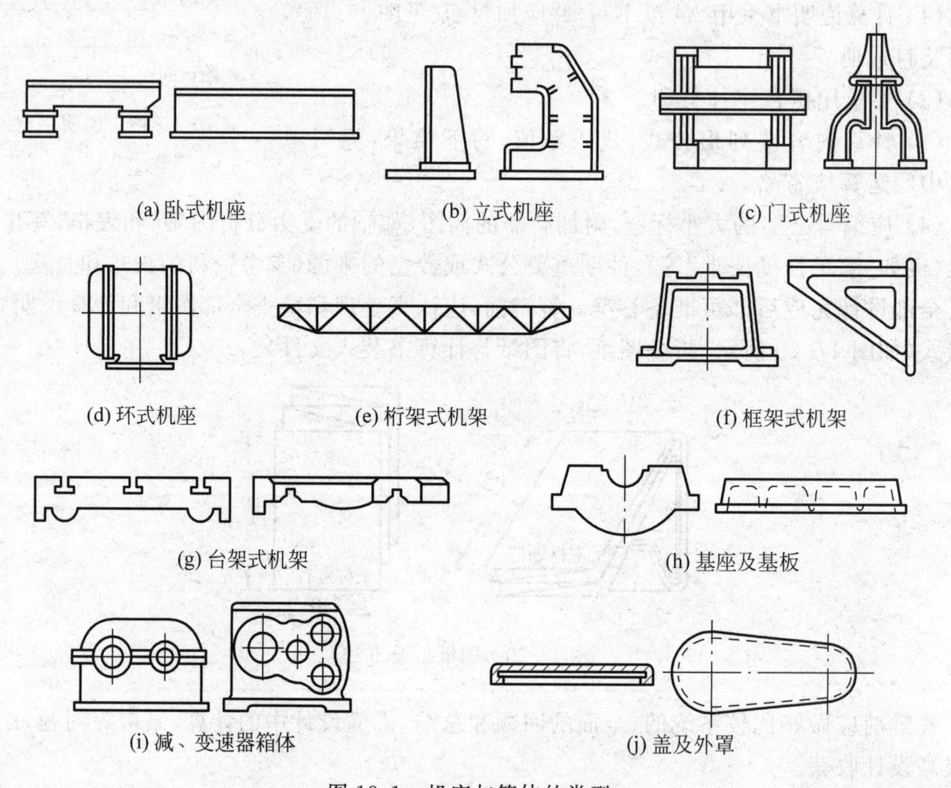

图18.1 机座与箱体的类型

由于机器的全部重量将通过机架传至基础上，并且还承受机器工作时的作用力，因此对机架设计的要求有：应有足够的强度、刚度、精度；有较好的工艺性、尺寸稳定性和抗振性；还应结构合理、外形美观。对于带有缸体、导轨等的机架，还应有良好的耐磨性。此外还要考虑到吊装、附件安装等问题。

18.1.2　铸造机架的结构设计

机架由于形状复杂，常采用铸件。铸造材料常用易加工、价廉、吸振性强、抗压强度高的灰铸铁，要求强度高、刚度大时采用铸钢。

1. 截面形状的合理选择

大多数机架处于复杂的受载状态，合理选择截面形状可以充分发挥材料的作用。受拉或受压零件的刚度和强度只决定于截面积的大小，而与截面形状无关。受弯曲或扭转的机架，若截面面积不变，可通过合理选择截面形状增大惯性矩及截面系数，以提高零件的强度和刚度。表 18.1、表 18.2 给出几种截面面积相等而形状不同机架的弯曲刚度和强度、扭转强度和扭转刚度。可以看出：受弯机架选用工字形截面为好，横板截面最差；受扭机架选用空心矩形截面为最佳。

表 18.1　非圆截面的强度、刚度与质量

零件	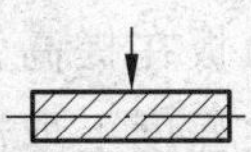	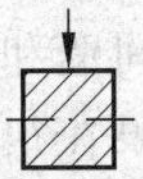	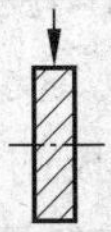			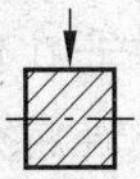	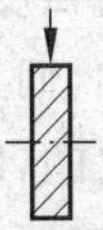		
	截面积为常数					抗弯剖面模量为常数			
质量	1	1	1	1	1	0.6	0.33	0.2	0.12
抗弯剖面模量	1	2.2	5	9	12	1	1	1	1
惯性矩	1	5	25	40	70	1.7	3	3	3.5

表 18.2　常用的几种截面形状比较

截面	形　状	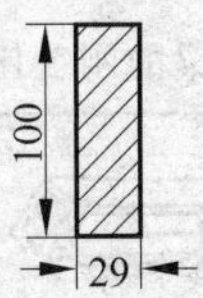	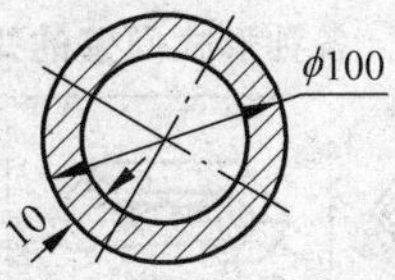	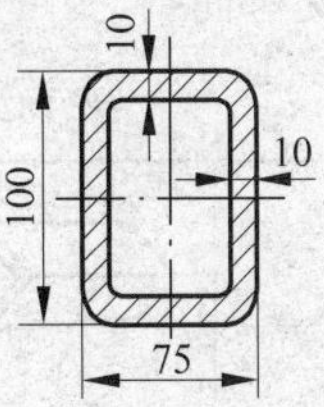	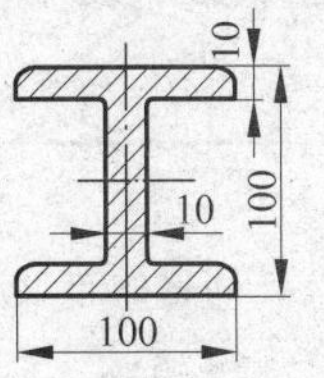
	面积/cm^2	29.0	28.3	29.5	29.5
弯曲	许用弯矩/(N·m)	4.83[σ_b]	5.82[σ_b]	6.63[σ_b]	9.0[σ_b]
	相对强度	1.0	1.2	1.4	1.8
	相对刚度	1.0	1.15	1.6	2.0
扭转	许用扭矩/(N·m)	0.27[T_r]	11.6[T_r]	10.4[T_r]	1.2[T_r]
	相对强度	1.0	43	38.5	4.5
	相对刚度	1.0	8.8	31.4	1.9

为了得到较大的弯曲刚度和扭转刚度，应在设计机架时尽量使材料沿截面周边分布。截面积相等而材料分布不同的几种梁的相对弯曲刚度比较见表 18.3，可见：方案Ⅲ的弯曲刚度比方案Ⅰ大 49 倍，比方案Ⅱ大约 10 倍。

表 18.3 材料分布不同的矩形截面梁的相对弯曲刚度

方　案	Ⅰ	Ⅱ	Ⅲ
矩形截面梁			
相对弯曲刚度	1	4.55	50

需要指出的是：不宜以增加截面厚度来提高铸铁件的强度；因为厚大截面的铸件因金属冷却慢，析出石墨片粗，且易存有缩孔、缩松等缺陷，而使性能下降；而且其弯曲和扭转强度也并非按截面积成比例地增加。

2. 间壁和肋

通常提高机架的强度和刚度可采用两种方法：增加厚度和布置肋板。增加壁厚将导致零件质量和成本增加，而且并非在任何情况下都能见效。设置间壁和肋板在提高强度和刚度方面常常是最有效的，因此经常采用。设置间壁和肋板的效果在很大程度上取决于布置是否合理，不适当的布置不仅达不到要求，而且会增加铸造困难和浪费材料。几种设置间壁和肋板的不同空心矩形梁及弯曲刚度、扭转刚度方面的比较见表 18.4，从表中可知，方案Ⅴ的斜间壁具有显著效果，弯曲刚度比方案Ⅰ约大 1/2，扭转刚度比方案Ⅰ约大两倍，而质量仅增加约 26%。方案Ⅳ的交叉间壁虽然相对弯曲刚度和相对扭转刚度都最大，但材料却要多耗费 49%。若以刚度和质量之比作为评定间壁设置的经济指标，则方案Ⅴ比方案Ⅳ优越；方案Ⅱ、Ⅲ的弯曲刚度相对增加值反不如质量的相对增加值，其比值小于 1，说明这种间壁设置不适合承受弯曲。

表 18.4 各种形式间壁的矩形梁的刚度比较

间壁的布置形式	Ⅰ	Ⅱ	Ⅲ	Ⅳ	Ⅴ
相对质量	1	1.14	1.38	1.49	1.26
相对弯曲刚度	1	1.07	1.51	1.78	1.55
相对扭转刚度	1	2.04	2.16	3.69	2.94
相对弯曲刚度/相对质量	1	0.95	0.85	1.20	1.23
相对扭转刚度/相对质量	1	1.79	1.56	2.47	2.34

3. 壁厚的选择

在满足强度、刚度、振动稳定性等条件下，应尽量选用最小的壁厚，以减轻零件的质量，但面大而壁薄的箱体，容易因齿轮、滚动轴承的噪声引起共振，故壁厚宜适当取厚些，并适当布置肋板以提高箱壁刚度。壁厚和刚度较大的箱体，还可以起到隔音罩的作用。铸造零件的最小壁厚可参考机械设计手册，间壁和肋板的厚度一般可取为主壁厚度的 0.6～0.8 倍，肋的高度约为主壁厚的 5 倍。

18.1.3　焊接机架的结构设计

单件或小批量生产的机架，可采用焊接结构，以缩短生产周期、降低成本；另外，钢材的弹性模量比铸铁大，要求刚度相同时，焊接机架可比铸铁机架轻(25%～50%)；制成以后，若发现刚度不够，还可以临时焊上一些加强筋来增加刚度。但焊接机架焊接时变形较大，吸振性不如铸铁件。设计焊接机架时，要注意几点。

1. 防止局部刚度突然变化

在一个零件中由封闭式过渡到开式结构时，两部分的扭转刚度有一个突然的变化，因此在封闭结构与开式结构的过渡部位需要有一个缓慢变化的过渡结构(见表 18.5)。

表 18.5　开式结构与封闭过渡结构的刚度比

焊接结构		Ⅰ	Ⅱ	Ⅲ
刚度比 K	抗拉	1∶1.5	1∶1.2	1∶4
	抗扭	1∶500	1∶200	1∶50

2. 使焊接应力与变形相互抵消

焊接结构力求对称布置焊缝和合理安排焊缝顺序，使焊接应力与变形相互抵消。

18.2　减速器的结构设计

减速器主要由通用零/部件(如传动件、支承件、连接件)、箱体及附件所组成。现结合图 18.2 简要介绍前面未介绍的零、部件结构设计。

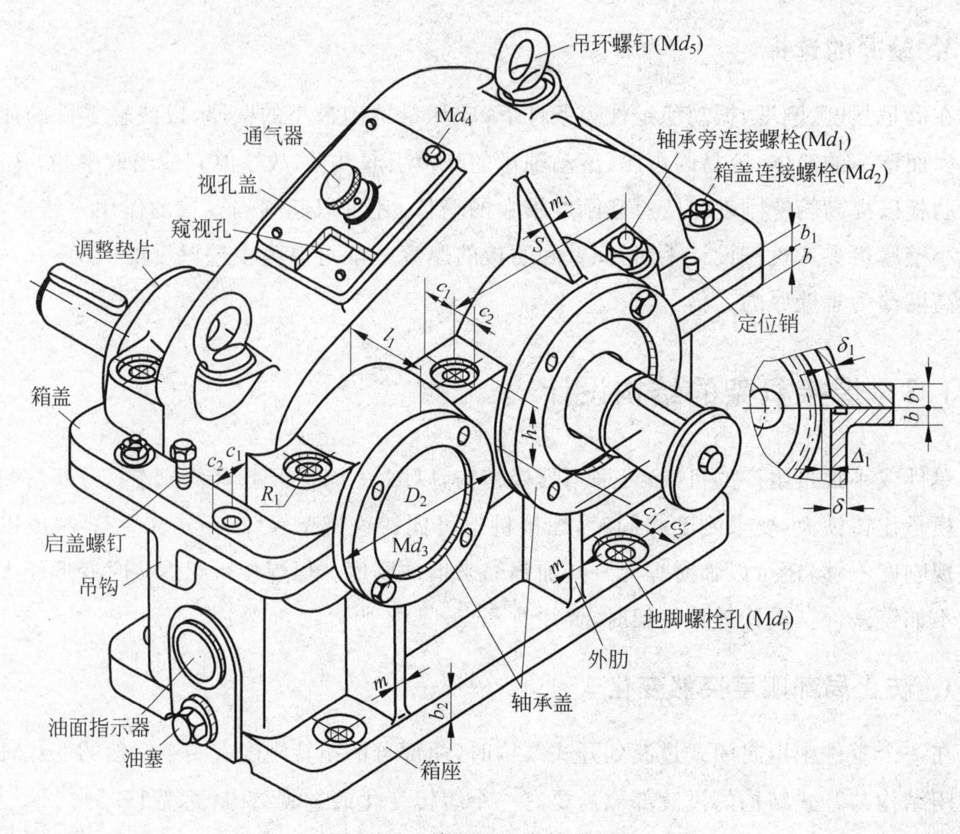

图 18.2 单级圆柱齿轮减速器

18.2.1 齿轮、蜗杆减速器箱体结构尺寸

减速器箱体形状复杂，大多采用铸造箱体，一般采用牌号为 HT150 和 HT200 的铸铁铸造。受冲击重载的减速器可用高强度铸铁或铸钢 ZG55 铸造。单件小批生产时，箱体也可用钢板焊接而成，其质量较轻，但焊接的箱体容易产生变形，故对有较高要求箱体，在焊接后应进行退火处理，以消除内应力。

减速器箱体广泛采用剖分式结构，其剖分面大多平行于箱体底面，且与各轴线重合。

箱体设计的主要要求是：有足够的刚度，能满足密封、润滑及散热条件的要求，有较好的工艺性等。由于箱体的强度和刚度计算很复杂，因此其各部分尺寸一般按经验公式来确定，详见图 18.3 和表 18.6～表 18.10。

18.2.2 减速器附件结构设计

为了保证减速器正常工作和具备完善的性能，如检查传动件的啮合情况、注油、排油、通气和便于安装、吊运等，减速器箱体上常设置必要的装置和零件，这些装置和零件及箱体上相应的局部结构统称为附件(参看图 18.4～图 18.10)。现将附件作用和原理叙述如下。它们的结构尺寸见表 18.11～表 18.18。

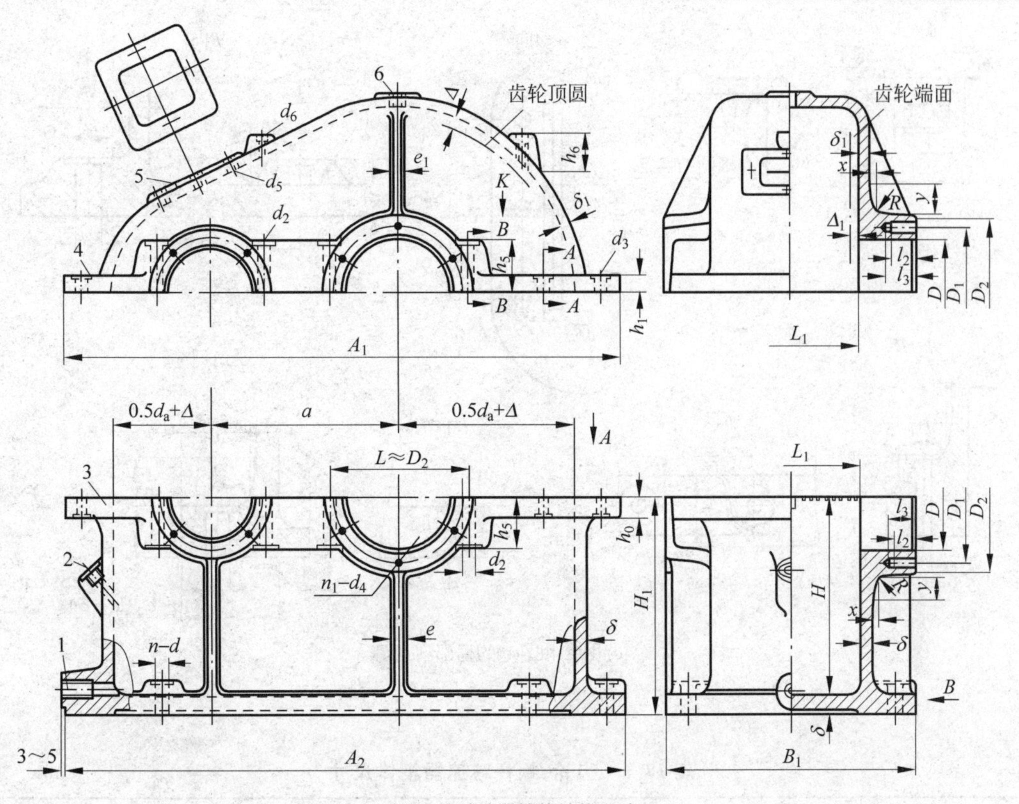

(a) 齿轮减速器箱体结构尺寸

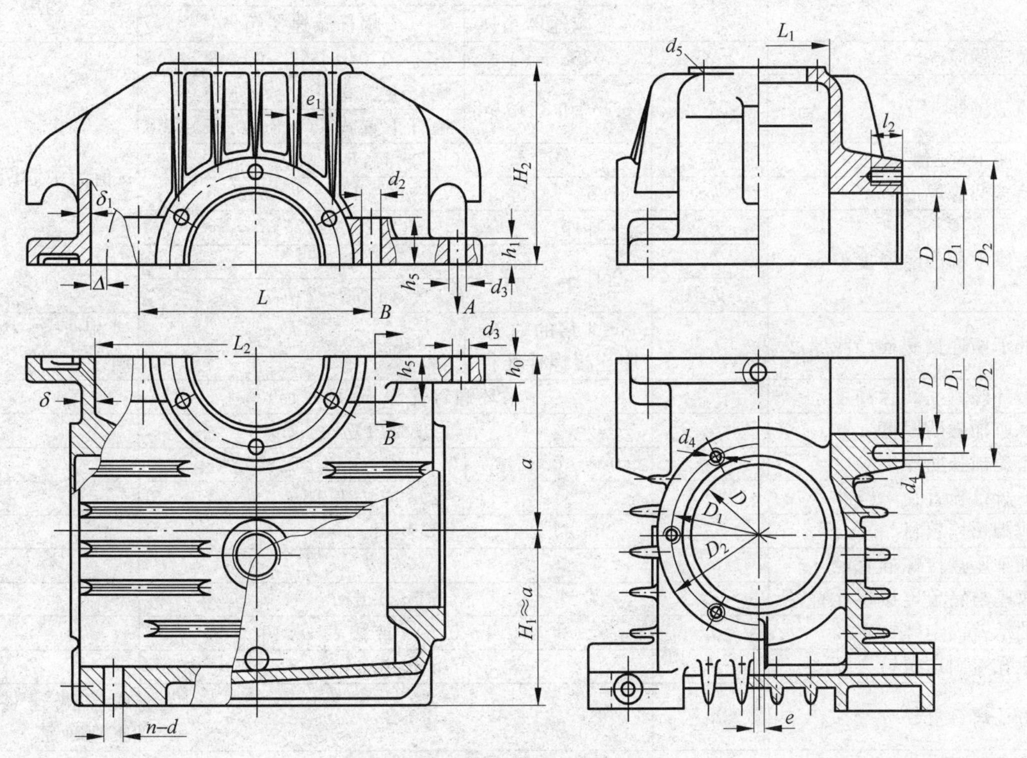

(b) 蜗轮蜗杆减速器箱体结构尺寸

图 18.3　箱体和箱盖结构图

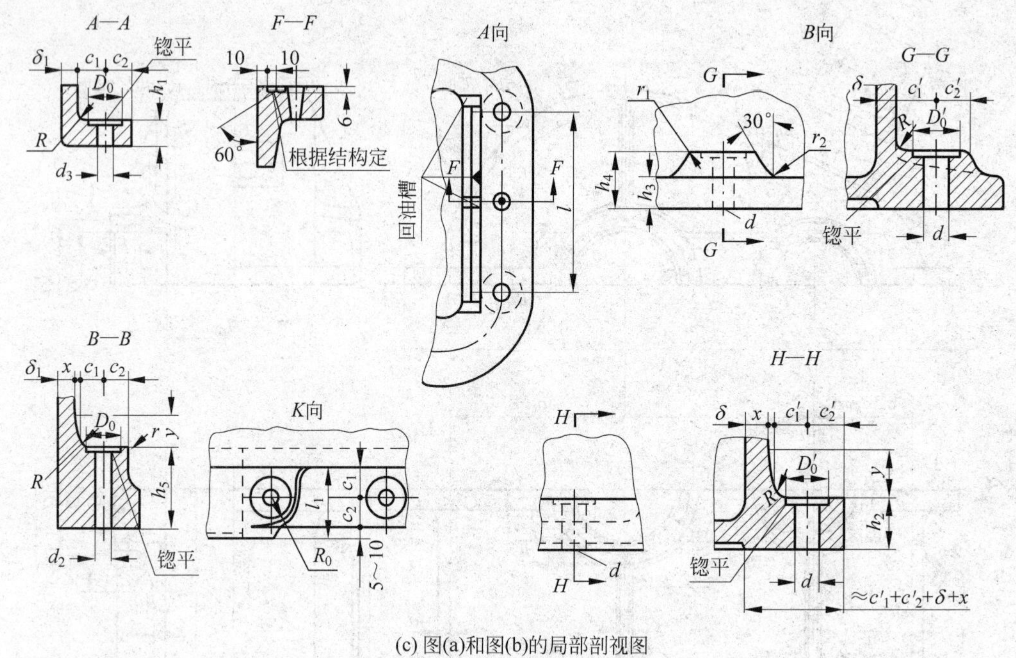

(c) 图(a)和图(b)的局部剖视图

图 18.3(续)

表 18.6 齿轮、蜗杆减速器箱体尺寸 mm

<table>
<tr><th rowspan="2">名 称</th><th rowspan="2">代号</th><th colspan="3">尺 寸</th><th rowspan="2">备 注</th></tr>
<tr><th>齿轮减速器箱体</th><th colspan="2">蜗杆减速器箱体</th></tr>
<tr><td>底座壁厚</td><td>δ</td><td>$0.025a+1\geqslant 8$</td><td colspan="2">$0.04a+(2\sim 3)\geqslant 8$</td><td rowspan="8">$a$ 值为中心距</td></tr>
<tr><td rowspan="2">箱盖壁厚</td><td rowspan="2">δ_1</td><td rowspan="2">$(0.8\sim 0.85)\delta\geqslant 8$</td><td>蜗杆上置式</td><td>$\delta_1=\delta$</td></tr>
<tr><td>蜗杆下置式</td><td>$(0.8\sim 0.85)\delta\geqslant 8$</td></tr>
<tr><td>底座上部凸缘厚度</td><td>h_0</td><td colspan="3">$(1.5\sim 1.75)\delta$</td></tr>
<tr><td>箱盖凸缘厚度</td><td>h_1</td><td>$(1.5\sim 1.75)\delta_1$</td><td colspan="2">$(1.5\sim 1.75)\delta_1$</td></tr>
<tr><td rowspan="3">底座下部凸缘厚度</td><td>h_2</td><td>平耳座</td><td colspan="2">$(2.25\sim 2.75)\delta$</td></tr>
<tr><td>h_3</td><td rowspan="2">凸耳座</td><td colspan="2">1.5δ</td></tr>
<tr><td>h_4</td><td colspan="2">$(1.75\sim 2)h_3$</td></tr>
<tr><td>轴承座连接螺栓凸缘厚度</td><td>h_5</td><td>3～4 倍的轴承座连接螺栓孔径</td><td colspan="2"></td><td>或根据结构确定</td></tr>
<tr><td>吊环螺钉座凸缘高度</td><td>h_6</td><td colspan="3">吊环螺钉孔深＋(10～15)</td><td></td></tr>
<tr><td>底座加强肋厚度</td><td>e</td><td colspan="3">$(0.8\sim 1)\delta$</td><td></td></tr>
<tr><td>箱盖加强肋厚度</td><td>e_1</td><td>$(0.8\sim 0.85)\delta_1$</td><td colspan="2">$(0.8\sim 0.85)\delta$</td><td></td></tr>
<tr><td>地脚螺栓直径</td><td>d</td><td colspan="3">$(1.5\sim 2)\delta$ 或按表 18.9</td><td></td></tr>
<tr><td>地脚螺栓数目</td><td>n</td><td colspan="3">按表 18.9</td><td></td></tr>
<tr><td>轴承座连接螺栓直径</td><td>d_1</td><td colspan="3">$0.75d$</td><td></td></tr>
<tr><td>底座与箱盖连接螺栓直径</td><td>d_2</td><td colspan="3">$(0.5\sim 0.6)d$</td><td></td></tr>
<tr><td>轴承盖固定螺钉直径</td><td>d_3</td><td colspan="3">$(0.4\sim 0.5)d$ 或按表 18.10</td><td></td></tr>
<tr><td>视孔盖固定螺钉直径</td><td>d_4</td><td colspan="3">$(0.3\sim 0.4)d$</td><td></td></tr>
<tr><td>吊环螺钉直径</td><td>d_5</td><td colspan="3">$0.8d$</td><td>或按减速器质量确定</td></tr>
<tr><td>轴承盖螺钉分布圆直径</td><td>D_1</td><td colspan="3">$D+2.5d_3$</td><td></td></tr>
<tr><td>轴承座凸缘端面直径</td><td>D_2</td><td colspan="3">$D_1+2.5d_3$</td><td></td></tr>
</table>

续表

<table>
<tr><th rowspan="2">名　　称</th><th rowspan="2">代号</th><th colspan="4">尺　　寸</th><th rowspan="2">备　注</th></tr>
<tr><th colspan="2">齿轮减速器箱体</th><th colspan="2">蜗杆减速器箱体</th></tr>
<tr><td>螺栓孔凸缘的配置尺寸</td><td>c_1、c_2、D_0</td><td colspan="4">按表 18.7</td><td></td></tr>
<tr><td>地脚螺栓孔凸缘的配置尺寸</td><td>c_1'、c_2'、D_0''</td><td colspan="4">按表 18.8</td><td></td></tr>
<tr><td rowspan="4">铸造壁相交部分的尺寸</td><td rowspan="4">x、y、R</td><td>凸缘壁厚 h</td><td>x</td><td>y</td><td>R</td><td rowspan="4">见图 18.3(c)</td></tr>
<tr><td>10～15</td><td>3</td><td>15</td><td>5</td></tr>
<tr><td>15～20</td><td>4</td><td>20</td><td>5</td></tr>
<tr><td>20～25</td><td>5</td><td>25</td><td>5</td></tr>
<tr><td>箱体内壁与齿顶圆的距离</td><td>Δ</td><td colspan="4">$\geqslant 1.2\delta$</td><td></td></tr>
<tr><td>箱体内壁与齿轮端面的距离</td><td>Δ_1</td><td colspan="4">$\geqslant \delta$</td><td></td></tr>
<tr><td>底座深度</td><td>H</td><td colspan="4">$0.5d_a+(30\sim50)$</td><td>d_a 为齿顶圆直径</td></tr>
<tr><td>底座高度</td><td>H_1</td><td colspan="4">$H_1\approx a$</td><td>多级减速器 $H_1\approx a_{最大}$</td></tr>
<tr><td>箱盖高度</td><td>H_2</td><td colspan="2"></td><td colspan="2">$\geqslant \frac{d_{a2}}{2}+\Delta+\delta_2$</td><td>$d_{a2}$ 为蜗轮最大直径</td></tr>
<tr><td>连接螺栓 d_3 的间距</td><td>l</td><td colspan="4">对一般中小型减速器：150～200</td><td></td></tr>
<tr><td>外箱壁至轴承座端面距离</td><td>l_1</td><td colspan="4">$c_1+c_2+(5\sim10)$</td><td></td></tr>
<tr><td rowspan="2">轴承盖固定螺钉孔深度</td><td>l_2</td><td colspan="4" rowspan="2">按一般螺纹连接的技术规范</td><td rowspan="2"></td></tr>
<tr><td>l_3</td></tr>
<tr><td>轴承座连接螺栓间的距离</td><td>L</td><td colspan="4">$L\approx D_2$</td><td></td></tr>
<tr><td>箱体内壁横向宽度</td><td>L_1</td><td colspan="2">按结构确定</td><td colspan="2">$\approx D$</td><td></td></tr>
<tr><td>其他圆角</td><td>R_0、r_1、r_2</td><td colspan="4">$R_0=c_2$；$r_1=0.25h_3$；$r_2=h_3$</td><td></td></tr>
</table>

注：①箱体材料为灰铸铁；②对于焊接的减速器箱体，其参数可参考本表，但壁厚可减少 30%～40%；③本表所列尺寸关系同样适合于带有散热片的蜗轮减速器，散热片的尺寸按下列经验公式确定：

$$h_7=(4\sim5)\delta$$
$$e_2=\delta$$
$$r_3=0.5\delta$$
$$r_4=0.25\delta$$
$$b=2\delta$$

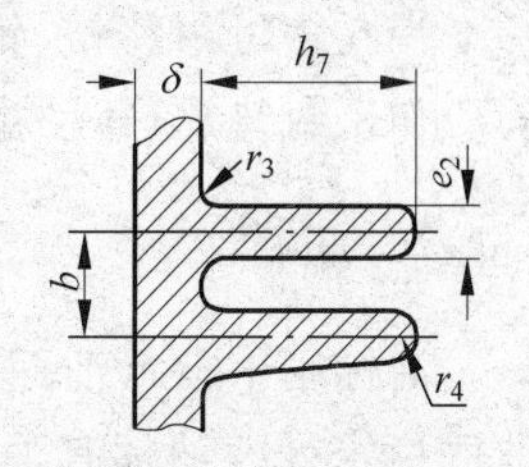

表 18.7　凸缘螺栓孔的配置尺寸　　mm

代号	M6	M8	M10	M12	M16	M20	M22 M24	M27	M30
$c_{1\min}$	12	15	18	22	26	30	36	40	42
$c_{2\min}$	10	13	14	18	21	26	30	34	36
D_0	15	20	25	30	40	45	48	55	60

表 18.8　减速器地脚螺栓孔凸缘配置尺寸　　mm

符号	M14	M16	M20	M22 M24	M27	M30	M36	M42	M48	M56
$c_{1\min}'$	22	25	30	35	42	50	55	60	70	95
$c_{2\min}'$	22	23	25	32	40	50	55	60	70	95
D_0'	42	45	48	60	70	85	100	110	130	170

表 18.9 地脚螺栓尺寸 mm

中心距 a	螺栓直径 d	螺栓数目 n	中心距 a	螺栓直径 d	螺栓数目 n
100	M16	4	350	M24	6
150	M16	6	400	M30	6
200	M16	6	450	M30	6
250	M20	6	500	M36	6
300	M24	6			

表 18.10 轴承盖固定螺钉直径及数目

轴承孔的直径 D/mm	螺钉直径 d_4/mm	螺钉数目
45～65	8	4
70～80	10	4
85～100	10	6
110～140	12	6
150～230	16	6
230 以上	20	8

1. 窥视孔和视孔盖

窥视孔应开在箱盖顶部，以便于观察传动零件啮合区的情况，并可由窥视孔注入润滑油，孔的尺寸应足够大，以便检查操作，并应设计凸台(见图 18.4)。

视孔盖可用铸铁、钢板或有机玻璃制成。孔与盖之间应加密封垫片，其尺寸参见表 18.13。

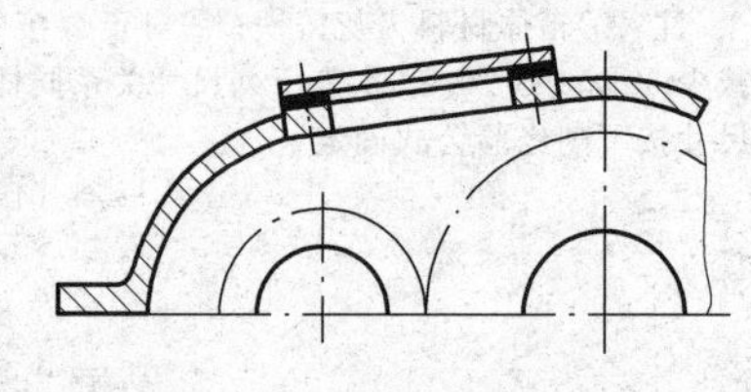

图 18.4 窥视孔和视孔盖

2. 油标

油标用来指示油面高度，一般安置在低速级附近的油面稳定处。油标有油标尺、管状油标、圆形油标等，常用带有部分螺纹的油标尺(见图 18.5(a))。油标尺的安

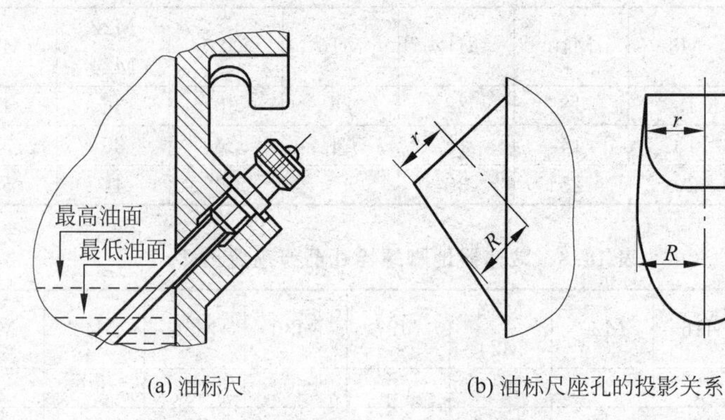

(a) 油标尺 (b) 油标尺座孔的投影关系

图 18.5 油标

装位置不能太低，以防油溢出。座孔的倾斜位置要保证油标尺便于插入和取出，其视图投影关系如图 18.5(b)所示。表 18.14 和表 18.15 给出了两种油标的尺寸。

3. 放油孔和螺塞

放油孔应在油池最低处，箱底面有一定斜度(1∶100)，以利放油。孔座应设凸台，螺塞与凸台之间应有油圈密封(见图 18.6)。

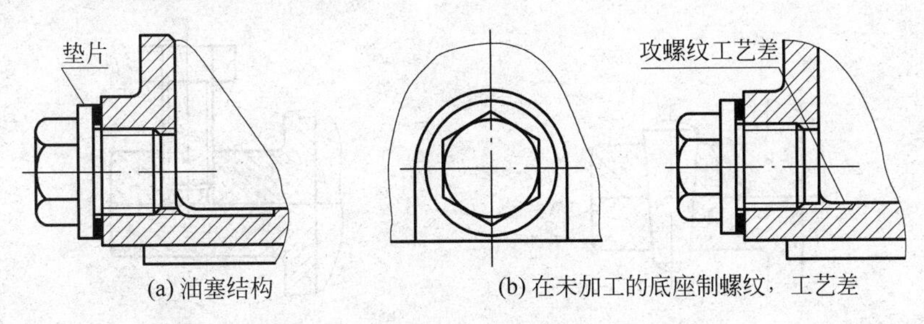

(a) 油塞结构　(b) 在未加工的底座制螺纹，工艺差

图 18.6　油塞

4. 通气器

通气器能使箱内热涨的气体排出，以便箱内外气压平衡，避免密封处渗漏。一般将其安放在箱盖顶部或视孔盖上，要求不高时，可用简易的通气器(图 18.7 所示为通气塞)。通气塞、通气罩、通气帽尺寸见表 18.16。

5. 起吊装置

起吊装置用于拆卸和搬运减速器，包括吊环螺钉、吊耳和吊钩。吊环螺钉或吊耳用于起吊箱盖，设计在箱盖两端的对称面上。吊环螺钉是标准件(见图 18.8)，其尺寸可参阅附录 C.8，设计时应有加工凸台，需机加工。吊耳在箱盖上直接铸出。

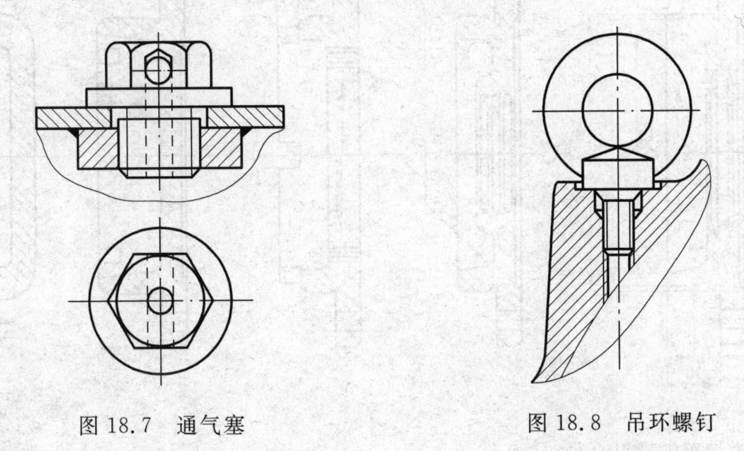

图 18.7　通气塞　图 18.8　吊环螺钉

吊钩用于吊运整台减速器，在箱座两端的凸缘下面铸出。吊耳和吊钩尺寸见表 18.17。

6. 定位销

定位销用来保证箱盖与箱座连接螺栓以及轴承座孔的加工和装配精度。它安置在连接凸缘上,距离较远且不对称布置,以提高定位精度。一般用两个圆锥销,其直径尺寸见附表D.4,长度要大于连接凸缘的总厚度,以便于装拆(见图18.9)。

7. 起盖螺钉

在拆卸箱体时,起盖螺钉用于顶起箱盖。它安置在箱盖凸缘上,其长度应大于箱盖连接凸缘的厚度,下端部做成半球形或圆柱形,以免损坏螺纹(见图18.10)。

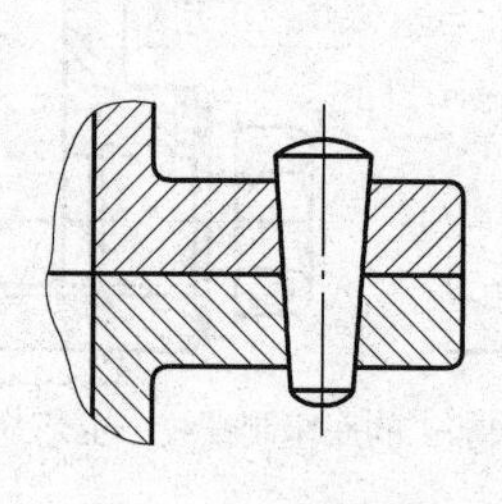

图18.9 定位销

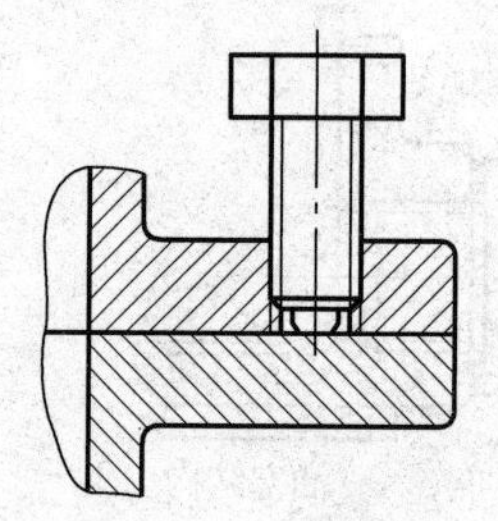

图18.10 起盖螺钉

8. 轴承盖

轴承盖用来对轴承部件进行轴向固定和承受轴向载荷,并起密封的作用。轴承盖有嵌入式和凸缘式两种,前者结构简单,尺寸较小,且安装后使箱体外表比较平整美观,但密封性能较差,不便于调整,故多适合于成批生产。轴承盖结构尺寸见表18.11和表18.12。

表18.11 螺钉固定式(凸缘式)轴承盖 mm

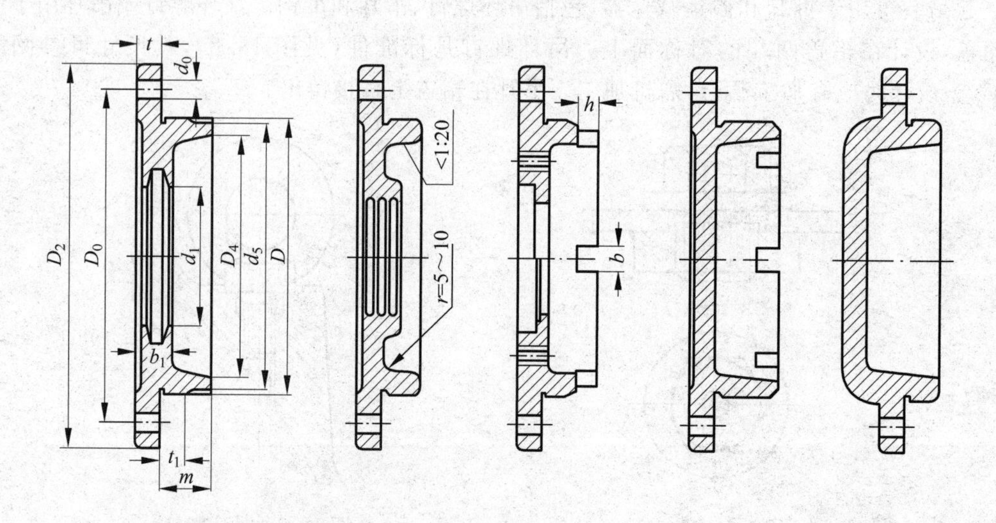

$d_0=d_3+1$,d_3为端盖的螺钉直径,见表18.6

$D_0=D+2.5d_3$,$D_2=D_0+2.5d_3$,$D_4=D-(10\sim15)$,$t=1.2d_3$,$t_1\geqslant t$,d_1、b_1由密封尺寸确定,$b=5\sim10$,m由结构确定,$h=(0.8\sim1)b$

注:①螺钉固定式轴承盖需用螺钉固紧在轴承座孔的端面上,用于要求准确调整轴承间隙的场合;②材料HT150。

表 18.12　嵌入式轴承盖　　mm

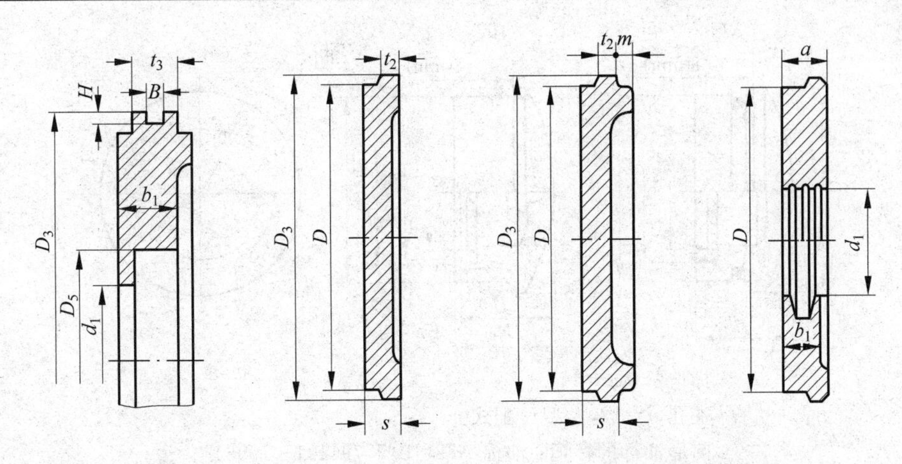

$t_2=5\sim10$，$s=10\sim15$

m 由结构确定，$D_3=D+t_2$，装有 O 形圈的，按 O 形圈外径取整(可参阅附表 I.3)

D_3、d_1、b_1、a 由密封尺寸确定

H、B 按 O 形圈沟槽尺寸确定(可参阅附表 I.3)

$t_3=7\sim12$

注：①嵌入式轴承盖不需螺钉固紧，结构简单，质量轻，但调整轴承间隙较难，同时也只能用于沿轴线平面分箱的箱体上；②材料 HT150。

表 18.13　视孔盖　　mm

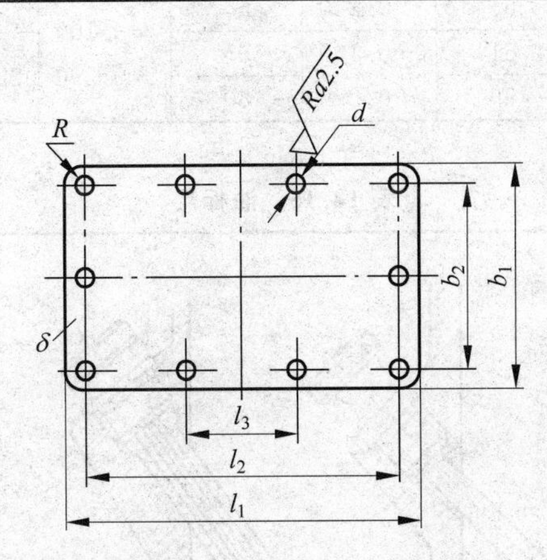

l_1	l_2	l_3	b_1	b_2	d		δ	R	质量/kg	可用的减速器中心距 a
					直径	孔数				
90	75	—	70	55	7	4	4	5	0.2	单级 $a\leqslant150$
120	105	—	90	75	7	4	4	5	0.34	单级 $a\leqslant250$
180	165	—	140	125	7	8	4	5	0.79	单级 $a\leqslant350$
200	180	—	180	160	11	8	4	10	1.13	单级 $a\leqslant450$
220	200	—	200	180	11	8	4	10	1.38	单级 $a\leqslant500$
270	240	—	220	190	11	8	6	15	2.8	单级 $a\leqslant750$

注：①视孔用于检查齿轮(蜗轮)啮合情况及向箱内注入润滑油，平时视孔上面用视孔盖盖严；②材料 Q215。

表 18.14 压配式圆形油标(摘自 JB/T 7941.1—1995) mm

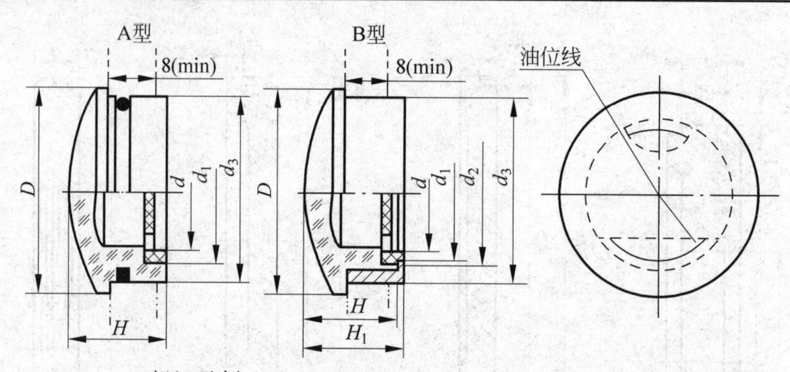

标记示例:

视孔 d=32,A 型压配式

圆形油标的标记:油标 A32(JB/T 7941.1—1995)

<table>
<tr><th rowspan="2">d</th><th rowspan="2">D</th><th colspan="2">d₁</th><th colspan="2">d₂</th><th colspan="2">d₃</th><th rowspan="2">H</th><th rowspan="2">H₁</th><th rowspan="2">O 形橡胶密封圈
(按 JB/T 7757.2—2006)</th></tr>
<tr><th>基本尺寸</th><th>极限偏差</th><th>基本尺寸</th><th>极限偏差</th><th>基本尺寸</th><th>极限偏差</th></tr>
<tr><td>12</td><td>22</td><td>12</td><td rowspan="2">−0.050
−0.160</td><td>17</td><td rowspan="2">−0.050
−0.160</td><td>20</td><td rowspan="2">−0.065
−0.195</td><td rowspan="2">14</td><td rowspan="2">16</td><td>15×2.65</td></tr>
<tr><td>16</td><td>27</td><td>18</td><td>22</td><td>25</td><td>20×2.65</td></tr>
<tr><td>20</td><td>34</td><td>22</td><td rowspan="2">−0.065
−0.195</td><td>28</td><td rowspan="2">−0.065
−0.195</td><td>32</td><td rowspan="3">−0.080
−0.240</td><td rowspan="2">16</td><td rowspan="2">18</td><td>25×3.55</td></tr>
<tr><td>25</td><td>40</td><td>28</td><td>34</td><td>38</td><td>31.5×3.55</td></tr>
<tr><td>32</td><td>48</td><td>35</td><td rowspan="2">−0.080
−0.240</td><td>41</td><td rowspan="2">−0.080
−0.240</td><td>45</td><td rowspan="2">18</td><td rowspan="2">20</td><td>38.7×3.55</td></tr>
<tr><td>40</td><td>58</td><td>45</td><td>51</td><td>55</td><td rowspan="3">−0.100
−0.290</td><td>48.7×3.55</td></tr>
<tr><td>50</td><td>70</td><td>55</td><td rowspan="2">−0.100
−0.290</td><td>61</td><td rowspan="2">−0.100
−0.290</td><td>65</td><td rowspan="2">22</td><td rowspan="2">24</td><td rowspan="2">—</td></tr>
<tr><td>63</td><td>85</td><td>70</td><td>76</td><td>80</td></tr>
</table>

表 18.15 油标尺 mm

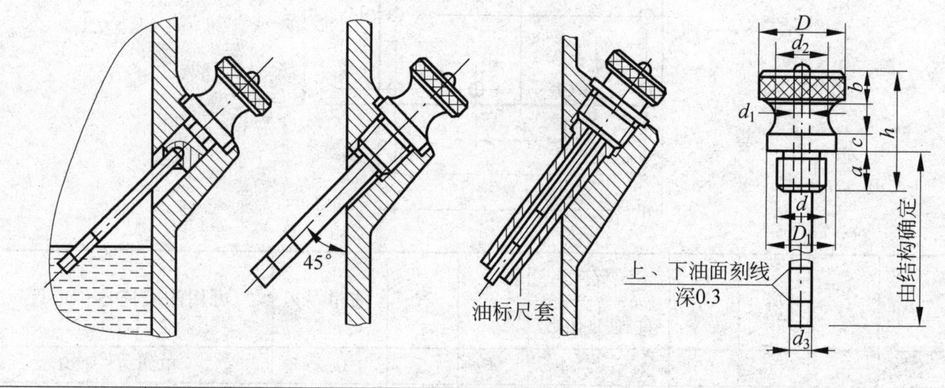

$d\left(d\ \frac{H9}{h9}\right)$	d_1	d_2	d_3	h	a	b	c	D	D_1
M12(12)	4	12	6	28	10	6	4	20	16
M16(16)	4	16	6	35	12	8	5	26	22
M20(20)	6	20	8	42	15	10	6	32	26

表 18.16　通气塞及手提式通气器　mm

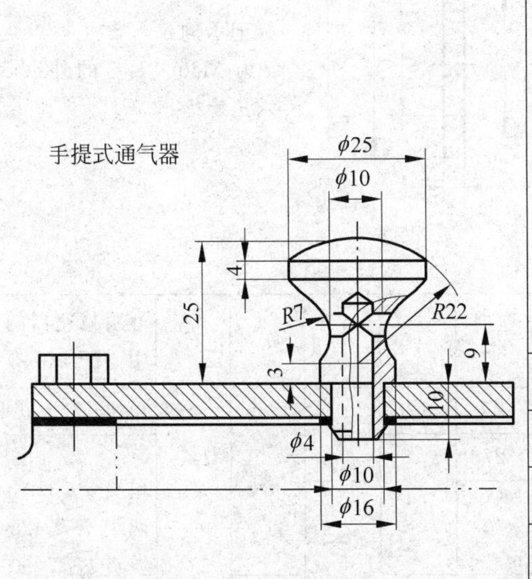

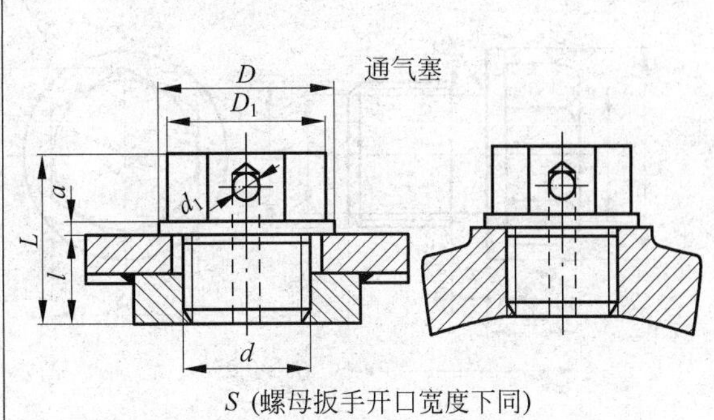

S (螺母扳手开口宽度下同)

d	D	D_1	S	L	l	a	d_1
M12×1.25	18	16.5	14	19	10	2	4
M16×1.5	22	19.6	17	23	12	2	5
M20×1.5	20	25.4	22	28	15	4	6
M22×1.5	32	25.4	22	29	15	4	7
M27×1.5	38	31.2	27	34	18	4	8
M30×2	42	36.9	32	36	18	4	8

表 18.17　吊耳和吊钩　mm

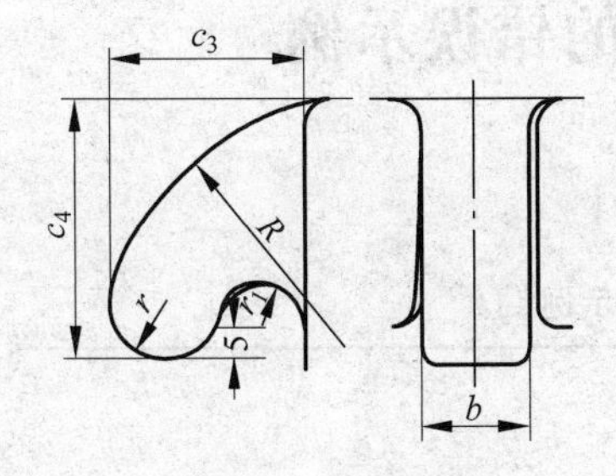

(a) 吊耳(起吊箱盖用)

$c_3=(4\sim5)\delta_1$；δ_1 为箱盖壁厚

$c_4=(1.3\sim1.5)c_3$；

$b=2\delta_1$；

$R=c_4$；

$r_1=0.225c_3$；

$r=0.275c_3$；

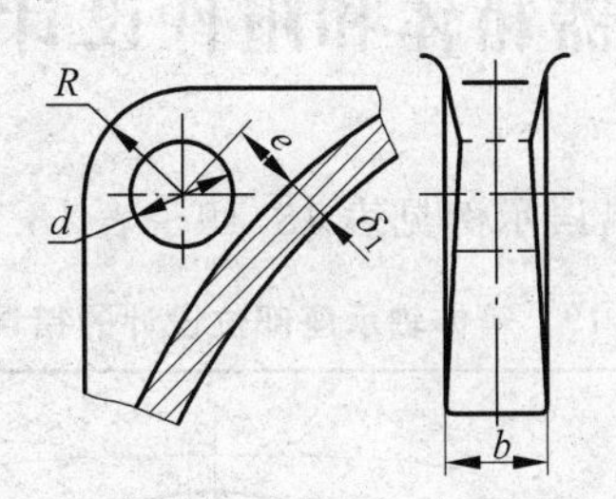

(b) 吊耳环(起吊箱盖用)

$d=(1.8\sim2.5)\delta_1$；

$R=(1\sim1.2)d$；

$e=(0.8\sim1)d$；

$b=2\delta_1$

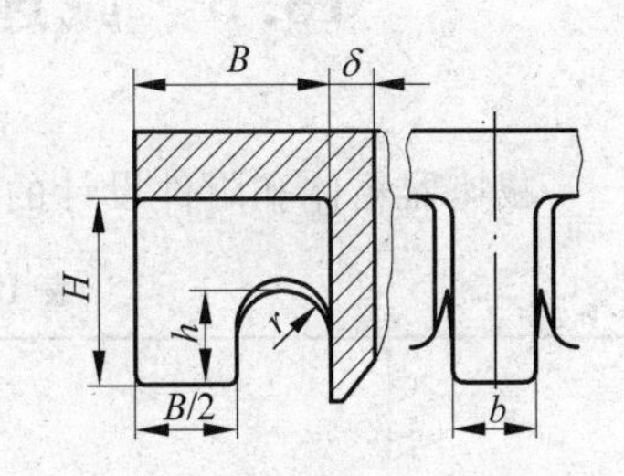

(c) 吊钩(起吊整机用)

$B=c_1+c_2$；c_1、c_2 为扳手空间尺寸

$H\approx0.8B$；

$h\approx0.5H$；

$r\approx0.25B$；

$b=2\delta$，δ 为箱座壁厚；

表 18.18 外六角螺塞、封油垫 mm

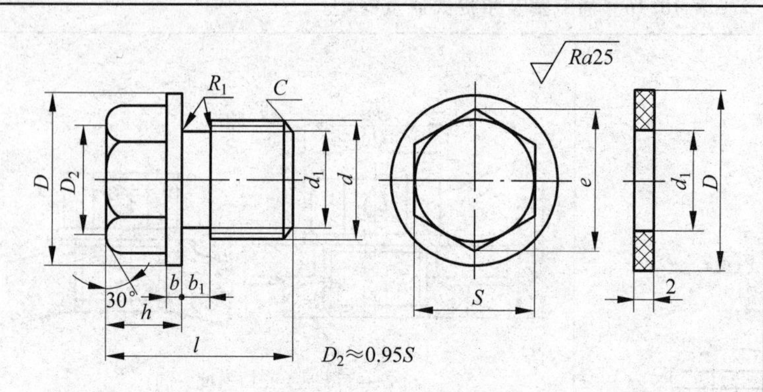

标记示例：
d 为 M20×1.5 的外六角螺栓
螺塞 M20×1.5

d	d_1	D	e	S		l	h	b	b_1	C	可用减速器的中心距 $a(a_\Sigma)$
				基本尺寸	极限偏差						
M14×1.5	11.8	23	20.8	18	0 −0.28	25	12	3	3	1.0	单级 $a=100$
M18×1.5	15.8	28	24.2	21		27	15				单级 $a\leqslant300$ 两级 $a_\Sigma\leqslant425$ 三级 $a_\Sigma\leqslant450$
M20×1.5	17.8	30				30		4			
M22×1.5	19.8	32	27.7	24						1.5	
M24×2	21	34	31.2	27		32	16		4		
M27×2	24	38	34.6	30		35	17				单级 $a\leqslant450$ 两级 $a_\Sigma\leqslant750$ 三级 $a_\Sigma\leqslant950$
M30×2	27	42	29.3	34	0 −0.34	38	18				
M33×2	30	45	41.6	36		42	20	5			
M42×2	39	56	53.1	46		50	25				

18.3 减速器箱体和附件设计的错误示例

减速器箱体和附件设计的错误示例见表 18.19～表 18.21。

表 18.19 箱体轴承座部位设计的错误示例

错误图例

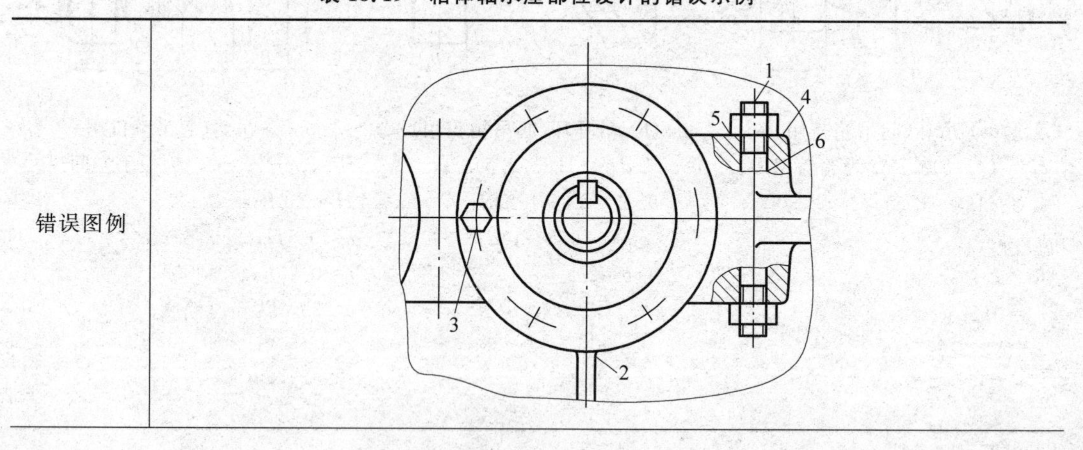

续表

	错误编号	说明
错误分析	1	连接螺栓距轴承座中心较远，不利于提高连接刚度
	2	轴承座及加强肋设计未考虑拔模斜度
	3	轴承盖螺钉不能设计在剖分面上
	4	螺母支承面处应设加工凸台或鱼眼坑
	5	螺栓连接应考虑防松
	6	普通螺栓连接时应留有间隙
正确图例	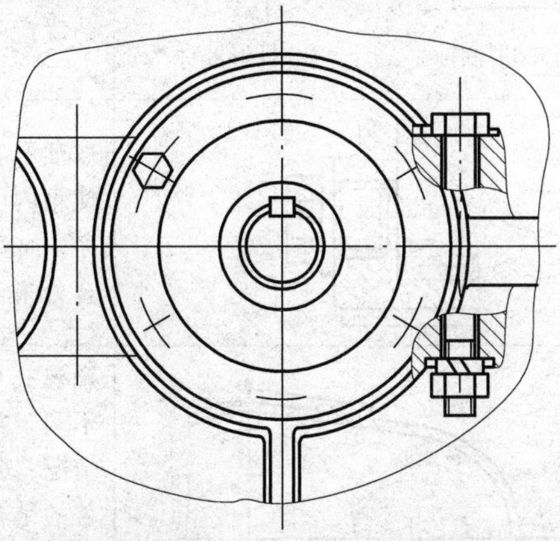	

表 18.20 箱体设计中的错误示例

错误编号	错误图例	错误分析	正确图例	说明
1	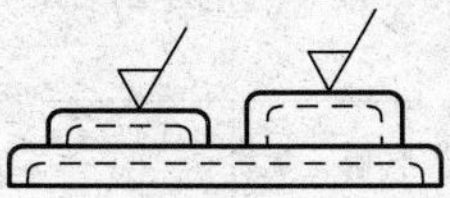	加工面高度不同，加工较麻烦	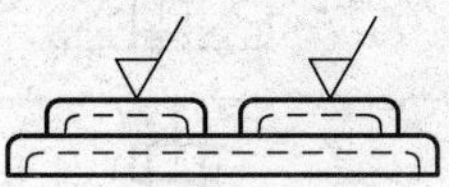	加工面设计成同一高度，可一次进行加工
2	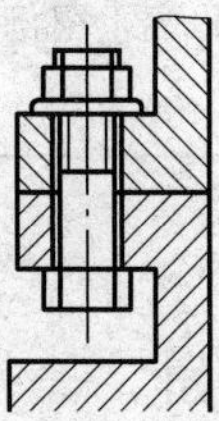	装拆空间不够，不便甚至不能装配	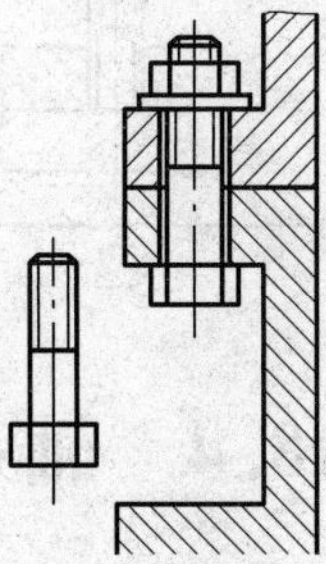	保证螺栓必要的装拆空间
3	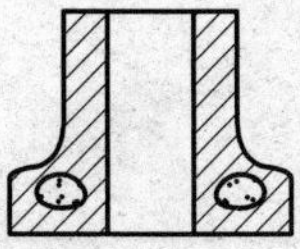	壁厚不均匀，易出现缩孔	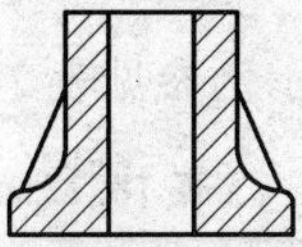	壁厚减薄加肋
4	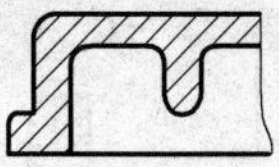	内外壁无拔模斜度	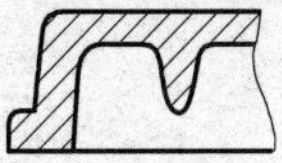	内外壁有拔模斜度
5	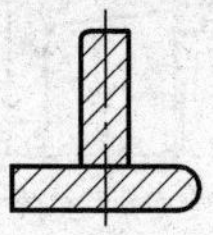	铸件壁厚急剧变化		铸件壁厚应逐渐过渡

表 18.21 减速器附件设计的错误示例

附件名称	错误图例	错误分析	正确图例
油标	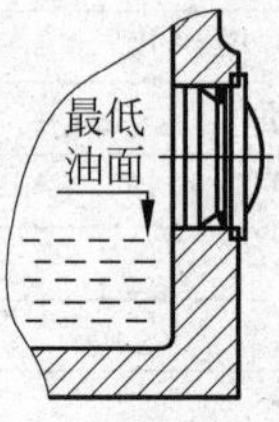 最低油面 (a) 圆形油标 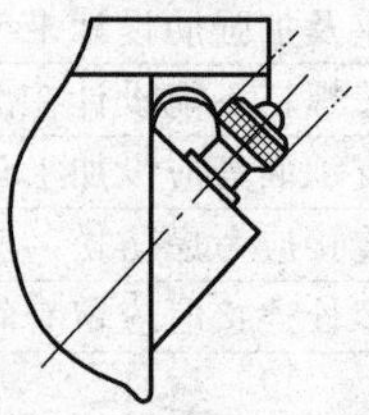 (b) 杆形油标	圆形油标安放位置偏高，无法显示最低油面；杆形油标（油标尺）位置不妥，油标插入、取出时与箱座的凸缘产生干涉	油标的正确设计参见18.3.2节和图18.5
放油孔及油塞	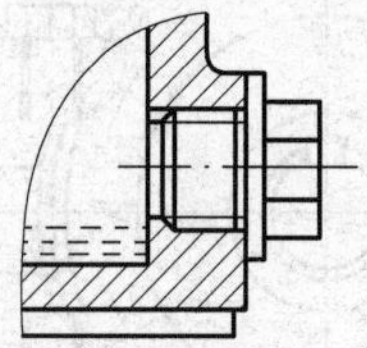	放油孔的位置偏高，使箱内的机油放不干净；油塞与箱座的结合处未设计密封件	放油孔及油塞的正确设计图例参见图18.6
窥视孔及窥视孔盖	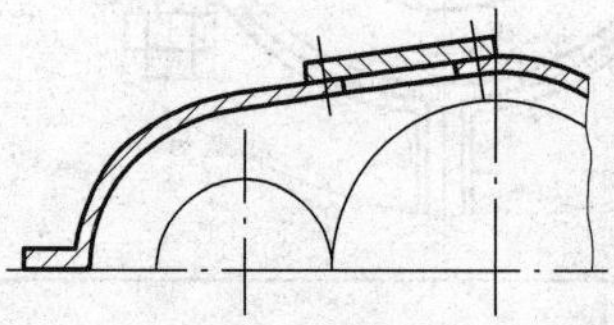	窥视孔的位置偏上，不利于窥视啮合区的情况；窥视孔盖与箱盖的结合处未设计加工凸台，未考虑密封	窥视孔及窥视孔盖的正确设计图例参见图18.4
定位销	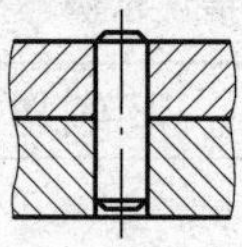	销的长度太短，不利于拆卸，且无锥度	定位销的正确设计图例参见图18.9
起盖螺钉	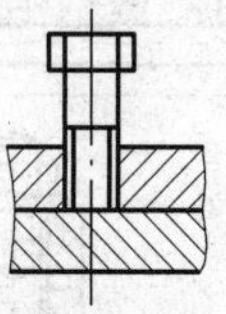	螺纹的长度不够，无法顶起箱盖；螺钉的端部不宜采用平端结构	起盖螺钉的正确设计图例参见图18.10

18.4 轴系结构设计错误示例

轴系结构设计错误示例参见表18.22、表18.23。

表 18.22 轴系结构设计的错误示例之一

错误图例	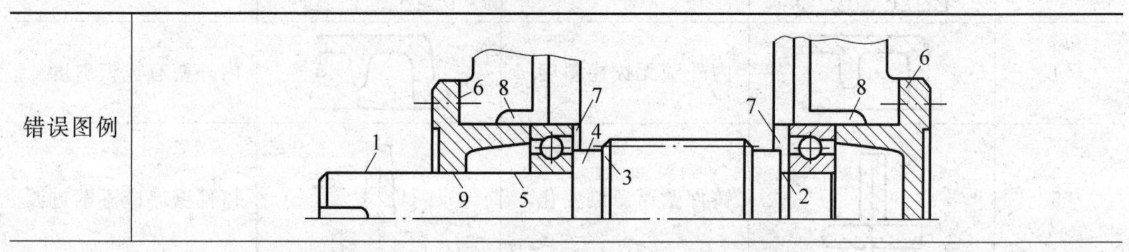

续表

	错 误 类 别	错误编号	说　　明
错误分析	轴上零件定位问题	1	轴外伸端无定位用轴肩
		2	右端轴承内圈未定位
	工艺不合理问题	3	齿根圆低于轴肩，滚齿加工会切去齿轮两边轴段的材料
		4	轴肩高于轴承内圈，轴承无法拆卸
		5	精加工面过长，不利于轴承装拆
		6	缺调整垫片，无法调整轴承的游隙
	润滑与密封问题	7	齿轮齿顶圆直径小于轴承座孔直径，应装挡油环
		8	轴承端盖未开槽，油沟的润滑油无法进入轴承
		9	轴承透盖中无密封件，且与轴直接接触
正确图例			

表 18.23　轴系结构设计的错误示例之二

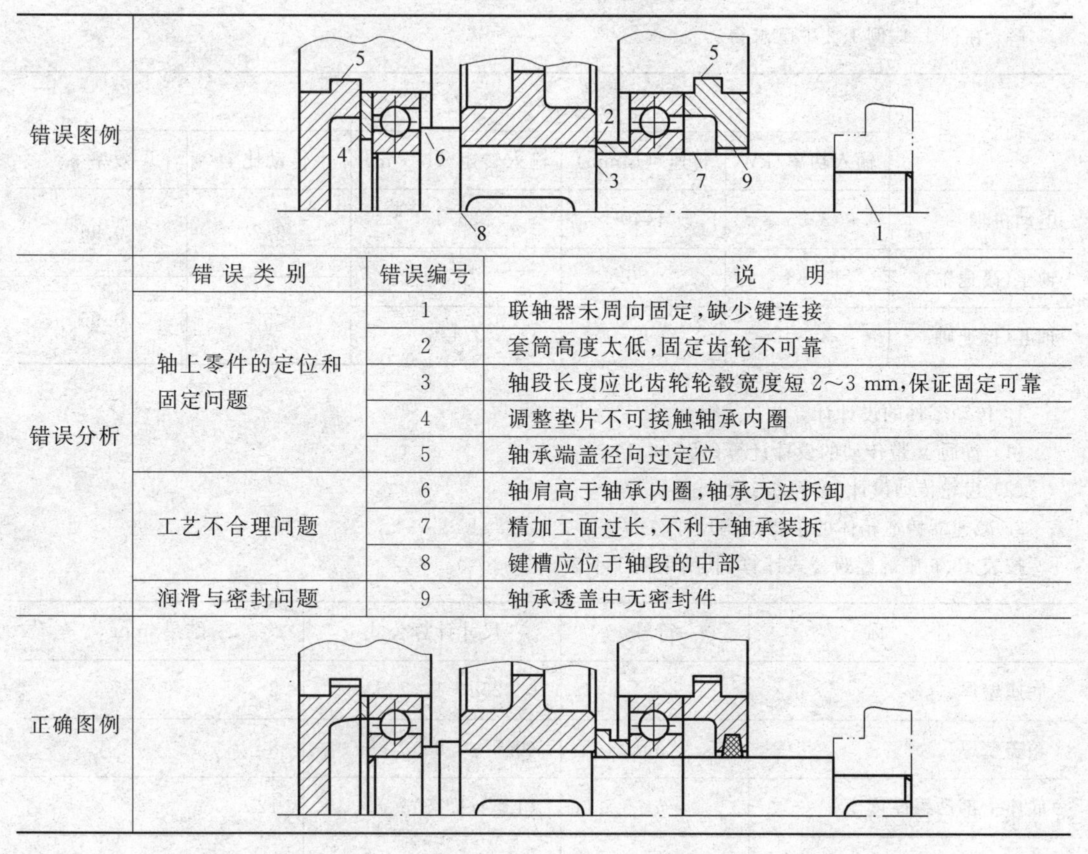

	错 误 类 别	错误编号	说　　明
错误图例			
错误分析	轴上零件的定位和固定问题	1	联轴器未周向固定，缺少键连接
		2	套筒高度太低，固定齿轮不可靠
		3	轴段长度应比齿轮轮毂宽度短 2～3 mm，保证固定可靠
		4	调整垫片不可接触轴承内圈
		5	轴承端盖径向过定位
	工艺不合理问题	6	轴肩高于轴承内圈，轴承无法拆卸
		7	精加工面过长，不利于轴承装拆
		8	键槽应位于轴段的中部
	润滑与密封问题	9	轴承透盖中无密封件
正确图例			

第 19 章

课程设计例题与图例

19.1 课程设计算例

19.1.1 单级减速器设计

例 19.1 试设计减速器传动装置，见图 1.4。设计工作机原始数据：直径 $D=365$ mm，作用力 $F=1855$ kN，主轴转速 $n=90$ r/min，连续单向运转，水平输送长度 $L=40$ m，载荷变动小，三班制，使用期限 10 年。

解：在例 1.1、例 1.2 中已求得：

轴　　名	参　　数				
	输入功率/kW	转速/(r/min)	输入转矩/(N·m)	传动比 i	效率 η
电动机轴	3.83	1440	25.4	3.2	0.96
轴Ⅰ(高速轴)	3.68	450	78.1		
轴Ⅱ(低速轴)	3.50	90	374.6	5	0.96

1. 传动零件的设计计算

(1) 普通 V 带传动的设计计算(见例 8.1)

(2) 齿轮传动设计(见例 6.1)

2. 减速器铸造箱体的主要结构尺寸。

按表 18.6 中的经验公式计算，其结果列于下表：

名　　称	符号	尺寸计算公式	结果/mm
底座壁厚	δ	$0.025a+1\geqslant 7.5$	8
箱盖壁厚	δ_1	$(0.8\sim 0.85)\delta\geqslant 8$	8
底座上部凸缘厚度	h_0	$(1.5\sim 1.75)\delta$	12
箱盖凸缘厚度	h_1	$(1.5\sim 1.75)\delta$	12

续表

名　　称	符号	尺寸计算公式	结果/mm
底座下部凸缘厚度	h_2	$(2.25\sim2.75)\delta_1$	20
底座加强筋厚度	e	$(0.8\sim1)\delta$	8
箱盖加强筋厚度	e_1	$(0.8\sim0.85)\delta_1$	7
地脚螺栓直径	d	2δ 或按表 18.9	16
地脚螺栓数目	n	表 18.9	6
轴承座连接螺栓直径	d_2	$0.75d$	12
箱座与箱盖连接螺栓直径	d_3	$(0.5\sim0.6)d$	10
轴承盖固定螺钉直径	d_4	$(0.4\sim0.5)d$	8
视孔盖固定螺钉直径	d_5	$(0.3\sim0.4)d$	6
轴承盖螺钉分布圆直径	D_1	$D+2.5d_4$	110　130
轴承座凸缘端面直径	D_2	$D_1+2.5d_4$	130　150
螺栓孔凸缘的配置尺寸	c_1、c_2、D_0	表 18.7	$c_1=22, c_2=20, D_0=30$
地脚螺栓孔凸缘的配置尺寸	c_1'、c_2'、D_0'	表 18.9	$c_1'=25, c_2'=20, D_0'=30$
箱体内壁与齿顶圆的距离	Δ	$\geqslant1.2\delta$	12
箱体内壁与齿轮端面的距离	Δ_1	$\geqslant\delta$	12
底座深度	H	$0.5d_a+(30\sim50)$	190
外箱壁至轴承座端面距离	l_1	$c_1+c_2+(5\sim10)$	47

3. 轴的设计

1) 高速轴设计(见例 15.1)

2) 低速轴设计

(1) 选择轴的材料

选取 45 钢,调质,硬度为 230HBS。

(2) 初步估算轴的最小直径

根据教材公式,取 $A_0=110$,得

$$d \geqslant A_0\sqrt[3]{\frac{P_2}{n_2}} = 110\times\sqrt[3]{\frac{3.50}{90}}\ \text{mm} = 37.28\ \text{mm}$$

(3) 轴的结构设计,初定轴径及轴向尺寸

考虑联轴器的结构要求及轴的刚度,取装联轴器处轴径 $d_{\min}=40$ mm,按轴的结构要求,取轴承处轴径 $d_{轴承}=50$ mm,安装齿轮处轴径 $d_{齿轮}=60$ mm,轴环直径 $d_{轴环}=65$ mm,低速轴装配草图如图 19.1 所示。

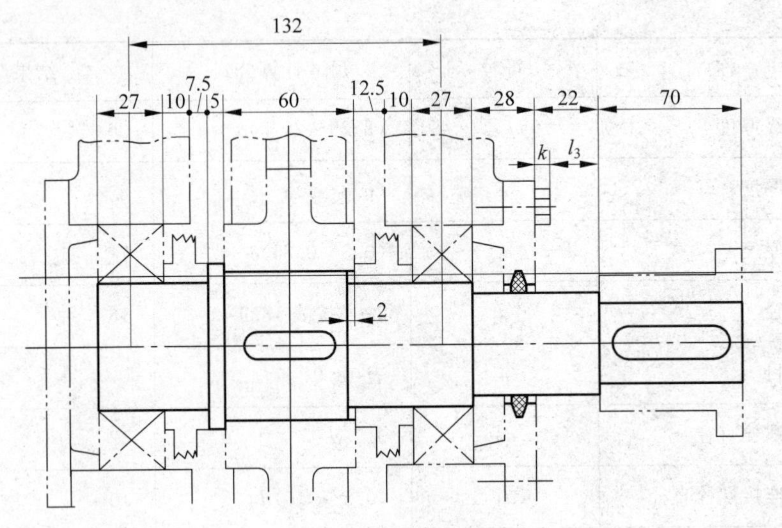

图 19.1 轴的装配草图

两轴承支点间的距离为

$$L_1 = B_2 + 2\Delta_1 + 2\Delta_2 + B$$

式中,B_2为大齿轮齿宽,$B_2=60$ mm;Δ_1为箱体内壁与大齿轮端面的间隙,$\Delta_1=10$ mm;Δ_2为箱体内壁至轴承端面的距离,$\Delta_2=10$ mm;B为轴承宽度,初选7310型角接触球轴承,查附表H.3得$B=27$ mm,取轴环宽$B_h=5$ mm,见图19.1。

代入上式得

$$L_1 = (60 + 2 \times 10 + 2 \times 12.5 + 27)\ \text{mm} = 132\ \text{mm}$$

半联轴器中线至轴承支点的距离为

$$L_2 = B/2 + l_2 + k + l_3 + B_3/2 = (13.5 + 28 + 15 + 7 + 35)\ \text{mm} = 98.5\ \text{mm}$$

式中,l_2为轴承盖的高度,$l_2=\delta+c_1+c_2+5+t-\Delta_2-B=(8+22+20+5+10-10-27)=28$ mm;t为轴承盖凸缘厚度,$t=1.2d_4=1.2\times8\approx10$ mm;k为轴承盖M8螺栓头的高度,查附表C.3得$k=5.3$ mm;l_3为螺栓头端面至联轴器端面的距离,取$l_3=16.4$ mm,有$k+l_3=22$ mm;B_3为联轴器宽度,$B_3=70$ mm。

(4) 按弯扭合成应力校核轴的强度

① 绘出轴的简图

轴的简图如图19.2(a)所示。

② 计算作用在轴上的力

由第6章算例已知小齿轮受力,根据大齿轮受力是小齿轮受力的反作用力可知:

圆周力

$$F_{t2} = F_{t1} = 2677.80\ \text{N}$$

径向力

$$F_{r2} = F_{r1} = 988.89\ \text{N}$$

轴向力(注:方向与原假设方向相反,见图19.2(a))

$$F_{a2} = F_{a2} = -457.59\ \text{N}$$

③ 计算支反力

水平面(见图19.2(b)):

$$R_{AH} = R_{BH} = \frac{F_{t2}}{2} = \frac{2677.80}{2}\ \text{N} = 1338.90\ \text{N}$$

垂直面(见图 19.2(c))：

$$\sum M_B = 0$$

$$R_{AV} \times 132 - F_{r2} \times 66 + F_{a2} \times \frac{d_2}{2} = 0$$

$$R_{AV} = -11.11\ \text{N}$$

式中，d_2为大齿轮分度圆直径，由第 6 章算例求得 $d_2 = 291.67$ mm。

$$\sum F = 0$$

$$R_{BV} = F_{r1} - R_{AV} = 988.89\ \text{N} - 11.11\ \text{N} = 977.78\ \text{N}$$

④ 作弯矩图

水平面弯矩(见图 19.2(b))：

$$M_{AH} = 0\ \text{N} \cdot \text{mm}$$

$$M_{BH} = 0\ \text{N} \cdot \text{mm}$$

$$M_{CH} = -R_{BH} \times 66 = -1338.90 \times 66\ \text{N} \cdot \text{mm} \approx -88\,367.40\ \text{N} \cdot \text{mm}$$

垂直面弯矩(见图 19.2(c))：

$$M_{AV} = 0\ \text{N} \cdot \text{mm}$$

$$M_{BV} = 0\ \text{N} \cdot \text{mm}$$

$$M_{CV1} = R_{AV} \times 66 \approx -11.11 \times 66\ \text{N} \cdot \text{mm} \approx -732.95\ \text{N} \cdot \text{mm}$$

$$M_{CV2} = -R_{BV} \times 66 = -977.78 \times 66\ \text{N} \cdot \text{mm} \approx -64\,533.80\ \text{N} \cdot \text{mm}$$

合成弯矩(见图 19.2(d))

$$M_A = 0\ \text{N} \cdot \text{mm}$$

$$M_B = 0\ \text{N} \cdot \text{mm}$$

$$M_{C1} = \sqrt{M_{CH}^2 + M_{CV1}^2} = 88\,370\ \text{N} \cdot \text{mm}$$

$$M_{C2} = \sqrt{M_{CH}^2 + M_{CV2}^2} = 109\,423\ \text{N} \cdot \text{mm}$$

⑤ 作转矩图(见图 19.2(e))

由第 1 章算例有

$$T_2 = 374\,570\ \text{N} \cdot \text{mm}$$

⑥ 作计算弯矩图(见图 19.2(f))

当扭转剪应力为脉动循环变应力时，取系数 $\alpha = 0.6$，则

$$M_{caD} = \sqrt{M_D^2 + (\alpha T_2)^2} = \sqrt{0^2 + (0.6 \times 374\,570)^2}\ \text{N} \cdot \text{mm} = 224\,743\ \text{N} \cdot \text{mm}$$

$$M_{caA} = \sqrt{M_A^2 + (\alpha T_2)^2} = \sqrt{0^2 + 374\,570^2}\ \text{N} \cdot \text{mm} = 224\,743\ \text{N} \cdot \text{mm}$$

$$M_{caC1} = \sqrt{M_{C1}^2 + (\alpha T_2)^2} = 241\,493\ \text{N} \cdot \text{mm}$$

$$M_{caC2} = \sqrt{M_{C2}^2 + (\alpha T_1)^2} = 109\,423\ \text{N} \cdot \text{mm}$$

⑦ 按弯扭合成应力校核轴的强度

轴的材料为 45 钢，调质，查机械设计手册得抗拉强度极限 $\sigma_b = 600$ MPa，对称循环变应力时的许用应力$[\sigma_{-1}] = 60$ MPa。

由计算弯矩图可见，$C1$ 剖面的计算弯矩最大，该处的计算应力为

$$\sigma_{caC1} = \frac{M_{caC1}}{W_{C1}} \approx \frac{M_{caC1}}{0.1 d_{C1}^3} = \frac{241\,493}{0.1 \times 60^3}\ \text{MPa} = 11.18\ \text{MPa} < [\sigma_{-1}]\text{(安全)}$$

D 剖面轴径最小，该处的计算应力为

$$\sigma_{caD} = \frac{M_{caD}}{W_D} \approx \frac{M_{caD}}{0.1 d_D^3} = \frac{224\,743}{0.1 \times 40^3}\ \text{MPa} = 35.12\ \text{MPa} < [\sigma_{-1}]\text{(安全)}$$

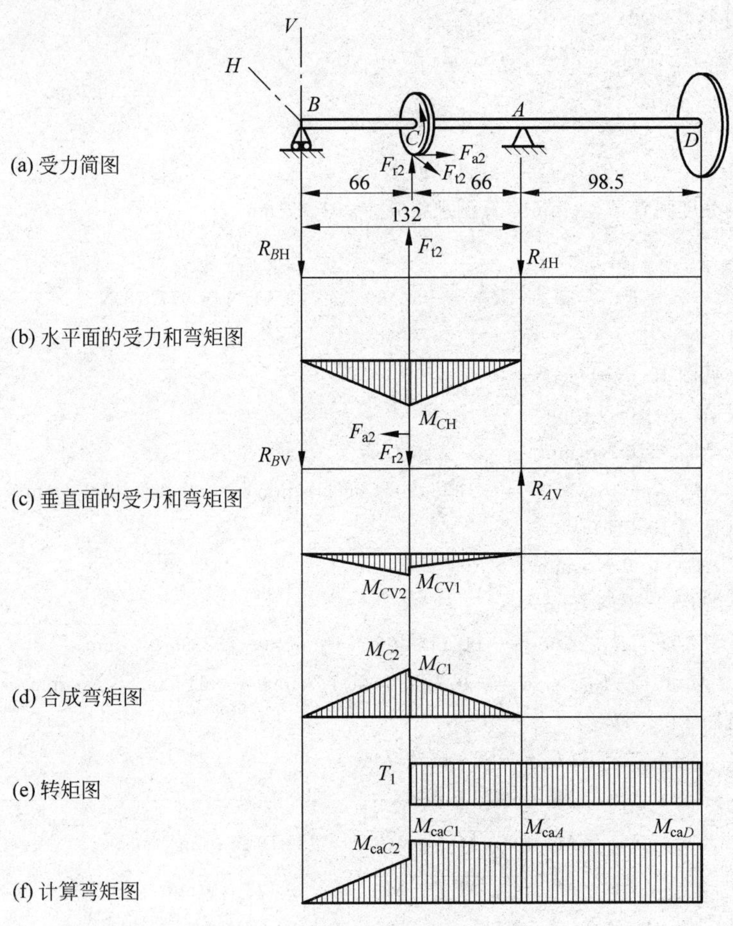

图 19.2　高速轴的弯矩和转矩

(5) 精确校核轴的疲劳强度(略)。

(6) 轴的工作图如图 19.5 所示。

4. 滚动轴承的选择和计算(见例 13.1)

5. 键连接的选择和强度校核(见例 11.1)

6. 联轴器的选择和计算(见例 14.1)

7. 减速器的润滑

齿轮传动的圆周速度 v 为

$$v=\frac{\pi d_1 n_1}{60\times 1000}=\frac{\pi\times 58.33\times 450}{60\times 1000}\ \text{m/s}=1.37\ \text{m/s}$$

因 $v<12$ m/s,所以采用浸油润滑,由附表 I.1,选用 L-AN 全损耗系统用油(GB 443—1989),大齿轮浸入油中的深度约 1～2 个齿高,但不应少于 10 mm。

对轴承的润滑,因 $v<2$ m/s,采用脂润滑,由附表 I.2 选用钙基润滑脂 L-XAAMHA2(GB/T 491—2008),只需填充轴承空间的 1/3～1/2,并在轴承内侧设挡油环,使油池中的油不能进入轴承以致稀释润滑脂。

8. 绘制装配图及零件工作图

减速器的装配图和零件工作图参考附录的参考图例,见下节。

19.2　课程设计参考图例

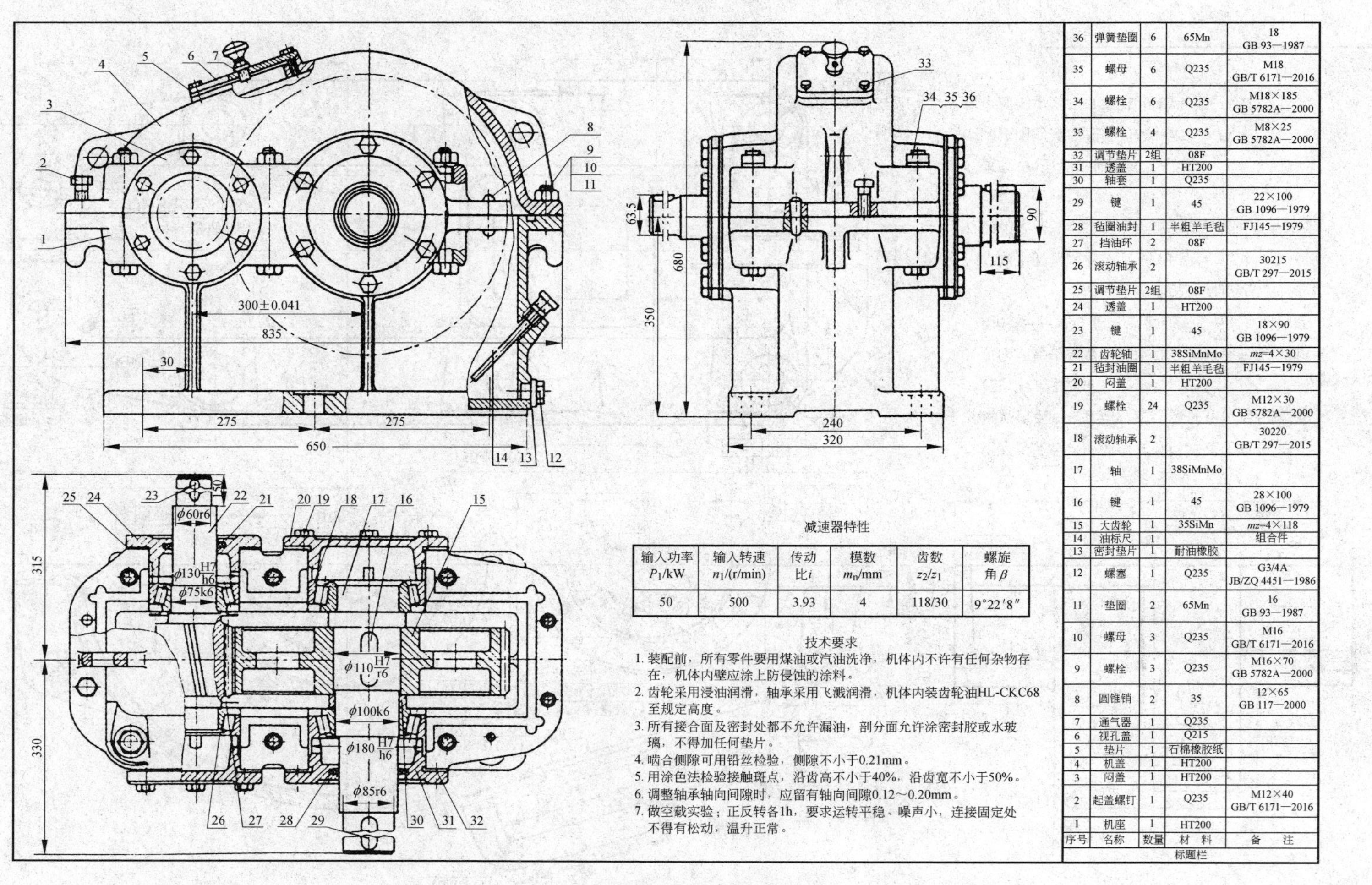

减速器特性

输入功率 P_1/kW	输入转速 n_1/(r/min)	传动比 i	模数 m_n/mm	齿数 z_2/z_1	螺旋角 β
50	500	3.93	4	118/30	9°22′8″

技术要求

1. 装配前，所有零件要用煤油或汽油洗净，机体内不许有任何杂物存在，机体内壁应涂上防侵蚀的涂料。
2. 齿轮采用浸油润滑，轴承采用飞溅润滑，机体内装齿轮油HL-CKC68至规定高度。
3. 所有接合面及密封处都不允许漏油，剖分面允许涂密封胶或水玻璃，不得加任何垫片。
4. 啮合侧隙可用铅丝检验，侧隙不小于0.21mm。
5. 用涂色法检验接触斑点，沿齿高不小于40%，沿齿宽不小于50%。
6. 调整轴承轴向间隙时，应留有轴向间隙0.12～0.20mm。
7. 做空载实验；正反转各1h，要求运转平稳、噪声小，连接固定处不得有松动，温升正常。

序号	名称	数量	材　料	备　注
36	弹簧垫圈	6	65Mn	18 GB 93—1987
35	螺母	6	Q235	M18 GB/T 6171—2016
34	螺栓	6	Q235	M18×185 GB 5782A—2000
33	螺栓	4	Q235	M8×25 GB 5782A—2000
32	调节垫片	2组	08F	
31	透盖	1	HT200	
30	轴套	1	Q235	
29	键	1	45	22×100 GB 1096—1979
28	毡圈油封	1	半粗羊毛毡	FJ145—1979
27	挡油环	2	08F	
26	滚动轴承	2		30215 GB/T 297—2015
25	调节垫片	2组	08F	
24	透盖	1	HT200	
23	键	1	45	18×90 GB 1096—1979
22	齿轮轴	1	38SiMnMo	m_z=4×30
21	毡封油圈	1	半粗羊毛毡	FJ145—1979
20	闷盖	1	HT200	
19	螺栓	24	Q235	M12×30 GB 5782A—2000
18	滚动轴承	2		30220 GB/T 297—2015
17	轴	1	38SiMnMo	
16	键	1	45	28×100 GB 1096—1979
15	大齿轮	1	35SiMn	m_z=4×118
14	油标尺	1		组合件
13	密封垫片	1	耐油橡胶	
12	螺塞	1	Q235	G3/4A JB/ZQ 4451—1986
11	垫圈	2	65Mn	16 GB 93—1987
10	螺母	3	Q235	M16 GB/T 6171—2016
9	螺栓	3	Q235	M16×70 GB 5782A—2000
8	圆锥销	2	35	12×65 GB 117—2000
7	通气器	1	Q235	
6	视孔盖	1	Q215	
5	垫片	1	石棉橡胶纸	
4	机盖	1	HT200	
3	闷盖	1	HT200	
2	起盖螺钉	1	Q235	M12×40 GB/T 6171—2016
1	机座	1	HT200	

标题栏

图 19.3　单级圆柱齿轮减速器

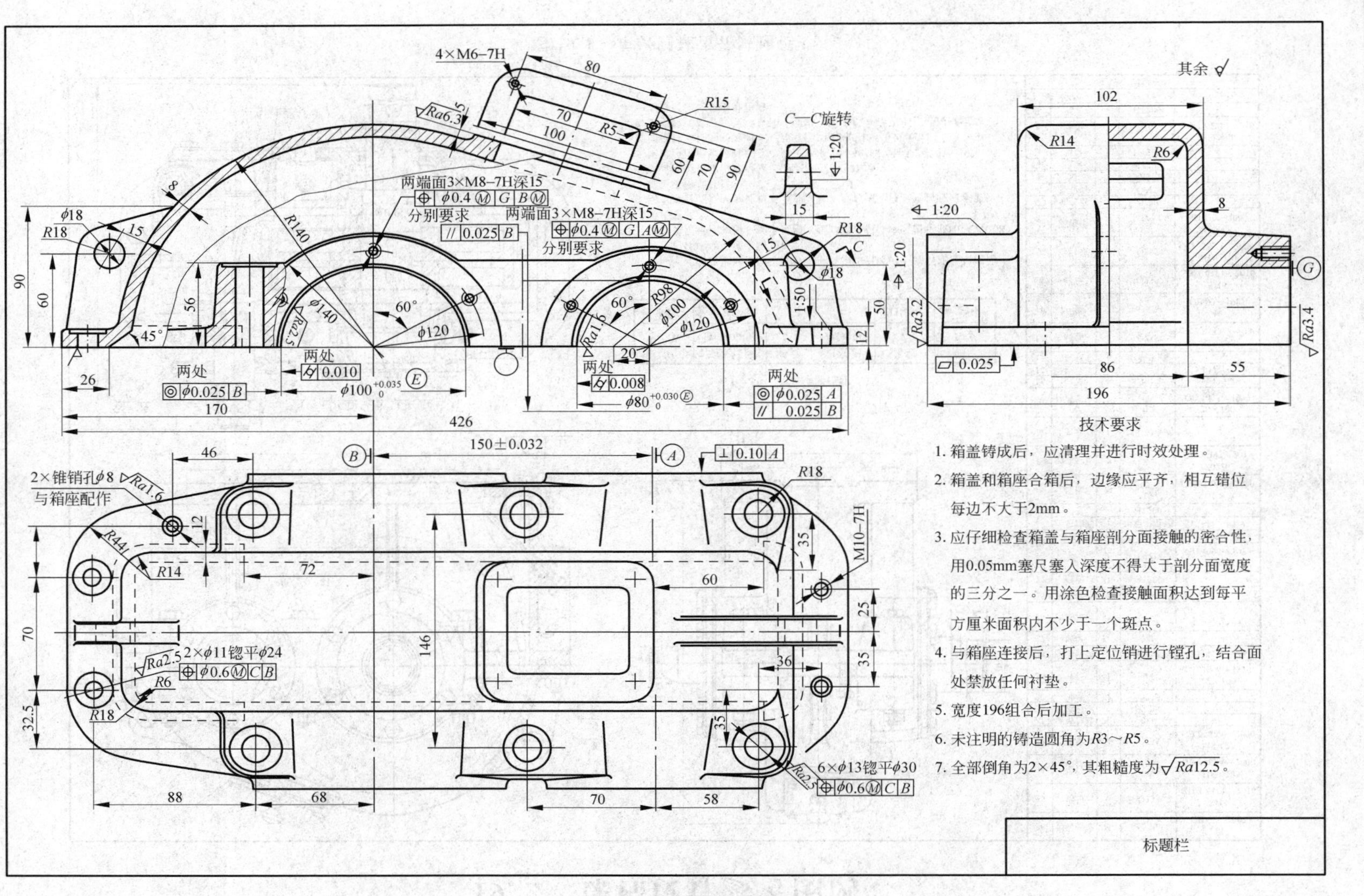
4×M6−7H
其余
C—C旋转
两端面3×M8−7H深15
分别要求
两端面3×M8−7H深15
分别要求
两处
两处
两处
两处
2×锥销孔φ8
与箱座配作
2×φ11锪平φ24
6×φ13锪平φ30
M10−7H
技术要求
1. 箱盖铸成后，应清理并进行时效处理。
2. 箱盖和箱座合箱后，边缘应平齐，相互错位每边不大于2mm。
3. 应仔细检查箱盖与箱座剖分面接触的密合性，用0.05mm塞尺塞入深度不得大于剖分面宽度的三分之一。用涂色检查接触面积达到每平方厘米面积内不少于一个斑点。
4. 与箱座连接后，打上定位销进行镗孔，结合面处禁放任何衬垫。
5. 宽度196组合后加工。
6. 未注明的铸造圆角为R3～R5。
7. 全部倒角为2×45°，其粗糙度为Ra12.5。
标题栏

图 19.4 箱盖零件图

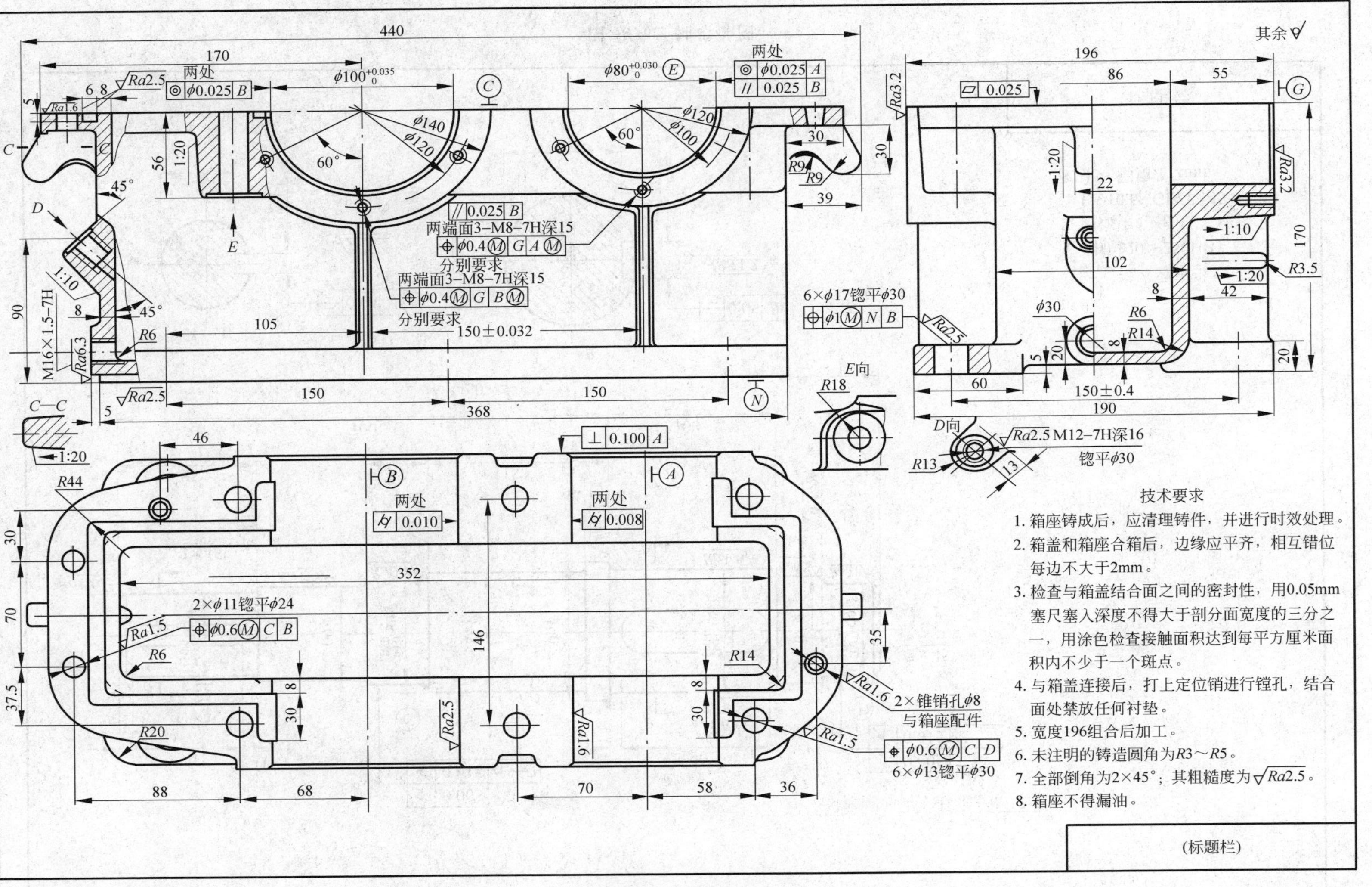
其余
两处
两端面3-M8-7H深15
分别要求
6×ϕ17锪平ϕ30
E向
D向
M12-7H深16
锪平ϕ30
2×ϕ11锪平ϕ24
2×锥销孔ϕ8
与箱座配件
6×ϕ13锪平ϕ30
技术要求
1. 箱座铸成后，应清理铸件，并进行时效处理。
2. 箱盖和箱座合箱后，边缘应平齐，相互错位每边不大于2mm。
3. 检查与箱盖结合面之间的密封性，用0.05mm塞尺塞入深度不得大于剖分面宽度的三分之一，用涂色检查接触面积达到每平方厘米面积内不少于一个斑点。
4. 与箱盖连接后，打上定位销进行镗孔，结合面处禁放任何衬垫。
5. 宽度196组合后加工。
6. 未注明的铸造圆角为R3～R5。
7. 全部倒角为2×45°；其粗糙度为Ra2.5。
8. 箱座不得漏油。
(标题栏)

图 19.5　箱座零件图

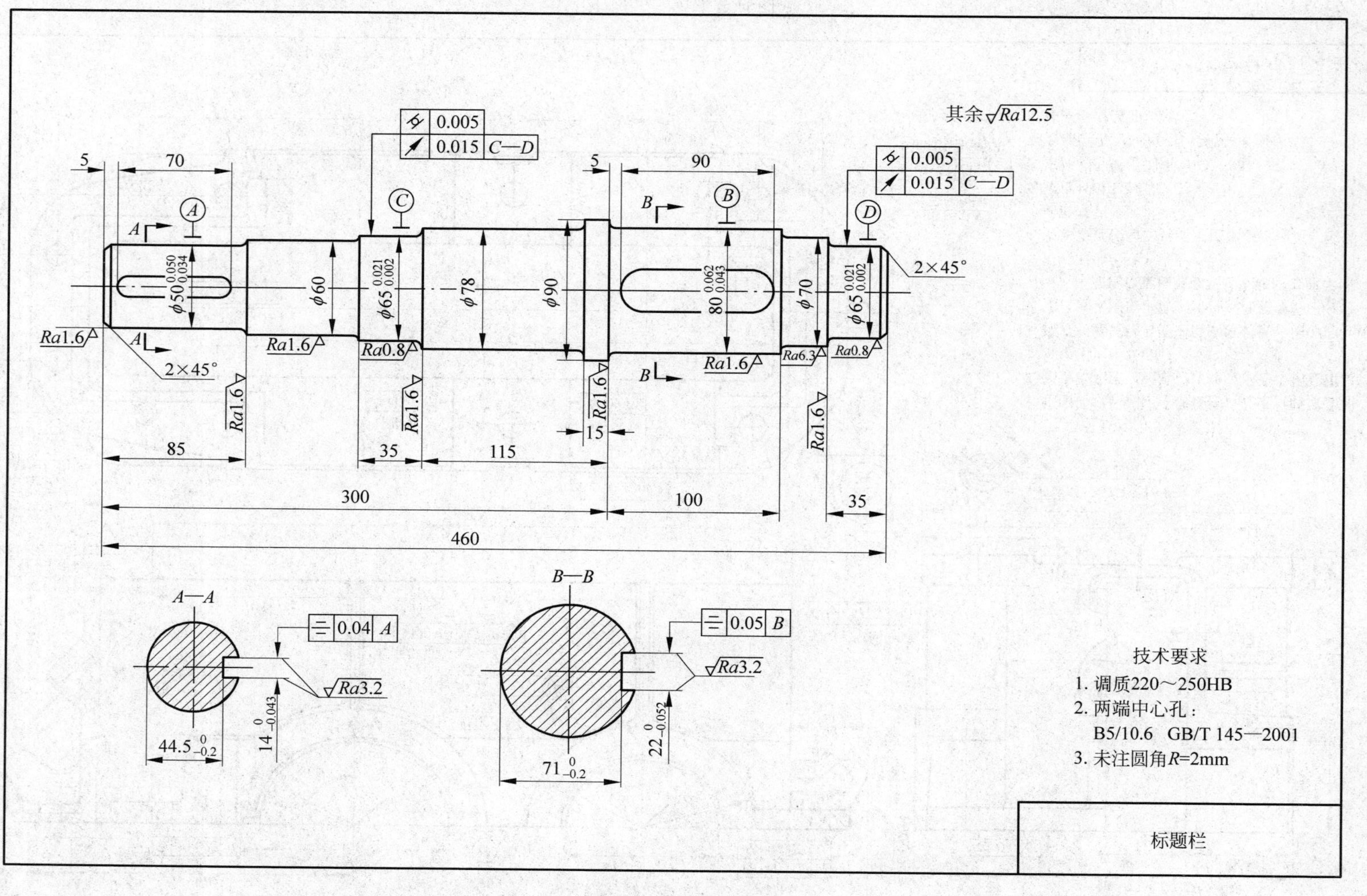

其余 Ra12.5
0.005
0.015 C—D
0.005
0.015 C—D
5
70
5
90
A
B
C
D
φ50 0.050 0.034
φ60
φ65 0.021 0.002
φ78
φ90
80 0.062 0.043
φ70
φ65 0.021 0.002
2×45°
2×45°
Ra1.6
Ra0.8
Ra6.3
Ra0.8
15
85
35
115
300
100
35
460
A—A
B—B
0.04 A
0.05 B
Ra3.2
Ra3.2
44.5 0 -0.2
14 0 -0.043
71 0 -0.2
22 0 -0.052
技术要求
1. 调质220～250HB
2. 两端中心孔：
B5/10.6 GB/T 145—2001
3. 未注圆角R=2mm
标题栏

图 19.6 轴零件图

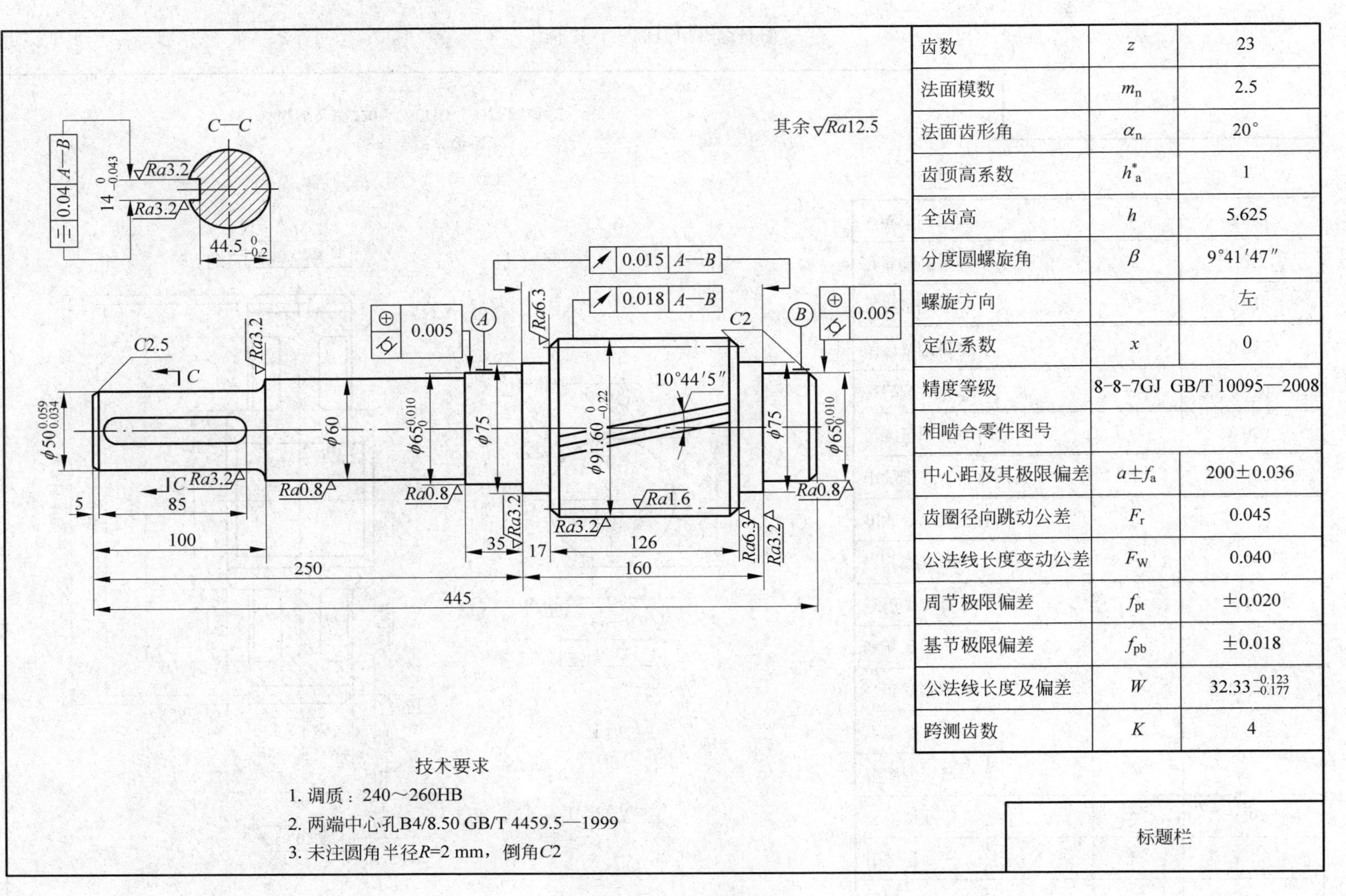
C—C
其余 Ra12.5
0.04 A—B
$14^{0}_{-0.043}$
Ra3.2
$44.5^{0}_{-0.2}$
0.015 A—B
0.018 A—B
0.005
A
B
C2
C2.5
C
Ra6.3
10°44′5″
$\phi50^{0.059}_{0.034}$
$\phi60$
$\phi65^{0.010}_{0}$
$\phi75$
$\phi91.60^{0}_{-0.22}$
Ra0.8
Ra1.6
5
85
100
250
445
35
17
126
160
齿数　z　23
法面模数　m_n　2.5
法面齿形角　α_n　20°
齿顶高系数　h_a^*　1
全齿高　h　5.625
分度圆螺旋角　β　9°41′47″
螺旋方向　左
定位系数　x　0
精度等级　8-8-7GJ GB/T 10095—2008
相啮合零件图号
中心距及其极限偏差　$a\pm f_a$　200±0.036
齿圈径向跳动公差　F_r　0.045
公法线长度变动公差　F_W　0.040
周节极限偏差　f_{pt}　±0.020
基节极限偏差　f_{pb}　±0.018
公法线长度及偏差　W　$32.33^{-0.123}_{-0.177}$
跨测齿数　K　4
技术要求
1. 调质：240～260HB
2. 两端中心孔B4/8.50 GB/T 4459.5—1999
3. 未注圆角半径R=2 mm，倒角C2
标题栏

图 19.7　齿轮轴零件图

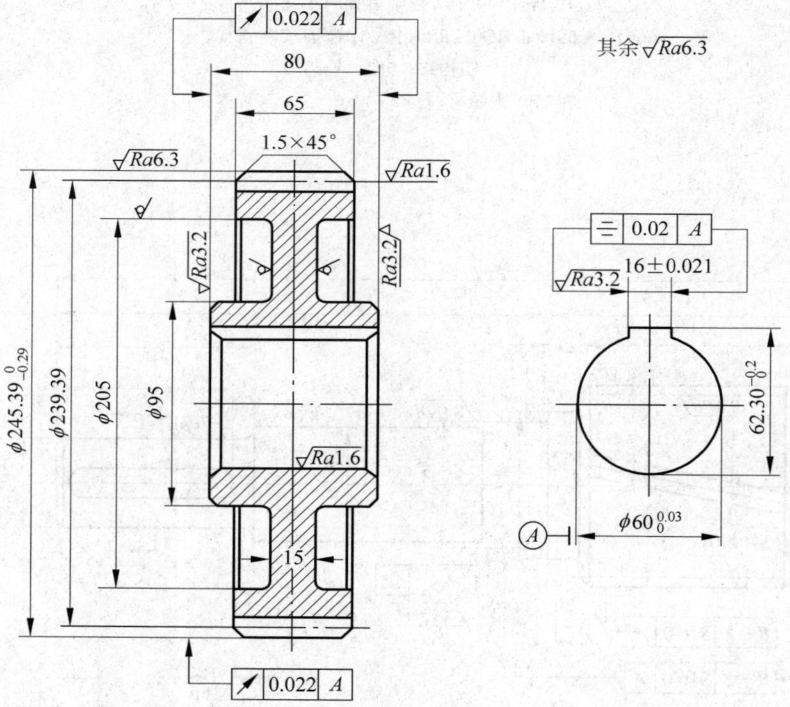

其余 $\sqrt{Ra6.3}$

齿数	z	79
法面模数	m_n	3
法面齿形角	α_n	20°
齿顶高系数	h_a^*	1
全齿高	h	5.625
分度圆螺旋角	β	8°06′34″
螺旋方向		右
变位系数	x	0
精度等级(GB/T 10095.2—2001)	8-8-7 HK	
相啮合零件图号		
中心距及其极限偏差	$a \pm f_a$	150±0.0315
齿圈径向跳动公差	F_r	0.063
公法线长度变动公差	F_W	0.050
周节极限偏差	f_{pt}	0.022
基节极限偏差	f_{pb}	0.020
分度圆弦齿厚	$\overline{S}$	$4.712_{-0.264}^{-0.176}$
分度圆弦齿高	$\overline{h}_a$	3.023

技术要求

调质处理220～260HB，未注倒角$C2$

标题栏

图 19.8 圆柱齿轮零件图

参考文献

[1] 黄平,朱文坚.机械设计基础[M].北京:科学出版社,2009.
[2] 朱文坚,黄平.机械设计课程设计[M].北京:科学出版社,2009.
[3] 黄华梁,彭文生.机械设计基础[M].4版.北京:高等教育出版社,2007.
[4] 杨可桢,程光蕴,李仲生.机械设计基础[M].5版.北京:高等教育出版社,2006.
[5] 吴宗泽,罗圣国.机械设计课程设计手册[M].3版.北京:高等教育出版社,2006.
[6] 席伟光,杨光,李波.机械设计课程设计[M].北京:高等教育出版社,2003.
[7] 朱文坚,黄平.机械设计课程设计[M].2版.广州:华南理工大学出版社,2004.
[8] 黄平,朱文坚.机械设计基础[M].广州:华南理工大学出版社,2003.
[9] 成大先.机械设计手册——连接与紧固[M].6版.北京:机械工业出版社,2017.
[10] 徐灏.机械设计手册[M].2版.北京:机械工业出版社,2000.
[11] 黄平,刘建素,陈扬枝,朱文坚.常用机械零件及机构图册[M].北京:化学工业出版社,1999.
[12] 熊文修,何悦胜,何永然,等.机械设计课程设计[M].广州:华南理工大学出版社,1996.
[13] 华南工学院.机械设计基础[M].广州:广东科技出版社,1979.

附　　录

附录 A　机械制图标准

附录 B　公差和表面粗糙度

附录 C　螺纹与螺纹零件

附录 D　键和销

附录 E　紧固件

附录 F　齿轮的精度

附录 G　联轴器

附录 H　滚动轴承

附录 I　润滑剂与密封件

附录 J　电动机